天津大学"十四五"规划教材

化学工程学科的
历史及前沿故事

刘明言　马永丽　等编著

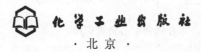

·北京·

内容简介

本书简要介绍化学工程学科的诞生、发展、前沿以及相关的有趣故事等。重点阐述与《化工原理》(或《化工单元操作》)、《传递过程原理》(或《动量、热量和质量传递》)以及《化学反应工程》等化学工程专业本科生核心课程教材相关的延伸内容,包括学科发展史、流体力学、流态化、混合、传热、蒸馏、膜分离、工业结晶、微化工、人工智能与化工等化工过程的历史及前沿故事,也涵盖催化科学、食品工程、制药工程、生物工程、油田化学品等相关领域的历史及未来发展方向等内容。

本书可供开设有化学工程学科的高等院校作为本科生或研究生的通识课教材使用,也可供从事化学工程学科相关方向研究开发和工业生产的科研机构及企事业单位的同仁参考。作为具有一定科普成分的教材,也可供有兴趣了解化学工程学科发展历史及现状的其他专业学者及中小学生参考。

图书在版编目(CIP)数据

化学工程学科的历史及前沿故事 / 刘明言等编著. —北京:化学工业出版社,2024.1
ISBN 978-7-122-42785-4

Ⅰ.①化… Ⅱ.①刘… Ⅲ.①化学工程-教材 Ⅳ.
①TQ02

中国国家版本馆 CIP 数据核字(2024)第 022538 号

责任编辑:张 艳   装帧设计:王晓宇
责任校对:李雨晴

出版发行:化学工业出版社
          (北京市东城区青年湖南街 13 号 邮政编码 100011)
印   装:北京科印技术咨询服务有限公司数码印刷分部
787mm×1092mm 1/16 印张 18¼ 字数 451 千字
2024 年 4 月北京第 1 版第 1 次印刷

购书咨询:010-64518888   售后服务:010-64518899
网   址:http://www.cip.com.cn
凡购买本书,如有缺损质量问题,本社销售中心负责调换。

定   价:69.00 元

序一

在普通高等院校人才培养的知识体系框架中，校选通识课程是重要的模块之一。与通识课程相对应的示范教材的编著是目前本科教材建设的重要方向之一。《化学工程学科的历史及前沿故事》校选通识课教材由我校刘明言和马永丽等老师编著。该教材编写团队成员具有丰富的教学和科研经验。该教材基于"天津大学一流本科教育 2030 行动计划"和"新工科"建设要求，着重从讲好化工故事角度出发，系统介绍国内外化学工程学科的历史故事以及前沿进展，很好地弥补了已有相关课程难以系统讲授的不足。

该教材在选材上内容丰富多彩、生动有趣，可以帮助学生激发学习和研究兴趣、开拓学术视野、培养批判性思维和创新精神、提高科技文化素养，为后续课程的学习以及开展创新创业工作奠定基础。该教材既着重介绍学科的历史沿革，又有前沿方向拓展，可助力学生形成完整的化学工程学科知识体系构架，为大学新生的大类分班和转专业提供有价值的参考，助力本硕博一体化培养等"新工科"教学改革目标的实现。因此，编写该教材是一件很有意义的工作。

相信该教材出版后，将会受到广大读者的欢迎。

王静康

中国工程院院士、天津大学教授
2023 年 7 月

序二

　　化学工业是国民经济的重要基础行业，与人民生活密切相关。但任何事物都有两面性，化学工业在支撑其他工业发展和造福人们生活的同时，也存在着安全、环境等问题，需要我们客观、科学、实事求是地对待，兴利除害。由于近年来出现的 PX 群体事件、天津港大爆炸、雾霾天气等问题，公众对化学工业误会颇多。新型冠状病毒感染的爆发使得口罩、防护服、消毒液等化学品成为抗疫的必需用品，人们对化学工业又有了新的认识。中国化工学会组织了科普团队，编写了《身边的化工》《走进化工》两本科普书籍，并发表了系列科普文章——《化工和抗击疫情》《化工和生活》《化工和社会》《认识化工》等，加以科学宣传，促使人们更加科学、客观地认识化工。现在已有更多的专业人士参加到化工的科普工作中来。

　　近日得知天津大学刘明言教授和马永丽副教授领衔，与其他多位著名化工学者一起编写《化学工程学科的历史及前沿故事》校选通识课教材，很是欣慰。该教材内容翔实，专业特色鲜明，语言简洁有趣。

　　同时，本教材将读者对象从普通大众向高等院校的本科生、研究生以及青年教师做了有益的扩充，这对化工专业领域的科普宣传意义重大。年轻的学子们未来很有可能会走上与化工相关的前端研发或者工业生产等工作岗位，本教材对他们开展具有针对性的科普宣传工作大有裨益，也有利于促进化工从业者的"绿色、环保、人文"意识的提高。

　　相信本教材的出版，不但可以为化工及相关学科专业的师生和从业者提供有益的帮助，也将会为化工科普作出卓越贡献。

杨元一

2023 年 8 月

前言

在普通大学本科课程教学中，一般难以专门安排较长学时进行学科历史故事及前沿进展等方面的授课，而了解这些方面的相关知识，对于启迪大学生的创新思维、培养创新能力等又十分重要。为此，我们结合"天津大学一流本科教育 2030 行动计划"和"新工科"建设要求，2019 年特地申请了"天津大学第一批新工科通识教育课程"教改立项，面向全校所有专业的本科生新开设《化学工程学科的历史及前沿故事》通识课程。自 2020 年 3 月开设第 1 期新课程以来，已有 6 期 800 余名本科生选修，教学评价优秀。同时，该教改项目 2022 年 9 月也已结题，成绩优秀。但是，由于是新开课程，开课时间短，因此，该通识课授课用的都是新编讲义，尚没有教材。本天津大学"十四五"规划教材《化学工程学科的历史及前沿故事》就是该通识课程的配套教材。目前国内外尚未见到这方面的教材出版。本教材也可供研究生选用。

本教材编写团队由教学经验丰富、科研成果丰硕的老、中、青教师组成。具体各章节编写内容及编著者为：第 0 章 绪论（刘明言，天津大学）；第 1 章 化学工程学科的创立及前沿（刘明言、马永丽，天津大学）；第 2 章 流体力学（刘明言、马永丽，天津大学）；第 3 章 流态化（马永丽、刘明言，天津大学）；第 4 章 混合（张金利、刘玉东、郭俊恒，天津大学）；第 5 章 传热（刘明言、马永丽，天津大学）；第 6 章 蒸馏（吴松海、贾绍义、宋佳、韩煦，天津大学）；第 7 章 膜分离（王志、吴洪，天津大学）；第 8 章 工业结晶（周丽娜，天津大学）；第 9 章 微化工（付涛涛，天津大学）；第 10 章 人工智能与化工（王靖涛、张壮、饶思麟，天津大学）；第 11 章 催化科学（李新刚，天津大学）；第 12 章 食品工程（周志江，天津大学）；第 13 章 制药工程（赵广荣，天津大学）；第 14 章 生物工程（张传波、卢文玉，天津大学）；第 15 章 油田化学品（刘钟馨，海南大学）等。各章内容包括化学工程学科发展中涉及的基本概念，并强调伴随着学科发展而出现的各种有趣的历史及前沿小故事等，以启发学生的思考和兴趣。第 11~15 章是化工相关领域的内容。同时，教材的内容也包括作者多年的教学实践和科研成果总结。

需要指出的是，化学工程学科的诞生和发展已有百年历史，其形成和发展历程丰富多彩，相关文献也浩如烟海。限于时间和篇幅，一些化学工程学科理论的应用领域，例如：石油炼制、基本有机化工、基本无机化工（酸、碱、盐等）等内容暂没有包括。鉴于作者的知识和能力有限，仅能撷取知识大海中的一滴水奉献给读者，而且也难免会有疏漏之处，恳请读者及时指出和纠正！

编著者
2023 年 8 月

目录

第4章　混合 ⋯⋯⋯⋯⋯⋯⋯⋯⋯⋯⋯⋯⋯⋯⋯⋯⋯⋯⋯⋯⋯⋯⋯⋯⋯⋯ **048**

第5章　传热 ⋯⋯⋯⋯⋯⋯⋯⋯⋯⋯⋯⋯⋯⋯⋯⋯⋯⋯⋯⋯⋯⋯⋯⋯⋯⋯ **076**

第8章 工业结晶 ·· 139

第9章 微化工 ··· 160

第**0**章
绪论

0.1 化学工业简介

0.1.1 化学工业的概念

化学工业（chemical industry），又称化学加工工业。泛指工业生产过程中，化学加工方法占主要地位的过程工业[1-6]。

化工生产过程主要包括 3 个步骤：

① 原料预处理；

② 化学或生物等反应；

③ 产品精制、提纯、分离。

0.1.2 化学工业的特点

① 原料、工艺和产品具有多样性、复杂性和综合性；

② 装置系统具有密闭性，高度自动化和连续化；

③ 生产规模大；

④ 过程能耗高；

⑤ 生产工艺条件苛刻；

⑥ 知识、技术和资金密集；

⑦ 安全性问题：易燃、易爆、易中毒，高温、高压，腐蚀等；

⑧ 环境保护问题：易形成"三废"和噪声等。

0.1.3 化学工业在国民经济中的地位

化学工业是国民经济的重要组成部分，是许多工业部门的重要支撑。2022 年中国的化工产值居机电之后列第 3 位，约占 GDP 的 20%，其增长速度明显快于同期 GDP，主要是因为化工要为整体生产提供原材料和动力。发展化学工业，对于发展农业、巩固国防、发展高科技、战胜疾病、提高人们生活水平等都有重大作用。中国化工学会以杨元一老师为主编的科普团队先后编写了系列图文并茂的科普著作——《化工和抗击疫情》《化工和生活》《化工和社会》《认识化工》，让人们认识到化工在国民经济中的地位和重要性[3-4]。

典型的化工装置流程如图 0-1 所示，该装置是大型工业稀磷酸的蒸发浓缩装置系统。

图 0-1　大型工业稀磷酸的蒸发浓缩装置系统

0.2　化学工业的历史和现状

0.2.1　古代化学工业

古代化学工业起源很早，包括早期的陶瓷制造等。具体历史及发展内容包括：

① 陶瓷的制造；

中国新石器时代洞穴中就有残陶片。公元前 5000 年左右仰韶文化时期已有红陶、灰陶、黑陶、彩陶等出现；

② 玻璃和砖瓦的制造；

公元 5 世纪，印度已有发达的玻璃制造业；我国唐代开始用硼砂制作玻璃；10 世纪时，西藏硼砂输入阿拉伯世界，在那里生产出优质玻璃；公元 1370 年左右，埃及已大规模制造玻璃；

③ 黑火药的发明和应用；

④ 造纸术；

⑤ 铜合金的冶炼、钢铁的冶炼、铜和锌的冶炼、金银汞锡铅的冶炼；

⑥ 染料、颜料、涂料、香料、化妆品、洗涤剂、皮革工艺；

⑦ 酒、油、糖、醋、酱的生产；

⑧ 盐、硝、矾的制取；

⑨ 煤、石油、天然气的开采利用；等。

0.2.2　近现代化学工业

近现代化学工业于 18～19 世纪形成。世界上首个典型的化工厂是 1749 年英国建立的铅室法硫酸厂。之后经过了纯碱，煤化工，橡胶、塑料及化学纤维，制药及染料，合成氨和石油化工等近现代化学工业的快速发展[7]。如今，化学工业已发展成为现代工业的重要组成部分。

0.2.3　我国的化学工业基础

新中国成立前，我国的化学工业基础十分薄弱，仅在天津、上海、南京、青岛、大连等沿海城市有少量化工厂和手工作坊。1874 年，天津机械局淋硝厂建成中国最早的铅室法生产装置，1876 年投产，日产硫酸约 2 吨，用于制造无烟火药，这被认为是我国近代化学工业的开始。当时，仅能生产为数不多的硫酸、纯碱、化肥、橡胶制品和医药制剂等。新中国成立后，化学工业发展较快。如今，化学工业已发展成为门类齐全的重要行业。

0.2.4　化学工业的发展趋势

当今世界正经历着科学技术的新发展和新突破。"数理化天地生"、互联网、大数据和人工智能等技术的突破和应用，为迎来化学工业的崭新春天提供了难得的机遇和条件。结合"双碳"战略目标的提出，化学工业的发展必须走绿色、低碳、环保、安全和可持续发展的道路，这也是未来化学工业的发展趋势。

0.3　化学工业的分类

化学工业常可分为无机化学工业和有机化学工业 2 大类。如果以产品分类，则主要包括以下系列。

（1）合成氨及肥料　其中肥料包括①氮肥；②磷肥；③钾肥；④复合肥料；⑤植物激素；⑥生长剂；⑦添加剂等。

（2）硫酸、硝酸、盐酸。

（3）纯碱、烧碱。

（4）无机盐。

（5）基本有机原料　合成气（氢气、一氧化碳）、乙烯、乙炔、丙烯、碳四及以上脂肪烃、苯、甲苯、二甲苯、乙苯等。

（6）染料及中间体　硝基苯、苯胺、苯酚、氯苯和邻苯二甲酸酐等。

（7）火药/炸药　火工品以及爆破药包等。

（8）农药　化学农药、生物农药等。

（9）医药　生物制药、化学合成制药和中药制药等原料药及制剂。

（10）合成材料　合成树脂、合成纤维、合成塑料、合成橡胶。

（11）有机硅、有机氟。

（12）涂料及颜料。

（13）信息记录材料　感光材料、磁记录材料等。

（14）化学试剂。

（15）其他。

如果按照原料分类，则包括：石油化工、煤化工、天然气化工、生物化工、氯碱化工、电石化工、硅化工、氟化工、磷化工、农林化工、核化工等。

0.4　化学工业发展的标志

化学工业的发展一般以当时的重要化工产品为标志。不同历史时期的发展标志如下：

① 18～19 世纪：硫酸是一个国家化学工业发展的标志产品，曾被誉为"工业之母"，因为其用途非常广泛。

② 20 世纪：合成氨、乙烯成为一个国家化学工业发展的标志性产品；

③ 21 世纪：产品的高端精细化是一个国家化学工业发展的标志。

0.5　化学工程学科的诞生及使命

0.5.1　化学工程学科的诞生

化学工程学科是伴随着早期化学工业的蓬勃发展，经过化工及相关学科方向的先驱们的积极主动及认真思考、分析、归纳和总结而诞生的，并被之后的实践不断丰富和完善，进而具备了强大的影响力。其诞生遵循着从实践到理论再到实践的螺旋式上升过程。其历史沿革将在第 1 章加以介绍。

0.5.2　化学工程学科的使命

化学工程学科研究以化学工业为典型代表的过程工业中的物理、化学过程的一般原理和共性规律，解决工艺过程及装置的研究开发、设计、制造、优化操作及控制中的理论和方法问题。当然，也包括化工及相关领域的工程教育和人才培养等。

0.6　化学工程师的职责

化学工程师（chemical engineer）的主要职责如下：

① 化工产品、新材料的研究开发；

② 化工产品或工艺过程的设计；

③ 计划、组织和建立工业装置硬件系统；

④ 管理工艺过程的操作；

⑤ 针对用户需求和环境问题等，分析研究，并提出解决方案等；

⑥ 其他相关职责等。

上述职责（详见表 0-1）都要满足安全、健康、环保等法规要求。

对化学工程师的全面描述：他（或她）是设计产品和工艺过程、规划和构建工艺过程硬件、管理工艺操作和研究环境问题解决方案的工程师（A comprehensive description of the chemical engineer may be to say that he or she is the engineer that designs both products and processes, plans and constructs process hardware, manages operations of processes and researches the solutions to environmental problems）[8]。

表 0-1　化学工程师的主要职责[8]

序号	主要职责	序号	主要职责
1	可行性研究	21	过程评估
2	工艺综合设计	22	整个过程的去瓶颈
3	原料研究	23	工艺优化研究
4	工艺技术和经济评估	24	节能项目
5	泄压/火炬/通风研究	25	独立设计验证
6	基本工程设计包	26	过程可靠性研究
7	中试设计、评估和放大	27	现有设备利用研究
8	绿地植物设计	28	技术标评审
9	工厂调试	29	排放限值过程符合性
10	工厂改造	30	产品规格改进评估
11	过程建模和仿真	31	工厂运行支持
12	工艺设备规范	32	工厂建设支持
13	工艺和设备故障排除	33	过程安全管理
14	成本估算	34	周转支持
15	化学工程/技术管理	35	风险管理计划制定
16	工艺规划和调度	36	促进过程危险分析
17	研究与开发	37	危险和可操作性研究（HAZOPs）
18	工艺和产品开发	38	操作培训
19	工厂投资尽职调查评估	39	其他相关职责
20	工艺设计		

0.7　"化工"一词的涵义

化学工程、化学工程学、化学工程学科，常简称为化工；化学工程与工艺、化学工艺、化学工程与技术、化工过程、化学工业，也常简称为化工。

0.8　化学和化工的关系

① 化学：重点关注合成新的物质，发现新的化学反应，测定物质的化学结构和性质，以及研究新的机理、规律、理论等。

② 化工：化工将化学成果带出实验室而进入现实世界（Take chemistry out of the laboratory and into the world），或者说，化学主要关注如何在实验室合成制得有用的化学新产品，而化工则研究开发如何高效和经济地规模化制造生产化学新产品（Chemistry mainly focuses on the useful product to make, and chemical engineering develops how to make it efficiently and economically）[1]。从化学到化工，中间要经历一个工程设计放大的过程。

化学、化工二者密切联系，共同构筑科学与技术，形成第一生产力，造福人类。

0.9　化工涵盖的专业方向及人才去向

0.9.1　化工涵盖的专业方向

化工涵盖化学工程、化学工艺、精细化工、应用化学、生物工程、制药工程、催化科学与工程、高分子科学与工程、过程装备与控制工程、分子科学与工程、食品科学与工程等专业方向，几乎包括了化学工业的各个领域。

0.9.2　化工人才的工作去向

化工人才的工作去向主要分布在以下行业和领域：化工、燃料、工程设计服务和制造、生物医药、食品和消费品、环境工程服务、材料、电子和计算机、商业、造纸以及其他部门。

在当今淡化学科背景的条件下，化工人才可选择的工作方向或领域更宽。2013 年美国化学工程师协会（AIChE）统计的本科化工人才工作去向调查结果为[9]：化工，22%；燃料，21%；工程设计服务和制造，14%；生物技术和相关服务（医药产品），9%；食品和消费产品，8%；工程服务和环境，4%；材料，4%；电子和计算机，3%；商业服务，2%；造纸，1%；其他工业，12%。如今仍具有一定的借鉴意义。化学工程专业学生丰富多彩的职业生涯选项更宽[7]：过程工程师、腐蚀工程师、安装调试工程师、过程维护工程师、销售工程师、现场工程师、管道工程师、化工开发工程师、生物医药工程师、环境工程师、成本工程师、研发工程师、生产工程师、质量工程师、过程安全工程师、炼油工程师、规划工程师、装备工程师、过程控制工程师、制药工程师、生物化学工程师等。化工单元操作的理论和技术还被环境、制药、食品等行业引入，并专门加以介绍[10]，显示出化工学科共性规律的强大生命力。

0.10　小结

主要介绍了化学工业的简要发展概况、化学工程师的主要职责和化工涵盖的专业方向及人才去向等内容，为第 1 章的讲解提供必要的背景和基础知识。

思考题

① 什么是化学工业，有什么特点？
② 化学工业未来的发展应强调哪些方面的要求？
③ 举例说明日常生活中见到的化学工业产品。
④ 简要指出作为未来的化学工程师应具备哪些能力。
⑤ 化学和化工的侧重点各是什么？
⑥ 化工涵盖哪些专业方向，未来的就业去向有哪些？
⑦ 本课程包含哪些相关内容？

⑧ 简要说明你对化工的哪些内容或方向感兴趣。

⑨ 学完本章，你有哪些收获或受到哪些启发？

参考文献

[1] 中国化工博物馆. 中国化工通史[M]. 北京: 化学工业出版社, 2016.

[2] 金涌, 杨基础. 探索化学化工未来世界[M]. 北京: 清华大学出版社, 2017.

[3] 杨元一. 身边的化工[M]. 北京: 化学工业出版社, 2018.

[4] 杨元一. 走进化工[M]. 北京: 中国石化出版社, 2018.

[5] 中国化工博物馆. 中国化学工业百年发展史[M]. 北京: 化学工业出版社, 2021.

[6] 中国工业经济联合会, 中国石油和化学工业联合会. 中国工业史·核工业卷[M]. 北京: 中共中央党校出版社, 2021.

[7] 王成扬, 张毅民, 唐韶坤. 现代化工导论[M]. 北京: 化学工业出版社, 2021.

[8] Nnaji U. Introduction to chemical engineering [M]. New Jersey: John Wiley & Sons Inc, 2019.

[9] 2013 AIChE salary survey[J]. Chem Eng Prog, 2013, 109(6): S1-S17.

[10] Theodore L, Dupont R R, Ganesan K. Unit operations in environmental engineering [M]. New Jersey: John Wiley & Sons Inc, 2017.

第1章
化学工程学科的创立及前沿

1.1 化学工程学科的创立

1.1.1 学科的内涵

学科是人类知识体系中的基本组成部分，是知识体系不断发展和分科深化的结果。它既指知识的某个门类(subject)，又指知识创造过程中，某个专门的研究领域（discipline）[1]。

在研究某类对象和传承知识的过程中，相应的知识得以创造，并逐步发展成系统化的理论方法，成长为一个有特定范式的学科。

任何一个学科都会经历萌生、形成、成长、成熟的过程，化学工程学科也不例外。

1.1.2 化学工程学科的涵义

化学工程学科是关于化学工业或过程工业领域问题方案的学问。化学工程在国家学科标准中属一级学科：化学工程与技术（编号：0817）。

（1）涵义1　化学工程——工程学科中最宽广的一个分支，是关于化学工艺和装置的概念、初步和详细设计、制造和操作的一门学问。这些工艺和装置的建立是为了进行化学反应，以解决实际问题或生产有用的产品，或为社会需求提供化工和环境解决方案（Chemical engineering is a branch of engineering concerned with the conceptual, front-end and detailed design, construction, and operation of technologies and plants that perform chemical reactions to solve practical problems or make useful products or provide chemical and environmental solutions for many societal needs）[2]。

（2）涵义2　化学工程——关于各种化学工艺过程及其产品的概念、开发、设计、改进和应用的学问。

化学工程包括：针对这些工艺过程及装置系统的经济开发、设计、制造、操作运行、控制和管理，以及这些领域的研究和教育等（欧洲化学工程联合会教育工作组）（Chemical engineering is the conception, development, design, improvement and application of processes and their products. This includes the economic development, design, construction, operation, control and management of plant for these processes together with research and education in these fields[3]）。

美国AIChE早期给化学工程学科下的定义：化学工程是工程学的一个分支，涉及发生化学或某些物理变化的制造过程的开发和应用。这些过程通常可以分解为一系列相互配合的物理单元"操作"和化学过程。化学工程师的工作主要涉及这些单元操作、过程设备和装置系统的设计、制造施工和操作等应用。化学、物理和数学是化学工程学科的基础，经济学是其实践的指南（Chemical engineering is that branch of engineering concerned with the development and application of manufacturing processes in which chemical or certain physical changes are involved. These processes may usually be resolved into a coordinated series of unit physical "operations" and chemical processes. The work of the chemical engineer is concerned primarily with the design, construction, and operation of equipment and plants in which these unit operations and processes are applied. Chemistry, physics, and mathematics are the underlying sciences of chemical engineering, and economics is its guide in practice）[4]。

如今，随着社会的发展，人们的需求已经发生了极大的变化，化学工程学科也因此而随之改变。这里提出一个简洁的定义：化学工程师解决问题（Now, a definition-proposed is simply that "Chemical engineers solve problems"）[4]。

1.1.3　化学工程学科人才应具备的能力

化学工程师有时被称为"万能工程师（universal engineers）"，因为他们需要掌握宽广的科学和技术知识。

化学工程师关心化学工艺的设计和将原材料转化为有价值产品的加工工艺设备和设施。

化学工程师的必要技能包括设计、研究、管理、施工、测试、问题解决（故障排除）、放大、操作、控制和优化的所有方面，并要求详细了解各种装置操作和工艺。

化学工程师采用综合方法解决问题，将其在化学、数学、物理、动力学、传递现象、反应器和其他设备设计、分离技术和热力学方面的专业知识应用于动态系统和过程的研究。

化学工程学科的人才培养特点：

① 范围和通用性很广；

② 思考方法着眼于从分子尺度到工艺过程，再到整个系统；

③ 开放的多学科交叉和整合特性等将为化学工程师在未来提供更多更新的机会，创新也将从宏观层次到微观再到纳米和分子尺度。

没有其他学科的技术像化学工程学科的技术那样，具有普适性和影响力（No other technology is as prevalent and influential as chemical technology in all industries）。化学工程学科可以随着新的发现而改变。化学工程师在职业生涯的后期可能会发现自己在一个毕业时并不存在的行业工作（Chemical engineering can change with new discoveries. Chemical engineers later in their careers might find themselves working in an industry that did not exist when they graduated）。

1.1.4　化学工程学科的历史沿革

1.1.4.1　化学工程学科的发展历程或阶段

从历史上看，化学工程的概念是系统地从工业化学发展到单元操作，然后发展到化学工程科学，最后发展到化工系统工程，四个阶段，历程如表 1-1 所示[2]。化学工程学科诞生于工业化学。

表 1-1 化学工程学科发展历程

时间节点	发展阶段
1900 年	工业化学
1925 年	单元操作
1950 年	化学工程科学
1975 年	化工系统工程

（1）工业化学阶段（源于欧洲的英国和德国）

① 化学工程学科的萌芽。

19 世纪，工业化学的生产实践十分繁荣。

1839 年，Andrew Ure 出版的 *A Dictionary of Arts, Manufactures and Mines* 中出现了"化学工程师"（Chemical Engineers）这个词条[5]。说明"化学工程师"之前已经在一定范围内使用了。化学工程师实际上已经成为当时新的社会角色。

1848 年，在英国大学研究工业化学［研究起始于德国吉森大学（University of Giessen）］的弗里德里希·路德维希·克纳普［Friedrich Ludwig Knapp，1814—1904 年，图 1-1（a）］、埃德蒙·罗纳德（Edmund Ronalds）和托马斯·理查森（Thomas Richardson）出版了重要著作《化工技术》（*Chemical Technology*）［图 1-1（b）］(Its study at British universities began with the publication of the important book *Chemical Technology* in 1848)[6]。1850 年以后使用"化学工程"一词描述机械设备在化学工业中的应用，该词成为英国的常用词汇。

吉森大学的化学家尤斯图斯·冯·李比希（Justus von Liebig，1803—1873 年），是 19 世纪最著名和最有成就的化学家，是有机化学、农业化学和营养生理学的奠基人，也是第一个将试验引入自然科学教学的人。他改进了化学中的分析方法，并指导了许多杰出的学生（在最早的 60 名诺贝尔化学奖获得者中，有 42 人是他的学生或学生的学生）。

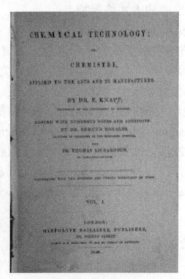

(a) Friedrich Ludwig Knapp (b) *Chemical Technology*

图 1-1 德国化学家弗里德里希·路德维希·克纳普及其著作《化工技术》[6]

硫酸生产：工业化学生产实践在 19 世纪初非常兴盛。但是，直到 19 世纪 80 年代，人们才认识到控制化学工艺是一项独特的专业活动。这一认识是化学工程学科出现的雏形。历史学家认为：化学工程形成并发展于 20 世纪。当时，有机化学已存在一个世纪，而无机化学则更早。硫酸因其用途广、生产量大而成为助推 18 世纪经济增长和工业革命所必需的第一化学品。对于当时正在使用铅室法（始于 1749 年）的硫酸生产，需要优化其生产过程。而 1859 年 John Glover 采用传质塔设备，成功回收了尾气中挥发的硝酸盐，从而显著减少了生产过程中的化学物质损失，节约了生产成本。

索尔维制碱法：法国化学家尼古拉斯·勒布朗（Nicolas Leblanc，1742—1806 年）于 1788 年发明了第一个工业制纯碱（碳酸钠，Na_2CO_3）和钾碱（碳酸钾，K_2CO_3）的生产工艺，1791 年取得专利，称为勒布朗工艺。

与硫酸类似，纯碱等具有广泛工业应用，如生产玻璃、肥皂和纺织品等，需求量很大。但是，勒布朗工艺会产生难闻气体及副产物硫化钙，影响环境和健康。此后比利时人欧内斯特·索尔维（Ernest Solvay，1838—1922 年）经过精心而复杂的研究，以食盐、石灰石和氨为原料，制得了碳酸钠和氯化钙，称为氨碱法（ammonia soda process），解决了上述问题，也被称为索尔维法，取代了勒布朗制碱工艺。

氨碱法实现了连续性生产，食盐的利用率得到提高，产品质量纯净，因而被称为纯碱，但其最大的优点还在于成本低廉。1867 年索尔维设厂制造的产品在巴黎世界博览会上获得铜制奖章，此法被正式命名为索尔维法。此时，纯碱的价格显著下降。正在从事勒布朗法制碱的英国哈琴森公司，也取得了两年独占索尔维法的权利。1873 年哈琴森公司改组为卜内门公司，建立了大规模生产纯碱的工厂，后来，法、德、美等国相继建厂。

然而，这些国家发起组织索尔维公会，设计图纸只向会员国公开，对外绝对保密。凡有改良或新发现，会员国之间彼此通气，并相约不申请专利，以防泄漏。除了技术之外，销售也有限制，他们采取分区售货的办法，例如，中国市场由英国卜内门公司独占。在如此严密的组织方式下，凡是未获得索尔维公会特许权者，根本无从得知氨碱法生产详情。多年来许多想探索索尔维法奥秘的厂商，都以失败而告终。直到 1933 年侯德榜著书《纯碱制造》，才将索尔维制碱法公之于众。再后来此法被更为先进的侯氏制碱法取代。图 1-2 为两位制碱工艺发明人。

(a) 尼古拉斯·勒布朗　　　(b) 欧内斯特·索尔维

图 1-2　两位制碱工艺发明者

化学工程学科的先驱（世界第 1 位化学工程师）——乔治·爱德华·戴维斯（George Edward Davis，1850—1907 年）：他是英国一位书商的长子。他的大学受教育阶段在伦敦的斯劳机械学院和皇家矿业学院（现在的伦敦帝国理工学院）度过。早年，他担任过英格兰中部地区的英国皇家 1863 年"碱法案"（Alkali Act 1863）检查员。此法案是非常早期的环境立法，要求苏打制造商减少从工厂排放到大气中的盐酸气体排放量。检查期间他参观了各种各样的化工厂，并热衷于归纳出所有化工厂的共性特点和规律。1880 年，根据他的化学工程学科概念，提出成立"化学工程师学会"，但是没有成功。尽管如此，他继续勇敢推广化学工程观点。1886 年创办了《化工贸易杂志》(*Chemical Trade Journal*)。1887 年在英国曼彻斯特技术学院，即现在的曼彻斯特大学，连续做了 12 个化学工程方面的学术讲座，之后，将讲座内容发表于 *Chemical Trade Journal*。1895 年，戴维斯任英国化学工程学会曼彻斯特分会主席。1901 年，他在这 12 个报告的基础上，整理出版了两卷《化学工程手册》(*Handbook of Chemical Engineering*)，并于 1904 修订。戴维斯认为：化学工业发展中所面临的许多问题，往往是工程问题。因此，不同于当时的许多化学工业专著，该书独特地从许多工业的共性规律入手，采用了"单元"和"操作"两个术语，按照单元操作的思路组织章节内容。例如：固体颗粒、液体和气体的输送、蒸馏、结晶、蒸发等，且有设备图和工业实践示例。该书对化学工程新学科的诞生起到了重要的促进作用，是世界上第一部关于化学工程的专著。当时，美国麻省理工学院的教授威廉 H. 沃克和沃伦 K. 刘易斯也做了类似的工作。直到 19 世纪 90 年代，美国工程师才完全接受"化学工程"这个概念。之后，化学工程成为一个崭新的研究领域。其实，他的系列讲座内容也曾被批评为"常识"，因为这些内容是围绕英国化工行业使用的操作规范所设计的。然而，在当时的美国，这些资料帮助启动了化学工业的新思维，并启发了美国几所大学设立了化学工程学士学位课程。

这一时期，戴维斯提出设立一门《化学工程》新课程，围绕化工单元操作进行组织，后称"单元操作"。他对这些操作的经验进行了分析总结，并在英国化学工业中进行了实践。但是，他的提议在英国没有被接受，努力再次失败，不过他的梦想最终在美国实现了。之所以开新课会失败是因为：开一门强调一般原则的课程，商业公司比大学更适合。因此，学术和政府的态度可能起到了一定作用。另一个原因是亨利·爱德华·阿姆斯特朗（Henry Edward Armstrong）三年前已经开设了化学工程学位课程，但未能成功，因为当时雇主宁愿雇佣化学家和机械工程师讲课，也不愿雇佣化学工程师上课。

综上分析可以看出，创立一门新的学科十分艰难，因此，戴维斯也被尊称为化学工程学科之父/先驱/开拓者、世界上第 1 位化学工程师，他当之无愧。图 1-3 就是乔治·爱德华·戴维斯。

② 化学工程学科的诞生。

刘易斯 M. 诺顿（Lewis M. Norton，1854—1893 年）（图 1-4）：1888 年，戴维斯著名的化工系列讲座开设后的仅仅几个月，美国麻省理工学院（MIT）的化学教授刘易斯 M. 诺顿，同期启动了化学工程学科的第 1 个为期 4 年的化学工程学士学位课程，即著名的"课程 X"。诺顿的课程只是简单将化学和工程学（主要是机械工程）合并介绍。之后，宾夕法尼亚大学和杜兰大学及其他几个院校 [University of Pennsylvania (1894), Tulane University (1894), University of Michigan (1898), Tufts University (1898)] 效仿 MIT，也开设了化学工程学士学位课程。

肯尼思·宾厄姆·奎南（Kenneth Bingham Quinan）：早期的化学工程师很难让人相信他们是工程师而非化学家。1908 年美国化学工程师学会（American Institute of Chemical Engineers, AIChE）成立。AIChE 将化学工程定义为一门基于单元操作的独立科学。20 世纪 20 年代，化学工程学科在 MIT 等美国大学和伦敦帝国理工大学已经成为重要的学科。1922 年，化学工程师的一个重要贡献是促成了英国化学工程师学会（Institution of Chemical Engineers，IChemE）的成立，肯尼思·宾厄姆·奎南（Kenneth Bingham Quinan）（图 1-5）是该机构第一任副主席。而任命的原因是：在第一次世界大战期间，英国军队面临着弹药短缺危机。当时，肯尼思·宾厄姆·奎南设计并领导了大规模生产高效炸药和推进剂，最终促成了 1922 年 IChemE 的成立。

程耀椿（1897—1980 年）：1930 年 2 月 9 日，中国化学工程学会在 MIT 成立，程耀椿担任首任会长（图 1-6）。他于 1919 年毕业于清华学校化工系。

图1-3　世界化学工程学科的先驱——乔治·爱德华·戴维斯

图1-4　刘易斯 M. 诺顿

图1-5　肯尼思·宾厄姆·奎南

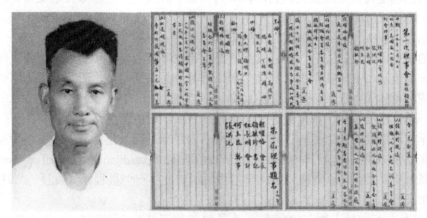

图1-6　中国化学工程学会首任会长程耀椿及会议记录

苏元复（1910—1991 年）：1957 年，我国化学工程领域开始系统地开展工作[7]。当时钱学森建议国内建立若干重要的"技术科学"，以适应国家工业技术发展及经济建设的需要。在苏元复（图1-7）等的积极倡导下，编制了化学工程学的科技发展规划（最后形成了《1963～1972 年科技发展规划——化学工程学篇》）。相关的高等院校开始逐步设置化学工程专业，并安排了科研工作，化学工程在各个方面开始蓬勃发展起来。1963 年在上海举行了第 1 届化学工程校际学术讨论会，与会人员提交了 64 篇论文。内容包括：传递过程原理、化学反应工程、蒸馏及吸收、萃取及浸取、离子交换及吸附、传热、固体流态化及其他方面。

关于化学工程学科的诞生，MIT 认为：1888 年，受德国大学发展的影响，以及乔治 E. 戴维斯在英国曼彻斯特技术学院举办的一系列关于英国化学工业操作实践的讲座，麻省理工学院化学教授刘易斯 M. 诺顿（Lewis M. Norton）创建了课程 X（Course X），这是世界上第一个 4 年制化学工程课程（课程材料主要取自诺顿的《德国工业实践笔记》）。化学工程课程是在化学系讲授。1891 年，化学系授予 7 个化学工程学士学位。不幸的是，诺顿于 1893 年去世，享年 39 岁。此时，刚刚毕业的弗兰克 H. 索普（Frank H. Thorpe，1864—1932 年）博士在阿瑟 A. 诺伊斯（Arthur A. Noyes，1866—1936 年） 和后来的威廉 H. 沃克（William H. Walker，1869—1934 年）的帮助下，领导了课程 X。1903 年诺伊斯（Noyes）在麻省理工学院建立了物理化学研究实验室。1898 年索普（Thorpe）出版的《工业化学纲要》被认为是最早的化学工程教科书之一。1907 年，麻省理工学院成为第一所授予化学工程博士学位的学校。

对化学工程学科的形成和化学工业的发展做出重要贡献的还有一个大事件，就是 1908～1911 年间的哈伯-博施（Haber-Bosch）合成氨工艺的成功工业化。

图 1-7　苏元复教授

图 1-8　合成氨工艺发明人弗里茨·哈伯和卡尔·博施

其实，法国化学家亨利·勒夏特利（Henri Louis Le Chatelier，1850—1936 年）在多年前，根据其本人的勒夏特列原理就预测到可以从大气氮中合成氨，但是却失之交臂。之后，化学家弗里茨·哈伯（Fritz Haber，1868—1934 年）借助于这个原理设计出了从大气氮中生产氨的反应，这是个重大发明；在德国，机械工程师卡尔·博施（Carl Bosch，1874—1940 年）扩展了哈伯开发的合成氨工艺，使合成氨的工业化生产成为现实（图 1-8）。两人都因在克服大规模、连续流动、高压技术带来的化学和工程等方面问题的工作而获得诺贝尔奖。当时合成氨的反应温度达 500℃，操作压力达 1000 个大气压。

上述一系列重要工作，都促成了化学工程这一新学科的诞生。

在化学工程学科形成之后的过程中，一般认为经历了几个里程碑式的发展阶段。

（2）单元操作阶段（化学工程学科的第一个里程碑；First paradigm of chemical engineering）"单元操作"概念及其系列理论被认为是化学工程学科史上第一个里程碑式发展。此时，"化学工程"即"单元操作"。

① 单元操作标志性人物。1916 年，美国 MIT 的亚瑟 D. 利特尔（Arthur Dehon Little，1863—1935 年）提出了用"单元操作"概念解释工业化学过程，也有种说法是 1905 年威廉H. 沃克（William H. Walker，1869—1934 年）在课程中引入了"单元操作"概念。1920 年，MIT 单独成立了化工系（Department of Chemical Engineering），系主任是沃伦 K. 刘易斯（Warren K. Lewis，1882—1975 年）。图 1-9 是三位教授的照片。

1923 年，威廉 H. 沃克、沃伦 K. 刘易斯和威廉 H. 麦克亚当斯（William H. Mcadams，1892—1975 年），包括当时的一些研究生，以亚瑟 D. 利特尔等的单元操作概念为基础，结合威廉 H. 沃克提出的概念对 Course X 进行完善，使化学工程成为了有明显区分度的专业。基于单元操作是化学工程的基本原理。他们合著了《化工原理》（*The Principles of Chemical Engineering*）一书。书中解释了遵循相同物理规律的各种化工过程，并将这些相似的过程归纳为有限个单元操作。单元操作还包括：机械操作（例如，混合与破碎等）和热过程操作（例如，液化与制冷等）。该书成了多年来化学工程的标准教科书。《化工原理》被认为是化学工程学科发展史上第一个里程碑：单元操作的标志性成果。

亚瑟 D·利特尔　　威廉 H·沃克　　沃伦 K·刘易斯

图 1-9　对化学工程学科的单元操作这一里程碑式发展做出重要贡献的标志性人物

② 化工单元操作分类。化工单元操作一般分为 5 类，具体见表 1-2。

表 1-2　5 类化工单元操作

单元操作类别	具体的操作过程
机械力学过程	固体破碎、固体输送、筛分
传质过程	蒸馏、吸收、萃取、干燥
流体流动过程	过滤、流体输送、固体流态化
热力学过程	制冷、气体液化
传热过程	冷凝、蒸发

常见的化工单元操作在各个行业的应用技术见表 1-3。

表 1-3　常见的化工单元操作技术及其行业应用示例

行业	单元操作
石油化工	溶液聚合 流化床聚合 缩合聚合 特殊聚合物及单体回收
制药	分离 手性选择性 并行合成多步骤处理
实验室	催化剂开发 多功能小型工厂超临界湿式氧化 间歇至连续流放大
食品	固体混合 淀粉加工 超临界萃取加氢/脱氢
能源	替代燃料 合成气/燃料电池 超临界处理液化/升级
炼油	重整 加氢裂化 异构化 加氢处理
化学品	氨化 烷基化 羧基化 晶体生长

（3）化学工程科学（Chemical Engineering Science）阶段（也称为传递现象阶段）　19 世纪 50、60 年代，化学工程学科中所谓的工程科学方法产生了，被认为是化学工程学科发展的第二个里程碑。

化学工程科学要求在对涉及的化学工艺过程进行分析时，就像自然科学家对自然现象一样进行基础的、有深度的思考和研究。化学工程师对待这些工艺进行定量分析，并应用控制原理，揭示与材料和设备相关的过程规律。化学工程科学主要利用质量、动量和能量传递理论，以及热力学和化学动力学（后诞生"化学反应工程"概念：1957年荷兰阿姆斯特丹在第1届欧洲化学反应工程会议上提出，研究化学反应的速率及实现的设备）知识，分析和改进"单元操作"，如蒸馏、混合和生物过程等，即"三传一反"。其他工程科学此时也在进行类似的有深度的科学分析。

这个阶段的标志性成果是专著《传递现象》[8]。这样，《化工原理》的实践性结合《传递现象》的理论性，使单元操作在科学理论上升华。此阶段的"化学工程"即指"三传一反"：动量＋热量＋质量传递＋化学反应工程。

（4）化工系统工程（Chemical Systems Engineering） 一个化工厂往往是由多个单元组成的。要想使整个系统高效低成本运行，就必须采用系统工程的观点，对各个部分加以分析研究。因此，化工系统工程是化工学科的重要内容。化工系统工程又分为过程设计、过程控制和过程操作。

20世纪60年代，化学工艺系统经历了爆炸式增长。原因为：由于化学工业的快速增长，需要成本较低的工艺。为了优化生产过程，有必要对单元操作中的基本现象进行科学的描述；计算机也成为生产过程单元更可靠定量描述的必要手段。

此时，化学工程师可以对反应、反应速率、纯物质和混合物的热物理性质、平衡和速率过程进行数学描述，并将其集成为设备设计参数和工艺操作条件的函数，进行系统工程优化等。

此阶段的"化学工程"为单元操作、传递过程、反应工程、热力学、系统工程、控制工程、过程优化集成、分子模拟及其综合等完整知识体系。

（5）20世纪70年代中期至20世纪末的化学工程学科 这一阶段，化学工程学科形成了比较完整的知识体系。

化学工程与各综合学科（生命、环境、信息、能源、材料）交叉，形成了许多新的分支（生物化学工程、生物医学、材料化工、分子化学工程、环境化学工程、能源化学工程、计算化学工程、微电子化学工程、纳米技术等）。

（6）21世纪以来的化学工程学科（现代化学工程学科，通用的过程工程学科） 21世纪以来的化学工程学科，是从微观到宏观的多尺度介科学的化学工程学科。化学工程学科与高科技（超级计算、互联网、大数据和人工智能等）和新兴学科交叉。化学学科与化学工程学科的联系更加紧密，提出了新方向。今天，化学工程师在可持续发展、新能源和可再生能源、微纳制造（超纯制剂和微电子）、高性能功能材料、生物医药和健康等领域发挥了更大作用。期待21世纪化学工程学科新的里程碑式发展！

1.1.4.2　具体的单元操作与传递过程

（1）化学工业的生产流程与单元操作 化学工业的典型生产流程与单元操作如图1-10所示，主要包括：原料预处理、化学反应、后处理等过程，最后制得产品。其中，化学反应及反应器处于核心地位，而前处理和后处理则涉及一系列基本物理操作过程，比如预热、冷却、精馏、吸收等。这些基本物理操作过程，通称为化工单元操作，简称单元操作。

（2）化工过程常见的单元操作 比较常见的化工单元操作如下：

① 破（粉）碎、筛分、固体输送；

② 流体输送、沉降、过滤、混合；

③ 加热、冷却、冷凝、蒸发；

④ 蒸馏、吸收、萃取、吸附、膜分离；

⑤ 增湿、减湿、结晶、干燥；

⑥ 热力过程（制冷、 液化）、粉体工程（颗粒流态化）等。

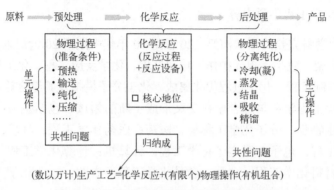

图 1-10　化学工业典型生产流程与单元操作

（3）单元操作的特点　单元操作内容："过程"+"设备"，也称化工过程及设备。

① 属于物理过程；

② 同一单元操作在不同的化工生产中遵循相同的过程规律，但在操作条件及设备类型（或结构）方面会有很大差别；

③ 对同样的工程目的，可用不同的单元操作实现。

例如，混合物分离可采用蒸馏、萃取、膜分离等。

（4）单元操作的不断创新　根据生产需求，需要不断开发新的单元操作：

① 电磁分离；

② 超临界萃取；

③ 单元操作集成：反应精馏、萃取精馏等。

开发新单元操作的驱动力：

① 实现过程强化、节能降耗、高效安全等；

反应精馏等过程集成是途径之一。

② 绿色化学工艺、化工过程和设备的要求；

超临界工艺和过程及设备，无毒、无害、无"三废"。

③ 循环经济要求；

产品/工艺/过程及设备，循环利用，无"三废"/原子经济性。

④ 产品工程（产品市场导向、柔性生产等）；

⑤ 高新技术等提出要求等。

（5）从单元操作到传递过程　研究发现，若干单元操作遵循相同的传递规律，包括动量、质量和热量传递规律。例如：流体输送、沉降、过滤、混合与搅拌、流态化——遵循动量传递基本规律；加热、冷却、冷凝、蒸发、制冷——遵循热量传递基本规律；蒸馏、吸收、萃取、浸取、吸附、膜分离——遵循质量传递基本规律；增湿、减湿、结晶、干燥——遵循热量和质量同时传递的规律。

单元操作可分为动量、质量、热量传递，或者它们的结合。三种传递之间存在类似规律，可用相似的数学模型描述，并可归结为速率问题加以研究。因此，建立了"动量、质量和热量"（即"三传"）理论。"三传"理论的建立，是单元操作在理论上的进一步发展和深化。

1.1.4.3　丰富的化学工程学科内容

（1）化学工程学科完整的知识构架　20世纪70年代中期至20世纪末，化学工程学科具有了完整的知识构架，包括：单元操作、传递过程、化学反应工程、化工热力学、化工系统工程、化工过程控制工程、化工过程优化集成、化工分子模拟及其综合等。

近年来，化学工程学科与综合学科交叉形成了新的领域，包括生命：生物化学工程、生物工程、合成生物学、分子化学工程等；医药：医药化学工程；环境：环境化学工程；信息：计算化学工程；电子：微电子化学工程；计算机：计算化学工程；能源：能源化学工程；材料：新材料化学工程；食品：食品化学工程；农业：农业化学工程；核工业：核化工等。

（2）化学工程学科的大学课程框架　化学工程学科的大学课程知识体系框架包括[2]：流体力学、热量和质量传递、化学反应工程、化工热力学、过程及设备设计、化工装置设计、化工分离过程、过程动力学及控制等。

（3）化学工程学科需要研究的两个基本问题

① 单元操作、过程或系统的平衡和限度（或极限）问题。

属于《化工热力学》等研究的范畴。

② 单元操作、过程或系统的速率（或快慢）以及实现过程的设备问题。

属于过程的速率问题。包括：化学反应过程的速率以及实现过程的设备问题——《化学反应动力学》和《化学反应工程》研究的内容。物理过程的速率以及实现过程的设备问题——《单元操作：设备及工程化》和《传递现象（传递过程原理）：机理》研究的内容。

（4）化学工程学科研究的其他问题　《系统工程》和《分子模拟》等。

（5）化学工程学科工程师的工业（部门）领域　化学工程学科工程师的工业（部门）领域包括：基础化品、生物化工、能源、材料、电子、空间科学等。

1.2　化学工程学科的前沿

1.2.1　了解化学工程学科研究领域的途径

1.2.1.1　了解我国化学工程学科研究领域及前沿方向的途径

可通过上网查阅科技部网站了解我国的科技计划资助体系，以及目前我国正在重点申请支持和研发的科学技术领域和研究方向。对于自然科学的前沿领域，可以查阅国家自然科学基金委员会的网站了解。科技部和国家自然科学基金委员会每年都要发布项目申请指南，可从中查到化学工程及其相关学科的研究领域。化学工程学科的项目申请，大部分在化学科学部化学科学五处。进入国家自然科学基金委员会网站首页，点击左边栏目的科学部资助领域和注意事项，可以查阅申请代码，了解最新的年度支持方向。具体细节如图 1-11 所示。

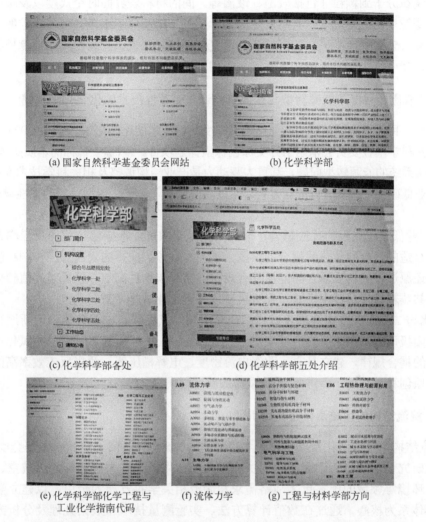

(a) 国家自然科学基金委员会网站　　　　　(b) 化学科学部

(c) 化学科学部各处　　　　　(d) 化学科学部五处介绍

(e) 化学科学部化学工程与　　(f) 流体力学　　(g) 工程与材料学部方向
工业化学指南代码

图 1-11　从国家自然科学基金委员会网站获得化工学科科研支持方向信息（2023 年 1 月）

1.2.1.2　了解世界上化学工程学科研究领域及前沿方向的途径

可以通过图书馆中的重要学术数据库进行文献调研和分析。常用的外文数据库有：SCI 或 EI 等。常用的中文数据库有知网等。限于篇幅，不在此赘述。

1.2.2　化学工程学科的前沿支持方向

1.2.2.1　多相反应过程中的介尺度机制及调控

国家自然科学基金委员会重大研究计划项目"多相反应过程中的介尺度机制及调控"

（2013—2021 年）是我国第一个化学工程学科领域的重大研究计划项目。研究化工及更广义的过程工程领域普遍存在的介尺度行为，并重点针对多相反应过程。所谓介尺度行为，是由大量单元组成的系统在全局与个体之间的尺度上形成的复杂时空结构。在多相反应过程中，它主要表现在分子到颗粒（包括气泡、液滴等）间的材料表界面时空尺度以及颗粒到反应器整体间的颗粒聚团时空尺度。其中发生的化学反应（原子分子水平）受传质扩散（分子群水平）和流动（宏观统计水平）的影响而呈现复杂行为。探索该行为中不同尺度控制机制的关联与耦合，建立其物理数学表述，并服务于相关工艺过程的开发。

1.2.2.2 "双碳"目标下能源转型与产业结构调整变革性技术的化学化工基础

"'双碳'目标下能源转型与产业结构调整变革性技术的化学化工基础"（2023—2026 年）是国家自然科学基金委员会指南引导类原创探索计划项目。"双碳"目标的本质是基于碳循环、碳固定、碳系统的能源转型问题，其重大驱动力是产业结构调整及相关科学技术变革。该项目拟资助产业低碳化中的耦合反应新过程，促进高排放产业低碳化转型路径的理性设计。资助方向如下。

① 产业低碳化过程的反应耦合：研究典型重排放产业低碳化过程的反应耦合基础，设计并匹配合适的与碳酸盐热解耦合的供氢分子，探索源头减排的表面反应控制机制，阐明其共热原位还原过程的物质耦合与能量耦合规律，实现碳物种高选择性低温高值转化，建立碳酸盐热解共热耦合安全技术模式，促进重排放过程工业减排增效。

② 水与二氧化碳共电解耦合过程：研究水与二氧化碳共电解转化利用新途径，设计并匹配合适阳极反应，阐明阴极活性氢对二氧化碳还原、阳极活性氧对有机物氧化反应作用机制及二者的耦合规律，建立具有工业级电流密度、电解槽压低、两极反应效率高的技术模式与电催化原创科学基础，促进零碳/负碳排放新过程研究。

1.2.2.3 湍流结构的生成演化及作用机理

"湍流结构的生成演化及作用机理"（2023—2025 年）是国家自然科学基金委员会 2022年度重大研究计划项目。湍流结构的生成演化及作用机理重大研究计划以航空、航天、航海、大气环境等领域的国家重大战略需求和湍流相关学科发展为牵引，以建立湍流结构动力学理论体系为核心，通过在数值计算方法、实验测量技术和数据处理及分析方法方面的不断创新，具体针对湍流结构的生成和演化以及在多种条件下的作用机理进行研究。注重物理机理研究和应用基础研究相结合，提倡概念创新、理论创新、方法创新、技术创新，探索颠覆性的原始创新思想，发展高精度的数值计算方法和精细的实验测量技术，揭示湍流结构的生成、演化和相互作用机理；基于湍流结构的时空演化特性，发展时空精准的湍流模式理论和模型；开展湍流模式理论和模型的综合验证，实现重大工程应用中湍流阻力、热流率和湍流噪声的准确预测和调控。在关键科学问题的研究中获得原始创新成果，为航空、航天、航海等领域重大运载装备的研制及大气环境治理等重要工程领域提供科学理论与方法。

（1）科学目标　拟在 4 个方面取得突破：①在新概念方面，提出基于结构的湍流研究新概念，探索颠覆性原创思想；②在新理论方面，提出基于结构基元的湍流理论和基于时空耦合和物理约束等的湍流模型；③在新方法方面，给出基于拉格朗日观点的湍流结构表征方法，以及近壁三维湍流结构时空解析、精确、高效的计算和实验测量方法；④在新技术方面，围绕流动控制及减阻、热防护和降噪技术，提出基于湍流结构的设计理念，提高湍流应用软件准确度/实用性和控制。

（2）资助研究方向

① 复杂湍流结构的生成及演化。发展转捩、分离流的先进理论与湍流预测模型；研究旋转条件下的流动转捩、分离和再层流化的机理和预测模型；探讨壁面曲率对旋转流动转捩过程的影响，发展考虑系统旋转和壁面曲率效应的流动转捩理论；基于欧拉/拉格朗日方法，研究高超声速壁湍流结构的生成机理及演化特征；研究不同扰动形式（如粗糙度、尾迹扰动等因素）对边界层转捩过程和位置的影响规律，建立相关理论；研究极端条件下流体界面增长及湍流混合理论；开展多物质界面不稳定性和湍流混合流动结构的生成机理和低维简化模型研究；

② 湍流结构演化的时空多尺度相互作用。发展两相湍流动力学与运动学的统一模型，研究气泡和颗粒等与湍流结构的相互作用机制；研究典型飞行器内外流激波-湍流、激波-边界层相互作用机理；建立时空多尺度的湍流预测模型；研究考虑可压缩性效应的湍流混合预测模型；建立基于湍流结构时空演化的统计和模式理论；发展湍流拟序结构的动力学模型，揭示近壁湍流结构的自维持机制；建立湍流结构时空演化的降维模型；研究湍流结构与非定常动边界的相互作用机理及其演化规律；

③ 湍流结构对力、热、声的作用机制。发展壁流动的转捩与湍流减阻的主、被动控制方法；研究基于湍流结构和机器学习的湍流流动分离控制方法；探究非定常动边界在湍流中产生推力和升力的机制及相关的稳定性控制方法；研究多尺度湍流结构在传热、传质过程中的作用机理；研究高速飞行器气动热的产生机理，以及湍流结构与气动热的相互作用机制；发展湍流与复杂边界相互作用致声的数学理论，研究湍流噪声致声机理与理论指导的优化控制方法；开展空化多尺度流动结构流致噪声和空蚀的机理与建模研究；

④ 湍流高精度的计算方法和高解析度的实验技术。发展近壁流动的高分辨率显示和精细测量技术；发展湍流边界层结构和高超声速边界层气动热的高精度实验测量方法和技术；研究湍流流动结构及多物理参数场的同步测试与实验方法；发展旋转系统中流动转捩的高精度数值模拟方法及实验测量方法；发展近壁流动转捩的高精度计算方法；发展转捩、分离流的高精度数值模拟方法；发展极端条件下多相湍流的高精度数值方法；发展湍流结构演化及湍流噪声的高精度超大规模计算技术；发展高速流中气动热预测的高精度数值方法。

1.2.2.4 重点支持研究领域或方向

国家自然科学基金委员会化学科学部 2022 年重点支持研究领域或方向如下：

（1）高端专用化学品和特种气体制备（B08）；

（2）化工基础数据与理论方法（B08）；

（3）化工过程界面现象及调控（B08）；

（4）工业催化剂的工程制备基础（B08）；

（5）化工分离新材料与新方法（B08）；

（6）新型化工装备与智能化（B08）；

（7）系统工程与化工安全（B08）；

（8）面向碳减排的绿色化工新过程（B0S）；

（9）医药与功能食品的先进化工制造（B08）；

（10）新能源关键材料与过程（B08）；

（11）生物质综合利用的化工基础（B08）；

（12）重要化学品的生物制造与合成生物技术（B08）；

（13）化石能源高效转化与资源化的化工基础（B08）；

（14）环境治理与废弃物循环利用的化工基础（B08）；

（15）碳资源转化的化学基础（B09）；

（16）高效光/电化学全分解水（B09）；

（17）高效率燃料电池化学（B09）；

（18）二次电池的性能衰退机制（B09）；

（19）固态电池的关键材料化学（B09）；

（20）新型储能化学及新概念器件（B09）；

（21）新型薄膜光伏电池的化学基础（B09）；

（22）非传统芳香性研究（BOX）。

1.2.2.5　其他和化工相关学部的重点支持项目

例如：数理科学部的流体力学分支和工程与材料科学部的工程热物理与能源利用分支，也有相关的重点支持方向。

1.2.2.6　化学工程学科的前沿方向分类

化学工程学科的前沿方向主要包括：化工热力学、传递过程、反应工程、分离工程、表（界）面工程、过程强化与化工装备、介科学与智能化工、绿色化工与化工安全、医药化工、光化学与电化学工程、生物质转化与轻工制造、生物化工与合成生物工程、农业与食品化工、精细化工与合成生物工程、能源化工、产品工程与材料化工、资源环境和生态化工、多相流场/温度场/浓度场等测试方法、物质转化过程分析鉴别和检测、过程及装备系统的3D打印、核化工及军工等。

1.2.3　需求新变化给化学工程学科带来的新机遇

1.2.3.1　新燃料来源带来的学科发展新机遇

由于新的燃料是从油页岩、煤、油砂中提炼出来的，因此，化学工程师需要研究以这些燃料新来源为基础的设计、实施和生产燃料及其利用的新方法[2]。

1.2.3.2　提高化石燃料的替代能源的利用效率

需要研究如何提高太阳能等替代能源的利用效率。研究有效吸收太阳光的新材料、利用太阳辐射全光谱波长的新技术，以及基于纳米结构的新方法等[2]。

太阳能通过光伏太阳能电池转化为电能。利用薄膜、染料敏化、有机半导体和量子点的新方法，可更便宜、更高效、更持久利用。

1.2.3.3　生物质气体和液体燃料的生产

主要的研究包括[2]：①利用各种可选择的原料，在发电过程中整合生态效率和绿色能源；②整合热电联产发电设施；③开发用于太阳能电池板的高效硅吸收器和大容量存储电池；④对广泛使用并网小型风能转换系统（SWEC）的障碍进行控制，并为发电站提供不间断天然气的综合管道设计等。

1.2.3.4　分子生物学研究

随着分子生物学和医学的进步，对人类健康做出贡献的潜在领域包括：诊断试验、人工器官的设计和制造以及治疗药物。另一个领域包括化学治疗工程，它被定义为应用并进一步发展用于癌症和其他疾病的化学工程原理、技术和装置的工程学科。化疗是目前治疗癌症和心血管疾病最重要的方法之一。化学治疗工程的出现有助于解决化疗中的问题，以最佳的疗效和最少的副作用，并最终发展出一种理想的化疗方式。

1.2.3.5　农业相关的研究

① 兽药的生产和植物细胞培养技术的推广将需要越来越多的化学工程原理的应用。利用基因工程系统合成化学品和废物的生物处理。涉及的化学工程前沿包括：a. 基本生物学相互作用建模；b. 将过程工程的范围扩展到生物系统；c. 研究重要的表面和界面现象；d. 对整个器官或全身系统进行工程分析。

② 生物技术的商业化需要一种新的化学工程师：在生命科学和过程工程原理方面具有坚实基础的人。

1.2.3.6　其他领域

化学工程师将构想并彻底解决从微观到宏观的一系列问题；未来的化学工程师将比任何其他工程分支整合更宽的尺度规模，这将带来更多的研究机会。

（1）化工系统工程视角　化工系统工程是化工决策的方法学，约有 40 年历史。利用化工供应链概念，借助于计算机实现，考虑从微观到宏观系统：①供应链的起点是必须在分子水平上合成和表征的一系列化学品；②之后，这些分子聚集成团簇、粒子和薄膜；③然后作为单相和多相系统，最终形成宏观混合物，从化学过渡到工程；④下一步是一个生产过程单元的设计和分析；⑤这些单元再被集成为一个化学工厂系统中；⑥而多个化学工厂又集成为一个工业园区的网点；⑦多个网点最终形成一个工业园区事业系统。

（2）产品工程视角　随着科技的发展和人们生活需求的提高，化学工程正从初期的普通化学品的批量生产加工，转变为与分子结构复杂且具有高附加功能的产品开发生产相结合的模式。为了考虑分子尺度，通常应用的工艺过程设计将扩展到包括产品设计在内，并特别强调新分子的设计。主要区别是需要开发化合物及其混合物（从流体到结构材料）特性的预测能力，以及系统地生成替代品，以便在工艺设计中应用开发的结构决策方法。

工艺过程设计和产品设计的主要区别在于：在过程设计之前增加了识别客户需求、产生满足客户需求的智慧的想法，并在生成的想法中进行选择等步骤。这些都需要创业技能。

产品设计包括在分子、微观或纳米层面上理解结构和性能关系。通过控制微观结构的形成，可以确定产品的质量，从而获得产品所需的最终使用性能。

（3）过程强化/提高效率　过程强化/提高效率［Process Intensification (PI)］是根据保护环境的需要和经济因素而开发的。过程强化就是发展紧凑、节能、安全、环保的可持续过程。如果一台设备可以具有多变量功能，并且体积小得多，而不影响产量，那么该工艺在操作和空间方面总是更经济。PI 是一种集成微系统或新型单元操作的新途径。是一种可使设备尺寸/生产能力比、能耗或废物产生量将大幅降低，最终使成本更低的可持续技术。离心传质装置、反应精馏塔和微型反应器，是面向设备过程强化的例子。

化学工程正在研究包含微型反应器、微型热交换器、微型分析仪器等的微型/模块化工厂。如果该微型工厂与微型多功能反应器相结合，则可以开发更小型的工厂。多功能反应器可与放热反应和吸热反应耦合。把过程热集成以更有效地利用能源。耦合反应可以在管壳式换热器设计中进行。这将是一个紧凑的设计。这些领域由于其经济前景，有望成为化学工程研发工作的一大重点。

（4）催化剂、表面科学、纳米科学　化学工程师正在开发纳米探针、纳米材料、纳米管、纳米催化剂和纳米结构，用于复合固体火箭推进剂、生物柴油生产、燃料电池、医药、储能、染料、电子等领域。

工程师们还在应用先进的表面科学方法研究表面和界面化学反应的机理和动力学。

其他的焦点领域包括：寻找在纳米尺度上操纵材料以适应性能的方法（纳米结构合成）。所制备的先进材料结构可用于制备纳米厚聚合物膜，例如用于高级过滤。

表面科学技术的进步有助于开发下一代纳米催化剂。这些催化剂具有高活性、高稳定性和高选择性。高选择性催化剂有助于降低产品分离和废物处理过程的能源需求。

1.2.4　化学工程学科的未来展望

1.2.4.1　"双碳"（碳达峰/碳中和）目标下的化学工程发展挑战与机遇

2020 年 9 月 22 日，国家主席习近平在第 75 届联合国大会上宣布，中国二氧化碳排放力争于 2030 年前达到峰值，努力争取 2060 年前实现碳中和。2022 年 8 月，科技部、国家发展改革委、工业和信息化部等 9 部门印发《科技支撑碳达峰碳中和实施方案（2022—2030 年）》（以下简称《实施方案》），统筹提出支撑 2030 年前实现碳达峰目标的科技创新行动和保障举措，并为 2060 年前实现碳中和目标做好技术研发储备。

《实施方案》提出了 10 大行动，具体包括：①能源绿色低碳转型科技支撑行动；②低碳与零碳工业流程再造技术突破行动；③城乡建设与交通低碳零碳技术攻关行动；④负碳及非二氧化碳温室气体减排技术能力提升行动；⑤前沿颠覆性低碳技术创新行动；⑥低碳零碳技术示范行动；⑦碳达峰碳中和管理决策支撑行动；⑧碳达峰碳中和创新项目、基地、人才协同增效行动；⑨绿色低碳科技企业培育与服务行动；⑩碳达峰碳中和科技创新国际合作行动。

中国工程院院士贺克斌在 2022 年 9 月 2 日中国国际服务贸易交易会同时举办的首届中国生态环保产业服务"双碳"战略院士论坛上指出："双碳"行动特别是碳中和已经在世界范围形成广泛影响。截至 2021 年底，有 130 多个国家提出碳中和目标。截至 2022 年上半年，全球提出"双碳"目标的覆盖范围，可以用三个 90% 来表述：覆盖全球 90% 的二氧化碳排放量、90% 的 GDP 和 90% 的人口。"双碳"是名副其实具有全球影响的重要行动。"双碳"目标的提出具有三个层面的战略意义。首先是气候履约。其次是进入碳中和时代，会在全球形成新一轮的产业竞争或者经济发展模式的重大调整。根据国际能源署分析,未来实现全球"双碳"目标,从化石能源转向风光等为主体的能源结构时,全球可提供的风光能源资源总量是足够的。"双碳"时代世界经济的发展模式正在发生一个根本性的变化,就是从过去的能源资源依赖型走向未来的能源技术依赖型。

贺克斌院士还指出:未来碳减排有 5 大路径,包括:①资源增效减碳;②能源结构降碳;③地质空间存碳;④生态系统固碳;⑤市场机制融碳。"双碳"涉及自然科学、工程科学和社会科学,需要复合型人才,我国现在的课程体系、教材体系、教师的知识结构,都需要相应去调整,这对我国现阶段的人才培养体系提出了新的挑战。人才培养是未来"双碳"行动的关键之关键。

2021 年《北大金融评论》[9]发布了"双碳"目标下的技术路线图,包括:两条主线:①减少碳排放:a. 能源结构调整;b. 重点领域减排;c. 金融减排支持等。②增加碳吸收:a. 技术固碳;b. 生态固碳等。

(1)碳减排关键技术(低碳)

① 围绕化石能源绿色开发、低碳利用、减污降碳等开展技术创新,重点加强多能互补耦合、低碳建筑材料、低碳工业原料、低含氟原料等源头减排关键技术开发;

② 加强全产业链/跨产业低碳技术集成耦合、低碳工业流程再造、重点领域效率提升等过程减排关键技术开发;

③ 加强减污降碳协同、协同治理与生态循环、二氧化碳捕集/运输/封存以及非二氧化碳温室气体减排等末端减排关键技术开发。

(2)碳零排关键技术(零碳)

① 开发新型太阳能、风能、地热能、海洋能、生物质能、核能等零碳电力技术以及机械能、热化学、电化学等储能技术,加强高比例可再生能源并网、特高压输电、新型直流配电、分布式能源等先进能源互联网技术研究;

② 开发可再生能源/资源制氢、储氢、运氢和用氢技术以及低品位余热利用等零碳非电能源技术;

③ 开发生物质利用、氨能利用、废弃物循环利用、非含氟气体利用、能量回收利用等零碳原料/燃料替代技术;

④ 开发钢铁、化工、建材、石化、有色等重点行业的零碳工业流程再造技术。

(3)碳负排关键技术(负碳)

① 加强二氧化碳地质利用、二氧化碳高效转化燃料化学品、直接空气二氧化碳捕集、生物炭土壤改良等碳负排技术创新;

② 研究碳负排技术与减缓和适应气候变化之间的协同关系,引领构建生态安全的负排放技术体系;

③ 攻关固碳技术核心难点,加强森林、草原、湿地、海洋、土壤、冻土的固碳技术升级,提升生态系统碳汇等。

1.2.4.2　化学工程核心理论课程创新

建立"三传统一理论",或者包括反应的大统一理论。

1.2.4.3　目前化学工业中存在的问题

目前化学工业中存在的所有问题,将因化学工程学科的发展及技术进步而解决。包括:

从原子分子级到整个生态系统的原料处理、反应和分离、能源利用的过程及设备系统的设计、操作和智能化控制等，使化学工业成为绿色安全环保可持续发展的行业部门，在国民经济发展及人们生活水平提高中发挥更大作用，使未来的人类世界成为一个理想王国。

1.3　小结

本章比较系统地介绍了化学工程学科的发展历史，并从不同角度简述了化学工程学科的前沿方向。先有个印象，后再逐步凝练。

思考题

① 从化学工程学科的发展历史中得到了什么启发？
② 有哪些化工单元操作？有几个化工传递过程？
③ 成立一个新的学科，需要哪些条件？
④ 请指出 3～5 个感兴趣的化学工程学科的研究领域或前沿方向。
⑤ 试分析我国制定的"双碳"目标给化工科研带来了哪些机遇。

参考文献

[1] 中国科学院, 国家自然科学基金委员会. 未来 10 年中国学科发展战略: 总论[M]. 北京: 科学出版社, 2012.

[2] Uche N. Introduction to Chemical Engineering [M]. NJ: John Wiley & Sons Inc, 2019.

[3] John E G. Chemical engineering education in the next century [J]. Chem Eng Technol, 2001, 24(6): 561-570.

[4] Theodore L, Dupont R R , Ganesan K. Unit Operations in Environmental Engineering [M]. NJ: John Wiley & Sons Inc,2017.

[5] Ure Andrew. Dictionary of Arts, Manufacturers, and Mines: Containing a Clear Exposition of Their Principles and Practice [M]. London: A. Spottiswoode, New-Street-Square, 1840.

[6] Ronalds, B F. Bringing together academic and industrial chemistry: Edmund Ronalds′ contribution [J]. Substantia. 2019, 3 (1): 139 - 152.

[7] 萧成基. 化学工程学在我国的发展[J]. 化工进展, 1982(2): 82-88.

[8] Bird R B, Stewart W E, Lightfoot E N. Transport Phenomena [M]. New York: John Wiley & Sons Inc., 1960.

[9] 本刊编辑部. "双碳"目标下的技术路线图[J]. 北大金融评论, 2021, 3: 100.

第2章
流体力学

2.1 流体力学发展简史

2.1.1 流体力学的应用背景

流体力学涉及国民经济的许多行业领域，包括：化工、石油、机械、水利、采矿、冶金、交通、土建、航空航天、环境、气象和生物等。流体力学是构成化学工程学科重要的基础性理论内容，也是力学的一个重要分支[1-2]。

力学是一门重要的基础学科，也是一门技术学科，一般包括 4 大分支：①理论力学（theoretical mechanics）：研究物体机械运动的基本规律，其理论基础是牛顿三大定律，因此，也称为经典力学。理论力学包括：静力学（statics）：研究作用于物体上的力系的简化理论及力系平衡条件；运动学（kinematics）：研究物体机械运动的几何性质而不涉及运动的原因——物体的受力；动力学（dynamics）：研究物体机械运动与受力的关系，是理论力学的核心内容。②流体力学（fluid mechanics/hydrodynamics）：研究在各种力的作用下，流体本身的静止状态、运动状态以及流体和固体壁面间有相对运动时的相互作用和流动规律。③弹性力学（elasticity mechanics）：研究弹性体在外力和其他外界因素作用下产生的变形和内力，依据弹性力学三大基本规律：变形连续规律、应力-应变关系和运动（或平衡）规律。④材料力学（materials mechanics）：研究材料在各种外力作用下产生的应变、应力、强度、刚度、稳定和导致的材料破坏的极限等。

流体力学是化学工程学科的重要基础理论知识。化工过程有许多涉及流体力学，包括：化工过程装备系统（塔器、反应器、换热器、储罐等），化工过程流体机械（泵、风机、压缩机、分离机等），化工管路与附件（管道、阀门、仪表等），化工传热和传质过程等。因此，化工过程的流体力学研究意义重大。

2.1.2 流体力学的发展简史

流体力学是人类同自然界作斗争和在生产实践中逐步发展起来的，其发展历史可大致划分为 4 个阶段：①16 世纪前的萌芽阶段；②16 世纪～18 世纪中叶的建立阶段；③18 世纪末～19 世纪末面向理论和实验的进一步完善阶段；④20 世纪初至今的面向航空等应用和学科交叉的大发展阶段[1-2]。

2.1.2.1 学科出现

中国古有大禹治水传说，公元前 3 世纪秦李冰父子领导修建都江堰，同期罗马人建造大规模供水管道系统。

西方科学大师古希腊亚里士多德（Aristotle，384—322 BC）之后，公元前 260 年，古希腊学者阿基米德（Archimedes of Syracuse，287—212 BC）建立了物体浮力定理和浮体稳定性等液体平衡理论，奠定了流体静力学基础，对流体力学的形成做出了首要贡献。之后千余年，流体力学无重大发展。这期间也有一些成果，如亚力山大大帝（Alexander the Great，356—323BC）出版了《气动力学》著作；1000—1030 年，艾布赖哈尼比鲁尼（Abu Rayhanal-Biruni，973—1048 年）创建了流体动力学等。

14~16 世纪文艺复兴时期后，流体力学得以长足发展。15 世纪，意大利达·芬奇（Leonardo da Vinci，1452—1519 年）涉及了水波、管流/渠流、水力机械、鸟飞翔、沉浮、孔流、阻力等。16~17 世纪，意大利学者伽利略（Galileo Galilei，1564—1642 年）在流体静力学中应用了虚位移原理，并提出了运动物体的阻力随着介质密度的增大和速度的提高而增大。1653 年，法国学者帕斯卡（Blaise Pascal，1623—1662 年）阐明了静止流体中压力概念，提出了密闭流体能传递压强的原理。而流体力学尤其是流体动力学作为一门科学，则是随着牛顿（Isaac Newton，1642—1727 年）的经典力学建立了速度、加速度、力、流场等概念及质量、动量、能量守恒定律。

图 2-1 为与流体力学学科的出现相关的几位重要的科学家。

(a) 亚里士多德　　　　　　　(b) 阿基米德　　　　　　　(c) 达·芬奇

(d) 伽利略　　　　　　　(e) 帕斯卡　　　　　　　(f) 牛顿

图 2-1　与流体力学学科的出现相关的几位重要的科学家

2.1.2.2 学科发展

1687 年，英国学者牛顿建立了牛顿内摩擦（黏性）定律等。1732 年，法国工程师皮托（Henri Pitot，1695—1771 年）发明了测量流速的皮托管。达朗贝尔（J. le R. d'Alembert，1717—1783

年）对运河中船只的阻力进行了许多实验工作，证实了阻力同物体运动速度之间的平方关系；1744 年提出了达朗贝尔佯谬，即在理想流体中运动的物体既没有升力也没有阻力。瑞士的欧拉采用了连续介质的概念，把静力学中压力的概念推广到运动流体中，建立了欧拉方程，正确地用微分方程组描述了无黏流体的运动。伯努利从经典力学的能量守恒原理出发，研究供水管道中水的流动，精心地安排了实验并加以分析，得到了流体定常运动下流速、压力、管道高度间的关系——伯努利方程。欧拉方程和伯努利方程的建立，是流体动力学作为一个分支学科建立的标志，从此开始了用微分方程和实验测量进行流体运动定量研究的阶段。从 18 世纪起，位势流理论有了很大进展，在水波、潮汐、涡旋运动、声学等方面都阐明了很多规律。从 18 世纪中叶工业革命开始，沿着理论和应用流体力学两个方向发展。法国拉格朗日对于无旋运动，德国亥姆霍兹对于涡旋运动作了不少研究。上述研究考虑的是无黏流体，所以这种理论阐明不了流体中黏性的效应。

2.1.2.3　理论与实验结合

将黏性考虑在内的流体运动方程则是法国纳维于 1821 年和英国斯托克斯于 1845 年分别建立的，后得名为纳维-斯托克斯（N-S）方程，它是流体动力学的理论基础。由于纳维-斯托克斯方程是一组非线性的偏微分方程，难以有效地用分析方法来研究流体运动。为了简化方程，采取了流体为不可压缩和无黏性的假设，却得到违背事实的达朗贝尔佯谬——物体在流体中运动时的阻力等于零。因此，到 19 世纪末，虽然采用分析方法研究的流体动力学取得很大进展，但难以起到促进实际生产的作用。

与流体动力学平行发展的是水力学。19 世纪末开始，针对复杂的流体力学问题，理论分析和实验研究逐渐结合起来。例如，著名的雷诺实验。为了满足生产和工程上的需要，从大量实验中总结出一些经验公式表达流动参量间关系，属经验科学。

使理论和实验两种途径得到统一应用的是边界层理论，它是由德国普朗特在 1904 年创立的。普朗特学派从 1904～1921 年逐步将 N-S 方程作了简化，从推理、数学论证和实验测量等各个角度，建立了边界层理论，能实际计算简单情形下边界层内流动状态和流体同固体壁面间的黏性力。普朗特还提出了许多新概念，广泛应用于飞机和汽轮机设计。边界层理论既明确了理想流体的适用范围，又能计算流体运动时遇到的摩擦阻力。使上述两种情况得到了统一。

2.1.2.4　飞机和空气动力学（应用方向）

20 世纪初飞机的出现促进了空气动力学的发展。人们希望能够揭示飞行器周围的压力分布、飞行器的受力状况和阻力等问题。20 世纪初，以茹科夫斯基、恰普雷金、普朗特等为代表的科学家，开创了以无黏不可压缩流体位势流理论为基础的机翼理论，阐明了机翼为何会受到阻力，从而空气能把很重的飞机托上天空。机翼理论的正确性，使人们重新认识无黏流体的理论，肯定了它指导工程设计的重大意义。

机翼理论和边界层理论的建立和发展是流体力学的一次重大进展，它使无黏流体理论同黏性流体的边界层理论很好地结合起来。随着汽轮机的完善和飞机飞行速度提高到每秒 50 米以上，又迅速扩展了从 19 世纪就开始的，对空气密度变化效应的实验和理论研究，为高速飞行提供了理论指导。

20 世纪 40 年代以后，由于喷气推进和火箭技术的应用，飞行器速度超过声速，进而实现了航天飞行，使气体高速流动的研究进展迅速展开，形成了气体动力学等分支学科。

2.1.2.5 新的分支和交叉

20世纪40年代，关于炸药或天然气等介质中发生的爆轰波又形成了新的理论，为研究原子弹、炸药等起爆后，激波在空气或水中的传播，发展了爆炸波理论。此后流体力学又发展了许多分支，如高超声速空气动力学、超声速空气动力学、稀薄空气动力学、电磁流体力学、计算流体力学、两相（气液或气固）流等。采用各种数学分析方法，建立大型、精密的实验设备和仪器等。

从20世纪50年代起，电子计算机不断完善，使原来用分析方法难以进行研究的课题，可以用数值计算方法来进行，出现了计算流体力学这一新的分支学科。与此同时，由于民用和军用的需要，流体动力学等学科也有了很大进展。

从20世纪60年代起，流体力学和其他学科的交叉渗透，形成新的交叉学科或边缘学科，如物理-化学流体动力学、磁流体力学等；原来基本上只是定性地描述的问题，逐步得到定量的研究，如：生物流变学。

20世纪60年代，根据结构力学和固体力学的需要，出现了计算弹性力学问题的有限元法。经过10多年的发展，有限元分析开始在流体力学中应用，尤其是在低速流和流体边界形状甚为复杂的问题中，优越性更加显著。

21世纪以来，开始用有限元方法研究高速流的问题，以及有限元方法和差分方法互相渗透和融合等。

2.1.2.6 著名的流体力学家简介

许多流体力学知识以著名流体力学家的名字命名。以下介绍几位具有代表性的流体力学家。

（1）丹尼尔·伯努利（Daniel Bernoulli，1700—1782年） 建立了流体位能、压强能和动能间能量转换关系：伯努利方程。

伯努利是瑞士著名科学世家——伯努利家族中最重要的成员之一（图2-2），被誉为数学物理方程的开拓者和奠基人。

伯努利于1726～1733年在俄国圣彼堡科学院主持数学部，25岁受聘为圣彼得堡科学院名誉院士。1725～1749年，10次获得法国科学院奖金，可与之相媲美只有欧拉。1738年在斯特拉斯堡出版了《流体动力学》（Hydrodynamica）一书，奠定了这一学科的基础，并因此获得了极高声望。提出理想流体的能量守恒定律，即单位重量液体的位置势能、压力势能和动能的总和保持恒定，后即称为"伯努利定律"。又阐述了水压力、速度间的关系，提出了流体速度增大则压力减小这一重要结论。1741～1743年研究了弹性弦的横向振动问题，1762年提出声音在空气中的传播规律。其研究还涉及天文学（1734年）、地球引力（1728年）、湖汐（1740年）、磁学（1743年、1746年），振动理论（1747年）、船体航行的稳定性（1753年、1757年）和生理学（1721年、1728年）等。1747年当选为柏林科学院院士，1748年当选巴黎科学院院士，1750年当选英国皇家学会会员。

这里有一个有趣的插曲：父亲约翰·伯努利是个性格古怪，同时对名誉看得很重的人。为了抵消儿子丹尼尔的影响力，他把自己书的出版日期从1743年改为1728年，以显示这个压强-速度关系是他先提出的。

伯努利定律：在一个流体系统，比如气流、水流中，流速越快，流体产生的压力就越小，这就是被称为"流体力学之父"的丹尼尔·伯努利1738年发现的"伯努利定律"。这个压力

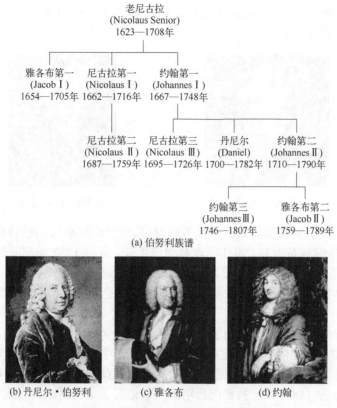

图 2-2　伯努利家族的流体力学家

产生的力量是巨大的，空气能够托起沉重的飞机，就是利用了伯努利定律。飞机机翼的上表面是流线型曲面，下表面则是平面。这样，机翼上表面的气流速度就大于下表面的气流速度，所以，机翼下方气流产生的压力就大于上方气流的压力，飞机就被这巨大的压力差"托住"了。压力差的大小可以利用"伯努利方程"计算。

（2）莱昂哈德·保罗·欧拉（Leonhard Paul Euler，1707—1783 年）　18 世纪瑞士著名数学家、力学家，经典流体力学奠基人和涡轮机理论奠基人。

欧拉的流体力学贡献：1750 年提出质点动力学微分方程可以应用于液体。1755 年提出连续介质模型。1755～1759 年，提出用两种方法描述流体的运动，分别根据空间固定点（1755 年）和根据确定流体质点（1759 年）描述流体速度场，分别称为"欧拉方法"和"拉格朗日法"。1752 年给出反映质量守恒的连续性方程，1755 年给出反映动量变化规律的流体动力学方程，奠定了理想流体（假设流体不可压缩，且其黏性可忽略）的运动理论基础。提出速度势概念等。

欧拉 13 岁进巴塞尔大学读书，得到著名数学家伯努利的精心指导。欧拉是科学史上最多产的一位杰出的科学家。他从 19 岁开始发表论文，直到 76 岁，在其不倦的一生中，共写下了 886 本书籍和论文。彼得堡科学院为了整理他的著作，整整用了 47 年。欧拉著作惊人的高产并不是偶然的。他那顽强的毅力和孜孜不倦的治学精神，可以使他在任何不良的环境中工作：他常常抱着孩子完成论文。即使在他双目失明后的 17 年间，也没有停止对数学的研究，口述了多本书和 400 余篇的论文。当他写出了计算天王星轨道要点后离开了人世。法国数学家拉普拉斯认为：读读欧拉，他是所有人的老师。欧拉见图 2-3。

（3）约瑟夫·拉格朗日（Joseph-Louis Lagrange, 1736—1813 年） 法国著名力学家、数学家和天文学家（图 2-4）。

图 2-3　欧拉　　　　　　　　图 2-4　拉格朗日

拉格朗日 20 岁以前在都灵炮兵学校教数学课。1756 年被选为柏林科学院外籍院士。1766 年去柏林科学院接替欧拉，担任物理数学部主任，直到 1787 年离开柏林到巴黎定居为止。1789 年法国革命后，他从事度量衡米制改革，担任法国经度局委员，并讲授课程。1795 年巴黎综合工科学校成立，他担任数学教员。他被拿破仑任命为参议员，封为伯爵。死后葬于巴黎先贤祠。

拉格朗日少年时代喜欢文学。到了青年时代，在数学家雷维里的教导下，拉格朗日喜爱上了几何学。17 岁时，他读了英国天文学家哈雷的介绍牛顿微积分成就的短文《论分析方法的优点》后，感觉到"分析才是自己最热爱的学科"，从此他迷上了数学分析，开始专攻当时迅速发展的数学分析。18 岁时，拉格朗日用意大利语写了第一篇论文，是用牛顿二项式定理处理两函数乘积的高阶微商，他又将论文用拉丁语写出寄给了当时在柏林科学院任职的数学家欧拉。不久后，他获知这一成果早在半个世纪前就被莱布尼兹取得了。这个并不幸运的开端并未使拉格朗日灰心，相反，更坚定了他投身数学分析领域的信心。

拉格朗日是分析力学的奠基人，在所著《分析力学》(1788 年)中，吸收并发展了欧拉、达朗贝尔等人的成果，应用数学分析来解决质点和质点系（包括刚体、流体）的力学问题。继欧拉之后，他研究过理想流体的运动方程，提出了新的流体动力学微分方程，使流体动力学的解析方法有了进一步发展，并最先提出速度势和流函数的概念，成为流体无旋运动理论的基础。他在《分析力学》中从动力学普遍方程导出流体运动方程，着眼于流体质点，描述每个流体质点自始至终的运动过程，这种方法现在称为"拉格朗日方法"，以区别着眼于空间固定点的"欧拉方法"，但实际上这种方法欧拉也应用过。1764～1778 年，他因研究月球平动等天体力学问题曾五次获法国科学院奖。

（4）乔治·加布里埃尔·斯托克斯（George Gabriel Stokes，1819—1903 年） 英国力学家、数学家。

他于 1849 年起在剑桥大学任卢卡斯数学教授，1851 年当选皇家学会会员，1854 年起任学会书记，30 年后被选为皇家学会会长。斯托克斯为继牛顿之后任卢卡斯数学教授、皇家学会书记、皇家学会会长这三项职务的第二个人。

斯托克斯对流体力学的主要贡献在于对黏性流体运动规律的研究。

法国工程师克劳德·路易·纳维（Claude Louis Navier，1785—1836 年）从分子假设出发，将欧拉的流体运动方程进行推广，1827 年获得了带有一个反映黏性常数的运动方程。1845 年从改用连续系统的力学模型和牛顿关于黏性流体的物理规律出发，在《论运动中流体的内摩擦理论和弹性体平衡和运动的理论》中给出了黏性流体运动的基本方程组，其中含有两个黏性常数，方程组后称"纳维-斯托克斯（Navier - Stokes）方程"，是流体力学中最基本的方程组，是描述黏性不可压缩流体动量守恒的运动方程。

1851 年，斯托克斯在《流体内摩擦对摆运动的影响》的研究报告中提出球体在黏性流体中作较慢运动时受到的阻力的计算公式，指明阻力与流速和黏滞系数成比例，就是著名的关于阻力的"斯托克斯公式"。

斯托克斯还发现了流体表面波的非线性特征，其波速依赖于波幅，并首次用摄动方法处理了非线性波问题（1847 年）。

斯托克斯在其他方面的贡献包括：对弹性力学有深入研究；还在数学方面以场论中关于线积分和面积分之间的一个转换公式（斯托克斯公式）而闻名。

（5）克劳德·路易·纳维（Claude Louis Navier，1785—1836 年）　法国工程师和物理学家，对力学理论有较大的贡献。

1793 年，纳维的父亲去世后，他的母亲就把他的教育委托给他在法国道桥公司担任工程师的叔叔埃米兰·高特（Emiland Gothey）；

1802 年，纳维考入伊克莱理工学院（École polytechnique）；

1804 年，纳维转入法国国立道桥学院（École Nationale des Ponts et Chaussées）继续大学学业，1806 年，纳维在国立道桥学院毕业；

最后接替叔叔的职位担任了法国道桥公司的总监，负责建设了舒瓦西的大桥和巴黎的一座步行桥。

1824 年，纳维进入法国科学院。1830 年，纳维成为法国国立道桥学院的教授。

1831 年接替奥古斯汀·路易·柯西，成为伊克莱理工学院"微积分与力学"教授。

纳维的最大贡献就是 N-S 方程。他还首次建立了可以用于工程实际的弹性理论的数学表达形式，第一次将这套理论用于建筑并达到足够的精度；1819 年，纳维定义了应力零线，并最终修正了伽利略的错误结果；1826 年，提出弹性模量概念，并将它当作独立于二阶面矩的材料性质。

由于这些贡献，纳维通常被认为是现代结构分析的奠基人。纳维和斯托克斯如图 2-5。

1759 年，欧拉推导出了一套描述理想流体流动的方程，但是，假设流体无黏性；后由纳维在 1827 年提出考虑分子间作用力的黏性流体微分方程，但只考虑了不可压缩流体的流动，方程中只含有一个黏性常数；泊松（Poisson）在 1831 年提出可压缩流体的运动方程；圣维南（Saint-Venant）在 1845 年，斯托克斯

(a) 纳维　　(b) 斯托克斯

图 2-5　纳维和斯托克斯

（Stokes）在 1845 年独立提出黏性系数为一常数的形式（斯托克斯在纳维的方程中加入了压缩性，得到有两个黏性常数的黏性流体运动方程的直角坐标分量形式，即得到了新的方程）；都称为 N-S 方程（其中，1845 年斯托克斯严格地推导出了不可压缩黏性流体的运动微分方程组）。三维空间中的 N-S 方程组光滑解的存在性问题，于 2000 年 5 月被美国克雷数学研究所设定为七个千禧年百万美元大奖难题之一，也是 2005 年美国《科学》杂志向全球发布的 125 个科学问题之一。

（6）奥斯本·雷诺（Osborne Reynolds，1842—1912 年）　1842 年 8 月 23 日生于北爱尔兰。英国力学家、物理学家和工程师，雷诺兴趣广泛，一生著作很多。

1867 年毕业于剑桥大学王后学院；1868 年出任曼彻斯特欧文学院（后为维多利亚大学）

首席工程学教授；1877 年当选为皇家学会会员；1888 年获皇家勋章。

雷诺是一位杰出的实验科学家。1883 年发表了一篇经典性论文——《决定水流为直线或曲线运动的条件，以及在平行水槽中的阻力定律的探讨》。这篇文章以实验结果说明水流分为层流与紊流（湍流）两种形态，并提出以无量纲数 Re（后被称为"雷诺数"）作为判别两种流动形态的标准；1886 年提出轴承的润滑理论；1893 年提出动力相似律；1895 年在湍流中引入有关雷诺应力的概念。

雷诺著作中，近 70 篇论文都有很深远的影响。这些论文研究的内容包括力学、热力学、电学、航空学、蒸汽机特性等。他的成果曾汇编成《雷诺力学和物理学课题论文集》两卷。

1883 年，雷诺用实验验证了黏性流体的两种流动形态——层流和湍流的客观存在；找到了实验研究黏性流体运动规律的相似准则——雷诺数，以及判别层流和湍流的临界雷诺数（图 2-6）。19 世纪末开始，针对复杂流体力学问题，开展了理论分析和实验研究。

(a) 雷诺   (b) 雷诺实验装置

图 2-6　雷诺（a）及雷诺实验装置（b）

（7）路德维希·普朗特（Ludwig Prandtl，1875—1953 年）　德国物理学家，近代力学奠基人之一（图 2-7）。

1894 年进入慕尼黑技术学院（即慕尼黑工业大学）攻读弹性力学，1900 年获博士学位，在那里，他第一次介入流体力学领域：设计一种吸出装置。

1901 年，成为汉诺威技术学校（即汉诺威应用技术大学）的流体力学教授。

1902～1907 年间跟随弗雷德里克·兰开斯特（Friedricks Lanchester），与阿尔伯特·贝茨（Albert Betz）和麦克斯·芒克（Max Munk），为研究真实机翼升力寻找数学工具。

1904 年用普朗特水槽模拟流体流动过程，完成了最著名的一篇论文——《非常小摩擦下的流体流动》。首次描述了边界层及其在减阻和流线型设计中的应用，描述了边界层分离，并提出失速概念。后来他的学生试图给边界层方程找到封闭解没成功。普朗特原始论文中的近似解于是得到广泛应用。普朗特的论文引起数学家克莱因的关注，克莱因因此举荐普朗特成为哥廷根大学技术物理学院主任。在随后的几十年中，普朗特将这所学院发展成为空气动力学理论的推进器，在这个学科中领先世界直到第二次世界大战（简称"二战"）结束。

1908 年与他的学生西奥多·梅耶（Theodor Meyer）提出了第一个关于超声速激波流动的理论，成为超声速风洞设计的理论基础。但其此后一直没时间在该问题上继续研究下去。

1922 年，与理查德·冯·米塞斯（Richard von Mises）一起创建 GAMM（国际应用数学与力学学会），并在 1922～1933 年间担任主席。

1929 年和阿道夫·布斯曼（Adolf Busemann）提出一种超声速喷管的设计方法。直到今天，所有超声速风洞和火箭喷管的设计仍然采用普朗特的方法。

关于超声速流动的完整理论最后由他的学生西奥多·冯·卡门（Theodore von Karman）完成。

1925 年从其所在学院中分离出凯撒·威尔海姆（Kaiser Wilhelm）流动研究所（即现在的 Max Planck 动力学与自组织研究所）。

之后又建立了威廉皇家流体力学研究所，并兼任所长。后来改名为普朗特流体力学研究所。

1933 年，希特勒上台后，普朗特默许了对犹太同事的开除，并为保持德国在国际科学界的地位进行了大量宣传活动。在二战前和二战期间，普朗特与格林的帝国空军部（Reich's Air Ministry）有密切的合作关系。

1931 年与蒂琼合著《应用水动力学和空气动力学》，1942 年出版专著《流体力学概论》。1961 年将其力学论文汇编为 3 卷本《全集》。

如前所述，19 世纪末，流体力学研究有两个互不相通的方向。一个是数学理论流体力学或水动力学，当时已达到较高水平，但计算结果与一些实验很不相符（如理想流体不可压缩等）。另一个是水力学，它主要根据实验结果归纳出半经验公式，用于工程实际。

普朗特创立的边界层理论把理论和实验结合了起来，从 1904～1921 年逐步将 N-S 方程作了简化，从推理、数学论证和实验测量等各个角度，建立了边界层理论，能实际计算简单情形下边界层内流动状态和流体同固体壁面间的黏性力。奠定了现代流体力学的基础。

另外，普朗特还在风洞实验技术、机翼理论、湍流混合长理论等方面作出了重要的贡献，被称作空气动力学之父和现代流体力学之父。

图 2-7 是普朗特和他在 1904 年用普朗特水槽模拟流体流动过程，以及他培养的中国学生陆士嘉（女）及其丈夫。

(a) 普朗特　　　　　　(b) 1904年用普朗特水槽　　　　　　(c) 陆士嘉及其丈夫

图 2-7　普朗特（a）和他在 1904 年用普朗特水槽（b）模拟流体流动过程，
以及培养的中国学生陆士嘉及其丈夫（c）

普朗特的父亲是一名工学教授。与父亲一起生活的经历使普朗特养成了观察自然、仔细体会的习惯。普朗特重视观察和分析力学现象，养成了非凡的直观洞察能力，善于抓住物理本质、概括出数学方程。他曾说："我只是在相信自己对物理本质已经有深入了解以后，才想到数学方程。方程的用处是说出量的大小，这是直观得不到的，同时它也证明结论是否正确。"

普朗特培养了很多著名科学家，其中包括：冯·卡门、梅耶等著名流体力学家和我国流体力学的奠基人之一：陆士嘉（女）（1911—1986 年）教授。陆教授回国后先在北洋大学任教，后应钱伟长邀请去清华大学工作，1952 年参与筹建北京航空航天大学。

（8）冯·卡门（Theodore von Kármán，1881—1963 年） 著名流体力学家和航天工程学家 ［图 2-8（a）］。

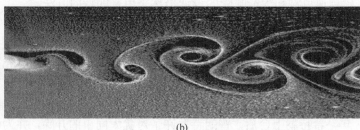

(a)　　　　　　　　　　　　　　　　(b)

图 2-8　冯·卡门（a）及其"卡门涡街"理论图（b）

1902 年毕业于奥匈帝国布达佩斯的皇家技术大学（即现在的布达佩斯技术经济大学）工程专业。1906～1908 年师从于哥廷根大学的路德维希·普朗特。

1911 年归纳出钝体阻力理论，即著名的"卡门涡街"理论，大大改变了当时公认的气动力原则［图 2-8（b）］。这一研究后来很好地解释了 1940 年美国华盛顿州塔科马海峡桥在大风中倒塌的原因。

1912 年，冯·卡门成为德国亚琛工业大学气动力研究所所长。

1915～1918 年在奥匈帝国军队服役，中止了他在亚琛工业大学设计早期直升机的工作。

1930 年移居美国，指导古根海姆气动力实验室和加州理工大学第一个风洞的设计和建设，任室主任期间还提出了边界层控制的理论，1935 年又提出了未来超声速阻力的原则。

1938 年指导美国进行第一次超声速风洞试验，发明了喷气助推起飞技术，使美国成为第一个在飞机上使用火箭助推器的国家。

1939 年，冯·卡门要求他的学生钱学森把两大命题作为他的博士论文的研究课题，从而建立崭新的"亚声速"空气动力学和"超声速"空气动力学。

其中一个命题就是著名的"卡门-钱公式"。这个公式是由冯·卡门提出命题，钱学森做出结果的。它是对亚声速气流中空气压缩性对翼型压强分布情况的计算，是"一种计算高速飞行着的飞机机翼表面压力分布情况"的公式。这个公式第一次发现了在可压缩的气流中，机翼在亚声速飞行时的压强和速度之间的定量关系。

通俗地讲，就是要回答"当飞机的飞行速度接近每秒为340 米的声速时，空气的可压缩性对机翼和机身的升力的影响究竟有多大？""卡门-钱公式"回答了这个问题，准确地表达了这种量的关系，并且为实验所证明。

科学成就的大小往往与科学家本人的个性品质相联系。冯·卡门的成功一部分得益于他那开朗幽默、独立民主的性情。他曾说过，爱因斯坦诚恳而善良的灵魂正是他所毕生追求的。卡门幽默风趣，爽朗而又健谈。他会出其不意地说些稀奇古怪的语句。他那诙谐的腔调常常逗得那些严肃古板的人都捧腹大笑。冯·卡门还善于把日常消遣和事业结合起来。他有一种特殊能力，表面上从事某种活动，脑海里却进行着自己的科学思考。他常会在聚会中溜走一两个小时，去推导一个方程或拟写一篇论文，然后再若无其事地回来，重拾他的话题。冯·卡门这种开朗奔放、无拘无束的性格也反映在他的教书育人上。他认为，师生之间没有高低贵贱之分，只是贡献和学历上的差别，而且教与学是相长的。在教学方法上，他主张采用简单直观的方式，略去次要细节，抓住本质，采用形象的比拟和直观的图解，并要根据学生的平均水平进行讲解。

冯·卡门被称为 20 世纪最伟大的航天工程学家，开创的理论对后世的航天科学有着深刻的影响。

我国著名的科学家钱学森、钱伟长、郭永怀院士都是冯·卡门的学生，在他们的求学生涯中，冯·卡门在学业上给予了极大的帮助和支持。

（9）周培源（1902—1993 年）　周培源先生于 1902 年 8 月 28 日出生在江苏宜兴一个殷实的家庭中[3-6]。1919 年 9 月考取清华学校。1924 年 9 月赴美留学，进入芝加哥大学物理系学习。1926 年 3 月 16 日获芝加哥大学数学物理学学士学位。1926 年 12 月 21 日获芝加哥大学数学硕士学位。1927 年在加州理工学院攻读博士。1928 年 6 月完成学位论文《在爱因斯坦引力论中具有旋转对称性物体的引力场》，获理论物理博士学位，并荣获毕业生的最高荣誉奖。1929 年 9 月回国任国立清华大学（现清华大学）物理系的教授，主讲理论力学、相对论、电动力学、量子力学和统计力学等理论物理课程。周先生主要从事物理学的基础理论中难度最大的两个方面，即爱因斯坦广义相对论引力论和流体力学中的湍流理论的研究，见图 2-9（a），赢得了国内外认可。1938 年将学术研究由广义相对论转为流体力学中的湍流理论。1945 年的一篇关于湍流理论的论文为随后数十年的理论发展提供了框架。1981 年 9 月与黄永念合作在《中国科学（英文版）》第 24 卷第 9 期上发表论文《Navier-Stokes 方程的求解和均匀各向同性湍流理论》。1982 年湍流的基本理论研究获国家自然科学奖二等奖。1982 年 5 月与钱学森一同被授予中国力学学会"名誉理事长"称号。1982 年 10 月参加中国力学学会流体力学专业委员会在武汉召开的"第 1 届全国湍流、边界层和流动稳定性学术会议"，作为大会名誉主席做报告。1990 年 88 岁发表论文《不可压缩黏性流体的湍流理论——简短的历史概述》。1992 年 90 岁与女儿周如玲合作撰写《中国湍流研究 50 年》。

周先生从 20 世纪 30 年代末开始从事湍流研究一直到 90 年代初，历经半个多世纪。他在 20 世纪 40 年代建立了湍流"前模式"理论，50 年代建立了涡旋结构湍流统计理论和湍流场后期衰变的相似性理论，60 年代提出了湍流场前期衰变的相似性理论，70 年代提出了准相似性理论，80 年代提出了广义准相似性理论和逐级逼近法，为湍流研究做出了突出的贡献。John L. Lumley 教授将周先生与 von Kármán、Kolmogorov、Taylor 并称为四位流体力学的巨人。

（10）钱学森（1911—2009 年）　钱学森先生于 1911 年生在上海市。1934 年毕业于上海交通大学。1936 年在美国麻省理工学院获硕士学位。1938 年获加州理工大学博士学位。钱学森先生是加州理工学院力学和航空动力学研究中心"超音速飞行之父"冯·卡门教授的学生。在应用力学、工程控制论、航空航天和系统工程等许多领域都作出了重大贡献。1955 年冲破重重阻力回到中国。1956 年获中国科学院自然科学奖一等奖，1986 年获国家科学技术进步奖特等奖，1991 年被国务院、中央军委授予"国家杰出贡献科学家"荣誉称号和一级英雄模范奖章，1999 年被授予"两弹一星"功勋奖章。钱学森先生为中国科学院院士，中国工程院院士，入选"100 位新中国成立以来感动中国人物"。见图 2-9（b）。

尤其在空气动力学方面，无论是在可压缩流体或不可压缩流体、跨声速、高超声速以及边界层理论等，他的工作涉及流体力学与空气动力学各方面。其中，突出的是他提出了跨声速流的相似律，并与冯·卡门一起，最早提出了高超声速流的概念，这为飞机在早期克服热障、声障提供了理论依据，为空气动力学的发展提供了重要的理论基础。他与冯·卡门提出

(a) 周培源　　　　(b) 钱学森

图 2-9　我国著名流体力学专家周培源和钱学森

的 K-T 规则，至今仍然是高亚音速飞机设计的适用公式。

2.1.3　流体力学的研究方法

流体力学的研究方法主要有三种：理论分析、实验研究和数值模拟等[1,2]。

（1）理论分析　理论分析过程中，首先针对实际的流体力学问题，分析各种矛盾，抓住主要方面，建立简化问题的物理模型；然后根据流体流动的一般规律，如质量、动量和能量守恒定律等，利用数学分析方法，建立反映问题本质的数学模型，并确定定解条件，求理论模型的解析解，进行算例验证；最后研究流体流动现象，预测流动结果。理论分析的优点是可以明确给出各种物理量和运动参量之间的变化定量数学关系，普适性较高。缺点是理论求解难度大，能得到解析解的流动过程十分有限。

（2）实验研究　在量纲分析等理论的指导下，建立模拟的流动实验系统，采用各种测试技术测量流动参数，处理和分析实验数据，找出准数方程式等。常用的流动测试技术有：热线、激光、粒子图像、迹线、高速摄影、全息照相等测速及压力和浓度测量等。在计算机、光学和图像技术等的配合下，在提高空间分辨率和实时测量方面，现代测量技术已取得长足进步。实验研究的优点是能直接测试和解决生产中的复杂问题，并能发现新现象和新问题，实验结果可检验其他方法的结论是否正确。缺点是针对不同流动情况，需做不同的实验，结果的普遍适用性差。

（3）数值模拟　数值模拟首先不是对所建立的流体力学理论方程进行解析求解，而是进行数值离散化，然后编制计算程序进行数值计算，最后将模拟计算的结果与实验结果进行比较和分析。常用的离散方法有：有限差分法、有限元法、有限体积法、边界元法、谱分析法等。数值模拟计算的对象包括：湍流及其稳定性、非线性流动、化工流体设备及管道、飞机、汽车、河道、桥梁等流场的数值模拟。常用的商用流体数值模拟软件有：ANSYS (FLUNT) 等，是研究流体流动问题的工具，但是还可以开发创新软件。数值模拟的优点是能求解理论分析方法无法求解的数学方程，进行数值实验，比实际实验方法省时省钱，应用范围广。但是，数值模拟是一种近似解方法，适用范围受数学模型的正确性和计算机的性能限制；对于复杂而又缺乏完善数学模型的流动系统，数值模拟仍很困难；另外，数值模拟的稳定性也是一个问题。

2.1.4　流体力学的发展方向

从阿基米德时代到现在的 2000 多年，尤其是 20 世纪以来，流体力学已发展成为基础科学体系的一部分，同时，又在工业、农业、交通运输、天文学、地学、生物学、医学等方面得到了广泛的应用。流体力学今后的发展方向主要如下：

（1）21 世纪以来的流体力学基础和应用方面的研究

① 将根据工程技术方面的需要，进行流体力学应用研究；

② 将更加深入地开展流体力学基础研究，探求流体的复杂流动规律和机理。

（2）流体力学基础研究的主要方向

① 通过对内部或外部单相湍流的理论分析、实验测试以及数值模拟研究，进一步深入了解湍流结构，建立科学精准的计算模式和方法，开展流动界面减阻的研究；

② 流-固两相流间的相互作用，边界层流动和分离，气、液、固多相流动的研究；

③ 先进的流体力学实验测试技术的开发等。

（3）流体力学应用研究的主要方向

① 基于化工等的过程工业（多相流高效传递和反应过程等）对流体力学的科研需求；

② 军工（航空航天飞行器等）对流体力学研究的需求；

③ 民用（衣食住行等）对流体力学的需求等。

应用需求将对流体力学的应用研究提出更高的科研要求。这些都是未来流体力学的发展方向。

2.2　湍流界面减阻

湍流界面减阻是流体力学重要的基础研究方向，具有广泛的应用前景，国内外不少学者开展了相应的研究[7-12]。

2.2.1　湍流减阻简介

（1）湍流减阻的概念　在化工等过程工业的流体输送管道或流体处理设备内的流体，在流动过程中，采用一定的方法和技术手段，使流过系统的流动阻力、阻力损失或阻力降明显减小，实现过程工业流体处理或输送过程的节能降耗，尤其是湍流流动过程的节能降耗等，称为湍流减阻。

（2）湍流减阻的方法

① 加入适量的高分子物质，如聚氧化乙烯（PEOX）、聚丙烯酰胺（PAAM）等，则流体在管道内的流动阻力将有所减小，称 Toms 效应[7]；

② 改变流体管道内表面的特性，例如：润湿性等；

③ 改变管道壁面和流体间的其他相互作用。

（3）湍流减阻的机理　目前对湍流减阻机理的研究还很不够。对于高分子物质方法减阻，应与高分子长链柔性分子的拉伸特性有关。

（4）湍流减阻的意义　湍流减阻对于化工、石油、输运、循环水等工农业生产具有重要的节能和降碳等实践意义。

（5）湍流减阻的由来　湍流减阻研究可追溯到 20 世纪 30 年代。20 世纪 60 年代，基于光滑表面的阻力最小的思路，主要方法是减小表面粗糙度。20 世纪 70 年代，能源危机使湍流减阻研究进入高潮。经过 50 多年的研究以及湍流理论的发展，湍流减阻理论和应用取得了显著的进展。

湍流减阻可降低流体机械和流体输送过程的能量消耗，因而一直是流体力学的一个重要研究课题。湍流边界层减阻被 NASA 列为 21 世纪的航空关键技术之一。

（6）湍流减阻方法的分类

① 肋条减阻；

② 黏性减阻；

③ 仿生减阻；

④ 壁面振动减阻，等。

2.2.2　湍流减阻方法

（1）肋条减阻　20 世纪 70 年代 NASA 的研究表明，具有顺流向微小肋条的表面能有效地降低壁面摩擦阻力，突破了表面越光滑阻力越小的传统思维方式。各种肋条表面的减阻效果可达 10%。表面贴上肋条薄膜的空客 A320，可减小飞行阻力 5%～8%，节油 1%～2%[7]。

（2）黏性减阻 通过改变边界材料的物理、化学、力学性质，或在流动的近壁区注入物理、化学、力学性质不同的气体和液体，改变近壁区流体的运动特性，可以达到减阻目的。

① 柔性壁减阻。海豚和鲨鱼等海洋生物的皮肤可以实现柔性壁湍流减阻。减阻的机理主要是由于柔性壁的弹性形变，可以抑制流体的压力脉动，吸收湍流动能，再通过形变回弹释放能量，从而延缓层流边界层向湍流的转捩，提高边界稳定性[12]。

② 聚合物添加剂减阻。在牛顿流体中溶入少量长链高分子添加剂，可延缓湍流发生，降低流体在湍流区的流动阻力，用在原油输送中可减少长输送管线的中间泵站，实现节能减耗。

③ 微气泡减阻。在船壳和水边界间注入一层空气泡，可减小表面摩擦力。

④ 超疏水表面减阻。超疏水表面功能材料在流动减阻方面有潜在应用前景；具有超疏水表面的航行器具有减阻效果，表面组分中的疏水基团和表面微观结构造成了超疏水表面的低表面能效应和壁面滑移效应，两者是超疏水表面具有减阻作用的直接原因[4]。

（3）仿生减阻 通过仿生学研究，设计出减阻效果更好的结构，是很有趣的问题。例如，企鹅和鸟类都具有很高的运动效率。企鹅的身体具有波状曲面和柔性壁，鸟类羽毛表面具有规则的横波，是它们具有极好运动效率的主要原因。

（4）壁面振动减阻等 壁面振动可以减小湍流和表面间的摩擦力，从而实现壁面振动减阻等。

2.2.3 湍流减阻的未来发展方向

（1）微纳表面减阻；
（2）自然界动植物仿生表面减阻；
（3）减阻与传热传质过程强化相结合；
（4）其他新方向。

2.3 小结

本章主要介绍了流体力学发展史及界面减阻前沿。概述了湍流减阻的概念。简要介绍了目湍流减阻技术分类。

思考题

① 简要阐述流体力学的发展历史。
② 你印象最深的流体力学专家是哪位，为什么？
③ 简要说明湍流减阻的实际意义。
④ 指出几种湍流减阻技术。

参考文献

[1] 周光坰. 流体力学发展的五个时期[J]. 力学与实践, 2001, 23(3): 71-75, 59.

[2] 孔珑. 工程流体力学[M]. 4 版.北京: 中国电力出版社, 2014.

[3] 孟庆勋. 周培源先生年谱[J]. 力学与实践, 2015, 37(3): 409-417.

[4] 林建忠. 周培源湍流理论概述[J]. 力学与实践, 2022, 44(5): 1129-1142.

[5] 时德伟, 唐湛棋, 姜楠. 周培源先生的湍流理论研究[J]. 力学与实践, 2022, 44(5): 1225-1229.

[6] Chou P. Y. On velocity correlations and the solutions of the equations of turbulent fluctuation[J]. Quarterly of Applied Mathematics, 1945, 3(1): 38-54.

[7] 陈学生, 陈在礼, 陈维山. 湍流减阻研究的进展与现状[J]. 高技术通讯, 2000, 10(12): 91-95.

[8] 黄桥高, 潘光, 武昊, 等. 超疏水表面减阻水洞实验及减阻机理研究[J]. 实验流体力学, 2011, 25(5): 21-25.

[9] Santos W R, Caser E S, Soares E J, et al. Drag reduction in turbulent flows by diutan gum: A very stable natural drag reducer [J]. Journal of Non-Newtonian Fluid Mechanics, 2020, 276: 104223.

[10] James W G, Kevin G, Mathew B, et al. Characterization of superhydrophobic surfaces for drag reduction in turbulent flow [J]. J Fluid Mech, 2018, 845:560-580.

[11] Huang S L, Lv P Y, Duan H L. Morphology evolution of liquid-gas interface on submerged solid structured surfaces[J]. Extreme Mechanics Letters, 2019, 27: 34-51.

[12] 郭乐扬, 阮海妮, 李文戈, 等. 船舶减阻表面工程技术研究进展[J]. 表面技术, 2022, 51(9): 53-73.

第3章
流态化

3.1 什么是流态化工程

3.1.1 流态化现象

流态化是指固体颗粒在气体、液体或二者的接触作用下，由原始相对静止的状态转变成类似液体运动状态的一类单元操作。流态化属于典型的工程科学技术，因此，也称为流态化工程[1-4]。

图 3-1 是以气-固流态化为例来展示流态化的基本流动现象。由图 3-1 可以看出，从左到右，随着表观气速的增大，根据颗粒的运动情况，出现了不同的颗粒操作处理模式和流动型态（简称流型）：固定床、传统流化床（鼓泡流、弹状流、湍动流）、输送床。流型不同，则系统相应的流动、传递和反应特性也不同。流化床具有类似于液体的性质：像液体一样地流动，能保持床内的表面水平，在其中的物体如在液体中一样有浮力，连通器中两表面水平趋于一致等[1-2]。

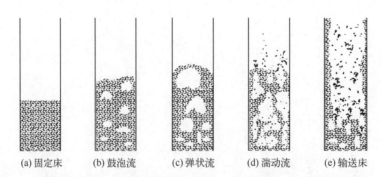

|(a) 固定床|(b) 鼓泡流|(c) 弹状流|(d) 湍动流|(e) 输送床|

图 3-1　随表观气速改变，固体颗粒的操作处理模式及气-固流态化的流动型态

3.1.2 流态化操作的主要优缺点

（1）流态化的主要优点

① 气固等相间接触的比表面积大，床内相间的传热和传质等物理单元操作与化学反应

过程的速率高；

　② 床内温度、浓度等参数均匀稳定；

　③ 颗粒具有流动性，易实现连续操作；

　④ 设备结构相对简单、低廉，运行可靠。

（2）流态化的主要不足之处

　① 多相流态化系统流动比较复杂，工程放大难度高；

　② 床内的大气泡容易形成气体的短路；

　③ 床内颗粒和流体的返混显著，停留时间分布对连续生产时提高反应转化率不利；

　④ 由于颗粒流体的运动，容易使流化床设备及相关附件形成磨损；

　⑤ 需要分离效率较高的颗粒粉尘回收装置。

对于上述不足之处，气体流态化表现得更为明显，而液体流态化则相对较轻[1-4]。

3.1.3　流化床的基本结构

以气-固流化床为例，流化床的基本结构包括：气体预分布器、气体分布器、流化床主体段和扩大段、旋风分离器和料腿、内部构件等。

3.1.4　自然界的流态化现象

自然界及日常生活中的流态化现象较为普遍。例如，大自然中的泥沙夹带、飞沙走石、沙尘暴等，也是流态化现象。生活中的：淘米、扬簸谷物、淘金等，都具有流态化属性。

3.1.5　流态化的工业应用

大规模的工业应用示例很多，包括：

（1）粉煤气化制煤气　大规模应用于合成氨等工业的温克勒（Fritz Winkler）流化床粉煤气化炉于 1921 年出现在德国，于 1922 年获得德国专利。世界上第一台高 13 米的流化床粉煤气化炉于 1926 年投入运行。该流化床气化过程主要以细颗粒褐煤等高灰劣质煤为原料，氧和蒸汽为气化剂，进行气化反应。褐煤颗粒连续不断地悬浮运动，并快速进行混合和换热，使整个流化床层的温度和组成均匀一致。

（2）石油炼制中的流化催化裂化反应　在炼油等石油加工过程中，用于原料油气催化裂化的反应器和再生器之间必须有大量的催化剂循环，因为催化剂不仅要周期性地反应和再生，以维持一定的活性水平，而且还要起到取热和供热的热载体的作用。能否实现稳定的催化剂颗粒循环，是催化裂化装置设计和生产运行中的关键。因此，催化剂循环采用提升管密相反应和输送操作，而催化剂的再生采用下降管操作，将其循环输送回提升管系统。流化催化裂化（fluidized-bed catalytic cracking, fluid catalytic cracking，或 fluidized catalytic cracking, FCC）反应系统是流化床最重要的工业应用之一。

（3）固体颗粒燃料的燃烧　固体颗粒燃料的燃烧工业应用范例之一是气-固循环流化床锅炉。其流程主要包括：炉膛、旋风分离器、过热器、外置式换热器、煤仓、返料装置、石灰石进料口、灰冷却器、省煤器、空气预热、除尘器、引风机、尾部烟道和气包等。循环流化床锅炉也是流化床最重要的工业应用之一。

（4）固体颗粒物料的干燥、制粒和包衣　流化床干燥器是常用的颗粒物料干燥设备，也称沸腾床干燥器。流态化干燥过程中，颗粒在热气流中上下翻动，彼此碰撞和混合，气、固相间进行快速的传热和传质，以达到干燥目的。流化床技术尤其适合应用于热敏性物料，例如，中药浸膏的干燥、制粒、包衣等。流化床干燥可以使干燥浸膏粉的色泽、气味一致，有效成分稳定。采用流化床包覆制粒技术，可以制造出多层和多相构造的功能颗粒，具有遮光、防潮、抗静电、掩蔽苦味、速溶和控释等功能。

（5）流化床废水化学和生物法处理　（气）液-固循环流化床可用于工业废水处理。与固定床和搅拌釜反应器相比，流化床由于压降小、载体材料不易被破坏、颗粒和流体在轴向上分布均匀、传质效率高等优点被应用于固定化酶处理含酚废水等过程中。在流化床废水处理过程中，将两个流化床反应器组合在一起，在上行床中进行催化反应，下行床中进行催化剂再生，从而实现催化和再生同时连续化操作，进行高效的污水处理。

（6）循环流化床蒸发浓缩　气-液-固循环流化床可用于中药提取液的沸腾蒸发浓缩过程。由于蒸发系统中固体颗粒的加入，可以强化沸腾传热和抑制药液沉积加热壁面（即挂壁）现象，从而实现高黏度提取液浓缩过程的高效连续运行和节能降耗，其工业生产装置如图 3-2 所示。

图 3-2　气-液-固循环流化床蒸发浓缩装置流程图

（7）煤直接液化反应器　气-液-固流化床反应器可用于煤的直接液化。三相流化床内的反应物料，从反应器底部经高压油循环泵打循环，强化反应器内的流动。从反应器内连续抽出 2%催化剂进行再生，并同时补充等量新鲜催化剂。因煤直接液化放出的反应热不大，因此，流化床内部可不安装换热装置附属系统。

（8）其他应用　流化床反应器等具有广泛的工业应用，限于篇幅，不一一列举。感兴趣者可以参考科学出版社于 2022 年 8 月出版的《多相流态化》研究生教材[4]。

3.2　流态化的发展简史

流态化是一类应用气体或/和液体流体处理固体颗粒的单元操作过程、技术和装备。流态化是一门既古老又年轻的强化物理单元操作和化学或生物物质转化过程的学问。自诞生之日起受到了极大的关注和研究[1-6]。

1926 年世界上第 1 台流态化工业装置 Winkler 流化床粉煤气化炉成功运行。1942 年,世界上建立了第一套循环流化床装置系统,用于矿物油的催化裂化。20 世纪 40 年代后期,流化技术应用于冶金加工,如焙烧砷黄铁矿等。在此期间,有关流态化的理论和实验研究结果,改善了流化床的装置系统的设计。20 世纪 60 年代,德国北莱茵威斯特法伦州吕嫩市的利浦工业园铝业集团(VAW Lippewerk)设计完成了第一套用于燃烧煤的工业流化床,后来用于煅烧氢氧化铝。

流态化虽已有百年发展史。但是,如今仍是一门充满活力的现代工程新技术,尤其是对于现代煤化工和石油化工等行业领域而言,流化床反应器是其核心。

流化床反应器(FBR)用于生产从喷气飞机的燃料到化肥、从塑料到合成纤维等各种产品。FBR 随着时间的推移而发展,FBR 的新应用今天仍在开发中。

3.2.1　流化床反应器的历史

流化床反应器的早期发展历史与第二次世界大战密切相关[1-6]。

20 世纪初,当时世界上最大的石油公司标准石油公司(Standard Oil Company)使用蒸馏和热裂解将原油炼制成不同小分子量的产品,例如:煤油、燃料油和润滑剂等。同时,标准公司也在研究将低价值长链原油分子"裂解"为更小分子量的燃料和润滑油等高价值化学品的方法。

1936 年,开发了一种 Houdry 工艺。该工艺采用固定床催化剂"裂解"石油分子。在该工艺过程中,催化剂容易结焦,导致催化剂失活。这就要求定期烧掉催化剂上的积炭,使催化剂再生。对于第一套 Houdry 催化裂化装置,烧掉(再生)焦炭所需的时间等于装置运行的时间。也就是说,每 10 分钟的裂解时间,就需要有 10 分钟的再生时间。然而,这还不是Houdry 工艺存在的唯一问题。Houdry 流程的专利许可费为 5300 万美元,以今天的美元计算约为 6 亿美元。不用说,埃克森研究公司(即标准石油公司的后代)认为他们可以做得更好。于是,20 世纪 30 年代后期他们就着手研究开发和建立了一套石油流化床催化裂化装置样机系统。

1938 年,埃克森研究公司加入了一个由大型石油和加工公司组成的财团,以进一步开发催化"裂化"工艺。他们最终提出了催化剂移动床的概念。移动床可移动并具有类似于流体的特性。虽然再生仍然需要关闭流程,但新流程有许多好处。当用于汽油生产时,与之前提到的 Houdry 工艺相比,这种工艺可生产更高的辛烷值汽油,并提高产量。1942 年5 月 25 日凌晨 2 点 25 分,第一套采用流化床概念的石油催化裂化生产设施投入使用。1942年在路易斯安那州巴吞鲁日启动第一套埃克森流化床催化裂化装置。

在第一套流化床反应器启动之前的几年,世界上出现了两大军国主义国家——德国和日本。这两个国家在同一时期并各自走上了一条迫使世界上大多数国家选择站在一边的军国主义道路。20世纪30年代，德国和日本一直在扩大军事实力和"秀肌肉"。到1939年，欧洲和亚洲的人民都被迫为自己的生命而战。

当英国于1939年加入对德国的战争时，100辛烷值航空汽油的主要供应商是联合研究原油催化裂化的公司。

1940年夏天，英国受到来自德国控制的法国和比利时基地的空袭。使用100辛烷值汽油，英国战斗机表现更好，并最终战胜德国空军。当时的英国燃料和电力部长杰弗里·劳埃德（Geoffrey Lloyd）后来表示："……如果没有100辛烷值，我们就不会赢得英国战役。"英国战役是1940年中期在英国上空进行的一场决定性的空战。

1942年，催化裂化装置上线后，100辛烷燃料和许多其他燃料的产量大幅增大。到1945年，有34个在线裂解装置每天生产24万桶，约占美国产量的45%。然而，燃料和汽油的生产并不是故事的结尾。

图3-3　中国颗粒学会2003年创刊英文国际会刊 *Particuology* 封面[7]

在太平洋地区，日本人控制了菲律宾等国的大量土地。而菲律宾和印度尼西亚是美国橡胶工业的主要原材料来源。随着天然橡胶供应的中断，美国不得不增大合成橡胶的产量。用于生产合成橡胶的化合物的新来源为流化床反应器（FBR）。战时生产所需的FBR处理速度加快，且新的FBR不断上线。

3.2.2　我国的流态化发展史

谈到我国的流态化发展史，不得不提到中国颗粒学会。中国颗粒学会是专门开展流态化及颗粒学研究的一级学会。学会2003年创刊英文国际会刊 *Particuology*（见图3-3封面）[7]。首任主编：郭慕孙院士（1920—2012年）；现任主编：李静海院士。了解国内流态化发展状况可关注相关的中国两院院士成就介绍。

3.3　流态化的前沿方向

3.3.1　基于过程工业应用需求的流态化应用研究

工业应用需求和科技发展前沿对流态化工程提出许多新的研究需求，主要包括：

① 各种自然资源，包括：煤/石油/天然气/油页岩/矿产/盐湖/天然气水合物等的高效、经济和绿色利用过程中的流态化技术研究开发；

② 各类能源包括新能源和可再生能源的经济高效利用中的流态化技术研究开发等，例如：太阳能、风能、生物质能、海洋能、地热能等的利用过程中的流态化技术研究开发；

③ 其他应用研究新方向。

3.3.2　基于流态化工程科学未来发展趋势的基础研究

基于流态化工程科学未来发展趋势对流态化工程提出新研究需求，主要包括：
① 流态化工程的先进实验及测试技术研究，以及应用大数据和人工智能的研究；
② 流态化工程的理论分析研究，包括介尺度科学研究方向；
③ 基于超算的流态化工程数值模拟和虚拟过程工程研究；
④ 其他基础研究新方向。

3.4　小结

本章主要介绍了流态化工程的历史沿革。

思考题

① 印象最深的流态化初期发展故事是什么？
② 从流态化工程的发展史中，你得到了哪些启发？

参考文献

[1] 金涌, 祝京旭, 汪展文, 等. 流态化工程原理[M]. 北京: 清华大学出版社, 2001.

[2] 郭慕孙, 李洪钟. 流态化手册[M]. 北京: 化学工业出版社, 2007.

[3] 李佑楚. 流态化过程工程导论[M]. 北京:科学出版社, 2008.

[4] 刘明言, 马永丽, 白丁荣, 等. 多相流态化[M]. 北京: 科学出版社, 2022.

[5] http://faculty.washington.edu/finlayso/Fluidized_Bed/[DB/CD]. 2013.

[6] Ge W, Chang Q, Li C X, et al. Multiscale structures in particle–fluid systems: Characterization, modeling, and simulation[J]. Chemical Engineering Science, 2019, 198: 198-223.

[7] Chinese Society of Particuology. Particuology, 2003, 1(1): 封面.

第4章
混合

4.1 混合及其设备简介

混合通常指使两种或多种物料相互分散而达到均匀状态的操作。混合可以加速传热、传质和化学反应；也用以促进物理变化，制取许多混合体，如溶液、乳浊液、悬浊液等。混合按照相态来分，可以分为单相混合（气体-气体、互溶液体-液体）和多相混合（气体-液体、不互溶液体-液体、液体-固体、固体-固体等）。

混合过程作为工业生产过程中一个最基本的单元操作，已经广泛应用于各种工业领域，如：化工、轻工、医药、能源等领域。如图4-1所示，根据混合尺度的不同，混合过程可以分为宏观混合、介观混合和微观混合三种类型。

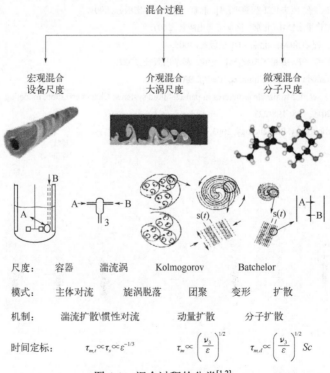

图4-1　混合过程的分类[1,2]

$\tau_{m,t}$，τ_s，τ_m，$\tau_{m,d}$—混合时间尺度，s；ε—湍动能耗散率，m^2/s^3；ν_3—运动黏度，m^2/s；Sc—施密特数，$Sc = \nu/D$；D—扩散系数

首先，整个设备尺度上的混合为宏观混合，决定了流体在设备中的平均浓度场和停留时间分布，为介观混合和微观混合提供混合环境浓度；其次，由容器壁面与流体间产生的剪切应力引起的介观混合，表征新鲜进料与环境之间在粗糙尺度上的物质交换，为微观混合确定环境浓度；最终，在黏性变形和分子扩散作用下达到分子尺度上的混合即为微观混合，它是混合过程的最后阶段，是从 Kolmogorov 尺度到 Batchelor 尺度再到分子尺度上的均匀化，反映在浓度场脉动的消失[1,2]。

混合设备是利用机械力等，将两种或两种以上物料均匀混合起来的机械设备。从混合器的动力来源可分为无外加动力混合器，如管道混合器、射流混合器、微通道混合器等；有外加动力混合器，如搅拌混合器、掺和机、密炼机、捏合机、超声混合等。下面对常见的混合设备的工作原理、主要性能进行简单介绍。

4.1.1 管道混合器

管道混合器是使流体在管道内流过时，通过某一构件或混合元件的作用而达到均匀混合，是一种无任何机械运动部件的混合器[3]。工业上常采用的管道混合器有静态挡板式、孔板式、三通式混合器等几种型式。例如，用一个三通管使两种流体汇合，然后流经一段直管，借湍流脉动达到相互混合。在管内加装孔板或圆缺形折流挡板，可加强流体的湍流程度，提高混合效果。此法主要用于低黏度液体或气体的混合。

静态混合器是一种管道混合设备，其在管内设置静止的分割元件（图 4-2），对通过的流体作多次分割和汇合，从而达到混合的目的[4]。这种混合器不限于湍流操作，也适用于层流操作的高黏度液体的混合。静态混合器由于没有传动部件，对设备的维护要求较低，可靠性高，在混合、萃取、强化传热等领域得到广泛应用。静态混合器由三部分组成，分别是外壳、内部混合元件和两端的连接件。根据内部混合元件的结构形式可分为螺旋式和板栅条式，静态混合器的分类就是依据不同的内部混合元件来进行划分的；连接形式分为法兰连接和螺纹连接，主要根据相连接的管道连接形式来确定。

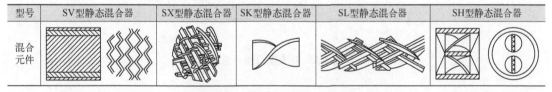

图 4-2 静态混合器常用分割元件[5]

SV 型静态混合器的混合元件是由一定数量的波纹片堆叠而成的，不同的 SV 型静态混合在波纹片夹角上略有差异，其混合机理是以对流体的切割和流道形状变化的剪切作用为主的，在各类静态混合器中混合效果最好，并且几乎没有放大效应。对于含有固体颗粒的物料体系难以应用 SV 型静态混合器，因为固相颗粒容易造成混合元件的堵塞，为保证 SV 型静态混合器能长期处于较好的工况，一般在混合器前设置两个并联切换操作的过滤器，方便定期拆检过滤器清洗排污。

SX 型静态混合器的混合元件是由交叉的横条按一定规律构成的。由于交叉横条的疏松度好于波纹板堆积，流体通过性更好，所以 SX 型静态混合器的混合性能差于 SV 型，抗堵塞性能优于 SV 型静态混合器，放大效应较小，在层流条件下，流体的压力降也比较小，所以有些大型的静态混合器也采用 SX 型。

SK 型静态混合器的混合元件是由单孔道左、右扭转的螺旋片组焊而成的。SL 型静态混合器的混合元件由交叉的横条按一定规律构成单 X 形单元。SH 型静态混合器的混合元件是由双孔道组成的，孔道内放置螺旋片，相邻单元双孔道的方位错位 90°，有的 SH 型静态混合器为了加强混合效果，在相邻的混合单元之间会设有流体再分配室。

4.1.2　射流混合器

射流混合器（如图 4-3 所示）是将快速运动的液体流（即射流或者第一流体）以较高的速度喷射到缓慢流动或者静止的液体（即主流体或第二流体）中。在射流边界，由于射流流体和主流体之间的速度差而形成了一个混合层，该混合层沿着射流流动方向扩展，通过夹带和混合，使射流流体不断进入主流体中。射流流体的方向可以与主流体方向一致（中心射流或同轴射流），也可以与主流体成一定的角度（错流射流）。由于喷嘴和导流筒的作用使液体形成规整的环流，在射流区内能量集中因而剪切场强。射流混合器既可以用于均相流体的混合，也可以用于非均相流体的混合。如用于气液混合时，随着液体射流速度的增大，对气泡的破碎作用增大，气泡直径减小，气泡在液体中分布更均匀；同时增大了气液相间接触面积，强化了传质。

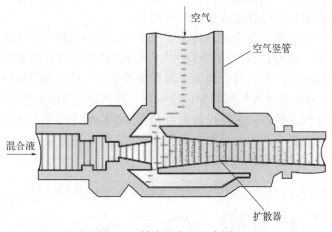

图 4-3　射流混合器示意图

4.1.3　撞击流混合器

撞击流（impinging streams，IS）最初的构思是通过两股气-固两相流相向流动撞击，在撞击瞬间达到极高的相间相对速度，从而极大地强化相间传递（图 4-4）[6]。撞击流起初是为强化相间传递提出的，撞击流具有良好的混合性能。尤其是由于其相向撞击的特殊流动结构，撞击流促进微观混合非常有效。液相连续相撞击流中存在亚声波范围的宽谱多频率压力波动，最大波幅达上千帕。压力波动是有效促进微观混合的重要原因，同时还有利于促进过程动力学。撞击流作为强化混合的一种方式，通过两股高速流动的流体相互撞击，产生高度湍动、高剪切应变速率的撞击区，实现能量的快速耗散，从而在短距离内达到快速混合。

撞击流装置本身一般包括两种主要部件：加速管，它也是进口管；分别设有连续相和分散相出口的撞击流装置本体。Tamir 对各种不同结构的撞击流装置提出了下列分类方法。

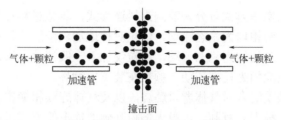

图 4-4　撞击流的基本结构及原理[7]

根据连续相的流动可分为平流型和旋流型。

平流型：流体流线平行于流动轴，如图 4-5（a-c）；

旋流型：流体流线相对于总体流动轴线为螺旋线，如图 4-5（d-f）。

根据流体在撞击流接触器本体中的流动可分为同轴逆流、偏心逆流、共面旋流和不共面旋流。

同轴逆流：两股流体沿同轴反向流动进入装置，撞击前均为自由射流，如图 4-5（a）；

偏心逆流：不同流体不同轴流动，撞击前均为自由射流，如图 4-5（b）；

共面旋流：两流体在同一平面上切向进入装置相向流动，撞击前各自流线为沿壁共面半圆形，如图 4-5（d）和（f）；

不共面旋流：两流体在不同平面上切向进入装置相向流动，撞击前各自流线为沿壁共面半圆形，如图 4-5（e）。

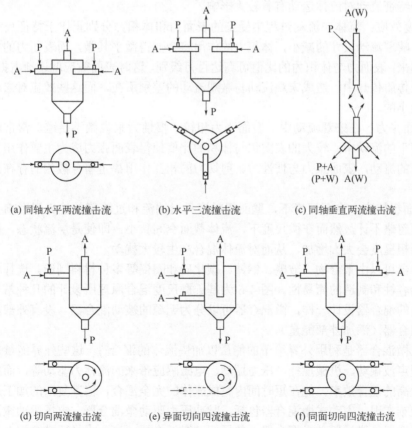

(a) 同轴水平两流撞击流　　(b) 水平三流撞击流　　(c) 同轴垂直两流撞击流

(d) 切向两流撞击流　　(e) 异面切向四流撞击流　　(f) 同面切向四流撞击流

图 4-5　不同结构的撞击流混合器（A-气体；P-颗粒；W-液体）[7]

根据撞击流装置的操作方式可分为双侧进料连续式，单边进料连续式和半间歇式。

双侧进料连续式：两相均为稳态流动，颗粒对称地加入两股流体；

单边进料连续式：两相均为稳态流动，颗粒仅加入一股流体，可以简化操作。

半间歇式：只有连续相为稳态流动，颗粒在装置内循环。

撞击流中强烈的微观混合对气体燃料燃烧，以及气体连续相撞击流强化热、质传递对液体或固体燃料的燃烧，都十分有利。多股火焰相互倾斜撞击的方式已用于新型的民用燃气灶具，较大程度上提高了燃烧效率。由于液体连续相撞击流具有强烈地促进微观混合的特性，使得两相撞击流反应器在制取超细药物和材料方面也获得良好的效果。撞击流在颗粒状物料干燥、固体颗粒粉碎和研磨以及气体吸收上同样显现了很大的应用前景。

4.1.4 微通道混合器

微尺度均相混合指的是在微结构设备内进行的流体间的混合，它与微观混合是两个不同的概念[8]。在微设备里的大多数流动的雷诺数远小于2000，为层流流动。因此，微混合的机制主要建立在流体层流流动的机制上，包含层流剪切、延伸流动、分布混合与分子扩散，其特征混合时间主要由流体特征扩散距离和分子扩散系数决定。微混合器的作用是有效地实现多个流体的接触并快速获得混合良好的流体，其特征尺寸在亚毫米到亚微米量级。

微结构混合器的基本特性：

在微尺度下，混合器的表面积与体积的比值骤然增大，使得微流体的一些流动特征发生改变，这些特征流动对流体运动有着较大影响。

① 尺度效应：流体在流动过程中受到的表面力和体积力分别正比于特征尺寸的二次幂和三次幂，随着流动尺寸的减小，体积力的作用将会变得微乎其微，而表面力的主导作用却相对加强起来，表面力与体积力的比值可高达百万级别，这时表面效应就逐渐占据主导地位，最终体现在传质传热中，造成宏观流动与微观流动的差别所在，而这些效应对宏观流动的影响是极其微小的。

② 表面张力：在宏观流动中，表面张力相较于惯性力来说微不足道，常常忽略处理。但在微尺度下的流动中，较大的表面积与体积的比值使得表面张力成为主要作用力，尤其是对于多相流的流动，表面张力与惯性力、剪切力的相互作用决定着分散相的存在形态，因此不能忽略。

③ 壁面粗糙度：宏观尺度下，壁面粗糙度只对湍流和过渡流的边界层影响甚大，在层流流动中可忽略不计，然而在微尺度下，流体截面空间狭小，即使是层流状态，微混合器内部相对表面粗糙度会大大增加，从而对流体混合产生较大扰动。

微混合器可以由聚合物、玻璃、钢铁、碳化硅和陶瓷等多种材料制造。选择取决于材料与试剂的相容性和制造的简易性。图4-6为基于微尺度混合原理所设计的几种常见的微混合器。与经典的混合器设计一样，微混合器可以分为无源的被动混合器（没有外部能量）和有源的主动混合器（添加外部能量）。

主动式微混合器是利用外界给予的能量以加快流体的混合[9]。这些外界能量来源包括压电振动、超声波振动、机械搅拌、压力振动、电磁感应带来的流体力驱动等，而主动式混合器都具有较高的混合效率，能在短时间内完成流体的完全混合，但其复杂的加工过程在实际应用中比较难实现。主动式微混合器包括：脉冲压力驱动微混合器、电场驱动微混合器、声场驱动微混合器、磁场驱动微混合器、热场驱动微混合器、离心力场驱动微混合器。

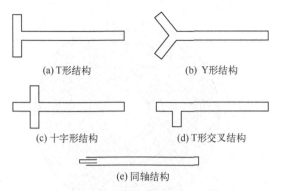

图 4-6　不同形式的微混合器[8]

最广泛使用的微混合器是无源的被动式混合器。与主动式微混合器相比，被动式微混合器没有复杂的动力元件，也没有外部能量的涉入，结构简单，加工方便，应用前景更为广泛。被动式微混合器主要是依靠各种结构形状的微通道来提高混合效率，微通道结构的改变可以使流体在流动中产生分层对流，扩散面积增大。在通道底部设置阻碍物可以引起流体内部的混沌对流，从而使流体接触面积增大，在较短的通道内就能实现完全混合。被动式微混合器包括：内阻物型、非对称撞击型、分离重组型、三维螺旋通道型、收缩扩张型。按照被动式微混合器的混合机理，也可以将其分为：T 形微混合器、多层流式微混合器、注入式微混合器、混沌式微混合器等类型。

4.1.5　超重力混合器

超重力混合器利用旋转填充床（rotating packed bed，RPB）转子旋转产生离心加速度模拟超重力环境，这种 RPB 装备又被称为超重力机[10]。图 4-7 为用于实验的小型超重力装备的结构示意图。超重力环境下，不同大小分子间的分子扩散和相间传质过程均比常规重力场下的要快得多，气-液、液-液、液-固两相在比地球重力场大百倍至千倍的超重力环境下的多孔介质或孔道中产生流动接触，巨大的剪切力将液体撕裂成微米至纳米级的液膜、液丝和液滴，产生巨大的和快速更新的相界面，相比于传统的塔器，相间传质速率提高 1~3 个数量级。同时，在超重力环境下，液泛速度提高，气体的线速度也得到大幅度提高，这使单位设备体积的生产效率得到 1~2 个数量级的提高。

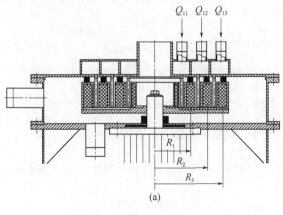

图 4-7

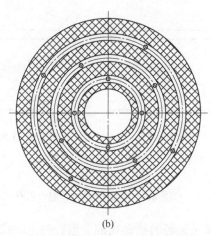

(b)

图 4-7　小型超重力装备的结构示意图[11]

Q_{11}，Q_{12}，Q_{13}—进口流量；R_1，R_2，R_3—填料半径

　　一般情况下，针对低黏度体系（气-液反应或液-液反应，产物为液相）的应用需求，在超重力装备转子内部装载能够剪切液相的填料；针对高黏度体系（气-液反应或液-液反应，产物为固相或高黏度物质，或本身黏度高）的应用需求，为缓解内部堵塞问题，可以应用无填料转子；如图 4-8 所示，按照转子内部是否装载填料，旋转床可以分为填充式旋转床及非

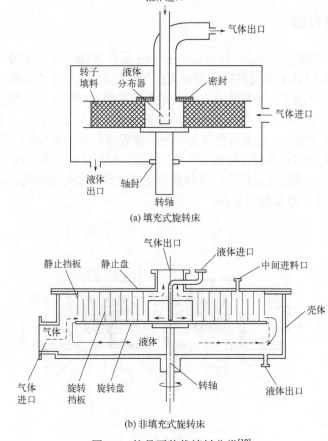

(a) 填充式旋转床

(b) 非填充式旋转床

图 4-8　按是否装载填料分类[10]

填充式旋转床（如定-转子反应器、折流旋转床等）。对于适用于气-液体系的超重力装备，按操作过程中气液流动方式，可分为逆流旋转床、并流旋转床和错流旋转床。

转子是超重力装备的核心内构件，常见的转子结构有整体式转子、双动盘式转子、动静结合式转子、雾化式转子等。整体式转子结构简单，整个转子空间全部装有填料，是最成熟、最常用的转子结构。双动盘式转子上下盘各由一个电机驱动，上下盘可以同向旋转，也可以逆向旋转，为转子输入更多能量。从理论上讲，双动盘式转子传递性能更好，但其结构较复杂，加工精度要求较高，目前未获得较好的工业应用。动静结合式转子有利于延长流体在转子内的停留时间，可用于精馏、多组分吸收等场合。雾化式转子在高速运转状态下将液体雾化，提高气液接触的比表面积，一般用于吸收过程。

4.1.6　旋转圆盘混合器

旋转圆盘混合器（spinning disk mixer，SDM）通过圆盘旋转产生离心力场，使液体在离心力的作用下在圆盘表面上以快速铺展的液膜形式在圆盘表面流动[12]。旋转圆盘是 SDM 的核心部件，圆盘旋转产生强大的离心力场，液体由于离心力作用在圆盘表面迅速铺展成膜，并在圆盘表面上发生传质、传热、化学反应等过程。

旋转圆盘混合器经过多年的发展，其结构不断变化。目前主要有两种类型：薄膜旋转圆盘混合器和定转子旋转圆盘混合器。二者结构不同，其应用的领域及操作条件也有区别。

薄膜旋转圆盘混合器是通过旋转的圆盘对盘面上的液体产生高剪切的液膜来强化传质、传热的性能。薄膜旋转圆盘混合器的结构示意图，如图 4-9 所示。旋转圆盘混合器在运行过程中，液体通过分布器在圆盘中心或附近位置进入圆盘表面，高速旋转的圆盘将产生强大的离心力场，使得圆盘上的液体迅速铺展成膜。液膜厚度主要与操作参数、液体性质有关，可以达到 25μm 甚至更小。圆盘表面与液膜间的剪切作用，可以促进液膜表面的快速更新，进而提高体系的传质、传热效率。液膜离开圆盘边缘后，液膜在空腔区内破碎形成液滴，部分液滴直接落入壳体底部，部分撞击混合器壳体内壁，在内壁面形成液膜后流入壳体底部，最后由液体出口流出反应器。在旋转圆盘混合器内，圆盘旋转能够产生 100 倍液体重力的离心力，使得液体可以在圆盘表面快速成膜，圆盘的剪切作用使液膜的微观混合性能得到极大提升。

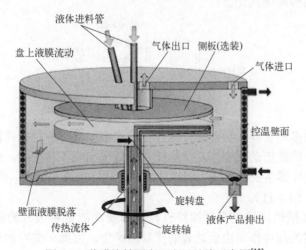

图 4-9　薄膜旋转圆盘混合器结构示意图[13]

定转子旋转圆盘混合器通过动盘（旋转盘）和定盘（壳体内壁）之间产生巨大的剪切力提高混合器内各相的破碎程度和接触程度，达到强化传质传热的目的。定转子旋转圆盘混合器的典型结构如图 4-10 所示。定转子旋转圆盘混合器主要包括旋转盘、柱形壳体、旋转轴、气液相进出口，壳体内壁作为混合器的固定盘。旋转盘和固定盘的轴向距离很小，一般在 0.5～1mm。在旋转盘高速转动时，动盘和定盘之间会产生巨大的速度梯度，进而产生巨大的剪切力。

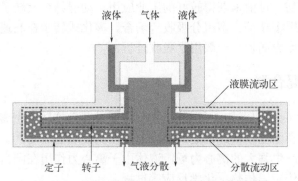

图 4-10　定转子旋转圆盘混合器结构示意图[14]

除以上两种典型的混合器结构，旋转圆盘混合器还扩展出很多其他类型的结构，包括水平转轴旋转圆盘混合器、多孔盘旋转圆盘混合器、共轴双旋转盘混合器、旋转布圆盘混合器等。

4.1.7　搅拌混合器

搅拌可以使两种或多种不同的物质互相分散，从而达到均匀混合；也可以加速传热和传质过程[4]。搅拌操作分为机械搅拌和气流搅拌。气流搅拌是利用气体鼓泡通过液体层，对液体产生搅拌作用，或使气泡群以密集状态上升借所谓气升作用促进液体产生对流循环。气流搅拌无运动部件，所以在处理腐蚀性液体，高温高压条件下的反应液体的搅拌是很便利的。但在工业生产中，大多数的搅拌操作均系机械搅拌。搅拌设备主要由搅拌装置、轴封和搅拌罐三大部分组成。其构成形式如下：

由于搅拌操作的多种多样，也使搅拌器存在着许多型式。各种搅拌器在配合各种可控制流动状态的附件后，能使流动状态以及供给能量的情况出现多种变化，更有利于强化不同的搅拌过程。典型的搅拌器型式有桨式、涡轮式、推进式、布鲁马金式、齿片式、锚式、框式、螺带式、螺杆式等（图 4-11）。

搅拌器的功能概括地说就是提供搅拌过程所需要的能量和适宜的流动状态以达到搅拌过程的目的。搅拌器的搅拌作用由运动着的桨叶所产生，因此，桨叶的形状、尺寸、数量以及转速均影响搅拌器的功能。同时，搅拌器的功能还与搅拌介质的物性以及搅拌器的工作环

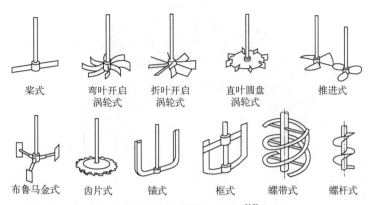

桨式　　弯叶开启　　折叶开启　　直叶圆盘　　推进式
　　　　涡轮式　　　涡轮式　　　涡轮式

布鲁马金式　齿片式　锚式　框式　螺带式　螺杆式

图 4-11　各种搅拌桨形式[15]

境有关。搅拌罐的形状、尺寸、挡板的设置情况、物料在罐中的进出方式都属于工作环境的范畴，这些条件以及搅拌器在罐内的安装位置及方式都会影响搅拌器的功能。

各种搅拌桨叶形状按搅拌器的运动方向与桨叶表面的角度可分为三类，即平叶、折叶和螺旋面叶。桨式、涡轮式、锚式、框式等的桨叶都是平叶或折叶，而推进式、螺带式、螺杆式的桨叶则为螺旋面叶。

平叶的桨面与运动方向垂直，即运动方向与桨面法线方向一致。折叶的桨面与运动方向成一个倾斜角度 θ；一般 θ 为45°或60°等。螺旋面叶是连续的螺旋面或其中一部分，叶片曲面与运动方向的角度逐渐变化，如推进式叶片的根部曲面与运动方向一般可为40°~70°，而其叶端的曲面与运动方向的角度较小，一般为17°左右。

为了区分叶轮排液的流向特点，根据主要排液方向将典型叶轮分成径流型和轴流型两种。平叶的桨式、涡轮式是径流型，螺旋面叶片的螺杆式、推进式是轴流型。折叶桨则居于两者之间，一般认为它更接近于轴流型。

4.1.8　高剪切混合器

高剪切混合器（high shear mixers，HSMs）又称为定-转子混合器、高剪切反应器等，属于一种新型的过程强化设备[16]。主要由转子、定子、腔室、轴封和电机等几部分组成，其中对混合起主要作用的核心部件是定转子组成的剪切头。高剪切混合器的典型特征是：定转子间的剪切间隙狭窄（100~3000μm），转子末端线速度高（10~50m/s）。转子在高速旋转（500~20000r/min）的过程中能够在狭窄的剪切间隙内形成极大的速度梯度，形成较大的剪切速率（20000~100000s^{-1}）和极高的局部能量耗散速率（达到 10^5W/kg）[1]，比一般传统的搅拌设备高三个数量级，并且在旋转的过程中高频电机能够产生强劲的动能，特别适用于一些能量密集的工况。图 4-12 为高剪切混合器内定转子剪切头局部的流体力学示意图。

从图 4-12 可以看出高剪切混合器内部存在复杂的流动特性，既包括切向的剪切运动，又包括随机的湍流运动。高度复杂的流动特性使高剪切混合器展现出独特的设备优势。基于以上基本特征，高剪切混合器特别适用于一些能量密集型的单元操作，例如乳化、快速混合、细胞破碎、均质、分散、结晶、溶解等。目前高剪切混合器已经被广泛应用于生物医药、食品、日化、化工、航天军工以及各种新型材料的制备过程中。

高剪切混合器根据操作模式和作用场合的不同，可以分为连续式操作和间歇式操作。根据剪切头几何构型的不同，连续型高剪切混合器可分为齿合型 [图 4-13（a）] 和叶片-网孔型

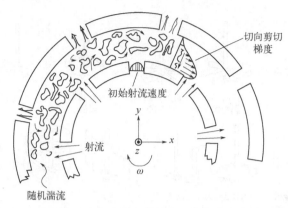

图 4-12　高剪切混合器定转子剪切头局部的流体力学示意图[2]

［图 4-13（b）］两种构型。与齿合型高剪切混合器［图 4-13（a）］相比，叶片-网孔型高剪切混合器［图 4-13（b）］由于拥有类似离心泵结构的叶轮，能够表现出相对较高的扬程和泵送能力。

　　与普通搅拌类似，根据流动形态，间歇型高剪切混合器主要分为径流型［图 4-13（c）和（d）］和轴流型［图 4-13（e）］两种构型。在定子几何构型类似的情况下，径流式高剪切混合器拥有相对较高的局部能量耗散率，轴流式高剪切混合器拥有相对较高的整体轴向循环速率。由于径流间歇型高剪切混合器的宏观混合较差，在实际应用中常搭配一些普通搅拌来提高宏观混合效果。另一方面，基于径流式和轴流式高剪切混合器各自的优点，间歇型高剪切混合器也可以设置为捷流型［图 4-13（f）］。捷流式高剪切混合器可以根据转子叶片的构型、定子的开孔位置以及开孔面积，来有效地调控轴向和径向的流体流率，进而有效调控局部的能量耗散速率和整体的轴向循环速率，以此来满足不同的化工单元操作。

　　在实际的生产工作中，可以根据操作条件和材料物性的不同合理地设置定转子剪切齿的圈数以及定转子剪切头的级数［图 4-13（g）］为两级轴流式高剪切混合器；图 4-13（h）为三级齿型高剪切混合器和不用构型的定转子组合形式，来有效地满足各种工况的需求；例如：乳化操作需要更多的局部能量耗散速率，固体溶解可能需要更多的整体循环速率。

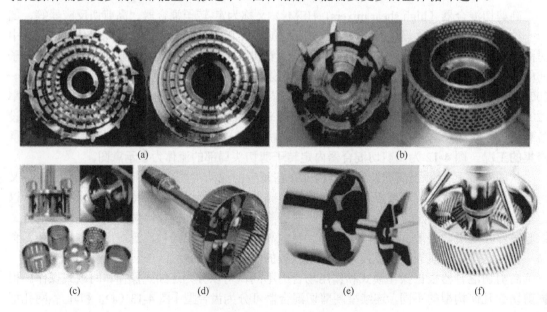

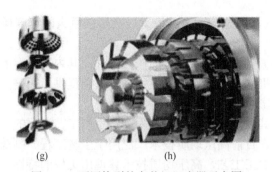

(g)　　　　　　　　　　　　　　　(h)

图 4-13　不同构型的高剪切混合器示意图

(a) 连续齿合型[17]；(b) 连续叶片-网孔型[18]；(c)，(d) 间歇径流型[19,20]；(e) 间歇轴流型[19]；(f) 间歇捷流型[21]；
(g) 两级轴流型高剪切[19]；(h) 三级齿合型连续高剪切[22]

4.1.9　高压均质机

高压均质机（见图 4-14），也称高压流体纳米均质机，它可以使悬浊液状态的物料在超高压（最高可达 60000psi，1psi = 6.8948kPa）作用下，高速流过具有特殊内部结构的容腔（高压均质腔），使物料发生物理、化学、结构性质等一系列变化，最终达到均质的效果[23]。传统的高压均质机以旋转电机驱动三缸柱塞产生高压作为动力从而输送物料。往复运动柱塞将液体物料或以液体为介质的固体物料输送至高压均质阀（高压均质机主要构件），完成物料的破碎、分散、乳化等过程。

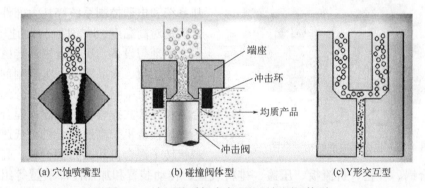

(a) 穴蚀喷嘴型　　　　　(b) 碰撞阀体型　　　　　(c) Y 形交互型

图 4-14　高压均质机内高压均质阀不同构型

高压均质机主要由高压均质腔和增压机构构成。高压均质腔的内部具有特别设计的几何形状，在增压机构的作用下，高压溶液快速地通过均质腔，产生几倍声速的速度，物料会同时受到高速剪切、高频震荡、空穴现象和对流撞击等机械力作用和相应的热效应，由此引发的机械力及化学效应可诱导物料大分子的物理、化学及结构性质发生变化，最终达到均质的效果[24]。几种常见的机械作用形式如下：

① 冲击：物料从间隙流出后，形成高速喷射流，撞击冲击环内壁，撞击区由于流速锐减，导致静压增高，形成压波。

② 空化：高压下液体的管道流动经常会出现空化现象。缝隙中的液体由于流速急剧增大，导致静压下降。在工作温度下当压力降到液体的饱和蒸气压之下时，液体中包含的许多微小空气泡或核在此时会膨胀形成空穴。随后随着压力恢复到一定值，空穴溃灭，能量释放产生冲击波。

③ 剪切：在缝隙处，高速流动中，近壁区会形成巨大的速度梯度，从而在流体内部产生剪切应力。

因此，高压均质腔被认为是均质设备的核心部件，其内部特有的几何结构是决定均质效果的主要因素。而增压机构为流体物料高速通过均质腔提供了所需的压力，压力的高低和稳定性也会在一定程度上影响产品的质量。

高压均质技术由于其独特的均质效应，为多种生产工艺流程的革新以及新产品的开发都提供了非常有效的途径，目前高压均质技术广泛用于生物工程、制药、化妆品、化工、食品等多个领域。对于食品加工工艺，高压均质技术体现出更好的特性，经过高压均质机处理后的物料主要有以下优点：拥有较高的均匀度和稳定性、较长的保质期，并且口感与色泽良好。由于高压均质是纯物理过程，也保证了物料可以使用较少的催化剂或添加剂来达到指定的产品指标，并且高压均质作用时间短，与传统的很多时效处理工艺相比较，大大节省了工艺反应时间。

4.1.10　捏合机

捏合机是一种用机械方法混合糊状或高黏度物料的混合设备，机中通常有一对反向旋转的特殊构型刮刀，将团块物料剪断、挤压、折转，使各种组分相互分散（图 4-15）[25]。在捏和过程中，黏性摩擦或伴随发生的化学反应使机器发热，需通过间壁进行冷却。捏合机通常由捏合系统、真空系统、加热系统、冷却系统和电器控制系统等几大部件组成。捏合机是对高黏度、弹塑性物料的捏合、硫化、聚合的理想设备，可用于生产硅橡胶、密封胶、热熔胶、食品胶基、医药制剂等[26]。

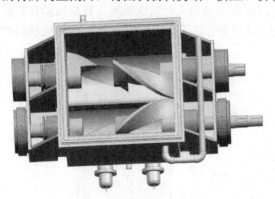

图 4-15　捏合机内部结构示意图

捏合机根据工作状况可以分为间歇式捏合机和连续式捏合机。间歇式捏合机一般分为低速捏合机、高速捏合机。低速捏合机有犁状转子混合机和 Z 形捏合机。高速捏合机主要由混合锅、叶轮、折流板、压盖、排料装置、传动装置和加热冷却装置等组成。连续捏合设备有多种，如管道捏合机、单螺杆挤出机、同向或异向双螺杆挤出机以及多螺杆挤出机等。

单螺杆挤出机是一种最为简单的挤出混合设备，主要用于塑料、橡胶、纤维食品等加工行业[25]。单螺杆一般在有效长度上分为三段，按螺杆直径大小、螺距、螺深确定三段有效长度，一般按各占三分之一划分。进料口从第一道螺纹开始叫输送段：物料在此处要求不能塑化，但要预热、受压挤实；第二段叫压缩段，此时螺槽体积由大逐渐变小，并且温度要达到物料塑化程度，完成塑化的物料进入到下一段；第三段是计量段，此处物料保持塑化温度，准确、定量输送熔体物料，以供给机头。

双螺杆捏合机是一种新型的可对高黏度物料进行输送、混合、捏合及塑化等操作的双螺杆挤出混炼机构[25]。双螺杆捏合机核心部件是一对相互啮合的阴、阳转子，如何有效地设计和加工阴、阳转子螺旋副是提高双螺杆捏合机性能的关键。双螺杆挤出机按两根螺杆啮合与否分类可分成全啮合型、部分啮合型和非啮合型。双螺杆挤出机工作特性主要表现在输送作用、混合作用、自清理作用、剪切及辊压作用等几个方面。

具有三根或三根以上螺杆转子的挤出机称为多螺杆挤出机，其中最常见的是行星螺杆挤出机。行星螺杆由多根螺杆组合而成，中心一根螺杆为主螺杆，在主螺杆周围排列着多根小直径的从螺杆，主、从螺杆之间相互啮合，同时从螺杆还与机筒内壁上的内螺杆相啮合。从螺杆除自转外，同时还绕着主螺杆公转。行星螺杆的特点是：螺杆流道无"死角"，具有很好的自洁能力，螺杆总啮合次数非常高，最高的可以达到 30 万次/min，大大增加了对物料的捏合、挤压、剪切以及搅拌次数。

4.1.11　混炼机

混炼专指在生橡胶中混入炭黑、硫黄等粉粒状配合剂的操作，所用的机器是密封式的混炼机，又称密炼机（图 4-16）[27]。机内装有一对柱形轧辊，辊上有两条或四条螺旋状突棱。两辊以不同转速作反向旋转，对物料进行强烈剪切和分割[28]。机内设有冷却装置，以除去由物料摩擦所产生的热量。

经典双转子连续混炼机的结构如图 4-17 所示，其结构由进料段、混炼段和卸料段 3 段组成。混炼段又由第一混炼段、第二混炼段及中间的输送段等 3 段组成。每根转子的混炼段有两条大导程的异形螺旋，每条异形螺旋由两段旋向相反的螺旋组成，它们在混炼段中部相交。螺棱交汇点前螺棱向前输送物料，而在螺棱交汇点后螺棱将物料推向加料方向。每对转子有四个螺棱交汇点，分别位于轴向的不同位置，螺棱交汇点之间的区间是混合的主要区域。

图 4-16　混炼机内部结构

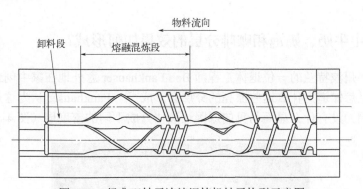

图 4-17　经典双转子连续混炼机转子构型示意图

如图 4-18 所示，相对于经典转子结构，混沌型转子的混炼段是间断的，即转子混炼段具有两对螺旋方向相反的间断螺棱，每一对间断螺棱在轴线方向可以相互交叉，也可存在间隙，但不相互连接。在混炼过程中，反向螺棱对于推进螺棱送来的物料有一个切割分流作用，可以进一步扰乱混炼腔内物料原有的流动顺序，对于物料组分的均化和温度的均匀分布起到了促进的作用，还可以有效地防止物料在螺棱交汇区的停滞，有利于热敏性塑料的混合加工。

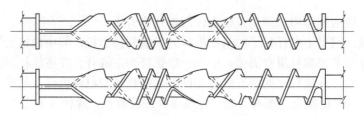

图 4-18　高混沌型转子结构示意图

　　混炼方法通常分为开炼机混炼和密炼机混炼两种。这两种方法都是间歇式混炼，这是目前最广泛的方法。开炼机塑炼时温度一般在 80℃ 以下，属于低温机械混炼方法。密炼机和螺杆混炼机的排胶温度在 120℃ 以上，甚至高达 160～180℃，属于高温机械混炼。

　　密炼机混炼分为三个阶段，即湿润、分散和混炼，操作方法一般分为一段混炼法和两段混炼法。

　　一段混炼法是指经密炼机一次完成混炼，然后压片得混炼胶的方法。它适用于全天然橡胶或掺有合成橡胶不超过 50% 的胶料，在一段混炼操作中，常采用分批逐步加料法，为使胶料不至于剧烈升高，一般采用慢速密炼机，也可以采用双速密炼机，加入硫黄时的温度必须低于 100℃。

　　两段混炼法是指两次通过密炼机混炼压片制成混炼胶的方法。这种方法适用于合成橡胶含量超过 50% 的胶料，可以避免一段混炼法过程中混炼时间长、胶料温度高的缺点。第一阶段混炼与一段混炼法一样，只是不加硫化剂和活性大的促进剂，一段混炼完成后下片冷却，停放一定的时间，然后再进行第二段混炼。混炼均匀后排料到压片机上再加硫化剂，翻炼后下片。分段混炼法每次炼胶时间较短，混炼温度较低，配合剂分散更均匀，胶料质量高。

4.2　混合过程的前沿和趣事

4.2.1　咖啡中牛奶、奶泡和咖啡分层的效果如何形成？

　　美国俄勒冈州波特兰的一位退休工程师 Bob Fankhauser 意外地在家中创造出自己的分层拿铁咖啡，并且想知道为什么这些漂亮的分层会形成[29]。Fankhauser 认为这是一个非常有趣的科学现象，因为没有什么显而易见的原因让液体分成不同的密度层（图 4-19）。

图 4-19　分层的咖啡拿铁

Fankhauser 发送了一封电子邮件把他意外制出分层拿铁咖啡的照片给了在美国普林斯顿大学研究流体力学的化学工程学家 Howard Stone，并鼓励他们对此进行深入研究。这个从流体的混乱，最初的倾倒和混合演变成一个非常有组织、明显的分层，对流体力学家来说有比味蕾和美学上更大的科学吸引力。

他们发现，任何人都可以在家里尝试这种方法，而且想创造分层果冻的厨师或者开发合成人体组织的生物工程师可能会发现这是很实用的；他们的研究也能够帮助更好地解释地球广阔海域中的热量和盐度依赖性水流是怎么回事，这一现象在气候学和生态学中具有重要意义；从工业产品制造的角度来看，单一浇注技术比分层产品中传统的层叠技术要简单得多，因此他们想要探索一步完成整个分层结构的物理过程。

Stone[29]等人用一组 LED 灯和相机捕捉分层的过程，观察到当咖啡倒入加热的牛奶时，会有称为双扩散对流的现象，在液体中产生不同的密度层（图 4-20）。他们用自己的意式浓缩咖啡和牛奶重新制作拿铁咖啡后，发展出了一个模拟的饮料，把加热染色的淡水注入密度更高的加热盐水中，里面含有能够散射绿色激光光束的粒子，混合以测试使这种自发分层成为可能的科学参数。他们再进行模拟所收集的资料，用以比较不同系统的各种模型。

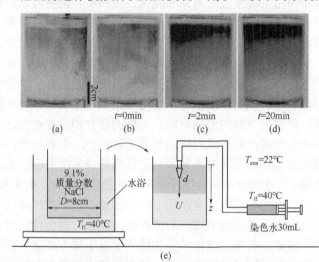

图 4-20　受分层拿铁咖啡启发的注射驱动系统中的图案[29]

D—水浴槽直径，cm；*d*—注射针直径，mm；*U*—染色水注射速度，m/s；*t*—混合时间；
T_{atm}—室温，℃；T_H—水温，℃

他们发现，把热咖啡以一定的速度倒入热牛奶中，会引起温度和密度之间的相互作用，导致饮料分成不同密度的分层。被称为双扩散对流的相同基本现象在海洋中形成水层。含有不同浓度的盐水具有不同的密度，就像拿铁咖啡中的浓缩咖啡和密度更高的牛奶一样。

当液体试图混合时，温度梯度导致一部分液体升温，变得更轻并上升，而密度更高的部分则下沉。当一杯拿铁中某个区域的局部密度接近平衡时，这种下沉和上升的运动就停止了。结果，流体必须水平流动，而非垂直流动，从而形成不同的分层。

那么做出分层拿铁咖啡的秘诀是什么呢？

如果浓缩咖啡倒入牛奶的速度太慢，密度更高的流体将会和密度低的混合得过于均匀，就做不出分层拿铁咖啡。较快的倾倒速度使得密度更高的流体冲击密度更低的流体，并在建立密度均衡时引发快速运动，达到预期中的分层。即使有一个温和的搅动，例如啜饮一层，分层还是会形成并保持几分钟、几小时，甚至好几天。只要拿铁咖啡的温度比周围的空气温度高，搅拌就会产生另一个密度梯度，与倒入浓缩咖啡产生的密度梯度相似。但拿铁咖啡达到室温后再搅拌，分层就会消失。

没想到一个小小的巧思和打破砂锅问到底的好奇心及求知欲，竟让一个再日常不过的现象有了令人啧啧称奇的新奇科学发现！

4.2.2　和面中的混合搅拌

和面作为馒头制作过程中最关键的步骤，直接决定着馒头的品质。和面过程也就是把制作馒头的主要原料水、面粉、酵母以及空气混匀，并形成结构稳定、有特定性质的面团体系。在经机械搅拌或手工搓揉后，麦谷蛋白首先吸水湿润，随后麦胶蛋白、清球蛋白进行水化作用，然后被麦谷蛋白在膨胀的过程中吸收[30]。充分吸水的蛋白质分子通过搅拌相互接触，彼此的硫基之间相互交联，形成巨大的立体网状结构，成为面团的骨架，其他成分如淀粉、脂肪、低分子糖、无机盐和水被填充在其中，形成具有良好弹性和延伸性的面团。面团的结构也就是面团中各组分的空间排列及它们之间的相互作用力决定了面团的流变学特性。在和面过程中水、蛋白、淀粉与空气会发生一系列的变化。蛋白质、淀粉与水的状态决定着面团的性质，从而影响着馒头的品质。和面是为了完成面团形成中三个主要功能：第一是实现面团的均质化，面粉，酵母与水均匀分布于面团每一部分；第二是面筋的发育，使面粉中形成适当程度的面筋网络；第三是包含空气，使空气均匀充满面团的孔洞中，面团包裹的空气是面团醒发时酵母均匀产气的基础。分子之间的相互作用力使面团具有了流变学特性[31]。搅拌的一开始是将所有材料混合均匀成团，面粉和水会进行结合形成面筋。通过搅拌经过挤压和延展，慢慢地强化面筋，产生出完整的面筋网络。机械的捏合和搅拌会促进面团面筋的形成，因此控制面团搅拌时间是控制面筋形成程度的重要因素之一。面粉与水的混合并不容易。面粉与水刚接触时，接触面会形成胶质的面筋膜，这些先形成的面筋膜阻止水向其他没有接触上水的面粉浸透和接触，这就需要不断地搅拌来破坏面筋的胶质膜，扩大水与新的面粉接触。如果面团搅拌时间过短，则面粉不能完全水化，面筋形成不足；搅拌时间适当，水分完全浸透到面粉中，面团就会有大量的面筋形成；若搅拌时间过长，则会使已形成的面筋网络被破坏，降低面团面筋的生成率。传统式搅拌法是仿照人工以手揉方式进行搅拌的方法，也就是搅拌机以慢速搅拌。优点是面团通过缓慢搅拌，所形成的面筋组织完整稳定，香气和湿润度能维持较长时间。缺点就是搅拌时间过长，不利于店面生产。快慢速搅拌法则是用一部分慢速搭配少许快速，让面团在快慢速内进行搅拌。让面粉和水以慢速形成基本的面筋，接着再用快速打到理想的面筋状态。这种方法非常考验对面团筋度的掌握以及温度的控制。但这样的方式是目前最主流的方式，能够有效地节约时间。

4.2.3　有趣的墨汁混合效应

大家应该在日常生活中都曾观察到，将蜂蜜倒入热水，整杯水都会变成甜的；将几滴墨汁滴入清水中，几分钟后，整杯水均会变成黑色（图4-21）。

从宏观上，我们更容易看到墨汁滴入水中后，墨汁与水混合在一起，由无色透明变成黑色。混合之后，使物质分子从高浓度向低浓度移动，直至均匀分布。之所以会产生这种现象，是因为两种液体之间存在浓度差，从微观上分析，物质都是由大量的分子组成的，这些分子永不停息地在做着无规则的热运动，由于墨汁和清水、蜂蜜和热水在空间区域上的分子密度分布不同，分子发生碰撞的情况也不一样，这种碰撞迫使密度大的区域里面的分子向密度小的区域转移，最后达到均匀的密度分布。尽管我们无法直观看到蜂蜜和水混合后的现象，但并不代表着一切都是静止的，什么都没有发生，当你品尝的时候，你会发现，整杯水已经变成甜的。有的时候你会发现，蜂蜜水越喝甜味越淡，这是因为虽然分子无时无刻不在做无规则运动，但是这是一个过程，直至混合后的液体密度达到均匀；更直观的现象就是滴入墨汁后的清水在变黑之前，总是从清水上部一点点延伸至清水下部，直至整杯水均变成颜色分布均匀黑色[32]。

图 4-21 墨汁混合效应

在达到均匀的密度分布后，再次品尝蜂蜜水，你会发现，与蜂蜜相比，蜂蜜水远远没有其甜；再次观察墨水，远没有原来的墨汁黑。这是因为分子进行无规则运动，达到均匀分布后，其分布区域变大，而分子总数在理想状态下未增加或者减少，迫使其密度减小，所以蜂蜜水没有蜂蜜甜、墨水没有墨汁黑。

这种现象在我们生活中有很多，无论是固体、液体还是气体，均有此现象的发生，例如夏天荷花飘香；比较咸的汤中倒入清水，味道会变淡；屋角喷洒香水，整个屋子都可以闻到；两块金属压在一起，经过较长时间后，每块金属的接触面内部都发现另一种金属的成分。

4.2.4 马兰戈尼的混合之美

将一滴蓝色水滴滴到食用油的表面，液滴汇成圆形浮在油的表面，将染色的酒精和食用油混合，会发现酒精会慢慢扩散开来，逐渐消失。如果我们将蓝色水滴、酒精和食用油混合，会发现无数的小液滴由中间向外圈扩散，非常漂亮，仿佛一幅美丽的名画。

这些现象其实可以用马兰戈尼效应来解释，混合的液体之间存在不同的表面张力，而发生质量传递的现象（图 4-22），被称为马兰戈尼效应[33]。

马兰戈尼效应是意大利物理学家 Carlo Marangoni 的博士课题的研究结果，并于 1865 年发表。马兰戈尼效应以 Marangoni 先生和他的研究工作命名，是我们看到的这种"排斥之美"的背后原理。

两种不同表面张力的液体混合便会产生上述现象，表面张力是两相接触面的一个属性，它描述了将该界面的表面积增大一个单位所需的能量。我们还可以将表面张力看作创建每单位长度的新表面积所需的能量。图 4-23 显示了液相中与其蒸气接触的分子状态。表面分子（V）与蒸气分子（S）在向上方向的相互作用极少，因此它们将经历不对称的力，这种力将液体表面拉紧在一起。液体主体中的分子（B）会在所有方向发生相互作用。为了拓展液体的表面积，主体分子需要向表面移动，打破向上的相互作用，这就需要能量。

由于氢键的关系，液体分子之间的相互作用非常强，由于需要打破较强的相互作用，因此它拥有相对较高的表面张力。液体-蒸气接触面的表面张力依赖于液体主体内分子间相互作用的强度。图 4-23 中，马兰戈尼效应是指由表面张力梯度沿液体-蒸气接触面造成的流动。这类梯度可能由沿此表面的溶液成分或温度差异造成。

我们可以向盘中倒入薄薄的一层水来观察它是如何实现的，向盘中加入发光物或其他较轻的材料，以便更好地演示这种效应。发光物分子具有亲水性，或者说它很爱水，这使它能与水发生相互作用。表面中部滴入一滴皂液、酒精、机油或其他任何拥有收缩性表面张力的液体，此时所有发光物都将立即离开中央流到表面边缘处。

倒入皂液后，皂液分子会在水表面形成一层薄膜，这层膜仅有单层或几层分子厚。皂液覆盖的表面和水面之间会产生表面张力差，使得皂液膜开始扩张，发光粒子流向侧边，这就是马兰戈尼效应。最终，肥皂分子覆盖整个表面，表面能降低，因为表面的水分子也能与皂液分子的亲水端发生相互作用。

因此，当具有不同表面张力的液体混合时，就会产生这种"排斥"的现象美！

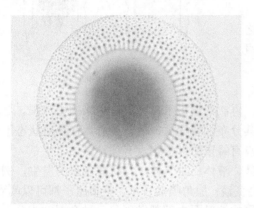

图 4-22　马兰戈尼效应[33]

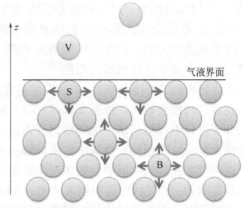

图 4-23　液相中与其蒸气接触的分子状态[33]

4.2.5　流体混合中的"生命之花"

在流体混合的过程中也蕴含着许多神奇而又有趣的现象，流体混合中的"生命之花"就是其中一种（图 4-24）。例如，重液滴撞击轻质流体液面先形成涡环，而后随着液滴下沉，涡环失稳解体并不断分叉生长并最终成长为一朵分形花朵。液滴的这种生长行为与生命的萌发与成长具有很强的相似性。纵观由单液滴到涡环，再到分级失稳分叉的整个过程，均类似于一颗种子从发芽到生长出完整的花茎、花瓣和花蕊。从某种意义上，水滴就是分叉花的种子，只要它携带着能量从轻流体穿透界面进入重流体，它就会随着能量的耗散而生长，而能量耗散的路径就形成了现实意义的生命[34]（图 4-25）。这种独特的能量耗散模式可以激发人们对生命本质的深刻思考。

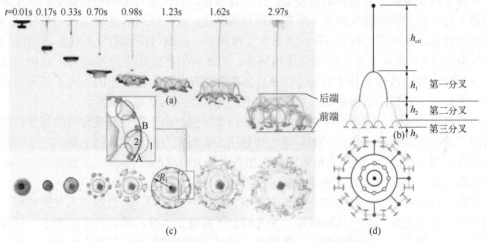

图 4-24　流体混合中"生命之花"的生成与演变[34]

图 4-25　蔓珠莎华与流体分叉花[34]

4.2.6　流体混合中的分层现象——能回到"过去"的流体?

美味的夹心蛋糕和多彩的鸡尾酒代表着固体和静止的液体可以分层。那么，流动的液体可以分层吗？答案是肯定的。更神奇的是，流动的液体不但能分层，而且还能回到"过去"。例如，在图 4-26 所示的泰勒混合器内加上浓浓的玉米糖浆至加满，随后滴入几滴带颜色的糖浆，这是一种非常黏稠的液体，会在流体与壁面之间一般形成无滑移边界，也就是说流体和壁面之间没有相对滑动，糖浆与外筒内壁和内筒外壁之间没有相对速度。所以当内筒转动时，靠近内筒部分的带颜色的糖浆将会随之转动，而且剩下的越来越少，越来越靠近内筒，如果你垂直看的话，就会发现形成了漂亮的螺旋线。然后慢慢旋转内筒，转七圈之后，带颜色的糖浆完全混合在一起了，并且在竖直面上，可以看到分层显现，而在外壁看则是完全混乱不堪的，甚至有一点像大理石的纹路，而这一切完全是因为这是一种层流现象[35]（图 4-26）。

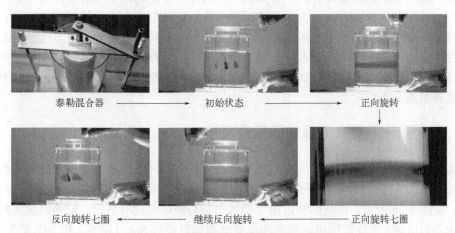

泰勒混合器　→　初始状态　→　正向旋转

反向旋转七圈　←　继续反向旋转　←　正向旋转七圈

图 4-26　泰勒混合器内黏性混合现象[35]

下面就是见证奇迹的时刻，开始倒着旋转内筒至第七圈，可以看到一开始混乱不堪的有色糖浆逐渐互相分离，变得有序并恢复之前的样子，换句话说，这种变化是可逆的。那么在低雷诺数，黏度较大的玉米糖浆中。由于带颜色的糖浆距离中心的远近不同，内部带颜色的糖浆在横切面处会产生一个角速度梯度，在低转速下将会分层运动并逐渐由于角速度的不同而散开，越靠近内筒角速度越大，移动得越远，在外面看上去就像混合了一样。而当反向转

图 4-27　泰勒混合器内流体混合的分层现象[35]

动的时候，这个沿轴的角速度梯度没有变，依然是里面走得快，外面走得慢，这样当转回来的时候，带颜色的糖浆又会恢复如初了，而且俯视来看的话，还可以看到明显的分层现象（图 4-27）。

4.2.7　微流控芯片

20 世纪 90 年代初，"微型全分析系统"（micro total analysis system，μTAS）这一新概念，即"微流控芯片"被提出，之后各国的研究人员也开始了大量的研究热潮。微全分析系统一般是指将生物化学实验室的全部分析功能尽可能地集成到一个面积为几平方厘米的芯片之上。因此，我们通常也可以称之为芯片实验室。

微流控芯片是根据所需的生物或者化学实验研究，运用一定的先进微机电加工方法，例如湿法蚀刻、光学蚀刻等，以微通道为主体，将实验所用的容器、泵、阀、通道等按照比例缩小到数百微米或者数百毫米的范围内加工到芯片之上，即要将整个实验室的各种反应、分离、检测等功能都统一集成缩小到一个微小的芯片上。这样的一个微型芯片可以进行各种 DNA、蛋白质实验分析，同时也不会对微生物造成损伤，将我们的宏观大型生物化学分检测系统微观化、集成化、自动化、便携化。

微流控芯片相对于一般的实验设备、实验环境及实验过程来说，无论从尺寸还是功能上都具有很大的优势。微流控芯片的广泛应用将会是生物化学、临床医学、生命科学、药剂合成以及航天研究的一项重大改革。但就目前来说，微流控芯片在完成分析过程的首要前提则是如何达到应用试剂的高效混合。一般来说，大部分化学生物医学分析都需要在试剂尽可能充分混合的情况下来继续进行，例如临床医学检测、新药剂的合成、化学反应的进行都必须建立在流体充分混合的基础上，所以如何在最短的时间内实现物质的高效混合是目前微流控芯片研究的重点方向。而微流控芯片上微通道内部的流体介质性质各异，实际操作中介质的高效混合已经成为制约微流控发展的因素，那么提高微流控芯片上微通道的混合效率就成为目前研究领域的一个方向。

4.2.8　混合强化燃烧——强劲的发动机

内燃机缸内燃料与空气混合气（燃空混合气）燃烧的好坏直接决定汽车的动力性、经济性、排放和机动性等多项性能指标[36]。当前车用发动机使用最广泛的是往复活塞式汽油机和柴油机。如图 4-28 所示，传统柴油机由于燃油喷射与燃烧是同时进行，缸内当量比跨度从极稀到极浓所有区域，燃烧过程中当量比和温度分布同时经过 Soot（碳烟）和 NO_x 的生成区域。而对于火花塞点火的汽油机，其燃油与空气在计量比混合，避免了 Soot 生成区域，但由于其化学计量比附近燃烧，火焰温度较高，因此仍然有较多的 NO_x 生成。图中可以看出降低氧气的浓度或者采用稀薄燃烧（当量比小于 1），可以降低火焰温度。因此为了同时避免 Soot 和 NO_x 生成区域，研究人员提出了稀薄压燃低温燃烧技术[34,35]，其特点是将燃油与空气在燃烧前完全混合或者部分混合从而避免了缸内较大的当量比（Soot 生成区域），"稀薄"意味着缸内大部分或者全部燃油均处于当量比小于 1 的区域，为了降低燃烧温度，通常搭配较大的废气再循环（20%～60%），从而避开 NO_x 区域。为了保证稀薄混合气能够正常燃烧，通常采用较高的压缩比，发动机具有较高的热效率。

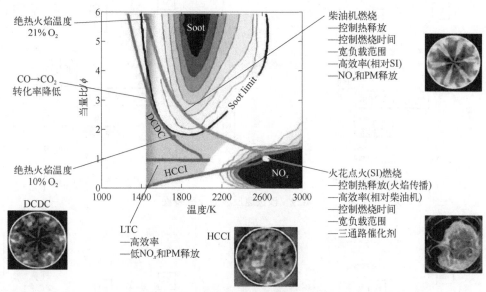

图 4-28　不同燃烧模式缸内燃烧特征[37,38]

DCDC—柴油机燃烧止点；HCCI—均质预混燃烧；LTC—低温燃烧；
PM—颗粒物，气溶胶体系中均匀分散的各种固体或液体微粒

　　传统汽油机通过控制火花塞点火时刻，柴油机通过喷油时刻可以简单准确地控制缸内燃空混合气着火时刻。而低温燃烧通常采用预混压燃方式，通过强化燃空混合气的预混合提升了发动机的燃烧效率。但其燃烧时刻是通过燃料的化学反应以及发动机运行条件控制。由于发动机运行条件变化较大，着火时刻的控制成为新的问题。为了解决这一问题，相继发展了采用单一燃料的均质预混压燃技术、部分预混压燃技术、柴油燃料低温燃烧技术以及采用两种不同着火特性燃料的反应活性控制压燃技术和双燃料顺序燃烧技术。

4.2.9　混合强化化学反应过程

　　在图 4-29 中，溶液 A 为一定浓度的稀硫酸溶液，溶液 B 为一定配比的混合溶液，其中包括：硼酸，氢氧化钠，碘化钾和碘酸钾。那么将溶液 A 由泵输送至溶液 B 中，会产生什么现象呢［图 4-29（a）］？在实验过程中采用高剪切混合器对右边烧杯进行混合，边混合边进料，又会出现什么现象呢［图 4-29（b）］？

　　我们可以发现，采用相同体积和浓度的反应物，使用高剪切混合器和未使用高剪切混合器的反应后溶液均变为橙色，但使用高剪切混合器之后的反应溶液颜色浅得多（图 4-30）。

　　这是因为该反应体系是一个快速竞争反应体系，反应式如下：

$$H_2BO_3^- + H^+ \longrightarrow H_3BO_3 \tag{4-1}$$

$$5I^- + IO_3^- + 6H^+ \longrightarrow 3I_2 + 3H_2O \tag{4-2}$$

$$I^- + I_2 \longrightarrow I_3^- \tag{4-3}$$

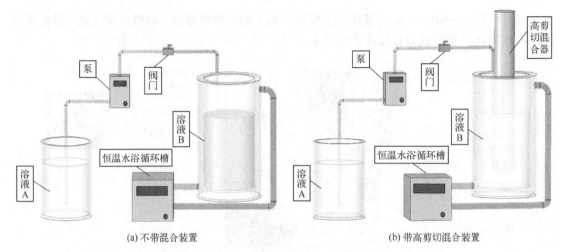

(a) 不带混合装置　　　　　　　　　　(b) 带高剪切混合装置

图 4-29　该快速反应的反应装置

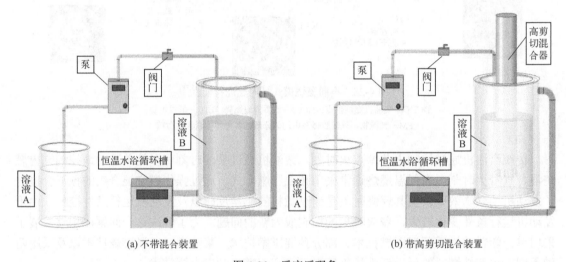

(a) 不带混合装置　　　　　　　　　　(b) 带高剪切混合装置

图 4-30　反应后现象

反应（4-1）是瞬时反应，反应（4-2）是快速反应，反应（4-3）是一个准瞬时反应，反应（4-2）生成的 I_2 在溶液中与游离的 I^- 反应生成 I_3^-，I_3^- 是显色的。所以反应后溶液变色是因为在该体系中存在反应（4-2），进而形成了 I_3^-。如果反应物之间能够充分接触和混合，即可以达到分子水平上的混合，则瞬时反应 1（接触即反应）会更容易发生；而如果反应物之间接触和混合水平差，则会造成反应物局部聚集，生成 I_2 的反应（4-2）会发生。

引入高剪切混合器对溶液进行混合，能有效提高反应物的混合和分散水平，使其快速达到分子水平上的混合，可以减少反应（4-2）的发生，I_3^- 也会减少。因此虽然反应物物料使用相同，是否使用混合器对反应结果的影响很大。使用高剪切混合器之后反应之后的溶液颜色就会变浅很多。混合状态对于快速反应的产物收率、选择性有着非常重要的影响。

甲苯二异氰酸酯（TDI）是一种重要的化工产品，可用于制备聚氨酯泡沫、弹性体、胶黏剂、密封剂和涂料等。聚氨酯材料作为一种品种最多、用途最广、发展最快的有机合成材料已经在涂料、保温材料、垫材、新能源和铁路等轨道交通领域有广泛的应用。我国经济的发展和国家经济战略将进一步刺激市场扩大对聚氨酯材料的需求，这必定会给 TDI 的生产带来广阔的市场前景。目前合成 TDI 的方法主要有：光气合成法、羧基化法和碳酸二甲酯法。由于光气法具有技术成熟、经济性好等优点，使其在目前和未来一段时间内都将是 TDI 合成的主流工业方法[39]。

光气法 TDI 工艺中，存在甲苯二胺与光气反应工段，该工段可能发生的反应如下：

$$(4-4)$$

$$(4-5)$$

$$(4-6)$$

$$(4-7)$$

$$(4-8)$$

$$(4-9)$$

反应（4-4）、反应（4-5）是生成异氰酸酯的主反应，其余为反应体系中的一些副反应。其中，有机胺与光气反应生成氨基甲酰氯是一个快速反应，反应过程好坏极大程度上取决于混合效果。反应物料要快速混合均匀，防止有机胺局部过剩，发生副反应（4-6）。利用连续高剪切混合器作为 TDI 合成的光气化反应器，可以强化有机胺与光气反应生成氨基甲酰氯，减少 MTD 盐酸盐的生成；工业应用后，可以使 TDI 的收率提高 3%以上。

4.2.10 混合强化纳米材料的制备

高剪切混合器依靠其较短的停留时间和优异的微混合效果被用于制备超细粒径的纳米催化剂。图 4-31（a）和（b）显示，Pd 纳米晶体表现出均匀的单分散状态，并呈现球形形状。根据粒度统计，Pd 纳米晶体的粒度分布较窄，在 0.97ms 和 0.24ms 的微混合时间下，颗粒平均直径（d_{32}）分别为 5.608nm 和 7.606nm。这些得益于在线高剪切混合器（In-line HSM）提供的超高剪切速率，防止了初级 Pd 纳米晶体的进一步聚集和生长。钯纳米晶体的尺寸减小还表明，在线 HSM 中分子混合的增强有利于纳米晶体朝着超小尺寸的连续合成。如图 4-32 所示，连续高剪切混合器合成的 Pd 纳米催化剂对硝基苯还原具有高效催化活性。

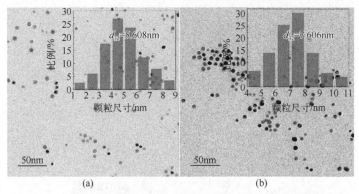

图 4-31 不同微混合时间下 Pd 纳米催化剂的 TEM 图和粒径分布

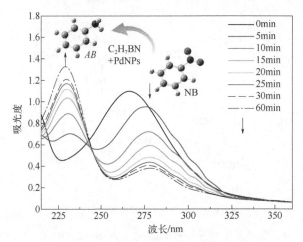

图 4-32 原位测量的硝基苯还原紫外光谱

微通道混合器借助于微尺度作用力的精确控制、微结构设备中极大的传质传热梯度和比表面积，可以按照材料尺寸、形貌的需求针对性地选择操作条件，分别强化材料的成核或生长过程。对于需要强化成核、获得尽可能小粒径的纳米材料的制备过程来说，微结构设备中尺寸的降低为原料流体带来了较大的比表面积，再结合对流体混合的强化可以有效促进原料快速消耗和材料成核；对于需要材料充分生长和流体中多步处理（如材料表面改性和功能化）的过程，可以控制微结构设备中的扩散传质，或采用分隔流体的方法消除轴向返混，人为构造相似的生长和后处理环境。

如图 4-33（a）所示，在一般搅拌釜或沉淀反应器中，制备的 $BaSO_4$ 颗粒主要呈片状或者十字交叉状，平均粒度在 0.5～5μm。这主要是由于 $BaSO_4$ 沉淀反应极快，而反应器中的混合性能相对较差，混合所需要的时间远远大于反应时间。因此，反应器内反应物质的浓度分布不均匀，造成反应器内过饱和度的显著差异，进而导致材料成核过程和生长过程同时发生，所得到的粒径粒度大且均匀性差，粒径分布宽。而通过带有 0.2μm、有效膜面积为 12.5mm^2 镍膜的膜分散结构微反应器制备得到的 $BaSO_4$ 颗粒，其扫描电镜（SEM）照片如图 4-33（b）所示。可以明显看出，$BaSO_4$ 颗粒几乎全部为球形或类球形，单分散性很好。从图中可以看出，膜分散沉淀法制备得到的 $BaSO_4$ 颗粒尺寸均在 100nm 以下。与一般搅拌法相比，无论是形态还是单分散性都有明显的提升。

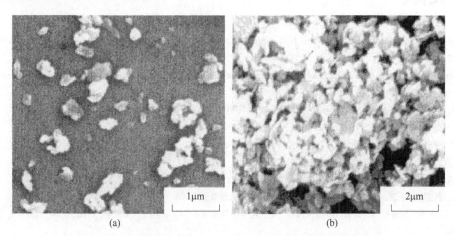

图 4-33　搅拌法与膜分散法制备 $BaSO_4$ 颗粒的 SEM 照片[8]

4.3　小结

本节对混合过程及其混合设备进行了简要的介绍。混合通常指使两种或多种物料相互均匀状态的操作，可以加速传热、传质和化学反应，也用以促进物理变化，制取物料混合体。根据混合尺度的不同，混合过程可以分为宏观混合、介观混合和微观混合三种尺度上的混合。混合设备是利用机械力等将两种或两种以上物料均匀混合起来的机械设备。对工业生产过程中几种常见的混合设备及其基本原理、组成结构、性能特点和应用范围等进行了介绍，主要包括：管道混合器、射流混合器、撞击流混合器、微通道混合器、超重力混合器、旋转圆盘混合器、搅拌混合器、高剪切混合器、高压均质机、捏合机和混炼机。为了让读者更好地理解混合过程的原理和应用，举例介绍了生活中涉及混合过程的趣事和前沿，以及混合过程在医学检测、燃料燃烧、快速化学反应和先进材料制备中的关键作用。

思考题

① 混合过程根据尺度不同可以分为宏观混合、介观混合和微观混合，如何在流体混合过程中对不同尺度的混合分别进行表征和评价？

② 什么是流体混合？是什么驱动了流体在微观尺度上的混合？如何在微观尺度下实现

流体混合？

③ 你能想到影响流体混合的主要因素有哪些？其基本规律是什么？请尝试设计实验方案对其进行实验探究。

④ 反应物料的混合过程在快速化学反应中有着关键作用，但其对反应过程产生影响的前提是什么？请尝试从混合的不同尺度与化学反应的特征反应时间进行考虑。

⑤ 同样的食材，同一个炒菜师傅，为什么大锅炒出来的菜品不如小锅炒出来的菜品好吃？请尝试从混合的角度给出合理解释。

参考文献

[1] Johnson B K, Prud'homme R K. Chemical processing and micromixing in confined impinging jets[J]. AIChE J, 2003, 49 (9): 2264-2282.

[2] Ghanem A, Lemenand T, Della Valle D, et al. Static mixers: Mechanisms, applications, and characterization methods—A review[J]. Chem Eng Res Des, 2014, 92 (2): 205-228.

[3] 陈志平, 章序文, 林兴华, 等. 搅拌与混合设备设计选用手册[M]. 北京: 化学工业出版社, 2004.

[4] 王凯, 冯连芳. 混合设备设计[M]. 北京: 机械工业出版社, 2000.

[5] 张江伟. 静态混合器的研究进展[J].中外能源, 2022, 27(6): 65-69.

[6] 伍沅. 撞击流性质及其应用[J]. 化工进展, 2001, 20(11): 8-13.

[7] Tamir A. 撞击流反应器——原理和应用[M]. 伍沅, 译. 北京: 化学工业出版社, 1996.

[8] 骆广生, 吕阳成, 王凯, 等. 微化工技术[M]. 北京: 化学工业出版社, 2020.

[9] 埃尔费尔德 W, 黑塞尔 V, 勒韦 H. 微反应器: 现代化学中的新技术[M]. 骆广生, 王玉军, 吕阳成, 译. 北京: 化学工业出版社, 2004.

[10] 陈建峰, 初广文, 邹海魁, 等. 超重力反应工程[M]. 北京: 化学工业出版社, 2020.

[11] Yang K, Chu G W, Shao L, et al. Micromixing efficiency of rotating packed bed with premixed liquid distributor[J].Chem Eng J, 2009, 153: 222-226.

[12] 吴相森. 旋转圆盘反应器流体流动与性能研究[D].北京: 北京化工大学, 2019.

[13] Pask S D, Nuyken O, Cai Z. The spinning disk reactor: an example of a process intensification technology for polymers and particles [J]. Polym. Chem., 2012, 3: 2698-2707.

[14] Meeuwse M, Schaaf J, Schouten J. Multistage rotor-stator spinning disc reactor[J]. AIChE J, 2011, 58 (1): 247-255.

[15] 王凯, 虞军. 化工设备设计全书——搅拌设备[M]. 北京: 化学工业出版社, 2003.

[16] 张金利. 高剪切混合强化技术[M]. 北京: 化学工业出版社, 2020.

[17] Gül Ö T, Dominik K, Gustavo P. Power and flow characteristics of three rotor-stator heads [J]. Can J Chem Eng, 2011, 89 (5): 1005-1017.

[18] Hall S, Cooke M, El-Hamouz A, et al. Droplet break-up by in-line Silverson rotor-stator mixer [J]. Chem Eng Sci, 2011, 66 (10): 2068-2079.

[19] Atiemo-Obeng V A, Calabrese R V. Rotor-stator mixing devices [M]. Handbook of Industrial Mixing: Science and Practice, New Jersey: John Wiley & Sons, 2004: 479-505.

[20] Doucet L, Ascanio G, Tanguy P A. Hydrodynamics characterization of rotor-stator mixer with viscous fluids [J]. Chem Eng Res Des, 2005, 83 (10): 1186-1195.

[21] http://www.fluko.net/[EB/OL]. 2018-3-30.

[22] http://www.ikausa.com/[EB/OL]. 2018-3-30.

[23] 汤鲁川. 基于 CFD 技术的高压均质机新型均质阀结构优化与实验研究[D]. 北京: 北京工业大学, 2020.

[24] 刘伟, 宋弋, 张洁, 等. 高压均质在食品加工中的研究进展[J]. 食品研究与开发, 2017, 38(24): 213-219.

[25] 魏静. 差速双螺杆捏合机型线设计理论与螺旋面高效高精度加工研究[D]. 重庆: 重庆大学, 2009.

[26] 孙旭建. 双螺杆捏合机螺杆转子型线设计及实验研究[D]. 大连: 大连理工大学, 2012.

[27] 薛凯凯. 混炼设备及结构对滑石粉/聚丙烯复合材料性能影响的研究[D]. 上海: 华东理工大学, 2016.

[28] 金建立. 混炼流场特性对 Al₂O₃/ABS 复合材料性能的影响[D]. 上海: 华东理工大学, 2017.

[29] Xue N, Khodaparast S, Zhu L. et al. Laboratory layered latte [J]. Nat Commun, 2017, 8, 1960:1-6.

[30] 席金忠. 馒头制作过程中风味物质的演变与调控[D]. 无锡: 江南大学, 2022.

[31] Koxawa M, Maeda T, Morita A, et al. The effects of mixing and fermentation times on chemical and physical properties of white pan bread[J]. Food Sci Technol Res, 2017, 23(2): 181-191.

[32] https://baike.baidu.com/item/墨汁效应?fromModule=lemma_search-box [EB/OL]. 2023-03-13.

[33] http://cn.comsol.com/blogs/tears-of-wine-and-the-marangoni-effect [EB/OL].

[34] Zhang Y, Mu Z, Wei Y, et al. Evolution of the heavy impacting droplet: Via a vortex ring to a bifurcation flower [J]. Phys Fluids, 2021, 33(11): 113603.

[35] https://www.bilibili.com/read/cv3619247? [EB/OL]. 2022-10-03.

[36] 徐磊磊. 低温燃烧模式下燃油喷射规律、混合分层与燃烧特性的数值和试验研究[D]. 上海: 上海交通大学, 2019.

[37] Saxena S, Bedoya I D. Fundamental phenomena affecting low temperature combustion and HCCI engines, high load limits and strategies for extending these limits [J]. Prog Energ Combust, 2013, 39:457-88.

[38] Reitz R D, Duraisamy G. Review of high efficiency and clean reactivity controlled compression ignition (RCCI) combustion in internal combustion engines[J]. Prog Energ Combust, 2015, 46: 12-71.

[39] 许金玉, 王志琰, 景研. 甲苯二异氰酸酯的研究进展[J].山东化工, 2016, 45(17): 56-57.

第5章
传热

5.1 传热历史沿革

5.1.1 什么是传热

5.1.1.1 传热的概念

传热（heat transfer，也称为热量传递）是研究由温差引起的热量传递速率的科学，包括：热量传递的机理、规律、计算和测试方法等。热量传递过程的推动力是温差。由热力学第二定律可知：热量可以自发地由高温热源传给低温热源，有温差就会有传热，温差是热量传递过程的推动力[1-6]。

但是需要注意：热力学和传热的联系与区别。二者的联系是：热力学第一定律和第二定律是进行传热研究的基础。二者的区别在于：热力学研究热能的性质，热能与机械能及其他能量之间的转换规律，或系统从一平衡态到另一平衡态传递的能量，系统传递一定能量后的状态变化，即平衡态或极限状态的规律。而传热研究系统有温差存在时的不可逆热量传递过程的规律，即研究系统传热速率或快慢，温度分布，达到稳定或某个温度所需的时间等。

5.1.1.2 传热的基本方式

传热的基本方式有 3 种：热传导、热对流、热辐射。

（1）热传导 温度不同的单个物体各部分之间或温度不同的两物体直接接触时，各部分之间无宏观相对位移，仅依靠分子、原子及电子等微观粒子的热运动而产生的热量传递过程。热传导过程中，无能量形式的变化，各部分之间无宏观移动。

（2）热对流 在流体（气体/液体）中温度不同的各部分流体之间发生相对位移或宏观运动，冷热部分的流体间相互混合而产生的热量传递。热对流一般有自然对流和强制对流两种形式。热对流过程中，无能量形式的变化，热对流只能在流体中才能发生，并必伴有热传导现象。

注意：与 "热对流" 概念不同，"对流传热"（一种化工等过程工业中常见的传热过程）不是一种基本的传热方式，而 "热对流" 是一种基本的传热方式。对流传热：流体流过壁面时壁面和流体间的传热过程或者两运动流体通过相界面间的热量传递过程。对流传热是一个具有复合传热机理的传热过程。既有壁面和壁面附近的层流流体层之间的热传导，又有远离壁面的流体各部分之间的热对流和伴随的热传导。流体和壁面之间的对流传热速率，遵从牛顿冷却定律。

热对流常常发生在多效自然对流和强制对流蒸发器等换热设备内的传热过程之中。

（3）热辐射　辐射是物体通过电磁波而传递能量的方式。热辐射是物体因热的原因而产生的辐射，此时物体将内能转变为电磁波，或者物体吸收电磁波而变为内能。辐射能可在真空中传播，无需借助于介质。热辐射过程中能量发生了形式上的变化。物体间的辐射传热是物体间以辐射的形式进行的热量交换过程。

5.1.1.3　传热过程的工业及日常示例

传热在自然界和工业生产中普遍存在，具有广泛应用。例如：化工、动力、制冷、建筑、机械制造、新能源、微电子、核能、航空航天、微机电系统（MEMS）、纳机电系统（NEMS）、新材料、军事科学与技术、生命科学与生物技术等。总之，上至航空航天技术的发展，下到地层深处石油开采与地热利用；大到几十米高的现代化锅炉、核反应堆，小到大规模集成电路中微电子器件的冷却，日常生活中的空调、冰箱、暖气，化工及机加工过程中的加热、冷却、熔化、凝固等，都涉及传热问题。巨大的民用和工业应用需求，使传热研究得到了很大发展。

工业上的传热过程一般是通过换热设备或换热器实现的，例如，化工和炼油过程中使用的换热器、核能发电用到的换热器（或蒸汽发生器）等。美国哥伦比亚号航天飞机爆炸主要是因为隔热材料漏洞造成的。当今微电子设备系统的发热是一个技术瓶颈问题，温度升高导致电子元器件性能下降，如何有效冷却就是一个传热问题。

随着集成电路的快速发展，芯片的产热速率增长很快：20 世纪 70 年代为 $10W/cm^2$，20 世纪 90 年代为 $100W/cm^2$，目前已达 $300W/cm^2$ 或更高。CPU 温度低于 85℃，可采用微通道流动沸腾冷却，或浸没式池沸腾冷却。另外，火箭喷嘴的产热速率可达 $1000W/cm^2$，核反应堆的产热速率可达 $500\sim600W/cm^2$。

如果不能及时有效地解决电子元器件与设备产生的废热排散和温度控制问题，将导致电子器件温度升高，引起器件工作性能下降，影响器件与设备工作的可靠性，甚至超过其极限允许工作温度而烧毁失效。这成为"后摩尔"时代电子技术发展的重大挑战之一。

5.1.1.4　传热研究的目的

传热研究的目的可分为 3 类：
① 强化传热，即在一定条件下增大所传递的热量；
② 削弱传热，即在一定的温差下使热量的传递速率减小；
③ 温度控制，满足产品或设备对温度恒定的安全运行要求。

5.1.2　传热发展简史

早在人类文明之初，人们就学会了烧火取暖。18 世纪 30 年代的第 1 次工业革命，促进了传热研究的快速发展。但是，直到 19 世纪末 20 世纪初，传热才从物理学中的热学部分脱离，成为一门独立的新学科[1,4]。

传热的发展简史叙述顺序如下：
① 从 3 种最基本的传热方式的研究简史开始阐述：a. 热传导；b. 热对流；c. 热辐射。
② 计算（数值）传热（学）。
③ 相变传热，包括 a. 气液两相流；b. 沸腾；c. 冷凝等。

5.1.2.1　热传导（Thermal conduction）

　　较早的热传导研究有伦福特（B.T. Rumford）1798 年的钻炮筒大量发热的实验，戴维（H. Davy）1799 年的两块冰摩擦生热融化为水的实验，法国物理学家毕渥（J. B. Biot, 1774—1862 年）1804 年的导热量和温差及壁厚的关系（关系式见图 5-1），以及法国数学家和物理学家傅里叶(J. B. J. Fourier，1768—1830 年)1822 年的导热定律等。毕渥和傅里叶的照片见图 5-2。之后，其他几位学者（G. F. B. Riemann、H. S. Carslaw、J. C. Jaeger、M. Jakob）在热传导方面也取得了重要进展。

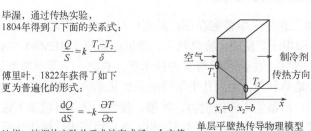

毕渥，通过传热实验，
1804年得到了下面的关系式：

$$\frac{Q}{S} = k\,\frac{T_1 - T_2}{\delta}$$

傅里叶，1822年获得了如下
更为普遍化的形式：

$$\frac{\mathrm{d}Q}{\mathrm{d}S} = -k\,\frac{\partial T}{\partial x}$$

这样，毕渥的实验关系式就变成了一个定律。

单层平壁热传导物理模型

图 5-1　单层平壁热传导物理模型及定律

Q—导热量，J；S—传热面积，m^2；k—热导率，$W/(m \cdot ℃)$；T，T_1，T_2—温度，℃；δ—壁厚，m

　　对热传导做出突出贡献的科学家主要有傅里叶和毕渥。1804 年毕渥先于傅里叶研究固体平壁导热问题，根据实验结果提出了导热量正比于两侧温差、反比于壁厚的规律和热导率概念。傅里叶在实验研究的同时，十分重视数学工具的运用。他正是在阅读毕渥的文章后，1807 年提出了求解偏微分方程的分离变量法和可以将解表示成一系列任意函数的概念。1822 年，傅里叶发表了论著《热的解析理论》，描述了热传导的定律，后以他的名字命名，奠定了热传导的理论基础。傅里叶被公认为热传导理论的奠基人。毕渥的最大贡献是对光偏振现象的研究。

(a) 毕渥　　　　　　　　(b) 傅里叶

图 5-2　对热传导做出突出贡献的科学家毕渥和傅里叶

5.1.2.2　热对流（Thermal convection）

　　按照时间顺序，热对流相关研究历史如下：1827 年，H. Navier（1785—1836 年）提出不可压流体流动方程；1845 年，G. G. Stokes（1819—1903 年）进行了改进，完成了建立流体流动基本方程的任务；1880 年，O. Reynolds（1842—1912 年）提出流动分为层流和湍流，并用雷诺数判断流型；1881 年，L. Lorentz 提出自然对流的解析解；1885 年，L. Graetz 提出管内层流对流传热的理论解；1904 年，L. Prandtl 提出边界层的概念；1909 年和 1915 年，W. Nussdlt

提出对流换热中无量纲准数间原则关系；1910 年，W. Nusselt 提出管内湍流对流传热的理论解；1914 年有了 Buckingham 量纲分析方法 π 定律；1916 年，W. Nusselt 提出冷凝传热的理论解析解；1921 年，E. Pohlhausen 提出热边界层概念；1930 年，E. Pohlhausen 等提出了竖壁空气自然对流解析解；1934 年，S. Nukiyama 提出池沸腾完整曲线（之前有 L. Austin，1902 年；E. P. Partridge，1929 年；M. Jakob，1931 年，1933 年等相关研究）；1925 年/1939 年/1947 年，L. Prandtl，Theodore von Karman，R. C. Martinelli 等分别提出和完善了湍流计算模型。部分热对流科学家见图 5-3。

(a) H. Navier　　(b) G. G. Stokes　　(c) O. Reynolds　　(d) L. Prandtl　　(e) W. Nusselt

图 5-3　部分热对流科学家

5.1.2.3　热辐射（Thermal radiation）

热辐射是 1803 年发现红外线后才得以确认的。1860 年，G. R. Kirchhoff（1824—1887 年）得到物体的发射率与吸收之间的关系。1879 年，J. Stefan（1835—1893 年）根据实验数据确立了黑体辐射能力正比于热力学温度的 4 次方定律，后来 L. Boltzmann（1844—1906 年）从理论上证实了这个定律。1889 年，O. Lummer（1860—1925 年）等实验测定了黑体辐射光谱能量分布数据。1896 年，W. Wien（1864—1928 年）获得黑体辐射光谱能量分布的公式并提出了维恩公式。1900 年，M. Planck（1858—1947 年）提出能量子假说。1905 年，A. Einstein（1879—1955 年）提出光量子理论。1935—1956 年获得物体间辐射换热的计算方法（G. Poljak，1935 年；H. C. Hotel，1954 年；A. K. Oppenheim，1956 年）。

5.1.2.4　计算传热学

（1）计算传热学的涵义[4-6]　计算传热学也称为数值传热学。计算传热学是用数值计算的方法研究常伴有流动的热传递过程，给出刻画这些过程的状态变量的数值大小，并据此来认识热传递过程及其变化规律。用计算的方法所要求解的状态变量不仅有温度，还包含：速度、浓度、压力、密度等。

（2）形成背景

① 现有传热理论研究的不足。计算传热学研究的对象是有传热现象发生的流动过程。因此，其涉及两个方面的理论研究，分别是：流体力学和传热。现有理论研究最终是给出所能考虑的过程变量之间相互制约的一个解析的或近似的表达式，对实践的指导意义难以或无法微观化和具体化。即理论解析解的预测能力有限，理论与实践脱节，而与热相关的人类实践活动发展迅速。

② 计算机的出现和快速发展为求解非线性偏微分方程组提供了有效途径：数值计算。与理论研究有所不同，计算传热学以真实条件和复杂工况为研究对象，用数值计算的方法

求解描述该真实过程的基本方程，从而获得该过程变量的数值分布，并据此研究该过程的变化规律。

（3）计算传热学简史　热过程与流动过程密不可分，从而计算传热学和计算流体力学的主要研究内容是一致的，或是基于计算流体力学之上的。因此，计算传热学的发展史很大程度上也是计算流体力学的发展史。但是，内容有区别。计算流体力学一般是其他数值模拟的基础，常作为基础知识来学习。例如：格式的精度、稳定性、耗散性、色散性等。计算传热学更关注于传热问题。

计算传热学从 20 世纪 60 年代发展至今，大致可分为三个阶段：萌芽时期（1965—1974年），工业应用阶段（1975—1984 年），发达阶段（1985 年至今）[4-6]。

① 萌芽时期。1966 年,第 1 本介绍 CFD 和计算传热学的期刊——*Journal of Computational Physics* 创刊。1969 年，英国帝国理工大学的 Spalding 博士创建了 CHAM（Concentration Heat and Mass，Limited）公司，并出版第 1 本国际流动与传热数值模拟专著：*Heat and Mass Transfer in Recirculating Flows*。1972 年 SIMPLE 算法问世。1974 年 Thompson，Thames 及 Mastin 提出采用微分方程生成适体坐标的方法（TTM 方法），形成网格生成技术，标志着数值传热学具备了解决复杂工程问题的能力。

② 工业应用阶段。1977 年，Spalding 等开发的基于 P-S 方法的 GENMIX 程序公开发行，为面向工业应用的通用软件的雏形。1979 年由 Minkowycz 教授任主编的 *Numerical Heat Transfer* 创刊。同年 Spalding 等开发的流动与传热问题的大型通用软件 PHOENICS（Parabolic，Hyperbolic or Elliptic Numerical Intergration Code Series）第 1 版问世。1979 年 Leonard 发表了具有高稳定性和高精度的 QUICK 格式。1980 年 Patankar 教授的著作 *Numerical Heat Transfer And Fluid Flow* 奠定了理论基础。逐渐形成采用实验和数值计算联用的传热研究和应用方法。

1981 年 CHAM 公司把 PHOENICS 软件投放市场，其后商用软件业蓬勃发展，包括 FLUENT、STAR-CD、CFX 等。提出了 SIMPLER 和 SIMPLEC 等改进算法。数值传热学逐渐走向工业界。

③ 发达阶段。1985 年，Singhal 提出采用传热数值模拟方法可以求解的十类问题，从纯导热问题到气、固、液并存的流动和换热问题。超级计算机的发展，促进了并行算法和湍流数值计算方法的发展。1993 年，PHOENICS 对中国的禁运被解除。目前数值计算向更高计算精度、更好区域适应性、更强鲁棒性、机器学习和超算等方向发展。

国内西安交通大学的陶文铨院士和何雅玲院士为计算传热学的发展做出了杰出贡献。总之，计算传热学得到了长足发展，目前可以实现流动、传热和反应过程的有效模拟。

5.1.2.5　气液两相流

气液两相流与有相变的传热过程相关：沸腾和冷凝（冷凝也称为凝结）。

沸腾是一种相变传热现象，一般分为池沸腾（pool boiling）和流动沸腾（convective boiling in a tube/flow boiling）。

池沸腾，也称为池内沸腾、大空间沸腾或大容器沸腾，是指加热面沉浸在具有自由表面的液体中的沸腾，液相无主体流动，液体的流动完全由自然对流以及浮力引起的气泡运动所致。

流动沸腾，也称管内沸腾、有限空间沸腾、受迫对流沸腾等，是指加热管内或外表面的液体有受迫主体流动，该主体流动或因自然浮力流或因机械压差流引起的沸腾。

冷凝是指当蒸气处于比其饱和温度低的环境（如壁面）中时发生的一种相变传热过程。此时，蒸气由气相变为液相，即出现冷凝现象。蒸气在冷凝时与固体壁面间的热量传递常有两种模式：珠状（或滴状）冷凝和膜状冷凝。

气液两相流概念：涉及气液两相流动的体系，包括有传热过程的非绝热两相流和无传热过程的绝热两相流。从管子的放置方向上看，又分为垂直管、水平管和倾斜管三种情况。

（1）绝热条件下垂直管中气液两相流流型　绝热垂直管中气液并流上升流动过程中，随着表观气速的增大，管内两相流动流型经历：

① 鼓泡流；

② 弹状流/塞状流；

③ 搅动流；

④ 环状流；

⑤ 液束环状流；

⑥ 雾状流。

（2）绝热条件下水平管中气液两相流流型　绝热条件下，水平管中的气液并流上升的流型图和水平管内的流型类似，主要包括：

① 分散泡状流；

② 分层流；

③ 分层波状流；

④ 塞状流；

⑤ 弹状流；

⑥ 环状流；

⑦ 雾状流等。

但是，水平管内由于重力和气相浮力的作用，气液两相的流型具有不对称性。

（3）绝热条件下倾斜管中气液两相并流上升流型图　绝热条件下倾斜管中气液两相并流上升的流型图，除弹状流被限制外，其余流型与垂直管中的类似。

蒸发器和热管内一般同时包含：冷凝和沸腾两种相变换热方式。

最早的气液两相流研究可追溯到 20 世纪 40 年代，后有许多学者跟进。

图 5-4 是剑桥大学圣约翰学院 H. Jeffreys 于 1925 年发表在 *Roy. Soc. Proc. A* 期刊上的关于风吹水面时的水波形成论文[7]，属于气液两相水波形成理论。

(a) 论文　　　　　　　　　　　(b) 风吹水面时的水波

图 5-4　风吹水面时的水波形成 [7]

图 5-5 给出了 Zhang 等[8]VOF 数值模拟气-液鼓泡塔中单个或多个气泡的运动结果。图 5-6 是 Xu 等[9]VOF 数值模拟气-液-固流中单个或多个气泡的运动结果。图 5-7 是 Tang 等[10]采用 VOF-DPM 法数值模拟气-液-固流微通道中气泡和颗粒的运动。

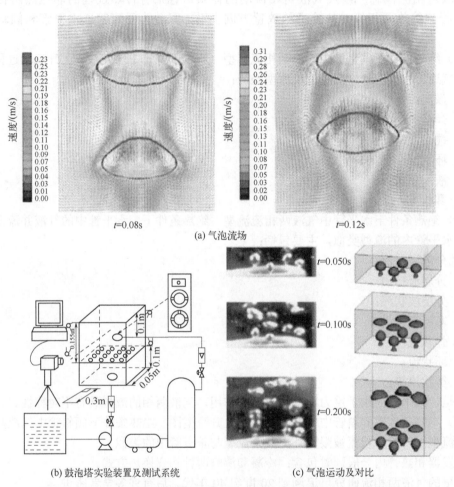

图 5-5　VOF 数值模拟气-液鼓泡塔中单或多个气泡的运动（Zhang 等[8]）

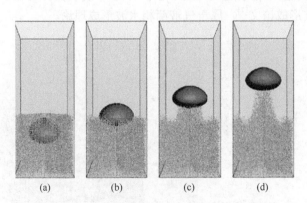

图 5-6　VOF 数值模拟气-液-固流中单或多个气泡的序列运动（Xu 等[9]）

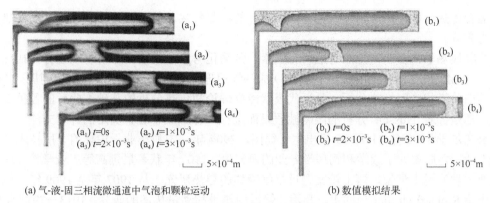

(a) 气-液-固三相流微通道中气泡和颗粒运动　　　　　　(b) 数值模拟结果

图 5-7　VOF-DPM 法数值模拟气-液-固流微通道中气泡和颗粒的运动（Tang 等[10]）

5.1.2.6　气液沸腾两相流传热

如前所述，沸腾是一种气液两相流传热现象，在日常生活和工业上都具有广泛应用。

（1）池沸腾曲线　沸腾传热研究的起点是 Leidenfrost[11]（1756 年）的偶然工作，之后有一系列研究，包括 20 世纪 60 年代的沸腾换热强化和 70 年代的强化沸腾高潮。20 世纪 70 年代后，主要是沸腾强化及应用研究。21 世纪，微纳结构表面强化沸腾研究成为主流[12-13]。

池沸腾曲线是展示热通量或传热系数与过热度之间关系的曲线。水的池沸腾曲线由日本拔三四郎于 1934 年首次完整测得。其中，热通量是独立可以调节的变量，壁温或过热度是依赖变量。整个池沸腾过程分成传热机理及规律不同的 4 个阶段：

① 自然对流；

② 核态/泡核沸腾；

③ 过度沸腾；

④ 稳定膜态沸腾。

（2）池沸腾传热系数关联式

① 核态沸腾（nucleate boiling）传热系数。考虑壁面效应，应用较广的核态沸腾系数是 1952 年罗森奥（Warren M. Rohsenow，1921—2011 年，图 5-8）提出的核态沸腾传热系数关联式。也有以对比压力（避免使用大量物性参数）作为参量的莫斯廷斯基（Mostinski）关联式。

图 5-8　Warren M. Rohsenow

② 流动沸腾（flow boiling）传热系数。广泛被接受的主要为 J.C.Chen 的加和模型。

（3）流动沸腾（蒸发）过程（垂直管内的流动沸腾）流型及传热的关系　管内的气液两相流动沸腾传热系数与流型是一一对应的。气液两相流型分别是：单相水流、泡状流、搅动（块状）流、环状流、单相蒸气等。对应的传热机理分别是：单相对流、过冷沸腾、液膜对流沸腾、湿蒸气换热、过热蒸气换热。蒸干时，液膜消失，传热恶化（危机），传热系数急剧下降。

（4）流动沸腾（蒸发）过程（水平管内的流动沸腾）流型及传热的关系　水平管内流动沸腾过程中的流型与传热特性的关系和垂直管内的情况类似。

5.1.2.7　气液两相流冷凝传热

冷凝传热从换热板或换热管的放置位置角度分为水平、垂直和倾斜条件下的冷凝传热；

对于圆管传热元件，还分为蒸气在管内和管外的冷凝传热。相对而言，水平管冷凝传热的研究较为充分。

冷凝换热非常复杂，无法考虑所有因素，常简化考虑，使理论分析可以进行。1916 年，努塞尔（Wilhelm Nusselt，1882—1957 年）成功地用理论分析法求解了膜状冷凝问题。Nusselt 提出的简单膜状冷凝换热分析，是近代膜状冷凝理论和传热分析的基础。此后的各种修正或发展，都是针对 Nusselt 分析的限制性假设而进行，并形成了各种实用的计算方法。

努塞尔于 1882 年 11 月 25 日出生于德国，1904 年，本科毕业于柏林的一所技术学院的机械专业，之后攻读了数学和物理学专业的研究生。1907 年获慕尼黑高等工业学校（现慕尼黑工业大学）博士学位，博士论文题目是绝缘体的导热研究。从 1907 年至 1909 年，他给传热的先驱 Richard Mollier 当助手，开始了管道中热量和动量传递的研究。1913—1917 年间在德累斯顿高等工业学校任教。1907—1925 年，努塞尔往返于德国和瑞士之间。1928 年任慕尼黑高等工业学校理论力学部主席。1952 年退休。他获得了高斯奖章和格拉晓夫纪念奖章。1957 年 9 月，努塞尔在 München 大学逝世。

1909 年及 1915 年他先后发表了两篇论文，采用量纲分析方法，对强制对流和自然对流的基本微分方程及边界条件进行了分析，导出了强制对流换热及自然对流换热的无量纲数（后被分别命名为努塞尔数、普朗特数及格拉晓夫数），并提出了无量纲数间的函数关系的原则形式，开辟了在无量纲准则关系式的正确指导下，用实验方法求解对流换热问题的一种基本方法，结束了长期以来对流换热实验数据得不到很好整理的局面，促进了对流换热研究的发展。考虑到量纲分析法在 1914 年才由白金汉（E. Buckingham）提出，相似理论则在 1931 年才由基尔皮切夫（M. B. Kilpiqev）等发表，因此，努塞尔的研究具有独创性，使其成为发展对流换热理论的杰出先驱。他的另一个著名贡献是对冷凝换热理论解的研究。1916 年发表的《蒸气膜状凝结》一文，成为对流换热问题理论解的经典文献之一。

Nusselt 著名的垂直平板外降膜冷凝传热内容不再赘述。关于管内冷凝过程流型及与传热关系，国内外也有一定研究。

（1）冷凝过程（垂直管内）流型及与传热的关系　垂直管内蒸气流动冷凝换热时，流量和蒸气干度是重要的影响因素。蒸气流速从低到高变化时，流型一般经历光滑分层流、波状流、波环状流、弹状流等。在小管径条件下，重力对流型形成的影响降低。垂直管内的气液两相冷凝传热更为复杂，多呈环状流。

（2）冷凝过程（水平管内）流型及与传热的关系　水平管中冷凝传热过程的气液两相流型和气液两相流动沸腾过程（水平管内的流动沸腾）流型及传热的关系十分类似，二者互为逆过程。

滴状冷凝传热的著名学者是 John Rose。

5.1.2.8　《过程传热》

说到传热的发展简史，不能不提到一本重要的传热教材和专著及其故事，就是 *Process Heat Transfer*，中文《过程传热》（1950 年第 1 版，2019 年第 2 版）[1]，作者是著名的化学工程专家唐纳德·昆汀·凯恩（Donald Quentin Kern，1914—1971 年），见图 5-9。

凯恩博士于 1914 年出生于纽约市。1942 年，他在麻省理工学院学习，并在布鲁克林理工学院（现为纽约大学坦登工程学院）获得化学工程学士、硕士和博士学位。1940 年至 1947 年，他受雇于 Foster Wheeler，

图 5-9　Donald Quentin Kern

并于 1948 年成为 Patterson Foundry & Machine Company 工艺工程部总监。1950 年，他出版了现在被认为是里程碑式的传热学教材——《过程传热》。作为第一本应用传热书，世界各地的工程师都知道《过程传热》是最权威的应用传热参考书。最终，"过程传热"成为传热领域公认的专业术语，尤其是对化学工程师而言。

1953 年，凯恩博士搬到克利夫兰，成为 Colonial Iron Works Company 化学和工艺部门的工程总监。1954 年，他在克利夫兰成立了自己的公司，专注于传热技术，并为化工、石油、核能和各种设备行业的客户提供服务。他还为原子能委员会和内政部提供咨询，并在布鲁克林理工学院和凯斯西储大学教授研究生课程。他还与人合著了《扩展表面传热》（*Extended Surface Heat Transfer*）（1972 年），发表了 60 篇关于传热设计和经济学的论文。凯恩还是 AIChE（美国化学工程师学会）和 ASME（美国机械工程师学会）的专业成员。他是 AIChE 传热和能量转换分部的创始人和主席，也是国家传热会议协会主席。1973 年，AIChE 传热和能量转换分部（现为运输和能源处理分部）为他颁发了最负盛名的年度奖项。

凯恩的《过程传热》第 2 版撰写了将近十年才得以出版，但是，实现了安·玛丽·弗林（Ann Marie Flynn）博士的梦想。在本科生和研究生期间，她就是原版书稿作者之一，随后她在曼哈顿学院担任化学工程教授，采用这本书作为教材。虽然第 1 版已经近 70 年，但是《过程传热》仍然是本优秀的教材。

她正是通过努力寻求与凯恩家族的联系，获得版权，说服出版公司，组建撰写团队，才使她的梦想成为现实。弗林博士找到了凯恩家族的第一个成员——凯恩博士的侄子。他讲述了他是如何看着将近 900 页的原稿在纽约市凯恩客厅中央的手动打字机上打印出来的。凯恩博士的儿子说，他父亲 1971 年去世时，他还很年轻，所以他对父亲的工作知之甚少。当他和妻子在加拿大徒步旅行时，遇到了一家工程公司，偶然提到他的父亲曾经写过一本书，工程师们把他父亲的书描述为"圣经"。

5.1.3　传热研究的前沿方向

5.1.3.1　气液两相流

① 与宏观尺度通道中气液两相流流型和流型图的研究相比较，微观尺度通道中的气液两相流流型和流型图的研究仍然比较初步。尚没有建立具有较好理论基础、适用于微观尺度通道的公认流型图。

② 基于应用需求，继续深入开展管束间、冷凝、微重力，以及复杂通道中的气液两相流流型和流型图的研究。

③ 继续开展气液两相流通道形状、流体物性、操作（如绝热、非绝热）条件等，对气液两相流流型影响的研究。开展非绝热条件下、宽广参数范围内、准确的流型实验数据以及相对应的气液两相流传热和压降实验研究，以便改进和发展基于流型的气液两相流传热和压降模型。

④ 目前两相流流型研究多以观察方法为主。随着现代先进的多相流测试技术的研发，以及人工智能的快速发展，借助于高科技手段，开展两相流客观简便的流型诊断方法研究，是获得更准确的气液两相流流型实验数据的主要途径。

⑤ 随着超算技术的快速进步和计算能力的提高，借助于计算流体力学和计算传热与传质学新方法，开展气液两相流流动、传热和压降特性的数值模拟研究及实验验证，是未来发

展的重要方向。

5.1.3.2 单相流传热、沸腾或冷凝研究

① 沸腾和冷凝传热相关方向的基础及工业应用研究；
② 微纳结构表面沸腾和冷凝传热强化研究；
③ 采用诸如颗粒流态化等方法的不结垢换热强化研究；
④ 单相流传热、沸腾或冷凝传热过程热-动耦合的数值模拟研究。

5.2 微纳表面传热新方向

传热研究的前沿方向之一是微纳结构表面强化传热过程。那么，什么是传热强化？尽可能提高单位时间和单位面积的传热量，同时注意不要消耗过多的额外能量。单相层流传热需要重点强化；强化单相湍流传热时，要考虑压降升高的代价；多相流传热也需要强化；多相相变传热强化主要是沸腾；冷凝传热系数一般很高，往往不是主要矛盾。

传热增强技术的更新代数是以平面或裸管（无翅片）的传热结果为基础命名的[14]。

第 1 代：添加平的翅片；

第 2 代：在翅片上增加纵向涡流发生器；

第 3 代：带涡流发生器的翅片上施加静电场的影响，属于复合增强技术；

第 4 代：纳米技术相关的传热强化技术。

传热强化领域的著名学者 R.L.Webb 是 *Journal of Enhanced Heat Transfer*（《传热强化期刊》）的创刊主编，A.E.Bergles 是 JEHT 顾问主编。

A. E. Bergles 教授同 J. C. Chen（陈崇建）教授一起于 1984 年 5 月 24 日访问过华南理工学院（邓颂九教授邀请），2008 年 8 月 6 日访问过上海交通大学（郑平教授邀请）。他在麻省理工学院获学士硕士和博士学位。曾任 Iowa 州立大学机械工程系主任（1972—1983 年）、伦斯勒理工学院讲座教授及工学院院长（1986—1992 年）、ASME 主席（1990—1991 年），任 MIT 教授，2014 年去世。在沸腾传热和强化传热领域发表了 400 余篇论文，曾是 13 篇国际热科学期刊编委。同时，他也是 ASME 会士（1979 年）、AIChE 会士（2004 年）、美国制冷和空调工程协会会士（1992 年）。他曾获得 ASME 传热纪念奖（1989 年）、AIChE Donald Q. Kern 奖（1990 年）、Nusselt-Reynolds 奖（2001 年）、ASME/AIChE 马克杰可奖（1995 年）等。1992 年当选美国国家工程学会院士，2000 年当选英国皇家工程学会院士，2003 年当选意大利国家科学学会院士等。

传热强化技术包括主动和被动技术，复合技术以及其他技术等。其中，被动技术包括各种表面处理技术等。微纳尺度表面强化传热等方法可归类为被动强化传热技术。

5.2.1 单相对流的影响因素

描述对流传热的基本定律——牛顿冷却定律：

$$\frac{\mathrm{d}Q}{\mathrm{d}S} = \alpha \cdot \Delta t \tag{5-1}$$

式中，α 为对流传热系数，又称为膜系数，W/(m^2·℃)；Q 为对流传热速率，W；S 为对

流传热时，垂直热流方向的面积，m^2；Δt 为流体与壁面之间的传热温度差，是传热的推动力，℃。

单相对流的影响因素分析如下。

管内单相层流对流传热过程中，管壁面的速度边界层和温度边界层同时发展的过程如图 5-10 所示。

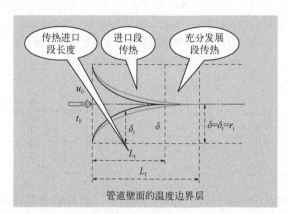

图 5-10　单相层流对流传热过程管壁面速度边界层和温度边界层同时发展示意图

u_0—流体进口流速，m/s；t_0—流体进口温度，℃；δ—流动边界层厚度，m；δ_t—传热边界层厚度，m；
r_i—管半径，m；L_f—流动进口段长度，m；L_t—传热进口段长度，m

如果是管内湍流流动条件下的对流传热过程，则其流动边界层和温度边界层的发展较为复杂。为了更清楚地说明湍流边界层的发展过程，这里以平板上的湍流流动边界层为例，如图 5-11 所示。管内的流动边界层的发展是轴对称的，平板上的湍流边界层发展可以认为是管内围绕轴向的一半的湍流边界层发展过程。温度边界层发展也是类似的。其特点是：在轴向即流动方向上，流动边界层依次经历层流边界层、过渡区、充分发展的湍流边界层。之后，在充分发展的湍流边界层内，在与流动垂直的方向上，从壁面开始，依次经历：层流内层、缓冲层和湍流核心。最终管内充分发展的流动如图 5-12 所示。管内单相层流和湍流边界层及速度分布的发展如图 5-13 所示。管内单相层流和湍流的温度边界层的发展与速度边界层的发展类似，如图 5-14 所示。管内单相对流传热过程的温度边界层发展和对流传热系数的轴向变化规律也显示其中。可以看出，沿着轴向方向，由于温度边界层越来越厚，其对流传热系数自然逐渐减小。当边界层充分发展之后，对流传热系数不再改变，成为常数。

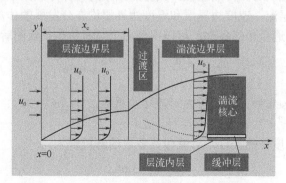

图 5-11　单相湍流平板上的速度边界层发展过程

u_0—平板上流体进口流速，m/s；x_c—平板上的层流边界层发展的进口段长度，m

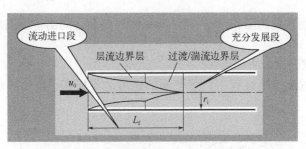

图 5-12　管内单相湍流速度边界层发展过程

L_f—平板上的湍流边界层发展的进口段长度，m

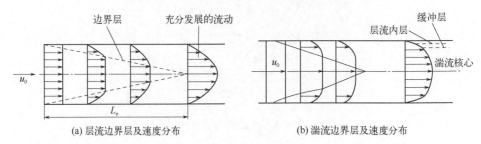

(a) 层流边界层及速度分布　　　　　(b) 湍流边界层及速度分布

图 5-13　管内单相层流和湍流边界层及速度分布的发展过程示意图

L_e—管内层流流动的进口段长度，m

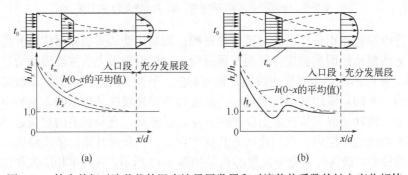

(a)　　　　　　　　　　　(b)

图 5-14　管内单相对流传热的温度边界层发展和对流传热系数的轴向变化规律

h_x—进口段 x 处的对流传热系数，W/(m²·℃)；h_∞—边界层充分发展后的
对流传热系数，W/(m²·℃)；t_w—壁面温度，℃；d—管内径，m

针对不同的管内强制对流传热过程，其传热系数的计算方法如下。

（1）圆管内稳态层流　速度边界层和温度边界层均充分发展的传热过程如下。

① 对于恒壁面热通量传热条件，可以得到如下对流传热系数的解析解：

$$Nu = \frac{\alpha d_i}{k} = \frac{2\alpha r_i}{k} = \frac{48}{11} = 4.36 \qquad (5\text{-}2)$$

式中，Nu 为 Nusselt 数；α 为管内对流传热系数，W/(m²·℃)；d_i 为管内径，m；k 为流体的热导率，W/(m²·℃)；r_i 为管半径，m。

② 对于恒壁面温度传热条件，对流传热系数的解析解为：

$$Nu = 3.66 \qquad (5\text{-}3)$$

（2）圆管内湍流　速度边界层和温度边界层均充分发展，光滑直管，低黏度牛顿流体，传热过程如下。

此条件下传热系数的计算公式 [式（5-4）] 由量纲分析+实验的方法获得。该计算公式是迪特斯（Dittus）-贝尔特（Boelter）关联式。

$$Nu = 0.023 Re^{0.8} Pr^n \qquad (5\text{-}4)$$

我们知道，对于间壁式换热器（局部示意图），其温度分布如图 5-15 所示。经过推导，可以得到换热器的总传热速率方程式（5-5），是换热器设计计算或优化操作及控制的理论基础，是基本关系式。

$$Q = K \cdot S \cdot \Delta t_m \qquad (5\text{-}5)$$

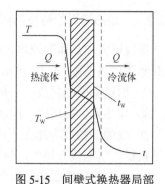

图 5-15　间壁式换热器局部
温度分布示意图

Q—传热量，J；T—热流体温度，℃；
t—冷流体温度，℃；t_w—冷侧流体的
壁面温度，℃；T_w—热侧流体的
壁面温度，℃

式中　Δt_m——对数平均温度差，$\Delta t_m = \dfrac{\Delta t_2 - \Delta t_1}{\ln \dfrac{\Delta t_2}{\Delta t_1}}$，℃；

　　　K——局部总传热系数，W/($m^2 \cdot$ ℃)；

　　　S——传热面积，m^2；

Δt_1，Δt_2——换热器两端冷热流体的温度差，℃。

式（5-5）揭示了换热器中传热速率与以下 3 因素间的关系：

① 传热系数（根本强化途径）；

② 平均温度差（受工艺限制）；

③ 传热面积（提高单位体积的传热面积，翅化管等）。

欲使传热速率增大，无论是增加三者中哪个因素，都有效果。但是，压降不能过高（能耗增大）。可以得出，增大壁面的湍动程度，减薄流边界层厚度（例如，采用微纳工程表面等），可以提高 K。管壁粗糙度对摩擦系数，进而对传热系数具有显著影响。

对于沸腾和冷凝等相变传热过程，也属于对流传热过程。下面对此过程强化加以分析。

5.2.2　沸腾的影响因素

5.2.2.1　沸腾的影响因素分析

由池沸腾概念及过程可以推出，凡利于加热面上气泡生成和脱离的因素，均可强化沸腾。因此，沸腾传热的主要影响因素有：

① 沸腾液体的物性（包括沸腾液体本身的润湿性）；

② 不凝气体；

③ 沸腾传热的温度差/过冷度；

④ 操作压强；

⑤ 沸腾液体的静液柱高度；

⑥ 重力加速度；

⑦ 加热壁面的特性（表面几何特性及材料性质等，可考虑用微纳表面工程方法强化沸腾传热）；

⑧ 加热壁面元件的空间布置（倾角）及形状；

⑨ 其他因素等。

5.2.2.2　加热壁面的特性的影响

重视研究加热面和液体，以及蒸气间的相互作用，可以从加热壁面的下列因素出发，研究对沸腾传热的影响[15]，包括：

① 加热壁面的材质——热导率。

② 加热元件的尺度，如本身的厚度。

③ 表面粗糙度和抛光程度，表面洞穴数量、形状、大小，表面规整微纳结构。一般壁面越粗糙，气泡核心越多，越有利于沸腾传热。

④ 表面的化学组成，也影响加热壁面的表面微纳结构。

⑤ 加热表面的润湿性/沸腾液体的润湿性，表面与流体间的黏附力和吸附性，表面的新旧程度、氧化、老化和沉积等。例如：超亲水性表面有利于传热；清洁加热壁面传热系数较高，而当壁面被油脂污染后，因油脂导热性能较差，会使传热系数急剧下降等。

⑥ 加热元件的表面制造工艺特性等。

⑦ 改进加热面和液体及蒸气间的相互作用，诸如加入流态化颗粒等。

5.2.3　冷凝的影响因素

冷凝传热一般分为膜状冷凝和珠状冷凝。冷凝过程受多种因素的影响。实际上以膜状冷凝为主，滴状冷凝难以持久。膜状冷凝中，液膜厚度是关键影响因素，强化冷凝换热的关键是减薄液膜厚度。具体来说，主要从以下几类影响因素分析。

（1）流体物性　流体物性改变，影响凝结换热。

（2）不凝气体　额外增大传热阻力，也使饱和温度下降，减小传热推动力。

（3）蒸气的流速和方向　蒸气的流速和方向对冷凝传热具有正向和反向作用。

（4）传热壁面的几何结构及传热面的空间排布。

① 管排数：管束布置影响凝结换热；

② 管内冷凝：两相流分布与蒸气流速关系很大；

③ 表面几何结构（微纳表面工程方法）：可用各种带有尖峰的表面使在其上冷凝的液膜拉薄，或者使已凝结的液体尽快从换热表面上排掉；

④ 传热壁面的粗糙度和润湿性特性等（微纳表面工程方法）：创造珠状凝结条件。

5.2.4　微纳表面强化单相对流

5.2.4.1　单相空气湍流对流传热通道中装有导热倾斜肋片

单相空气湍流对流传热通道中，装有导热倾斜肋（翅）片（inclined fins）时，可强化湍流传热，但流动压降有一定增长[16]。

5.2.4.2　单相对流传热强化——仿生微结构

为了强化单相对流传热，可以仿海洋中鲨鱼皮肤制造人工微结构，实现流动减阻和清垢，进而强化传热[17]。

5.2.4.3　微米级人工粗糙翅表面——强化湍流传热

单相空气湍流对流传热中，装有微米级人工粗糙翅表面——强化湍流传热，压降增长的幅度很小。可以采用人工激光刻蚀法制备微米尺度（200～1100μm）截锥等几何结构粗糙表面，强化散热器空气强制对流冷却传热。在充分发展的湍流（Re = 3000～17000）条件下，空气的对流系数是无结构化表面的 2 倍。因微翅表面的存在使传热面积增大了 2 倍，热透过率是光滑表面的 4 倍。传热强化的原因有 2 个：①微纳表面几何结构；②强化流动边界层。当微米尺度翅片高度是湍流、层流底层厚度的 2 倍时，传热效果很好[18]。

5.2.4.4　单相空气湍流对流传热中——覆盖纳米碳纤维材料涂层

单相空气湍流对流传热中，覆盖纳米碳纤维（carbon nano fibers，CNF）材料涂层的线性传热元件制备方法为：在 50μm 纯镍（Ni270）丝上，实施热催化化学气相沉积（thermal catalytic chemical vapor deposition，TCCVD）工艺，再覆盖 CNF 层，Nu 可提高 17%[19]。

5.2.4.5　单相液体湍流对流传热中纳米结构化多孔层强化湍流传热

单相液体湍流对流传热中，纳米结构化多孔层可强化湍流传热，无压降增长。

微纳多孔涂层的制备方法：①纳米颗粒分层表面法。用 HNO_3 等酸对纳米颗粒进行蚀刻。化学蚀刻过程中使用的纳米颗粒尺寸一般小于 100nm，作为典型示例，颗粒的材料为氧化铜。②精细沉淀法。纳米颗粒通过精细沉淀在基底上形成。③纳米和微粒分层表面方法。首先将精细沉淀方法应用于传热表面，然后将纳米颗粒分层表面法应用于经精细沉淀方法处理的表面[20]。

单相液体湍流对流传热中，消除自然对流的液相对流传热实验表明，与裸板相比，多孔层的净传热能力提高了 20%～25%，与基体材料无关。对孔内液柱进行了一维非稳态导热分析，结果表明，多孔层的温度恢复赶不上快速的温度波动，因此，当主流为强湍流时，多孔层可能成为一个热阻。

研究者采用直径约 0.85μm 的示踪颗粒，借助于 μ-PIV（粒子成像测速）设备及光学显微镜等，观察到残余物显示出类似于从多孔层"喷出"的流体行为，而且在加热表面流动。多孔层表面观察表明，尽管多孔层具有良好的润湿性，但在其自身的孔隙连接结构中仍有一些微气泡（泡沫），加热后从层中冒出。这些气泡可能是强化传热的主要因素。又单独在 10 微米微通道中对微气泡行为进行了观测，尽管有强烈的壁面效应，但是，微通道中的微气泡类似泵，会膨胀、收缩，甚至移动。气泡收缩时，会吸入水，膨胀时会排出水，这是微纳涂层强化对流传热的原因[21]。

5.2.5　微纳表面强化沸腾

近年来，采用不同的微纳表面制备技术，在传热元件表面制备微纳米结构，可以强化沸腾传热。例如，制备 TiO_2 微纳结构涂层表面[13]，可以强化泡核沸腾，如图 5-16 所示。

5.2.6　微纳表面强化冷凝

微纳表面也可以强化冷凝传热[22]。

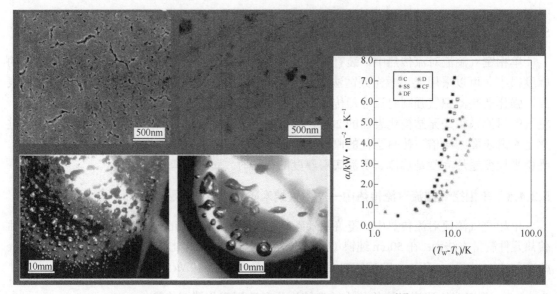

图 5-16　TiO_2 微纳结构涂层表面强化池沸腾传热[13]

α_t—池沸腾传热系数，$kW/(m^2 \cdot K)$；T_w—池沸腾壁面温度，℃；T_b—流体温度，℃

5.2.7　其他传热新方向、新方法

① 直接接触传热；

② 欧姆加热；

③ 其他方法等。

5.3　小结

本章介绍了传热的历史沿革，包括：单相流和多相流传热；介绍了影响沸腾传热的因素，及微纳表面强化沸腾传热的进展；介绍了影响冷凝传热的因素，及微纳表面强化冷凝传热的进展等。

思考题

① 从传热的发展简史相关故事中，你得到了哪些收获？

② 强化单相热对流/沸腾/冷凝，为何从传热表面的微纳结构化入手？

③ 在本章的课程学习中，你是否突发过什么奇想？

参考文献

[1]　Flynn A M, Akashige A, Theodore L. Kern's process heat transfer [M]. Second Edition. New Jersey: John Wiley & Sons Inc, 2019.

[2]　兰州石油机械研究所.换热器[M]. 北京: 中国石化出版社, 2013.

[3]　柴诚敬, 贾绍义. 化工原理(上)[M]. 北京: 高等教育出版社, 2022.

[4]　杨世铭, 陶文铨. 传热学[M].4 版. 北京: 高等教育出版社, 2006.

[5]　陶文铨. 数值传热学[M]. 2 版. 西安: 西安交通大学出版社, 2001.

[6]　陶文铨. 计算传热学的近代进展[M]. 北京: 科学出版社, 2000 年.

[7]　Jeffreys H. On the formation of water waves by wind [J]. Roy Soc Proc A,1925, 107:189-206.

[8]　Zhang Y, Liu M Y, Xu Y G, et al. Three-dimensional volume of fluid simulations on bubble formation and dynamics in bubble columns [J]. Chemical Engineering Science, 2012, 73: 55-78.

[9]　Xu Y G, Liu M Y, Tang C. Three-dimensional CFD-VOF-DPM simulations of effects of low-holdup particles on single-nozzle bubbling behavior in gas-liquid-solid systems [J]. Chemical Engineering Journal, 2013, 222: 292-306.

[10]　Tang C, Liu M Y, Xu Y G. 3D numerical simulations on flow and mixing behaviors of gas-liquid-solid flow in microchannels [J]. AIChE Journal, 2013, 59(6): 1934-1951.

[11]　Leidenfrost J G. De Aquae Communis Nonnullis Qualitatibus Tractatus [M]. Herman Ovenius, Duisburg on Rhine, 1756.

[12]　Cai Y W, Liu M Y, Hui L F. $CaCO_3$ fouling on microscale-nanoscale hydrophobic titania -fluoroalkylsilane films in pool boiling [J]. AIChE Journal, 2013, 59(7): 2662-2678.

[13]　Cai Y W, Liu M Y, Hui L F. Observations and mechanism of $CaSO_4$ fouling on hydrophobic surfaces [J]. Industrial & Engineering Chemistry Research, 2014, 53(9): 3509-3527.

[14]　Bergles, Arthur E. Endless frontier, or mature and routine of enhanced heat transfer[J]. Journal of Enhanced Heat Transfer, 2017, 24(1-6):431-443.

[15]　Pioro I L, Rohsenow W, Doerffer S S. Nucleate pool-boiling heat transfer. I: Review of parametric effects of boiling surface [J]. International Journal of Heat and Mass Transfer, 2004, 47(23): 5033-5044.

[16]　Perão L H, Zdanski P S B, Vaz M. Conjugate heat transfer in channels with heat-conducting inclined fins [J]. Numerical Heat Transfer, Part A: Applications, 2018, 73(2): 75-93.

[17]　Bixler Gregory D, Bhushan Bharat. Fluid drag reduction with shark-skin riblet inspired microstructured surfaces [J]. Advanced Functional Materials，2013, 23：4507-4528.

[18]　Ventola L, Scaltrito L, Ferrero S, et al. Micro-structured rough surfaces by laser etching for heat transfer enhancement on flush mounted heat sinks [C]. Journal of Physics: Conference Series, Eurotherm Seminar 102: Thermal Management of Electronic Systems, 2014, 525(1): 12-17.

[19]　Taha T J, Thakur D B, Van der Meer T H. Towards convective heat transfer enhancement: surface modification, characterization and measurement techniques[J]. Journal of Physics: Conference Series, 2012, 395: 012113.

[20]　Kunugi T, Ueki Y, Naritomi T, et al. Consideration of heat transfer enhancement mechanism using nano- and micro-scale porous layer [C]. Thermal Issues in Emerging Technologies, ThETA 2, Cairo, Egypt, Dec 17-20th, 2008: 35-40.

[21]　Sun H, Kawara Z, Ueki Y, et al. Consideration of heat transfer enhancement mechanism of nano- and micro-scale porous layer via flow visualization [J]. Heat Transfer Engineering, 2011, 32(11-12): 968-973.

[22]　温荣福, 杜宾港, 杨思艳, 等. 蒸气冷凝传热强化研究进展[J]. 清华大学学报(自然科学版), 2021, 61(12): 1353-1370.

第6章
蒸馏

6.1 蒸馏技术历史沿革

6.1.1 蒸馏起源与发展

蒸馏是依据混合物中各组分挥发度（沸点）的差异，分离液体混合物的传质单元操作。

古代的蒸馏法可以追溯至大约公元前 3500 年的古美索不达米亚时期，当时即有植物蒸馏方式以及相关技术的纪录。蒸馏器材主要是以陶器为主。在约公元前 300 年的古希腊时代，亚里士多德（公元前 384—前 322 年）曾经这样写道："通过蒸馏，先使水变成蒸汽继而使之变成液体状，可使海水变成可饮用水。"这说明当时人们已经发现了蒸馏的原理。

关于我国的蒸馏起源有两种不同观点：

（1）起源于炼丹术 根据考古研究，一些研究人员认为，中国蒸馏技术来源于炼丹术 [图 6-1（a）]。无论是东汉的蒸馏器和河北青龙的铜制烧锅都与炼丹所用的蒸馏器十分相近，所以他们认为蒸馏技术的出现，来自丹药蒸馏法。

（2）起源于酿酒 在上海博物馆可以看到东汉时期的青铜蒸馏器 [图 6-1（b），（c）]。该蒸馏器经过青铜专家鉴定，是东汉早期或中期的制品，用此蒸馏器蒸出了酒精度为 20.4～25.6 度的蒸馏酒。需要指出的是，我国古代酿酒的蒸馏技术一般是一次蒸发、一次冷凝，与现代蒸馏技术有一定差别。

(a) 炼丹炉　　　　　(b) 四川新都出土的东汉酿酒画像砖　　　　　(c) 海昏侯墓出土的蒸馏器

图 6-1　古代蒸馏设备

无论蒸馏技术是起源于酿酒还是炼丹术，一个不争的事实是，我国的蒸馏技术是随着蒸馏酒的大量出现而发展起来的。在粮食酿酒中，靠发酵产生的酒精度数很低，约 10 度（体积分数）左右，为了提高酒精含量（度数），还要进行蒸馏提纯（图 6-2）。经过蒸馏操作后，得到的原酒度数可达到 50 度以上，不同批次的原酒其质量、风格都不相同，需要分批存放。

(a) 古代简易蒸馏酒设备　　　　　　　　　　　(b) 近代简易蒸馏酒设备

图 6-2　简易蒸馏酒设备

蒸馏技术广泛应用已有 200 余年历史。1813 年由法国的 Cellier-Blument 建立了第一座连续蒸馏塔。1820 年填料塔出现，Clement 最早将填料应用于酒精厂中。1822 年泡罩塔出现，Perrier 在英格兰引进早期的泡罩塔。

蒸馏技术与石油和化工的发展密切相关，蒸馏技术的发展主要可分为三个阶段：

（1）20 世纪初期～50 年代　19 世纪中叶，在世界上出现了石油化学工业，而从进入 20 世纪开始到 50 年代是世界石油化学工业发展的初期。在此时期内炼油得到快速发展，化学工业也从无机化工为主体向有机化工为主体转变。伴随着石油化学工业的发展，蒸馏技术发展迅速，在板式塔方面，相继开发出泡罩、筛孔和浮阀等典型的工业塔板，并被广泛应用；在填料塔方面，开发出以拉西环、鲍尔环为代表的散装工业填料，填料塔在工业上的应用日益受到人们的重视。

（2）20 世纪 60 年代～80 年代　从 20 世纪 60 年代到 80 年代是世界石油化学工业的迅猛发展时期，生产规模和工业装置大型化是该时期的主要特征。在此时期内，人们对精馏塔的流体力学和传质性能进行了深入研究。随着计算机的普遍应用，设计方法得到巨大改进。在板式塔方面，浮舌、导向筛板、网孔塔板和垂直筛板等大通量、低压降的新型塔板相继问世应用；在填料塔方面，阶梯环、矩鞍环等散装填料，孔板波纹和网孔波纹等新型高效规整填料也应运而生。

（3）20 世纪 90 年代至今　20 世纪 90 年代，是世界石油化学工业发展相对稳定的时期，过程强化、节能减排、绿色安全是该时期的主要特征。在此时期内，新型蒸馏技术的开发、蒸馏过程的强化与节能成为人们关注的热点，由此产生了萃取精馏、反应精馏、分子蒸馏、热泵精馏、多效精馏、热偶精馏等多种新型蒸馏技术，出现了立体传质塔板、喷射式并流填料塔板等新型塔内件。特别是计算技术和测控技术在蒸馏过程的广泛应用，催生了计算流体力学、流程模拟与优化、数字化塔器、三维立体可视化技术等，使蒸馏技术提升到更高的发展阶段。

6.1.2　蒸馏原理与分类

蒸馏分离的依据是通过加热液体混合物建立两相体系，利用各组分挥发度（沸点）的差异在两相间进行质量传递，从而实现组分的分离。其中，较易挥发的组分称为易挥发组分或轻组分；较难挥发的组分称为难挥发组分或重组分。例如，在容器中将苯和甲苯的混合液加热使之部分气化，由于苯的挥发性高，气相中苯的组成比原来溶液高；相反，液相中甲苯的组成比原来溶液高。这样，溶液就得到了一定程度的分离。多次进行部分气化和冷凝过程，便可获得高纯度的苯和甲苯产品，同理，将原油蒸馏可得到汽油、煤油、柴油及重油；将混合芳烃蒸馏可获得较纯的苯、甲苯及二甲苯等；将液态空气进行蒸馏能得到较纯的液氧和液氮等。随着化学工业的飞速发展，蒸馏技术、设备及理论都有很大发展[1-3]。

工业蒸馏过程有多种分类方法。

（1）按蒸馏方式分类　可分为平衡（闪急）蒸馏、简单蒸馏、精馏［图 6-3（a）简单蒸馏、图 6-3（b）精馏］。平衡蒸馏和简单蒸馏常用于混合物中各组分的挥发度相差较大，对分离要求又不高的场合；精馏是借助回流技术来实现高纯度和高回收率的分离操作，它是应用最广泛的蒸馏方式。如果混合物中各组分的挥发度相差很小（相对挥发度接近于 1）或形成恒沸液时，则应采用特殊精馏，其中包括萃取精馏、恒沸精馏、盐效应精馏等。

若精馏时混合液组分间发生化学反应，称为反应精馏，这是将化学反应与分离操作耦合的新型操作过程。

对于含有高沸点杂质的混合液，若它与水不互溶，可采用水蒸气蒸馏，从而降低操作温度。对于热敏性混合液，则可采用高真空下操作的分子蒸馏。

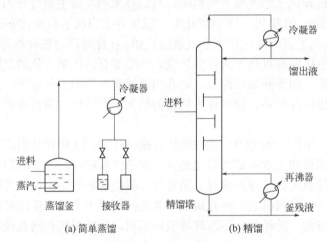

(a) 简单蒸馏　　　　　　　　　　(b) 精馏

图 6-3　蒸馏示意图

（2）按操作压力分类　可分为加压、常压和真空蒸馏。常压下为气态（如空气、石油气）或常压下泡点为室温的混合物，常采用加压蒸馏；常压下，泡点为室温至 150℃左右的混合液，一般采用常压蒸馏；对于常压下泡点较高或热敏性混合物（高温下易发生分解、聚合等变质现象），宜采用真空蒸馏，以降低操作温度。

（3）按被分离混合物中组分的数目分类　可分为两组分精馏和多组分精馏。工业中，绝大多数为多组分精馏，但两组分精馏的原理及计算原则同样适用于多组分精馏，只是在处理多组分精馏过程时更为复杂些，因此常以两组分精馏为基础。

（4）按操作流程分类　可分为间歇蒸馏和连续蒸馏。间歇操作主要应用于小规模、多品种或某些有特殊要求的场合，工业中以连续蒸馏为主。间歇蒸馏为非稳态操作，连续蒸馏一般为稳态操作。

6.1.3　蒸馏特点与应用

蒸馏是分离液体混合物最早实现工业化的典型单元操作，是目前应用最广的化工分离单元操作，为化工厂的首选分离方法。广泛地应用于化工、石油、能源、环境、生物、医药、材料、食品、冶金等领域。例如：乙烯生产装置、丙烯腈生产装置、炼油装置、生物乙醇生产装置、化肥生产装置、空气分离装置、多晶硅生产装置等[1-3]。

蒸馏分离具有以下特点：

① 通过蒸馏操作，可以直接获得所需要的产品，不像吸收、萃取等分离方法，还需要外加吸收剂或萃取剂，并需进一步使所提取的组分与外加组分再行分离，因而蒸馏操作流程通常较为简单。

② 蒸馏分离的适用范围广泛，它不仅可以分离液体混合物，而且可以通过改变操作压力，使常温常压下呈气态或固态的混合物在液化后得以分离。例如，可将空气加压液化，再用精馏方法获得氢、氮等产品；再如，脂肪酸的混合物，可用加热使其熔化，并在减压下建立气液两相系统，用蒸馏方法进行分离。蒸馏也适用于各种组成混合物的分离，而吸收、萃取等操作，只有当被提取组分含量较低时才比较经济。对于挥发度相等或相近的混合物，可采用特殊精馏方法分离。

③ 蒸馏是通过对混合液加热建立气液两相体系的，气相还需要再冷凝液化，因此需要消耗大量的能量（包括加热介质和冷却介质）。另外，加压或减压，将消耗额外的能量。蒸馏过程中的节能是个值得重视的问题。

6.1.4　蒸馏过程的理论基础

蒸馏过程是一种气液两相间的传质过程，其传质推动力常用组分在两相中的浓度（组成）与平衡时的偏离程度来衡量，其过程是以组分在两相中的浓度达到平衡为极限。气液平衡关系是分析蒸馏原理和进行精馏计算的基础[1-3]。

6.1.4.1　拉乌尔定律

拉乌尔定律表明，在一定温度下，溶液上方蒸气任意组分的分压，等于此纯组分在该温度下的蒸气压乘以它在溶液中的摩尔分数。对于理想溶液。纯组分 A 及 B 的饱和蒸气压可通过有关手册或由安托因方程求得。对于非理想溶液的平衡关系可由一些半经验关联式推出，但主要还是靠实验测定。

6.1.4.2　相对挥发度

纯溶液的挥发度通常用它的饱和蒸气压来表示，溶液中组分的蒸气压因受另一组分的影响要比纯态时低，故各组分的挥发度就用它在蒸气中的分压力和它在气相平衡中的液相摩尔分数之比表示。

溶液中两组分挥发度之比，称为相对挥发度，以 α 表示，通常以易挥发组分的挥发度为分子，难挥发组分的挥发度为分母。

α 的数值一般由实验测定，对于理想溶液可由组分的饱和蒸气压计算。若 $\alpha=1$，混合物不能用普通蒸馏方法分离。若 $\alpha>1$，α 愈大，则采用普通蒸馏分离愈容易。故根据溶液相对挥发度的大小，可以评定它用蒸馏方法分离的难易。

6.1.4.3 精馏塔

液相的多次部分气化和气相多次部分冷凝过程，原理上可获得两组分高纯度的分离，但是因产生大量中间馏分而使所得产品量极少，收率很低，且设备庞大。工业上的精馏过程是在精馏塔内将部分气化和部分冷凝过程有机耦合而进行操作的。

工业中的精馏操作是在直立圆筒形的精馏塔内进行的。塔内装有若干层塔板或填充一定高度的填料。尽管塔板的形式和填料的种类很多，但塔板上液层和填料表面都是气液两相进行热交换和质交换的场所。图 6-4 所示为筛板塔中任意第 n 层板上的操作情况。

图 6-5 为连续精馏装置示意图。原料液自塔的中部适当位置连续加入塔内，塔顶冷凝器将上升的蒸气冷凝成液体，其中一部分作为塔顶产品（馏出液）取出，另一部分引入塔顶作为"回流液"。回流液通过溢流管降至相邻下层塔板上。在加料口以上的各层塔板上，气相与液相密切接触，在浓度差和温度差的存在下（即传热、传质推动力），气相部分冷凝，液相部分气化。

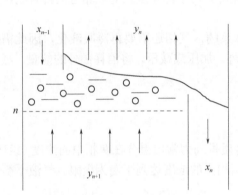

图 6-4　筛板塔第 n 板的操作情况

x_{n-1}, x_n—易挥发组分在第 $n-1$ 块筛板和第 n 块筛板液相中的摩尔分数；y_{n-1}, y_n—易挥发组分在离开第 $n-1$ 块筛板和第 n 块筛板气相中的摩尔分数

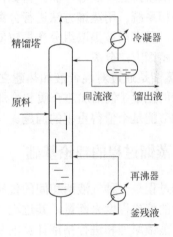

图 6-5　连续精馏装置示意图

经过每层塔板后，结果是气相中易挥发组分的含量增高，液相中难挥发组分的含量升高。在塔的加料口以上，只要有足够多的塔板层数，则离开塔顶的气相中易挥发组分即可达到指定的纯度。塔的底部装有再沸器，加热液体产生蒸气回到塔底。蒸气沿塔上升，同样在每层塔板上气液两相进行热质交换。同理，只要加料口以下有足够多的塔板层数，在塔底可得到高纯度的难挥发组分产品。

6.1.5　蒸馏设备与塔器

蒸馏属于气液间的相际传质过程，气液两相首先需要实现密切接触，且接触后的两相又要及时得以分离。实现蒸馏过程的设备称为气液传质设备。气液传质设备的形式多样，其中用得最多的为塔设备。在塔设备内，液相靠重力作用自上而下流动，气相则靠压差作用自下而上，与液相呈逆流流动。两相之间要有良好的接触界面，这种界面由塔内装填的塔板或填料所提供，前者称为板式塔，后者称为填料塔[4,5]。

　　板式塔内设置一定数量的塔板，气体自下而上通过塔板上的小孔，以鼓泡或喷射的形式与板上的液体进行传质和传热，液体则逐板向下流动。由于板式塔中的气液接触是逐级接触的过程，因此塔内气液相的组成呈阶梯式变化。填料塔内堆置一定数量的填料，形成一定高度的填料层。液体自上而下沿填料表面向下流动，气体逆流向上（也有并流向下）流动，气液两相在填料表面密切接触，实现传质与传热。与板式塔不同，填料塔内的气液接触是连续接触过程，因此，气液相的组成呈连续变化。

6.1.5.1　板式塔

　　板式塔早在 1813 年已应用于工业生产，是使用量最大、应用范围最广的气液传质设备。板式塔由圆柱形壳体、塔板、溢流堰、降液管及受液盘等部件组成。一般而言，板式塔的空塔速度较高，因而生产能力较大，塔板效率稳定，操作弹性大，造价低，检修、清洗方便，在工业上应用较为广泛。

　　（1）泡罩塔板　泡罩塔板是工业上应用最早的塔板，其结构如图 6-6 所示。每层塔板有若干开孔，孔上焊接有短管作为上升气体通道，称为升气管。升气管上覆以泡罩，泡罩下部周边开有齿缝。

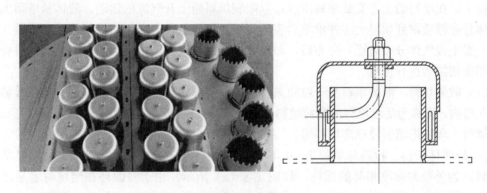

图 6-6　泡罩塔板

　　（2）筛孔塔板　筛孔塔板简称筛板，塔板上开有许多均匀的小孔，孔径一般为 3～8mm，筛孔直径大于 10mm 的筛板称为大孔径筛板，筛孔在塔板上作正三角形排列。鼓泡区左右两侧的弓形面上不开孔，分别作为受液区和降液区。

　　（3）浮阀塔板　浮阀塔板是在泡罩塔板和筛孔塔板的基础上发展起来的，它吸收了两种塔板的优点。浮阀塔板是在塔板上开有若干个阀孔，每个阀孔装有一个可以上下浮动的阀片。阀片本身连有几个阀腿，插入阀孔后将阀腿底脚拨转 90°，用以限制操作时阀片在板上升起的最大高度，并限制阀片不被气体吹走。阀片周边冲出几个略向下弯的定距片，当气速很低时，靠定距片与塔板呈点接触而贴在阀孔上，阀片与塔板的点接触也可防止停工后阀片与板面黏结。浮阀的类型很多，国内常用的有 F1 型、V-4 型及 T 形等（图 6-7）。

　　浮阀塔板的优点是结构简单、制造方便、造价低；塔板开孔率大，生产能力大；由于阀片可随气量变化自由升降，故操作弹性大；因上升气流水平吹入液层，气液接触时间较长，故塔板效率较高。其缺点是处理易结焦、高黏度的物料时，阀片易与塔板黏结；在操作过程中有时会发生阀片脱落或卡死等现象，使塔板效率和操作弹性下降。

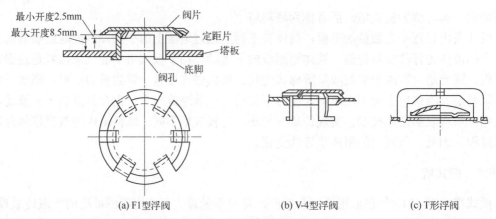

图 6-7　浮阀类型

6.1.5.2　填料塔

填料塔是以塔内装有大量的填料为相间接触构件的气液传质设备。填料塔于 19 世纪中期应用于工业生产，此后，它与板式塔竞相发展，构成了两类不同的气液传质设备。填料塔的结构简单，塔身是一直立式圆筒，底部装有填料支承板，填料以乱堆或整砌的方式放置在支承板上。在填料的上方安装填料压板，以限制填料随上升气流的运动。液体从塔顶加入，经液体分布器喷淋到填料上，并沿填料表面流下。气体从塔底送入，经气体分布装置（小直径塔一般不设气体分布装置）分布后，与液体呈逆流连续通过填料层的空隙。在填料表面气液两相密切接触进行传质。

（1）散装填料　散装填料是一粒粒具有一定几何形状和尺寸的颗粒体，一般以散装方式堆积在塔内，又称为乱堆填料或颗粒填料。散装填料根据结构特点不同，又可分为环形填料、鞍形填料、环鞍形填料及球形填料等。

① 拉西环填料。拉西环填料于 1914 年由拉西（F. Rashching）发明，是使用最早的一种填料，为外径与高度相等的圆环，如图 6-8（a）所示。由于拉西环在装填时容易产生架桥、空穴等现象，圆环的内部液体不易流入，所以极易产生液体的偏流、沟流和壁流，气液分布较差，传质效率低。又由于填料层持液量大，气体通过填料层折返的路径长，所以气体通过填料层的阻力大，通量小。目前拉西环工业应用较少，已逐渐被其他新型填料所取代。

② 鲍尔环填料。鲍尔环填料是在拉西环填料的基础上改进而得的。在拉西环的侧壁上开出两排长方形的窗孔，被切开的环壁的一侧仍与壁面相连，另一侧向环内弯曲，形成内伸的舌叶，舌叶的侧边在环中心相搭，如图 6-8（b）所示。鲍尔环填料的比表面积和空隙率与拉西环基本相当，但由于环壁开孔，大大提高了环内空间及环内表面的利用率，气体流动阻力降低，液体分布比较均匀。同种材质、同种规格的两种填料相比，鲍尔环的气体通量较拉西环增大 50%以上，传质效率增加 30%左右。鲍尔环填料以其优良的性能得到了广泛的应用。

③ 阶梯环填料。阶梯环填料是在鲍尔环基础上加以改造而得出的一种高性能的填料，如图 6-8（c）所示。阶梯环与鲍尔环相似之处是环壁上也开有窗孔，但其高度减少了一半。由于高径比减少，使得气体绕填料外壁的平均路径大为缩短，减少了气体通过填料层的阻力。

阶梯环填料的一端增加了一个锥形翻边，不仅增加了填料的机械强度，而且使填料之间由线接触为主，变成以点接触为主，这样不但增加了填料间的空隙，同时成为液体沿填料表面流动的汇集分散点，可以促进液膜的表面更新，有利于传质效率的提高。阶梯环的综合性能优于鲍尔环，成为目前所使用的环形填料中最为优良的一种。

④ 环矩鞍填料。将环形填料和鞍形填料两者的优点集中于一体，而设计出的一种兼有环形和鞍形结构特点的新型填料称为环矩鞍填料（国外称为 Intalox），该填料一般以金属材质制成，故又称之为金属环矩鞍填料，如图 6-8（d）所示。这种填料既有类似开孔环形填料的圆孔、开孔和内伸的舌叶，也有类似矩鞍形填料的侧面。敞开的侧壁有利于气体和液体通过，减少了填料层内滞液死区。填料层内流通孔道增多，使气液分布更加均匀，传质效率得以提高。金属环矩鞍的综合性能优于鲍尔环和阶梯环。因其结构特点，可采用极薄的金属板轧制，仍能保持良好的机械强度。故该填料是散装填料中应用较多，性能优良的一种填料。

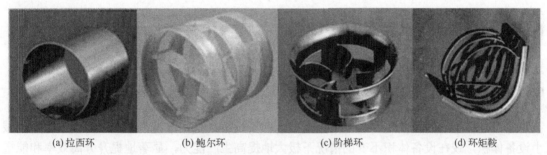

| (a)拉西环 | (b)鲍尔环 | (c)阶梯环 | (d)环矩鞍 |

图 6-8　散装填料主要类型

（2）规整填料　规整填料是一种在塔内按均匀几何图形排列，整齐堆砌的填料。该填料的特点是规定了气液流径，改善了填料层内气液分布状况，在很低的压降下，可以提供更多的比表面积，使得处理能力和传质性能均得到较大程度的提高。规整填料种类很多，根据其几何结构可以分为格栅填料、波纹填料等。

① 格栅填料。格栅填料是以条状单元体经一定规则组合而成的，其结构随条状单元体的形式和组合规则而变，因而具有多种结构形式。工业上应用最早的格栅填料为木格栅填料，目前应用较为普遍的有格里奇格栅填料、网孔格栅填料、蜂窝格栅填料等，其中以格里奇格栅填料最具代表性。

② 波纹填料。波纹填料是一种通用型规整填料，目前工业上应用的规整填料绝大部分属于此类。波纹填料是由许多波纹薄板组成的圆盘状填料，波纹与塔轴的倾角有 30° 和 45° 两种，组装时相邻两波纹板反向靠叠。各盘填料垂直装于塔内，相邻的两盘填料间交错 90° 排列。波纹填料的优点是结构紧凑，具有很大的比表面积，其比表面积可由波纹结构形状而调整，常用的有 125、150、250、350、500、700 等几种。波纹填料按板片结构可分为板波纹填料和网波纹填料两大类（图 6-9），其材质又有金属、塑料和陶瓷等之分。

金属孔板波纹填料是板波纹填料的一种主要形式。该填料的波纹板片上钻有许多 5mm 左右的小孔，可起到粗分配板片上的液体、加强横向混合的作用。波纹板片上轧成细小沟纹，可起到细分配板片上的液体、增强表面润湿性能的作用。金属孔板波纹填料强度高，耐腐蚀性强，特别适用于大直径塔及气液负荷较大的场合。

(a) 孔板波纹填料　　　　　　　　(b) 丝网波纹填料

图 6-9　波纹材料类型

6.2　蒸馏技术新进展

6.2.1　蒸馏过程强化

蒸馏过程强化的目的是，通过运用新技术和新设备，在生产能力不变的情况下极大地减小设备体积，或在设备体积不变的情况下极大地提高生产能力，显著地提升分离效率和能量效率，提高产品的质量，减少废物的排放，做到优质、高效、节能、环保[6-7]。

6.2.1.1　改进设备结构

（1）新型塔板　近年来陆续开发出的多种新型塔板，对于气液传质效率的提升、压降的降低等，均有较大的效果，例如：垂直筛板、立体传质塔板、并流塔板等，如图 6-10 所示。

① 垂直筛板（NEW-VST）。垂直筛板与常规筛板、浮阀塔板类似，其在板上开有多个圆形、方形或者矩形的大孔，在孔的正上方安装有相同形式的帽罩。不同垂直筛板的主要特点体现在帽罩的结构上，以最典型的圆筒形帽罩为例，帽罩以圆筒形罩体和盖板组成，罩体直径为 60～200mm，高度为 150～250mm，在罩体的上部设有孔或缝隙以便流体通过，顶部的盖板则是起到阻止气、液流体向上流动造成雾沫夹带的作用。整个罩体和塔板上的开孔是以同轴心固定的，在罩体和塔板固定连接处会留有一定的缝隙以便液体能够进入到罩体内。

② 立体传质塔板（CTST）。立体传质塔板是基于垂直筛板的进一步提升，其在罩体结构和帽罩在塔板排布上都有较新的变化，使得其处理能力、传质效率更高、压降更低。立体传质塔板采用矩形开孔，并在孔上方安置帽罩，帽罩为高低不同的错位排布。帽罩类似于鞍马的梯形，帽罩的顶端封盖在长边向外有一定的延伸并向下弯折。盖板与罩体顶部不再封死，而是留有一定的缝隙形成矩形天窗，天窗下开有圆形喷射孔。

新型的帽罩结构使液体能够以更小的液滴分散在气体中且不断地翻腾，增大了气液接触面积以及相界面的更新速率，并且气、液相在塔板上的停留时间也有一定程度上的增加，从而提高了传质效率。同时，因为塔板上采用矩形开孔，使得塔板开孔率提高，再加上相邻帽罩采取高低错落排布，因气相碰撞而损失的动量减少，从而使生产能力得以提高。帽罩的导向折边结构，降低了塔板的雾沫夹带，从而提高了塔板的气相流速上限。

(a) 垂直筛板　　　　　　　　　　　(b) 立体传质塔板

图 6-10　新型塔板

③　并流塔板（cocurrent）。并流塔板是一种完全在板上空间实现气液并流操作的塔板，这种塔板的结构要比普通塔板复杂得多，每层"塔板"是由一个液体分布器和一个除雾器组成，液体分布器放置于除雾器之下、两者之间的空间大小由板间距决定，如图 6-11 所示。在操作过程中，液体首先通过降液管出口进入液体分布器中，从而被分布成大小均匀的液滴。来自下一层除雾器的高速气体会将液体吹起，气液两相流呈现并流状态从下至上通过这层塔板的液体分布器和除雾器的空间并发生传质传热过程。当两相流进入除雾器后，液相被收集下来并通过与除雾器相连的降液管进入到下一层塔板的液体分布器，而分离出的气相则会继续将上一层塔板液体分布器中降落的液滴吹起进入下一循环。

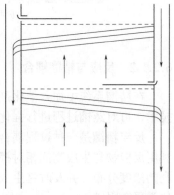

（2）新型填料　近年来，随着精细化工的发展，对于精馏分离提出了更高要求，一些高效填料应运而生，如图 6-12 所示。

图 6-11　并流塔板结构示意图

①　茵派克（IMPAC）填料。茵派克填料可以看作由多个矩鞍填料连接而成，集扁、鞍、环结构为一体，采用多褶壁面、多层筋片、消除滞留区、单体互相嵌套等技术，兼有散堆填料和规整填料的特性，多用于冷却塔中。茵派克具有多方面的优点，与一般的散堆填料相比，其通量可提高 10%～30%；无翻边结构，避免气液滞留；比表面积可达 131m²/m；单体外形呈扁环形，使填料单元立放稳定，有利于加强气液湍动。

②　双向波纹填料。双向波纹填料是在金属孔板波纹填料和矩鞍散堆填料基础上开发的新一代规整填料，兼有两种填料类型的优点，结构特点是在波纹填料的楞线上按一定间距冲有反向波纹，每一个波纹片上形成方向相反、大小不同的波纹组装成填料盘。由于板片上不冲孔，而是开有反向波纹环，因此它比孔板波纹填料表面积增大 1%左右，纵向开孔率也比后者提高了 40%。这种填料的特点是传质比表面积大，气-液相流动得到优化，横向扩散能力强，在抗堵塞能力、刚度、压力降及通过能力方面均优于金属孔板波纹填料。

③　断续波纹规整填料。断续波纹规整填料包括组片式（Zupak）和峰谷搭片式（Dapak）波纹填料，均是天津大学开发的专利产品。Zupak 填料的每一周期波纹由位于 4 个平面上的断续平面图形薄片相交所构成，其侧向投影形状为 2 条互相交错的波纹状折线。Dapak 主要

特征是在填料波纹板片的波峰和波谷上，规则间断地开设截面形状呈三角形的谷段和峰段，使谷段的 2 个谷面形成为上小下大的梯形，使峰段的 2 个峰面形成为上大下小的梯形。Dapak 与 Zupak 相比具有更加优良的流体力学和传质性能，与相应型号的孔板波纹填料相比，分离效率提高约 10%，通量提高 20%，压力损失减小 30% 左右。开发成功后，首次应用在当时国内最大直径的填料塔中，塔直径为 8400mm。目前，两种填料均已应用在工业中。

(a) 茵派克　　　　　　　(b) 断续波纹填料

图 6-12　新型填料

6.2.1.2　反应与精馏耦合

在精馏系统中加入催化剂，将催化反应过程和精馏过程耦合，形成催化精馏或反应精馏技术，可对蒸馏过程进行强化，实现简化工艺流程、减少设备数目、降低生产成本的目的。

反应精馏是一种过程耦合技术，反应过程与分离过程同时进行，相互影响相互强化。其利用反应物与生成物间相对挥发度的差异，通过精馏作用在反应区间使反应物形成对反应有利的浓度分布，并及时将生成物从反应区间移出，使过程一直按正反应方向进行，从而突破化学平衡限制。

6.2.2　蒸馏过程节能

蒸馏操作的实质是将混合物进行分离的传质过程，但同时包含着使混合物气化和冷凝的传热过程。为此，蒸馏操作耗能巨大，化工过程中 40%～70% 的能耗用于分离，而蒸馏能耗又占其中的 90% 以上，所以蒸馏过程节能是目前蒸馏领域研究的热点课题[8-10]。

6.2.2.1　采用新型精馏技术

（1）热泵精馏　热泵精馏是利用工作介质或直接使用塔顶气相物料，通过吸收塔顶气相物料的相变热，通过热泵对工作介质进行压缩，升压升温，使其能质得到提高，然后作为再沸器的加热热源，从而既节省了精馏塔的加热能耗，又降低了精馏塔塔顶冷凝器的负荷，达到节能的目的。热泵精馏实际是卡诺循环的逆过程，通过外部做功，将热源由低温位升至高温位，使得再沸器能够使用冷凝器的热量，充分地利用低品位热量，是精馏过程的有效节能手段（图 6-13）。

热泵精馏的经济性可以通过性能系数 COP 进行判断：

$$COP = \frac{Q}{W} \qquad (6\text{-}1)$$

式中　Q——高温热源获得的热量；
　　　W——消耗的外功。

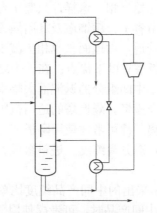

图 6-13　热泵精馏示意图

COP 值越高，采用热泵精馏的价值越大。热泵精馏尤其适用于分离沸点相近的物质（一般要求塔顶塔底的温差小于 40℃）以及分离要求高（回流比大、能耗高）的大型装置。

（2）多效精馏　多效精馏是将精馏塔分成压力不同的多个精馏塔，通过将几个精馏塔串联，操作压力依次降低，采用前一精馏塔的塔顶蒸气作为后一精馏塔的再沸器的加热介质，故除两端精馏塔外，中间的精馏塔不需从外界引入加热和冷却介质（图 6-14）。

一般来说，多效精馏的节能效果是以其效数来决定的。从理论上讲，与单塔相比，由双塔组成的双效精馏的节能效果为 50%，而三效精馏的节能效果为 67%，四效精馏的节能效果为 75%。

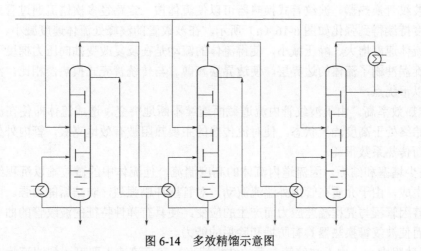

图 6-14　多效精馏示意图

（3）热耦精馏　热耦精馏是一种复杂的蒸馏方式，它可以降低过程中的不可逆有效能损失，从而降低过程的能耗。常见的有侧线精馏塔、立式隔板塔等。

隔板塔是在精馏塔里添加一个垂直隔板将其分成预分馏塔和主塔（图 6-15）。在隔板塔中，进料侧为预分离段，另一侧为主塔，混合物 A、B、C 在预分离段经初步分离得到 A、B

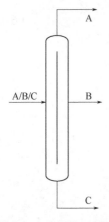

图 6-15　隔板塔示意图

和 B、C 两组混合物，A、B 和 B、C 两股物流进入主塔后，塔上部将 A、B 分离，塔下部将 B、C 分离，在塔顶得到产物 A，塔底得到产物 C，中间组分 B 从主塔中部采出。同时，主塔中又引出液相物流和气相物流分别返回进料侧顶部和底部，为预分离段提供液相回流和初始气相。这样，只需 1 台精馏塔就可得到 3 个纯组分，同时还可节省 1 台精馏塔及其附属设备，如再沸器、冷凝器、塔顶回流泵及管道，占地面积也相应减少。

隔板塔有以下优点：在一个塔里可以得到三个高纯度的产品；可以减小中间组分的返混而大幅提高过程的热力学效率；减少设备的数目及投资。隔板塔的适用范围：理论上，对于三组分以上混合物的分离，都可考虑使用隔板塔。但隔板塔并非适用所有的精馏分离问题，对分离纯度、进料组成、相对挥发度及塔的操作压力都有一定的要求。

① 产品纯度。由于隔板塔所采出的中间产品纯度比单个精馏塔侧线出料达到的纯度要高，因此，当希望得到高纯度的中间产品时，可考虑使用隔板塔。如果对中间产品纯度要求不高，则可以直接使用一般精馏塔侧线采出。

② 进料组成。中间组分质量分数超过 20%且轻重组分含量相当的物系，特别是进料中的中间组分质量分数为 65.7%左右，是采用隔板塔比较理想的物系。

③ 相对挥发度。当中间组分为进料中的主要组分，而轻组分和中间组分的相对挥发度与中间组分和重组分的相对挥发度大小相当时，采用隔板塔节能优势更为明显。

6.2.2.2　采用新型换热器

精馏塔的主要附属设备包括塔顶冷凝器和塔底再沸器等换热装置，使用新型高效换热器可以提高传热效率，从而达到节能目的。

（1）波纹管换热器　波纹管式换热器可以使流体按一定路径多次错流通过管束，使流体的湍流程度持续得到强化如图 6-16（a）所示。在波纹管的波峰处流体速度减小、静压增大，在波谷处流体速度增大、静压减小，使得流体的流动是在反复改变轴向压力梯度下进行，产生的剧烈旋涡冲刷了流体的边界层，使边界层减薄。与传统管壳式换热器相比，波纹管式换热器具有以下优点：

① 传热效率高。由于波纹管内流道截面连续不断地突变，造成流体即使在流速很低的情况下也始终处于高度湍流状态，使对流传热的主要热阻被有效地克服，管内外传热被同时强化，因而传热系数很高。

② 减少堵塞和结垢。因流道内流体的高度湍流，使流体中的微粒难以沉积结垢，即使有少量垢生成，由于介质在管内外湍流流动，对管壁冲刷强烈，防结垢能力强。同时，波纹管上存在着因管程与壳程温差应力而产生的应变，使具有弹性特征的波纹管的曲率发生微观变化，从而使波纹管换热器具有防垢和除垢的能力。

③ 流动阻力小。由于波纹管自身的结构特点，在小流速下即可达到湍流状态，而不必考虑利用小管径来增强湍流状态，因此，换热器管径可以增大，降低流动阻力。

（2）缠绕管换热器　缠绕管的管程流体沿缠绕的管道以螺旋的方式通过，壳程流体逆流横向交叉通过充满缠绕管束的壳体空间如图 6-16（b）所示。缠绕管换热器壳程内不设折流板，可以避免形成折流板后的换热死区和结垢问题，同时流体在相邻缠绕管之间、层与层之间不断的分离和汇合，加强了壳程的湍流程度，从而提高了传热系数。缠绕管换热器结构紧凑，空间利用率高，单位体积的换热面积可达普通换热器的 2 倍以上。

（3）螺旋板换热器　螺旋板式换热器是由两张间隔一定距离的平行薄金属板用芯轴卷成螺旋状，再将相邻的交错的端面焊接，在其内部形成两个同心的螺旋形通道，如图 6-16（c）所示。在螺旋板式换热器中央设有隔板，将两螺旋形通道隔开；两板之间焊有定距柱以维持通道的间距，在螺旋板两侧焊有盖板，冷热流体分别通过两条通道在器内逆流流动，通过薄板进行换热。按结构型式可分为不拆式（Ⅰ型）螺旋板式及可拆式（Ⅱ型、Ⅲ型）螺旋板式换热器。

螺旋板换热器一般在壳体上采用切向结构接管，其局部阻力小。由于螺旋通道的曲率是均匀的，液体在设备内流动没有大的转向，总阻小，因而可提高设计流速使之具备较高的传热能力。由于流道本身呈螺旋形且可诱发出二次环流，所以在层流条件下也可获得较大的传热系数，且不易结垢。这种换热器主要的缺点是密封难度大，结垢后清理困难，且不易维修。

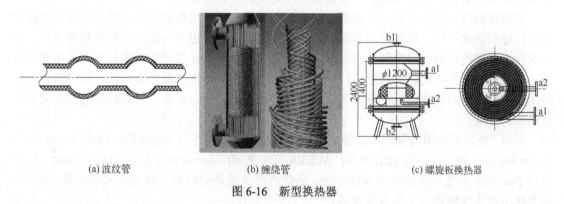

(a) 波纹管　　　　　　　(b) 缠绕管　　　　　　　(c) 螺旋板换热器

图 6-16　新型换热器

6.2.2.3　工艺操作节能

对于已经建设完成并在运行的蒸馏装置，可以通过对工艺操作参数进行调整以达到节能的目的，通过这种方式实现的节能几乎没有新增投资，是一种可以根据工况的变化持续开展的优化方式。

（1）操作压力优化　蒸馏塔塔顶、塔釜的温度随压力的增大而上升，随压力的降低而下降。塔顶蒸气冷凝温度为塔顶液相产品的泡点温度或气相产品的露点温度，塔釜中液体沸腾温度为塔底产物的泡点温度。同时，塔釜温度升高，根据物料的不同，可能会引起物料分解、聚合或结垢。随着压力的升高，组分间的相对挥发度将减小。对于塔顶、塔底压差较小的塔，此影响可以忽略，如果在同一塔中，压力变化较大时，相对挥发度的变化对分离有相当大的影响。

（2）进料位置优化　对于有多个进料位置的蒸馏塔，在原料组分发生变化时，其最佳进料位置可能随之变动，通过调整蒸馏塔进料位置，可以提高分离效率，从而降低分离所需的能源消耗，实现蒸馏塔的节能。

进料位置过低时，在进料位置上方将出现逆向精馏现象，精馏段的一部分塔板起不到分离效果，导致物系的分离效率变低；同理，进料位置过高，导致在进料位置下发出现逆向精馏，影响提馏段的分离效率。

（3）回流比优化　蒸馏塔的主要能源消耗为塔釜再沸器的加热介质用量和塔顶冷凝器的冷凝介质用量，因此，蒸馏塔的能耗与回流比成正比。同时，因回流比影响蒸馏塔内的气液流量，从而间接影响蒸馏塔的设备尺寸。回流比适当加大，有利于提升分离精度，从而降低蒸馏塔的理论板数，降低设备投资；但是，回流比过度加大，导致塔径、再沸器、冷凝器尺寸的同步增大，从而增大设备投资。所以，根据原料组分的变化和产品纯度的变化，调整合适的回流比，在生产阶段可以节省能耗，在设计阶段可以节省设备投资。

6.2.3 蒸馏与数字化

6.2.3.1 流程模拟

流程模拟技术是根据化工过程的数据，采用适当的模拟软件，将由多个单元操作组成的化工流程用数学模型描述，模拟实际的生产过程，并在计算机上通过改变各种有效条件得到所需要的结果。模拟涉及的化工过程中的数据一般包括进料的温度、压力、流量、组成，有关的工艺操作条件、工艺规定、产品规格以及相关的设备参数[8-10]。

流程模拟技术是在计算机上再现实际的生产过程。通过对虚拟的生产过程进行多方向的参数计算和优化计算，可对经济效益、过程优化、环境评价进行全面的分析和精确评估，并可对化工过程的规划、研究与开发及技术可靠性做出分析。化工流程模拟技术可以用来进行新工艺流程的开发研究、新装置设计、旧装置改造、生产调优以及故障诊断，同时流程模拟技术还可以为企业装置的生产管理提供可靠的理论依据，是企业生产管理从经验型走向科学型的有力工具。

目前，在世界范围内得到广泛使用和验证的流程模拟软件有 AspenTech 公司 Aspen Plus、Aspen Hysys，西门子公司 gPROMS，AVEVA 公司 ProII，honeywell 公司 Unisim Suite，KBC 公司 PetroSim 和斯伦贝谢公司 VMGSim。各软件产品的基础模拟计算功能大体相同，但在不同的化工技术领域计算上各有其优势。

6.2.3.2 先进控制

精馏塔的控制，传统上主要采用单输入输出简单反馈控制回路的单回路控制（PID 控制）为主导。目前，PID 控制仍然在工业领域得到广泛应用，在 DCS 控制体系（分散控制系统）中，这类控制回路仍占 80%～90%的总回路数。原因主要是传统控制算法采用的是简单有效操作方式的总结与模仿，可使简单的精馏过程平稳运行，且因算法较为简单，具有悠久的应用历史，操作方便，易于控制。

先进控制（APC）是在常规 PID 控制的基础上，为进一步提高生产过程操作水平而出现的，对 PID 控制下难以平稳运行、难以处理的多变量相互影响、制约和优化，变量不可实测，变量受约束等问题，给出解决方法。先进控制用于精馏过程的目的是通过卡边操作，确保产品产量最大化，使操作成本最小，效益最大。先进控制是基于多变量模型的，与传统的 PID 控制紧密结合使用。目前比较成熟和有前景的先进控制技术理论有自适应控制、鲁棒控制、预测控制、优控制、智能控制等。

1980 年前后，法国 J. Richalet 和美国 C.R. Cutler 作为过程控制界的两位开拓者，分别报道了各自解决有变量耦合系统在实时动态环境下控制问题的研究成果，即模型预测启发式控制（MPHC）和动态矩阵控制（DMC）。这些研究成果表明现代工业已经逐渐开始接受并且尝试开始运用先进控制的概念。自此，大量的约束模型预测控制的工程化软件包不断被发出来。控制策略经过模型辨识、优化算法、控制结构分析、参数整定、系统稳定性和鲁棒性等一系列研究工作后，逐渐形成了与之相配套的控制理论体系，经过后期的处理开发出具有商品价值的软件，最终成为当今工业流程控制中的先进控制技术。目前主流的先进控制软件主要包括 AspenTech 公司 DMC Plus 软件，Adersa 公司 IDCOM、HIECON 软件，Honeywell 公司 PCT 软件，以及中控公司先进控制软件等。

近年来，人工智能技术发展迅速，并在许多研究与工程应用领域中取得了一定的应用。在过程控制方面，新研究成果包括专家系统、神经网络、模糊系统表现出较大的应用潜力。同时，基于机理和经验的非线性控制也取得了较大的发展，但是非线性控制仍为尚属开发中的先进控制策略，暂时没有实际的工业应用的案例。

先进控制技术的投用，可以实现精馏过程的操作更加平稳，实现"卡边操作"，从而提高产品质量和收率，降低能耗，提升蒸馏过程的综合经济效益。

6.2.3.3　实时在线优化

化工生产中，许多因素会导致生产装置的操作条件需要进行周期性优化，例如：原材料价格发生变动、仓储的限制产生变化、生产质量的要求不断更新以及产品市场需求的变化等。因此，实际生产中，装置操作参数的最优值可能每天都会发生变化，也可能一天之内多次变化。为应对这种挑战，实时优化（RTO）技术应运而生，它能够高频率地对化工生产流程中的操作条件进行周期性的优化。

近年来，先进控制技术和计算机软硬件的发展使实时优化在工业生产装置中得到实际应用成为了可能。目前，实时优化技术已应用于炼油、乙烯等领域，产生了可观的经济效益。

实时优化的目的，能够随时监测过程运行状况，在满足所有约束条件的前提下，不断调整工作点，以克服这些影响因素，保证过程始终能够得到最佳的经济效益。实时优化的整个优化过程是自动进行的，从数据采集、模型修正，到优化计算。

实时优化分为两种类型，一种是在线优化，开环指导；另一种是在线优化，闭环控制。两者均是采用来自现场的实时数据，运用相同的优化算法求得最优的设定点。但开环指导仅给工程师提供参考，优化结果由工程师决定是否投用。而闭环控制则是将在线优化求得的结果作为设定点自动投入控制回路。总体上讲，开环优化指导与闭环优化控制仅差设定点投用一步，这一步是建立在优化模型的可靠性程度基础上的。实时优化技术的实施必须有可靠的测量仪表、可靠的常规控制系统、可靠的先进控制技术和可靠的实时优化模型及优化算法，整个系统是一个高度集成的软硬件体系。

实时优化可以实现产品产量的提升、质量的提升、能耗的降低，使生产始终维持在最佳操作状况。实时优化系统具备延长设备的运行周期，减少催化剂的消耗，及时响应市场价格的变化，深化对过程工艺与操作的了解等诸多优点。

6.3　小结

目前，蒸馏技术已经成为化工、石油、制药、食品等领域中的最重要分离技术之一，但也存在能耗相对较高、设备体积较大等问题，蒸馏技术的发展将更加注重环保、能源节约、自动化、智能化等方面。除了传统的精馏、提纯和回收领域，蒸馏技术未来还将应用于新兴的领域，比如碳捕集、碳中和等，以适应不断增长的市场需求和科学技术的不断进步，为环保事业和社会发展做出更多的贡献。

思考题

① 蒸馏起源于何时？古人如何利用蒸馏技术？
② 蒸馏的原理是什么？
③ 蒸馏目前有哪些节能技术在应用？
④ 如何选择使用填料蒸馏塔和板式蒸馏塔？
⑤ 蒸馏技术未来发展趋势是什么？

参考文献

[1] 贾绍义, 柴诚敬. 化工传质与分离过程[M]. 2 版. 北京: 化学工业出版社, 2007.

[2] 伍钦. 传质与分离工程[M]. 广州: 华南理工大学出版社, 2005.

[3] 何志成. 化工原理[M]. 北京: 中国医药科技出版社, 2009.

[4] 刘乃鸿. 工业塔新型规整填料应用手册[M]. 天津: 天津大学出版社, 1993.

[5] 兰州石油机械研究所. 现代塔器技术[M]. 北京: 中国石化出版社, 2005.

[6] 刘有智. 化工过程强化方法与技术[M]. 北京: 化学工业出版社, 2017.

[7] 李鑫刚, 高鑫, 漆志文, 等. 蒸馏过程强化技术[M]. 北京: 化学工业出版社, 2020.

[8] 吴金星, 韩东方, 曹海亮, 等. 高效换热器及其节能应用[M]. 北京: 化学工业出版社, 2009.

[9] 孙兰义. 化工过程模拟实训——Aspen Plus 教程[M]. 2 版. 北京: 化学工业出版社, 2017.

[10] 孙丽丽. 化工过程强化传热[M]. 北京: 化学工业出版社, 2019.

第7章
膜分离

7.1 膜分离技术概述

在当今世界能源短缺、水荒和环境污染日益严重的情况下，膜分离技术的开发与利用得到世界各国的普遍重视。全世界膜和膜组件的年均增长率达 14%～30%。膜分离技术成为 20 世纪末到 21 世纪中期最有发展前途的高新技术之一。更严的环保法规、更高的能源和原材料价格将进一步刺激膜市场的发展。膜分离技术已成为解决当前能源、资源和环境污染问题的重要高新技术及可持续发展技术的基础。

7.1.1 膜分离技术的起源

在早期的生活和生产实践中，人类就已不自觉地接触到了膜分离技术。2000 多年以前，我国古人就在酿造、烹饪、炼丹和制药的实践中利用了天然生物膜的分离特性，如"莞蒲厚酒"及"海井淡化海水"等。但在其后漫长的历史进程中，膜分离技术在我国没有得到应有的发展。

对膜分离技术的研究可追溯到二百七十多年前[1]，1748 年，Abbe Nollet 发现水能自发地扩散到装有酒精溶液的猪膀胱内，第一次揭示膜分离现象。最初，许多生理学家使用的膜主要是动物膜。直到 1864 年，Moritz Taube 成功地研制出人类历史上第一张人造膜——亚铁氰化铜膜。后来，Preffer 用这种膜以蔗糖和其他溶液进行试验，把渗透压和温度及溶液浓度联系了起来。接下来，Van't Hoff 以 Preffer 的结论为出发点，建立了完整的稀溶液理论。1925 年，世界上第一个滤膜公司（Sartorius）在德国 Gottingen 成立。1930 年 Treorell Meyer、Sievers 等对膜电动势的研究为电渗析和膜电极的发明打下了基础。1950 年，W. Juda 等试制成功第一张具有实用价值的离子交换膜，电渗析过程得到迅速发展。1961 年，Michealis 等人用各种比例的酸性和碱性的高分子电介质混合物以水-丙酮-溴化钠为溶剂，制成了可截留不同分子量的膜，这种膜是真正意义上的分离膜，美国 Amicon 公司首先将这种膜商品化。

20 世纪 50 年代初，为从海水或苦咸水中获取淡水，全世界开始了反渗透膜的研究。1960 年，Srinivasa Sourirajan 和 Sidney Loeb 通过相转化技术共同制成了具有高脱盐率、高透水量的非对称醋酸纤维素反渗透膜，使反渗透过程迅速由实验室走向工业应用。20 世纪 70 年代，超滤技术进入工业化应用并迅速发展，已成为应用领域最广的技术。进入 80 年代，无机膜也得到了快速发展。1984 年，Burggraaf 采用溶胶-凝胶技术制备出多层不对称微孔陶瓷膜。1987 年，Hiroshi 首次报道了在无机载体上合成分子筛膜。90 年代，离子交换膜和电渗析技术进入高速发展期，主要用于苦咸水脱盐。到 2000 年，全世界 1/3 的氯碱生产转向膜法。进入 21 世纪，膜分离技术作为高效的分离技术被我国在内的众多国家提升到战略高度，膜材料和膜分离过程得到空前的发展。

7.1.2 膜与膜过程简介

膜（membrane）是指能限制和传递物质的分隔两流体的屏障。膜可以是固态的，也可以是液态的。被膜分隔的流体物质可以是液态的，也可以是气态的。利用膜的技术被称为膜技术。膜的分类是多种多样的：按膜材料可分为天然材料膜（包括生物膜和天然物质改性或再生而制成的膜）、合成材料膜（包括无机膜、有机膜及无机/有机杂化膜）；按膜断面的形态可分为对称膜、不对称膜、复合膜；按膜总体形状可分为平板膜、管式膜（内径>10mm）、毛细管膜（内径 0.5~10mm）、中空纤维膜（内径<0.5mm）；按功能可分为分离功能膜、反应功能膜、能量转化功能膜、控制释放功能膜、探测传感功能膜等[2]。

膜参与的过程统称为膜过程。典型的膜过程有微滤（microfiltration）、超滤（ultrafiltration）、纳滤（nanofiltration）、反渗透（reverse osmosis）、正渗透（forward osmosis）、渗析（dialysis）、电渗析（electrodialysis）、气体分离（gas separation）、膜蒸馏（membrane distillation）、渗透蒸发（pervaporation，）等，其中以压力差为推动力的过程有微滤、超滤、纳滤、反渗透，以蒸气分压为推动力的过程有膜蒸馏、渗透蒸发，以气体组分分压差为推动力的过程有气体分离，以浓度差为推动力的过程有正渗透、渗析，以电位差为推动力的过程有电渗析[3-4]。

7.1.3 膜分离技术的应用

（1）海水/苦咸水淡化　人口的急剧增长、工农业的迅猛发展、淡水资源的污染以及气候变化，使水资源短缺成为人类在 21 世纪所面临的最主要问题之一。有研究表明，全球 40% 的人口面临缺水压力，预计到 2025 年，比例将上升至 60%。海水和苦咸水淡化可以从源头上增大淡水资源量，该技术是解决淡水资源匮乏的有效途径之一。海水和苦咸水淡化技术主要包括以低温多效蒸馏、多级闪蒸为主的热法和以反渗透、电渗析为主的膜法两种。截至 2019 年，全球淡化总产能已达约 9537 万吨/天，从淡化规模来看，以反渗透膜为核心的膜法淡化技术提供的产能高达 65%，成为主导的淡化技术，并且该技术在不久的未来仍持续占据领先地位。

在我国，海水淡化技术日趋成熟，产业发展快速，规模不断扩大。据自然资源部发布的《2019 年全国海水利用报告》，截至 2019 年底，我国已有海水淡化工程 115 个，总产能 157 万吨/天，反渗透膜技术产能 100 万吨/天，占总产能 64%。相关文件显示，到 2025 年，我国海水淡化总规模达到 290 万吨/天以上。淡化海水已成为沿海城市及海岛的重要补充水源。除了海水淡化，苦咸水淡化也得到了一定应用。我国人均淡水资源严重不足，尤其西北地区水资源匮乏。但西北地区苦咸水含量丰富，利用反渗透膜技术淡化苦咸水在该地区已有许多成功工程案例，初步解决了水资源短缺和饮用水质量问题[5]。

（2）超纯水制备　除了海水和苦咸水淡化获取普通饮用水，膜分离（反渗透）技术还被普遍应用于在半导体电子工业纯水和医药工业无菌纯水等的制备系统中。

在半导体电子工业中，由于电子元器件中的电路宽度已达到亚微米级别，任何尺寸过大的微小颗粒都可能导致元器件报废，因而冲洗电路元器件所用的水必须为超纯水。半导体电子工业所用的超纯水，以往主要采用化学聚集、过滤、离子交换树脂等制备方法。该工艺的最大缺点是流程复杂，再生离子交换树脂的酸碱用量大，成本高。现在多采用反渗透与离子交换树脂耦合的方法，这不仅显著降低了生产成本，还使环境污染问题得到较大改善。在医药工业领域，各国药典都规定，制备静脉注射用水必须是无热原反应的，过去主要是用蒸馏方法制备静脉注射用水。近年来，反渗透膜技术也逐渐广泛应用于静脉注射用水的生产。反渗透法的成本只有传统蒸馏法的一半，且产水各项指标均优于传统蒸馏法[6]。

（3）废水处理　工业与生活废水都含有不同浓度的化学成分，其中不少具毒性但却有较高的经济价值。用膜分离技术处理废水，可收到净化水质与回收有用物质的效果。当前，膜分离技术已广泛用于石化、电镀、印染、矿山、造纸等工业废水的处理，并取得了显著的经济与社会效益。近年来，在政策法规日益完善的情况下，膜分离技术在达标排放或零（近零）排放方面的应用也逐渐增多。此外，城市水源的日益紧缺促使人们将注意力逐渐转移到回用技术上。膜分离技术对城市生活废水中的盐分、有机物、色素和亚硝酸盐均有良好的去除效果。因此，在城市生活废水的处理中也发挥着重要作用[7]。

（4）天然气脱碳和脱硫　天然气中含有 CO_2、H_2S 等酸性气体，会降低热值、腐蚀管道和设备，且燃烧产生的 SO_2 气体会造成污染，故在使用、输送前必须将酸性气体脱至许可的浓度范围。随着中国高 CO_2 气田的开发和油田 CO_2 驱伴生气循环利用，天然气脱碳技术在生产过程中变得越来越重要。膜分离技术因其投资少、占用空间小、重量轻等优点在天然气脱碳和脱硫上有良好的应用前景。目前常用的天然气脱碳和脱硫膜分离材料包括醋酸纤维素、聚酰亚胺和全氟玻璃膜等[2]。

（5）氢气回收和利用　在炼油、石油化工生产以及合成氨气的过程中，有大量的含氢驰放气和尾气被排放，或作为燃料被烧掉。如加氢工艺装置的尾气中含量就相对较高。从充分利用资源和提高生产效益的角度来看，这部分氢应该得到回收。原料气中氢浓度低意味着膜分离过程的推动力小，因此，膜分离法回收氢的原料气中氢浓度不可太低，否则是不经济的。此外，原料气的压力大小也是影响膜法氢回收经济性的重要因素。现已工业化的高分子气体分离膜对 H_2、O_2、N_2、CH_4 和 CO_2 等气体具有良好的化学稳定性[2]。

（6）废润滑油再生　目前我国已是世界润滑油消耗大国，每年使用量高达几百万吨，甚至上千万吨，同样产生的废润滑油数量也是巨大的。如此大量的废油，如果不能进行合理的处理，不仅是宝贵能源资源的损失，更重要的是会对环境产生非常不利的影响。因此，基于环境、资源和经济这三方面的综合考虑，废润滑油的回收再生利用是一项有意义而又利国利民的课题。废油再生过程中常用的酸碱精制和白土精制的方法已不能满足环保要求。目前，润滑油再生的研究热点主要在复合溶剂精制、分子蒸馏技术、膜分离技术及一些复合工艺等[8]。其中，膜技术是一种高效节能的再生技术，再生工艺简单，环境友好，能耗低，设备可小型化，操作简便，易于大批量与小批量的废油处理。通常采用微滤或超滤技术处理废润滑油，这可以增大废润滑油的价值，降低活性白土等吸附剂的用量，减少废润滑油对环境的污染，达到环保节能的要求[9]。

（7）生物医药制品分离纯化　微滤和超滤技术可用于生物医药的分离精制、去除热原、灭菌等，尤其是在中药、蛋白质、酶制剂、抗生素及维生素的分离提取方面。何添伊[10]以茯苓和黄芩两种药材为研究对象，将提取液通过陶瓷膜微滤除杂，发现采用陶瓷膜处理中药水提液，澄清效果好，有效成分损失不大，药液保质期长，对中药品质有提升作用。Chosh 等[11]采用超滤技术分离溶菌酶，实验表明，溶菌酶纯度可提高至 96%。超滤膜可用于去除溶液中的病毒、热原、蛋白质、酶和所有的细菌，因此可取代传统的微滤-吸附法除热原工艺，一次完成注射针剂在装瓶前的除热原和灭菌[12]。

（8）血液透析　对于急慢性肾功能衰竭患者来说，比较有效的替代疗法就是血液透析[13]，用于代替部分肾功能，清除血液中多余的水分、离子和代谢废物等。在血液透析过程中，分离介质是选择性透过膜，有效借助了膜两侧血液与透析液之间的浓度梯度、渗透压梯度、压力梯度等，促进了患者血液中尿素、尿酸等毒素向透析液的扩散，而且补充了相当于滤液体积的无菌水输回体内来保证患者机体电解质和酸碱平衡。

聚砜类透析膜可以通过改变铸膜液的组成而控制其膜孔径和孔径分布，且能够有效去除血液中有害物质 β_2-微球蛋白和内毒素，因而在血液透析器膜材料中应用很广[14]。而由于聚砜属于疏水性材料，膜表面容易被蛋白污染，长时间接触会导致血栓的形成。因此，需要对膜表面进行亲水化处理后用作透析膜。Mahmoudi 等[15]将 2-甲氧基乙基侧链的类肽固定在聚砜中空纤维膜上，改善了表面亲水性，并能抵抗牛血清白蛋白、溶菌酶的污染，具备低结垢特性和更高的生物相容性。此外，聚丙烯腈和聚氨酯也是血液透析器的常用膜材料之一。

7.2 反渗透技术的历史及进展故事

水危机已经连续位列全球最具影响力的五大危机，研究预测这一情况将会持续恶化[16]。面对水资源短缺的严峻形势，人们采取了蓄水、节约用水、跨流域调水和再生水利用等一系列有效措施。然而，以上措施只能改善现有水资源的使用情况，无法增大水资源供应量。海洋覆盖了地球上 70%的面积，海水资源取之不尽、用之不竭。早在世界大航海时代，英国王室就曾悬赏征求经济合算的海水淡化方法。随着海水淡化技术的快速发展，已发展出反渗透、低温多效、多级闪蒸、电渗析、压气蒸馏、膜蒸馏、露点蒸发、真空冷冻等淡化方式。

反渗透（reverse osmosis，RO）的发明和大规模应用是现代水处理技术发展的标志性成就。作为一种 20 世纪 50 年代以后发展起来的先进膜分离技术，反渗透已经广泛应用于海水淡化、苦咸水脱盐、家用水净化和废水回用等领域。2018 年，全球采用反渗透技术生产的海水淡化水已达到 110 亿吨以上，可供 3.2 亿人使用。近 70 年来，众多重要的科学家、企业家和一大批科技公司联袂演绎了一段精彩纷呈的反渗透技术发展史。

7.2.1 反渗透技术简介

反渗透是相对于渗透（osmosis）而言的，指的是渗透现象的逆过程。无论渗透过程还是反渗透过程，其核心都是一张半透膜。

所谓半透，简单说就是水能透过，而溶解在水中的盐或其他溶质则不能透过。如果一张半透膜两侧溶液中的溶质浓度不一致，水分子就会自发地从低浓度侧透过膜进入到高浓度侧，直至膜两侧溶液浓度一致，或者在膜的高浓度侧由于水位升高等原因对低浓度侧建立起一定的净压差。这就是渗透现象，这个净压差就是渗透压。

医生给病人输液时经常使用生理盐水，它是浓度为 0.9%的氯化钠水溶液。这个浓度与人的体液浓度相当，因此输液后不会因在细胞膜两侧发生显著的渗透现象而对人体造成伤害。渗透现象虽然在我们的身体内每天都在发生，但直到 1748 年才被法国物理学家诺莱（Jean-Antoine Nollet）从科学角度第一次发现。他采用猪膀胱作为半透膜，将两种不同浓度的乙醇水溶液隔开，从而通过实验观察到了渗透现象。

20 世纪，Van't Hoff 和 Gibbs 建立完整的稀溶液理论，揭示渗透现象与其他热力学性能之间的关系。如图 7-1 所示，一张理想半透膜将浓溶液和稀溶液隔开，假设半透膜本身没有阻力，仅允许溶剂透过，而对溶质实现截留。半透膜两侧溶液中溶质浓度的差异引起化学势的差异。稀溶液一侧的溶剂相对含量较高，溶剂的化学势也较高，这必然导致溶剂从稀溶液一侧扩散到浓溶液一侧，这种现象即为渗透（osmosis）[17]。此外，尽管浓溶液一侧溶质的化学势高于稀溶液一侧，但是由于半透膜不允许溶质透过，所以浓溶液一侧的溶质并不能向稀溶液一侧扩散。

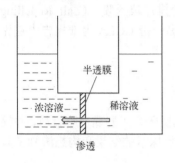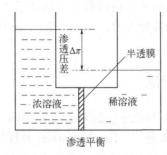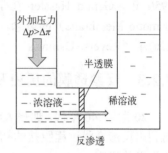

图 7-1　渗透和反渗透原理示意图

随着渗透过程的进行，浓溶液一侧液面不断升高，溶质浓度降低；稀溶液一侧液面不断降低，溶质浓度升高。渗透进行一定时间后，溶剂在膜两侧的扩散达到平衡，半透膜两侧溶剂的化学势相等，同时膜两侧的溶液出现了液位差。根据公式（7-1）所示的 Van't Hoff 渗透压公式，在温度恒定时，溶液渗透压由溶质浓度决定[17]，膜两侧的液位差代表浓溶液和稀溶液的渗透压差 $\Delta\pi$。

$$\pi = c_{\mathrm{B}}RT \tag{7-1}$$

式中，π 是溶液的渗透压，Pa；c_{B} 是溶液中溶质 B 的摩尔浓度，mol/m^3；R 是摩尔气体常数，8.314J/(mol·K)；T 是溶液的温度，K。

当在浓溶液一侧施加大于渗透压差的外界压力时（$\Delta p > \Delta\pi$），与渗透过程相反，溶剂透过半透膜由浓溶液进入到稀溶液中，而浓溶液中的溶质则被半透膜截留，这种现象称为反渗透。当半透膜一侧为氯化钠水溶液，另一侧为纯水时，外加压力 Δp 克服了氯化钠水溶液和纯水的渗透压差 $\Delta\pi$（即氯化钠水溶液的渗透压），可以实现从氯化钠"盐水"中获取"淡水"的脱盐过程。一般地，允许水分子透过而对一价离子（如 Na^+ 和 Cl^-）实现有效截留的半透膜为反渗透膜[1]。

7.2.2　反渗透技术的发展起源

反渗透技术是海水淡化技术发展的产物。海水淡化是通过一定方法从海水制取可供生产生活使用的淡水的过程。它是沿海地区解决大规模缺水问题最现实和最有效的手段之一。人类关于海水淡化的梦想持续了数千年之久。正是在这个梦想的驱动下，海水淡化技术得以持续发展。过去七十多年间，海水淡化技术更是不断取得突破，大规模海水淡化也从梦想变成了现实。

第二次世界大战后，国际资本大举进入中东地区开发石油资源，当地经济和人口迅速增长。由于该地区严重缺乏淡水资源，但濒临海岸且能源价格低廉，海水淡化迅速成为现实选择。20 世纪 50 年代，美国的一些干旱地区也面临较为严重的水资源短缺问题，而且出现了全国性过度使用地下水的问题，肯尼迪政府也开始寄希望于海水淡化。1952 年，美国国会通过盐水转化法案（Saline Water Conversion Act），并于次年开始资助脱盐技术研究。1953年，开始资助脱盐技术研究，当年经费只有16.5万美元。1955年，美国内务部专门设立盐水局（Office of Saline Water，OSW），以统筹国内研究机构对海水淡化技术的研究。1970年，OSW的年度经费已增至约2600万美元。

1949年，加州大学洛杉矶分校（UCLA）的Gerald Hassler等人最早启动了膜脱盐研究。1950年，Gerald Hassler在学校的一份内部报告中描述了"盐排斥渗透膜"（Salt Repelling Osmotic Membrane）的概念。1956年8月，Gerald Hassler在另一份UCLA内部报告中首先创造了"Reverse Osmosis"一词。

7.2.3　反渗透膜的历史及进展

20世纪40年代，加州大学洛杉矶分校的Gerald Hassler教授研究了赛璐玢膜材料，并提出利用反渗透膜过程脱盐的初步设想[18]。Gerald Hassler教授初步探索的结果和构想激励了其他学者的研究。

1954年前后，佛罗里达大学Charles Reid教授的团队在OSW的资助下也开始研究脱盐渗透膜。他们评价了许多从市场上找到的商业薄膜，发现醋酸纤维素膜具有良好的半透性，盐截留率大于99%，水渗透系数为0.00012m^3/(m^2·d·atm)。尽管当时膜的透水性较现代商业膜低两个数量级以上，毫无商业价值，但他们第一次使用人工合成膜实验验证了压力驱动的反渗透膜脱盐概念。1957年4月，Charles Reid教授和他的同事E. J. Breton教授在给OSW的一份报告中，使用了"RO"一词。

1956年，加州大学洛杉矶分校除了Gerald Hassler教授课题组外，Samuel Yuster教授的课题组也在OSW的资助下开展膜脱盐研究。33岁的Srinivasa Sourirajan首先参与了这项研究。尽管他们并不知晓Charles Reid教授课题组正在进行的研究，但他们采用了类似的压力驱动的研究路线。1958年夏天，41岁的Sidney Loeb也加入了Samuel Yuster教授的课题组。Srinivasa Sourirajan和Sidney Loeb首先进行的工作也是筛选商业膜。在此过程中，他们发现通过对一种商业醋酸纤维素超滤膜进行热处理，可以使其具有一定的脱盐性能。他们还意外地发现，膜在测试时的朝向至关重要，其中一面朝向进料液的效果要显著优于另一面。热处理醋酸纤维素膜的盐截留率达到了92%，水的渗透系数也达到了0.00095m^3/(m^2·d·atm)，远高于其他商业膜。更为重要的是，他们由此认识到，膜结构上的不对称性对膜性能影响重大，降低膜的有效厚度是关键。为了进一步提高膜的性能，两位科学家决定自己制膜。1959年，Srinivasa Sourirajan和Sidney Loeb通过一系列探索，采用醋酸纤维素-丙酮-水-高氯酸镁四种原料，以22.2∶66.7∶10.0∶1.1的比例配制铸膜液，并通过对温度、蒸发时间、热处理等因素的优化，首次制备出具有不对称结构的反渗透膜，成为反渗透膜发展历史上的第一个里程碑。所谓不对称结构，简单说就是一张膜由支撑层和分离层两部分构成，支撑层在结构上比较疏松，分离层在结构上比较致密。这种不对称膜后来被称为L-S膜。Srinivasa Sourirajan和Sidney Loeb制备的不对称反渗透膜盐截留率达到99%，水的渗透系数则达到了0.0048m^3/(m^2·d·atm)，是商业醋酸纤维素超滤膜热处理之后的5倍，几乎与现代商业反渗透膜处于同一个数量级。这种膜还具有良好的机械稳定性。

基于具备实用价值的非对称醋酸纤维素膜，1964年，美国General Atomics公司开发了卷式膜组件，进而实现了反渗透膜技术的初步工业化应用，且卷式膜组件的形式一直被沿用至今。这一突破为反渗透技术最终走向大规模工程应用提供了最重要的技术基础。此后，反渗透膜技术进入了快速发展期，并逐步走向商业应用。1965 年，在 Sidney Loeb 参与指导下，世界上第一台商业反渗透装置在加利福尼亚州科林加（Coalinga）小镇建成，每天产水 5000 加仑。这标志着人类以可接受的成本大规模地从海水制取饮用水的梦想成为了现实。很快，加州多地相继出现了新的中试线，推动了该技术的迅速进展。

1967 年，美国 DuPont 公司研制出芳香聚酰胺材料的中空纤维反渗透膜组件，推动了膜材料从醋酸纤维素到芳香聚酰胺的演变。1972 年，John E. Cadotte 等人在制膜工艺和膜材料选择方面取得了重大突破。他们在聚砜支撑膜上通过界面聚合成功制备了芳香聚酰胺复合反渗透膜。所制备的芳香聚酰胺膜具备更为优异的分离性能，取得了反渗透膜材料发展历程中的第二个里程碑式的突破。基于该芳香聚酰胺复合反渗透膜，1975 年，美国 Filmtech 公司（现已被 Dow 收购）首次实现了海水淡化芳香聚酰胺复合膜工业化应用。1978 年，美国 Filmtech 公司的 John E. Cadotte 等人通过间苯二胺和均苯三甲酰氯界面聚合，研制了商品化高交联全芳香聚酰胺复合反渗透膜 FT-30，这标志着现代主流反渗透膜材料的成功研发。到 80 年代末，高脱盐的 FT-30 膜实现了工业化应用[19]。随后，反渗透膜技术进入了高速发展与应用的时代，中低压膜、高脱盐膜以及抗污染膜逐渐进入市场，进一步扩大了反渗透膜技术的应用范围。

当前，醋酸纤维素和芳香聚酰胺仍然是主要的工业反渗透膜材料，醋酸纤维素膜具有膜面光滑、亲水与抗氧化性强等优点，但其通量低、耐热性差、易于化学及生物降解。芳香聚酰胺膜的通量大、脱盐率高、操作压力低，具备良好的机械稳定性、化学稳定性、热稳定性及水解稳定性，但不耐游离氯，容易被污染[20]。由于醋酸纤维素膜具有耐氧化和抗污染的特性，当今市场上，日本 TOYOBO 公司尚在坚持醋酸纤维素中空纤维膜组件的生产及其在中水及污水处理领域的应用，除此之外，其他膜生产商均已相继转为芳香聚酰胺膜的开发和推广。反渗透膜的结构决定了其分离性能和应用场合，复合反渗透膜更具优势主要是因为复合膜的分离层和支撑层的膜材料和结构可以根据需要分别进行选择和调控[21]。目前，基于界面聚合法制备的芳香聚酰胺复合反渗透膜仍然是商品化反渗透膜的主流[22]。

7.2.4　反渗透膜的商业化进程

非对称膜的诞生给反渗透技术的工业应用带来了曙光。但要实现商业化应用，显然还需要解决一个至关重要的工程问题，这就是膜组件的设计。

Srinivasa Sourirajan 和 Sidney Loeb 在 1959 年发明的非对称膜是平板膜片，因此早期的膜组件直接借用了工业过滤设备的板框式结构。Sidney Loeb 等人随后还开发了直径在 1~3 厘米的管式反渗透膜，并应用在科林加装置上。但无论是板框式还是管式，都存在装配复杂、单位体积内装填的膜面积小等缺陷，因此最终没能发展为商业反渗透膜组件的主流形式。

1965 年前后，美国 Dow Chemical 公司和 DuPont 公司均投入力量开发中空纤维反渗透膜，这与它们熟悉纺织业的背景有关。1966 年，Dow Chemical 公司的 H. I. Mahon 设计了第一套中空纤维膜纺丝系统，开发了基于三醋酸纤维素材料的中空纤维反渗透膜，并申请了第一项专利（US3228877）。他们采用的同心毛细孔喷丝头，外孔内径为 400μm，内孔外径为 200μm，内孔内径为 100μm。1971 年，DuPont 公司申请了基于聚酰胺材料的中空纤维反渗透膜组件专利（US 3567632）。1979 年，另一家具有纺织背景的公司也在开发中空纤维反渗透膜组件，这就是日本 TOYOBO 公司。中空纤维反渗透膜组件具有很高的装填密度，但由于丝径极细，水力学状态不可控，容易产生污堵，因此最终并未成为反渗透膜组件的主流。这也是促使 Dow Chemical 公司后来转向卷式膜的原因。TOYOBO 公司则是唯一一个至今仍保留醋酸纤维素中空纤维反渗透膜生产线的厂家。

如果说 1959 年是反渗透在技术上取得里程碑式突破的一年，那么 1963 年就是反渗透在商业化上成功播下种子的一年。1963 年，位于明尼苏达州明尼阿波利斯市的北极星研究所（North Star Research Institute）也在 OSW 资助下开展脱盐技术研究。1967 年，北极星研究所的 John E. Cadotte 发明了微孔聚砜支撑膜。随后几年，他又开发了多种非醋酸纤维素复合膜。1977 年，John E. Cadotte 与其他 3 人一起成立了 FilmTec 公司。1979 年，John E. Cadotte 申请了世界上第一个界面聚合法制备反渗透膜的专利（US 4277344）。界面聚合法使得反渗透膜的支撑层和分离层在制备过程中可以分别加以优化，从而进一步提升了膜的性能，这就是所谓的薄层复合膜（TFC）。界面聚合也成为现代商业化反渗透膜的标准制备工艺。1985 年，Dow Chemical 公司在放弃中空纤维反渗透膜后，全资收购了 FilmTec 公司。这就是陶氏膜的由来。时至今日，陶氏反渗透膜产品依然沿用了 FilmTec 商标。2017 年，曾经大力发展中空纤维反渗透膜的 Dow Chemical 公司和 DuPont 公司实现了合并，成为了现在的 DowDuPont 公司。

在 1963 年前后，41 岁的二战退伍老兵 Donald T. Bray 也开始研究反渗透膜。他于 5 年前加入了通用原子（General Atomics）公司。1965 年，Donald T. Bray 申请了世界上第一个多膜片卷式反渗透膜组件专利（US 3417870），奠定了现在通用的卷式反渗透膜组件的基本结构。General Atomics 公司的反渗透膜业务后来演变 Fluid Systems 公司。1998 年，Fluid Systems 公司被 Koch Membrane Systems 公司收购，这就是科氏膜的由来。但 Donald T. Bray 的故事并未结束。1967 年，他离开了 General Atomics 公司，并创立了 Desalination Systems 公司。Desalination Systems 公司在膜片生产与膜组件卷制机器上做了大量工作，成为业内知名的反渗透膜生产商，其产品还包括具有独特多层结构的纳滤膜。

同样是 1963 年，达特茅斯学院（Dartmouth College）的二年级学生 Dean Spatz 为解决南达科他州居民糟糕的饮用水问题，需设计了一种适合的处理方法，而他决定采用刚刚问世不久的反渗透技术，并成功制作了一台反渗透净水样机。Dean Spatz 由此对反渗透技术产生了浓厚兴趣，将其作为自己本科及硕士学位论文的课题，并在 1965 年获得 OSW 的经费资助。1969 年，Dean Spatz 成立了自己的公司，这就是 Osmonics 公司。1996 年，84 岁的 Donald T. Bray 把 Desalination Systems 公司卖给了 Osmonics 公司。2002 年，通用电气（GE）公司以 2.5 亿美元的价格收购了 Osmonics 公司，这就是 GE 膜的由来。2017 年，GE 反渗透膜业务随 GE 水处理以 34 亿美元的价格整体卖给了苏伊士（SUEZ）水务。

还是在 1963 年，日后成为反渗透膜领域另一大公司的海德能（Hydranautics）公司也在美国加利福尼亚州成立。1970 年，Hydranautics 公司正式进入反渗透膜领域。公开资料显示，Hydranautics 与 FilmTec 公司曾因 John E. Cadotte 的界面聚合专利有过纠纷。1987 年，Hydranautics 公司被日本日东电工（Nitto Denko）公司正式收购。

在日本，还有一家公司很早就开始关注反渗透技术，这就是东丽（Toray）公司。1968 年，Toray 公司开始研究醋酸纤维素反渗透膜。1978 年，其第一款低压反渗透膜产品上市。1991 年，其海水反渗透膜元件上市。2009 年，蓝星东丽（TBMC）合资公司在北京成立。

除了这些源自 20 世纪 60 年代或 70 年代的老牌公司，反渗透膜领域的新兴公司也陆续涌现出来。1990 年，韩国三星（Samsung）集团的一家子公司开始研究反渗透膜技术。1995 年，其家用反渗透膜开始出口。1997 年，这家公司更名为世韩（Saehan）集团。2001 年，其高脱盐率海水淡化膜开始上市。2008 年，Saehan 集团更名为熊津化学（Woongjin Chemical）公司。Woongjin Chemical 公司的反渗透膜产品就是俗称的世韩膜。2020 年初，Toray 公司收购了

Woongjin Chemical 公司 56.2%的股权。2005 年，通过以纳米技术提升反渗透膜性能的 NanoH$_2$O 公司在美国加利福尼亚州洛杉矶成立。2014 年，韩国 LG 化学以 2 亿美元全资收购了 NanoH$_2$O 公司。该公司近年来也逐步跨入主流反渗透膜供应商的行列。

至此，国际上最知名的几大反渗透膜厂家都已列举出。据全球水务情报（GWI）统计，2012～2017 年间，在 50000 吨/天以上的大型反渗透系统中，76%的反渗透膜出自 Toray 公司、陶氏、Hydranautics 公司、LG 化学公司 4 家供应商，分别占比 28%、21%、17%和 10%[23]。

7.2.5　反渗透技术在中国的发展进程

20 世纪 60、70 年代是国外反渗透关键技术密集取得突破的时期。而我国当时研究基础较弱，因此同期反渗透技术的研究显著落后。但通过适时的技术引进和自主研发，积累了丰富的应用经验和初步的技术成果，为我国反渗透膜技术甚至是水处理技术的全面进步打下了极为重要的技术和人才基础。

1966 年，山东海洋学院化学系、国家海洋局一所、中国科学院青岛海洋所、中国科学院化学所等单位最先开始海水淡化反渗透膜的研究，开发非对称醋酸纤维素膜。1967～1969 年，国家科委和国家海洋局组织了全国性的海水淡化会战，为国内膜法海水淡化的发展及醋酸纤维素不对称膜的开发打下了良好的基础。参加会战的一部分人后来汇集到海洋局二所，成立了海水淡化研究室。

1975 年，海洋局二所等单位研制了日产淡水 1.7 吨的圆盘板式醋酸纤维素反渗透装置。海洋局二所的海水淡化研究室逐渐发展成今天的杭州水处理技术中心。中国科学院兰州冰川冻土沙漠研究所，因为地处西北苦咸水地区，也是国内较早从事反渗透技术研究的单位之一。1974 年，他们开发出了日产 10 吨的醋酸纤维素套管式反渗透装置。兰州所的膜技术团队也逐渐发展成今天的甘肃省膜科学技术研究院。1974 年 12 月，为了解决天津等地的严重缺水问题，国家科学技术领导小组在北京组织召开了全国海水淡化科技工作会议，并制订了《1975～1985 年全国海水淡化科学技术发展规划》。海洋局二所、兰州冰川冻土沙漠所、北京环化所、天津合成材料研究所、中国科学院海洋所等单位参与了反渗透技术研究。

20 世纪 70 年代中后期，国内一些单位紧跟国际技术发展趋势，进行了中空纤维和卷式反渗透元件的研究，并于 80 年代实现了初步的工业化。80 年代中重新开始对复合膜的研发，经"七五""八五"攻关中试放大成功后，我国反渗透膜技术开始从实验室研究走向工业规模应用。我国反渗透技术主要应用在苦咸水淡化、溶液脱水浓缩和废水再利用等方面。建立了国产反渗透装置在电子工业超纯水、医药用纯水、海岛地下苦咸水以及海水淡化等领域的示范工程。

我国在 20 世纪 80 年代后期开始应用反渗透技术，此后应用规模快速增长。1988 年，中国市场销售的 8 寸膜为 600 支。1990 年，大亚湾核电站建设了国内第一套反渗透海水淡化装置，日产淡水 200 吨。1999 年，大连市建成第一套 1000 吨/天的反渗透海水淡化装置。2005 年，青岛市建成第一套 10000 吨/天的反渗透海水淡化装置。2009 年，天津市建成第一套 100000 吨/天的反渗透海水淡化装置。2018 年底，我国累计建成反渗透海水淡化工程 121 个，淡化规模达到 825641 吨/天。但我国更多的反渗透膜和系统应用在发电、石化、煤化工等工业用户上。2014 年，在中国工厂使用的反渗透膜有 180 万支，产水量达到 2700 万吨/天。

最近 20 年，我国反渗透膜的国产能力也在不断提升。2000 年，我国第一家国产反渗透膜生产企业——汇通源泉在南方汇通科技园区成立。2002 年，汇通源泉开始批量生产和销售聚酰胺复合反渗透膜元件。2006 年，汇通源泉更名为贵阳时代汇通；2010 年，再次更名为时代沃顿科技有限公司。2015 年以来，反渗透膜产品的投资热潮兴起，除时代沃顿和蓝星（杭州）膜工业有限公司外，湖南沁森、山东九章、湖南澳维及碧水源等国内膜企业也开始陆续投产。

7.2.6 反渗透技术的发展前景

反渗透技术的发明和大规模应用是人类历史上一项了不起的科学成就。这一发明的最初动力来自于人类向大海要水的梦想。反渗透技术近 70 年的发展历史，完美讲述了人类利用科学技术将这个梦想变成现实的故事。从创新角度看，Gerald Hassler、Charles Reid 等先驱提出了正确的设想，确立了反渗透技术正确的研究方向；Srinivasa Sourirajan 和 Sidney Loeb 的开创性工作填补了反渗透从概念到实用之间最大的技术鸿沟；John E. Cadotte、Donald T. Bray、Dean Spatz 等人兼具科学家素养和企业家精神，在推动反渗透实现从技术到产品的跨越上功不可没。从研发角度看，Srinivasa Sourirajan 和 Sidney Loeb 制备了第一张不对称反渗透膜是具有革命性的。Sidney Loeb 曾在 1980 年详细回顾过这段经历，他们从验证概念、发现差距开始，到分析原因、提出假设，再到改进方案、验证假设，最后才获得了成功。

近年来，随着能源危机、水资源危机和环境危机的不断加剧，反渗透技术向更低地能耗方向发展，主要表现为：①高通量和高选择性反渗透膜的开发，可从根本上降低反渗透过程本身的能耗；②抗污染、抗氧化、抗菌性能反渗透膜的开发，可以减轻预处理要求、降低运行维护难度及成本、延长膜的使用寿命；③引入清洁能源，如太阳能、风能、水能等；④开发反渗透技术与其他技术的耦合工艺。同时，随着反渗透技术应用体系越来越多、越来越复杂，反渗透膜品种趋向于多元化，以适应于各种体系。

展望未来，反渗透技术还将不断拓展应用领域与规模。预计到 21 世纪中叶，将有 10 亿多人消费经反渗透技术处理的水。反渗透技术相关的研究将共同发展、相互促进，为技术成本和环境影响的降低做出重要贡献，让人类低成本、高质量、源源不断地获取淡水成为可能。同时，反渗透技术作为膜分离技术的代表，其研究和应用的进步也将促进相关学科和产业的发展。而随着技术、人才和经验的积累，国产反渗透膜与进口品牌之间的技术壁垒正在消失，国产膜全面取代进口膜只是时间问题。此外，由于我国是全球最主要的工业废水回用与零排放市场，这为国产反渗透膜技术在未来实现技术超越提供了有利条件。

7.3 膜技术在能源领域的应用

随着新能源产业的快速发展，膜材料与膜技术在燃料电池、锂电池、液流电池等清洁发电和储能领域的应用得到前所未有的关注和迅速发展，高性能电池隔膜的研发成为学术界和工业界都迫切开展的前沿和热点领域。

7.3.1 燃料电池隔膜

7.3.1.1 燃料电池简介

随着工业的迅速发展和人口的高速增长，化石能源危机和大量碳排放所导致的环境污染问题日益严峻。2020 年 9 月 22 日，在第七十五届联合国大会一般性辩论上，我国提出了中国"二氧化碳排放力争于 2030 年前达到峰值，努力争取 2060 年前实现碳中和"的目标，即"2030 碳达峰、2060 碳中和"的"双碳"目标。为实现此目标，我国能源结构急需从以煤和石油为主体向低碳、洁净、有效、可持续再生的新型能源结构转型，这也是事关国家能源安全和经济社会发展迫切需要解决的重大任务。氢能，作为一种清洁的可再生能源，具有高热值、高能量转化率、低/零碳（燃烧产物只有水，无灰渣和废气）、来源广泛等突出优点，被认为是满足我国未来能源可持续发展的最理想的替代能源[24]。发展氢能对实现"双碳"目标，提高我国能源体系安全可持续发展具有重要战略意义。我国高度重视氢能发展，2019 年氢能被首次写入《政府工作报告》。2022 年，国家发展改革委、国家能源局联合印发的《氢能产业发展中长期规划（2021—2035 年）》中，明确了氢的能源属性，是未来国家能源体系的组成部分，明确氢能是战略性新兴产业的重点方向，是构建绿色低碳产业体系、打造产业转型升级的新增长点[25]。

　　燃料电池（fuel cell，FC）是氢能产业重要的终端应用，是通过电化学反应将燃料的化学能转变为具有高热动力效率的电能的发电装置，因其具有能量转化率高、低排放、安全性高、寿命长等诸多优点而备受关注。燃料电池技术被认为是继水电、火电和核电之后的第四种发电技术，也是实现氢能高效利用的重要途径。

　　氢/氧质子交换膜燃料电池（proton-exchange membrane fuel cell，PEMFC）是以氢气和氧气分别作为燃料和氧化剂，以质子交换膜为固态电解质的能源转化装置。PEMFC 的核心部件是膜电极组件（membrane electrode assembly，MEA），主要由极板、气体扩散层、催化剂层和质子交换膜构成[26-27]。其工作原理是（图 7-2）：氢气和氧气分别由燃料电池的阳极和阴极通入，氢气经过极板流道和气体扩散层进入阳极催化层，在阳极催化剂作用下被氧化生成质子（H^+），同时释放出电子，电子经外电路形成电流供电，质子则通过质子交换膜传导至阴极，并在阴极催化剂作用下与阴极侧通入的氧气发生反应，生成水，排出电池。阳极、阴极和总反应式如下：

阳极反应：$H_2 \longrightarrow 2H^+ + 2e^-$

阴极反应：$2H^+ + 1/2\,O_2 + 2e^- \longrightarrow H_2O$

总电池反应：$H_2 + 1/2\,O_2 \longrightarrow H_2O$

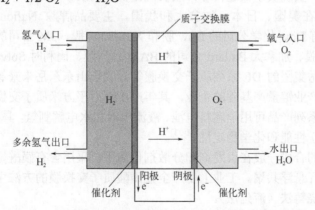

图 7-2　氢/氧质子交换膜燃料电池结构及工作原理示意图

7.3.1.2　燃料电池隔膜介绍

　　质子交换膜（PEM）是燃料电池的关键材料，决定着燃料电池的性能和寿命。为实现燃料电池的高效运行，PEM 需满足以下几个要求：①质子导体，实现质子从阳极到阴极的传递，高质子传导率，一般在饱和湿度条件下，传导率达到 100 mS/cm 及以上；②电绝缘体，阻止电子跨膜传递，防止短路；③零/低燃料渗透，分隔阴阳两极，防止气体在膜内渗透而降低电池效率，影响电池稳定输出；④良好的稳定性，包括电化学稳定性、机械稳定性、水稳定性、热稳定性和尺寸稳定性等，以保证电池的稳定和长寿命运行；⑤与催化层良好结合，降低/无界面电阻，保证高功率密度和开路电压；⑥低成本[28]。其中，膜的质子传导率越高、内阻越小，则燃料电池效率越高；两侧气体阻隔性好，可避免氢气和氧气直接接触，保证电池具有高开路电压。首次应用于燃料电池系统的 PEM 是在 20 世纪 60 年代应用于美国 NASA 发射的航天器上的一种交联聚苯乙烯磺酸聚合物膜。但，该膜在电池运行过程中出现了易氧化降解现象，稳定性较差，仅实现了 8 天的运转。1966 年，美国 DuPont 公司研发出了全氟磺酸膜（Nafion®系列），该膜寿命长达 57000h，成为商业应用最为广泛的燃料电池隔膜，一直广泛使用至今[29]。

有机高分子聚电解质材料是质子交换膜的主流材料，按其化学结构中是否含有氟元素及其含量，可分为全氟磺酸膜、部分氟化磺酸膜和非氟化磺酸膜，其质子传导功能主要是通过高分子主链和/或侧链上引入的质子传递基团，如磺酸基团、磷酸基团、羧酸基团等来实现的。此外，还有高分子/酸掺杂型复合膜，如聚苯并咪唑/酸掺杂复合膜等[30]。

（1）全氟磺酸膜　目前，质子交换膜燃料电池中采用的隔膜主要是全氟磺酸膜，以美国 DuPont 公司生产的 Nafion®膜最为常见，此外，还有日本 Asahi Chemical 公司生产的 Aciplex®膜和 Asahi Glass 公司生产的 Flemion®膜等全氟磺酸膜。此类全氟磺酸膜具有高质子传导能力（如在 80℃饱和湿度下，电导率>100mS/cm）、优异的化学稳定性和电化学稳定性，成为质子交换膜材料开发和实际应用的标杆。以 Nafion®膜为例，其聚合物主链和侧链均为疏水的聚四氟乙烯全氟结构，侧链末端带有亲水的质子传导基团，磺酸基团（—SO₃H），其中全氟结构的主链和侧链为膜提供了优异的化学稳定性和水热稳定性，侧链链端的具有强解离能力的强酸性磺酸基团为膜提供了高的质子传导能力（图 7-3）。在高湿度条件下，疏水主链与亲水侧链之间表现出明显相分离，带有磺酸基团的柔性侧链自发聚集形成约 4nm 尺寸的离子基团团簇，团簇与团簇间又由约 1nm 的通道连接，从而在膜内形成连续的质子传输通道，大幅降低了质子传递阻力，实现质子快速传导，膜表现出优异的质子传导率。全氟磺酸型质子交换膜的生产主要集中在美国、日本、加拿大和我国，主要品牌除 Nafion®膜、Aciplex®膜和 Flemion®膜外，还有 Dow 化学公司的 Dow 膜和 Xus-B204 膜、3M 公司的全氟碳酸膜、日本氯工程公司 C 系列膜、加拿大 Ballard 公司的 BAM 系列膜、比利时 Solvay 公司的 Solvay 系列膜、我国山东东岳集团的 DF 系列质子交换膜等。我国山东东岳未来氢能公司是目前我国拥有燃料电池膜全产业链量产基础的企业，其年产 150 万平方米质子交换膜生产线已投产，生产的全氟磺酸膜系列产品可用于燃料电池、液流电池和水电解制氢，具有良好的热稳定性、机械稳定性、电化学性能和化学稳定性[31-33]。

全氟磺酸树脂的合成一般在引发剂和分散剂作用下，采用含有磺酰氟基团的单体与四氟乙烯、六氟丙烯进行悬浮共聚。工业上生产全氟磺酸质子交换膜的方法主要是全氟磺酸树脂熔融挤出法和溶液浇铸法（流延法）。

熔融挤出法：全氟磺酸树脂具有热塑性，起始分解温度约为 310℃，远高于其熔融温度（约 200℃），因此可采用熔融挤出法将树脂在熔融情况下挤出压制成薄膜，再进行水解转型，得到质子交换膜。熔融挤出法适合大规模连续化膜生产，制备效率高，厚度均匀，目前该技术几乎被美国和日本企业垄断。

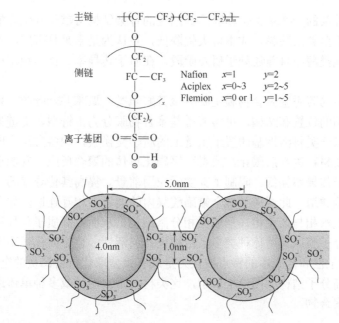

图 7-3　全氟磺酸膜化学结构（左）及膜内离子簇结构（右）示意图

溶液浇铸法： 溶液浇铸法与熔融挤出法不同，它的核心工艺依次为树脂转型、树脂溶解和模具浇铸，即先进行树脂转型为—SO₃M 离子型，再在模板上流延成膜。首先采用碱将—SO₂F型树脂转化为—SO₃M 离子型树脂，然后在反应釜中采用低沸点溶剂将其溶解，进而用超支化聚合物替换，最后流延成型。该方法可直接得到离子型膜制品，膜强度高，平整度好[34]。

全氟磺酸膜是商业化燃料电池用膜，其质子传导性能好，但全氟材料膜合成难度大、成本昂贵（$600～800/m²），且质子传导性能强烈依赖于水含量，水在质子传导中起着重要作用，水含量影响膜内质子传递通道的形成和连续性。因此，该类膜在高温（一般 80℃以上）条件下运行时质子传导率急剧下降，无法满足应用需求。此外，该类膜用于甲醇等液体燃料电池时，其甲醇燃料渗透率较高，导致电池性能较低，用于高温时，机械强度和热稳定性较差，限制了其在高温条件下的应用。

（2）部分氟化磺酸膜　部分氟化磺酸膜一般是以含氟聚合物为主体，辐射接枝膜或以商用含氟高聚物为主体的共混膜。辐射接枝膜通常采用两步法制备，首先将苯乙烯或三氟苯乙烯接枝到氟化高分子膜上，如聚四氟乙烯（PTFE）、聚偏氟乙烯（PVDF）、共聚的四氟乙烯和六氟丙烯（FEP）、交联的乙烯和四氟乙烯（ETPE）等，进而再进行磺化接枝。共混膜主要是将含氟高聚物（如 PVDF）与非氟高分子进行共混，研究主要集中在对共混材料的选择和共混膜制备技术方面。聚砜（PS）、聚丙烯腈（PAN）、聚偏氟乙烯、醋酸纤维素等高分子是常见的共混材料。共混可改善含氟聚合物的机械强度、热稳定性和膜表面性质。质子传导性能主要依靠在膜内掺杂磷酸、离子液体等质子导体而实现。部分氟化质子交换膜的开发思路主要是利用含氟主链保证高稳定性，实现长寿命，通过改变磺酸基团的引入方式，如主链聚合后接枝磺酸支链、先共聚主链后磺化支链或磺化单体直接聚合等，赋予膜质子传导能力。加拿大 Ballad 公司生产的磺化或磷酸化三氟苯乙烯质子交换膜（BAM3G）的成本远低于全氟磺酸质子膜，但使用寿命较全氟磺酸质子交换膜短。

（3）非氟芳香基聚合物膜　全氟和含氟磺酸类膜虽性能较好，但成本高、制造工艺复杂，开发高性能可替代含氟磺酸膜的非氟聚合物膜是科研人员一直努力的方向。相对于碳氟骨架

化学工程学科的历史及前沿故事

类膜材料，碳氢骨架的芳香基聚合物膜因其刚性的骨架结构可赋予其优异的机械稳定性与热稳定性，且相较于全氟磺酸膜，成本可大幅降低，被认为是未来具有广泛前景的替代型质子交换膜。但，非氟类薄膜目前还处于研发阶段，在质子传导率、化学稳定性及使用寿命等方面均有待提高[35]。

目前研究较多的芳香基聚合物膜主要有聚芳醚砜类、聚苯并咪唑类、聚酰亚胺类等。按聚合物上解离基团的位置和结构，可将芳香基聚合物膜分为主链型、支链型和交联型。主链型质子交换膜是指一类将活性基团置于主链上的质子交换膜，制备方法一般是对具有良好化学稳定性的聚合物材料进行后磺化，或者采用磺化单体的聚合反应。其优点是制备方法相对简便，缺点是质子传导率偏低，限制了其实际应用前景。提高其传导率的一种有效方法是在膜内构建离子传输通道，此通道类似全氟磺酸膜内的通道，相互连通，如形成合适的高分子拓扑结构，构造疏水相与亲水相，形成微相分离结构，从而提高质子传导率[36]。

聚芳醚类高分子膜以其单体种类多、结构设计灵活性、良好的化学稳定性、热稳定性和机械稳定性、易加工性和低成本的特点被认为是最有希望取代价格昂贵的全氟磺酸膜的材料。典型的聚芳醚类高分子结构如图 7-4 所示，这类材料是由两种或多种单体通过芳香亲核取代缩聚反应生成的聚合物。

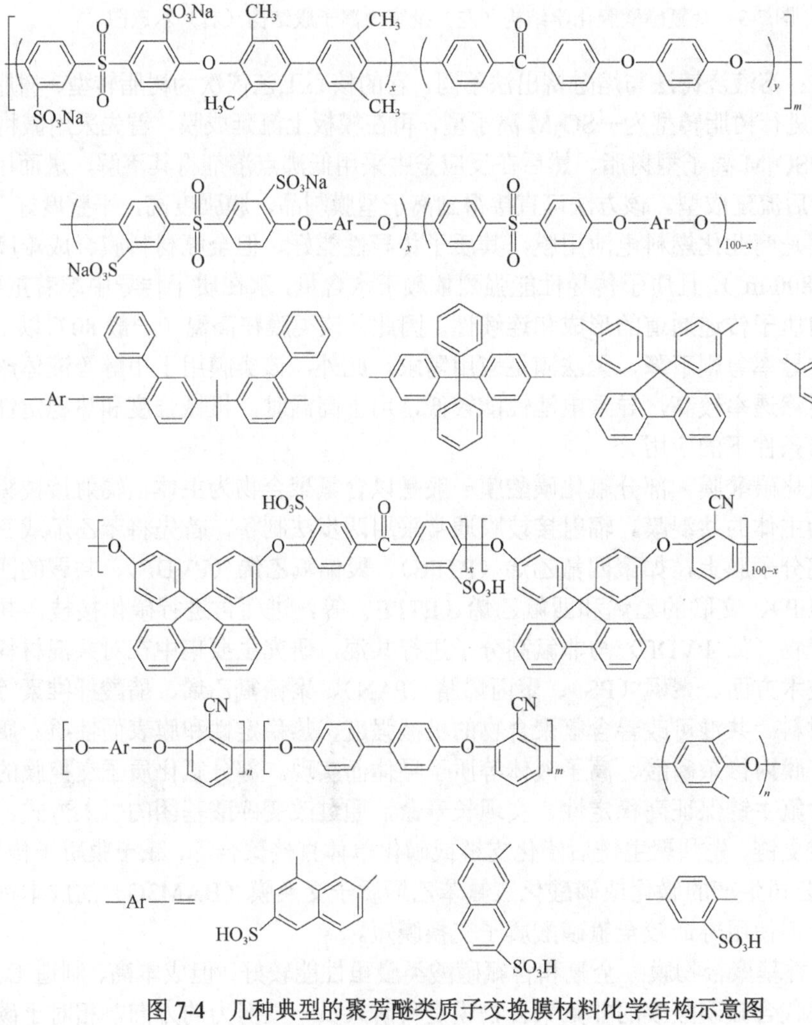

图 7-4　几种典型的聚芳醚类质子交换膜材料化学结构示意图

聚苯并咪唑（PBI）是一类用于中高温燃料电池（150～200℃）的膜材料。PBI 膜具有良好的热、化学稳定性。在碱性的 PBI 高分子基质中浸渍磷酸后，磷酸分子与 PBI 之间通过酸碱作用形成复合物。磷酸因具有沸点高及本征质子传导的特性，在高温低湿条件下表现出优异的质子传导率，磷酸掺杂的 PBI 膜成为高温质子交换膜燃料电池最有前途的材料之一[37]。但 PBI 在常见溶剂中的溶解性较差、难以加工，负载在膜内的磷酸易流失，负载量较低，膜的机械强度易下降，在一定程度上限制了其应用。

（4）复合型质子交换膜　复合型质子交换膜是指将不同高分子材料进行复合或将高分子与填料进行复合制备的质子交换膜。前一类复合膜主要是通过将不同高分子材料共混或将全氟磺酸树脂加注到具有多孔结构的增强基体材料（如 PIFE、PVDF 等）中形成的复合膜。山东东岳未来氢能材料股份有限公司采用两种不同离子交换容量的全氟磺酸聚合物制备增强型质子交换膜，其中的低离子交换容量聚合物形成增强网络，增强相与质子传导相的界面结合更为牢固。全氟磺酸树脂填充到多孔增强基体材料的微孔内，既可实现膜的高质子传导，又可提高膜的机械强度和尺寸稳定性。美国 Gore 公司开发了微孔 PTFE 膜增强型全氟磺酸复合膜。第二类复合膜是通过在聚合物基质中掺杂功能纳米材料制备而成，也称为混合基质膜，这类膜可结合聚合物与纳米材料的优点，一方面纳米材料的引入可在膜内构建质子传递通道，包括纳米材料本身具有的传递通道和聚合物与纳米材料之间形成的界面通道，从而强化膜的质子传导性能，另一方面通过引入亲水性强且稳定性高的纳米材料，可打破聚合物膜的质子传导率与稳定性之间的博弈效应，实现两者的同时强化。按维度，纳米填充剂可分为零维、一维、二维和三维材料。零维（0D）纳米材料具有各向同性特点，如硅球（7～50nm）、石墨烯量子点（2～5nm）、多金属氧酸盐等；一维（1D）纳米材料主要包括纳米管、纳米纤维、纳米带等，它们在膜内相互交错，可显著提高机械强度，并改善界面通道的连通性，形成长程有序的质子传递通道；二维（2D）纳米材料主要有 MXene、氧化石墨烯（GO）、共价有机框架（COF）纳米片等，其中氧化石墨烯纳米片和共价有机框架材料纳米片因高比表面积和所含有的丰富的功能基团被认为是制备复合膜的理想填料；三维（3D）材料主要包括金属有机框架（MOF）和多孔聚合物微球等。随着更多种类的纳米材料被不断开发出来，为复合型质子交换膜的开发提供了越来越丰富的填料选择。复合膜有望成为一类极具实际应用前景的燃料电池用质子交换膜。

综合各类质子交换膜的性能来看，全氟磺酸膜在低温、高湿下拥有良好的质子传导率、机械与化学稳定性，是一类良好的质子交换膜材料。但当温度＞80℃时易失水导致质子传导性能降低、玻璃化转变温度低、全氟化单体合成困难、成本高等问题一定程度上制约了其大规模应用。芳香基聚合膜具有良好的热、机械稳定性，可在较高温下使用，合成过程环境污染小，较全氟磺酸膜成本低，但其化学稳定性较差，难以同时满足高质子传导率与高机械稳定性的要求。复合膜通过引入不同的纳米材料可有效提高膜的质子传导能力和燃料隔阻能力，降低膜成本，极具应用前景，但其制备工艺有待完善，实际条件下的运行性能和寿命有待提高。

7.3.1.3　质子交换膜内质子传递机理

质子在质子交换膜内的传递是一个较为复杂的过程，主要有两种传递方式：跳跃机制（grotthus mechanism）、运载机制（vehicular mechanism）[38]。

1806 年，Theodorvon Grotthuss 首次提出质子传递的跳跃机理，认为 H^+ 与水分子结合成水合氢离子，如 Zundel 阳离子（$H_5O_2^+$）和 Eigen 阳离子（$H_9O_4^+$），沿着氢键网络传递。首先，水合氢离子克服水分子与 H^+ 间的氢键作用力，转化成水分子（氢键断裂），与此同时，氢键断裂后形成的 H^+ 又与其他水分子结合成新的水合氢离子（氢键形成），由此，通过 H^+ 与水分子之间氢键的重组与断裂，实现 H^+ 在水分子之间的跳跃，从而实现 H^+ 的快速转移。根据跳跃机理，H^+ 通过氢键断裂与重组过程完成传递，在与水分子的反复解离和重组过程中将质子传递下去，活化能小于 $10kJ/mol$。运载机理是指质子以水为载体进行传递，H^+ 与周围水分子结合，形成水合氢离子，该水合氢离子以一个整体形式通过膜内亲水性离子通道进行传递，实现质子的跨膜传递，此机理的质子传递活化能通常大于 $15kJ/mol$[39]。

在大多数情况下，上述两种质子传递机理共同控制质子在膜内的传递，只是不同情况某种机理相较来说更为主导。一般来说，根据氢键网络的连续性，在高湿度下通常以运载机制为主，低湿度下通常以跳跃机制为主[40]。

7.3.1.4　质子交换膜燃料电池汽车

早在 20 世纪 60 年代，质子交换膜燃料电池就已被用于美国双子星座航天飞行器上，但因当时采用的是聚苯乙烯与乙二烯苯交联薄膜，电池运行时交联膜发生热分解，缩短了电池寿命，反应生成的水也被污染。1983 年，加拿大巴拉德公司开始研制质子交换膜燃料电池并从美国购买了燃料电池技术。通过采用全氟磺酸膜和改进膜电极结构，使电池性能大幅提升。1994 年以来与多家汽车公司合作相继开发出多种质子交换膜燃料电池汽车，并于 2003 年推向市场[31]。

燃料电池汽车主要由燃料电池系统、驱动电机系统、整车控制系统、辅助储能系统和车载储氢罐五个系统组成。燃料电池系统是其核心部件，其主要由燃料电池电堆、空气压缩机、增湿器、氢气循环泵和 DC/DC（直流/直流）转换器构成。由质子交换膜、电催化剂和气体扩散层构成的膜电极与双极板构成了燃料电池电堆。

燃料电池在交通运输领域具有巨大的发展潜力，在分布式发电、储能和军工等领域有很好的应用前景。日本、美国、韩国等对氢燃料电池车的研发广泛并已成功投入市场，目前世界上半数的燃料电池车辆生产都在美国市场，其中单燃料电池物流车辆在美国市场就有近 25000 台；日本的丰田、本田，韩国的现代等著名车企也都相继推出自主开发的氢燃料电池汽车[41]。日本作为世界上最关注氢能技术发展的国家之一，2013 年既已将发展氢能技术上升为国策，并提出建设氢能经济社会的目标。日本政府所颁布的《氢能基本战略》中提出的目标是到 2030 年氢燃料汽车将超过 8 万台，而常规化石燃料汽车有望在 2050 年被完全替代。

我国的质子交换膜燃料电池起步与发达国家相当，中国科学院大连化学物理研究所、天津电源研究所、中国科学院长春应用化学所、清华大学、天津大学、北京理工大学等科研机构相继开展了质子交换膜燃料电池的研发，但与发达国家相比我国工业化整体水平存在差距，一些关键零部件和材料需要依赖进口。近年来在国家发展氢能的能源变革政策指引下，氢燃料电池在包括客车、乘用车、叉车和列车等车型上的研发和工业化取得了很大的发展。2016～2019 年，我国燃料电池车销量明显上升。中国汽车工业协会发布的《2019 年轿车制造业经济运行情况》显示，2019 年我国燃料电池轿车销量已有 2800 台。到 2020 年上半年，中国的燃料电池汽车累计销售量达到 6000 多台。目前，我国燃料电池汽车的主体是商用车，包含大、中、小型客车、和轻型巴士、货车（物流车）等，已量产并规模化经营。目前，我国燃料电池车在经济性、抗噪声等方面有大幅提高，与国外先进国家处于同一水平[42]。

7.3.2 锂电池隔膜

7.3.2.1 锂电池简介

锂离子电池（简称锂电池）是一种高效的储能系统，作为一种二次可充电电池，具有自放电率低、开路电压高、能量密度大、循环寿命长等优点[43]。锂离子电池主要由四部分组成：正极、负极、电解质和隔膜。锂离子电池的充放电工作原理如下：电池充电时，电子从正极上脱出并通过外电路传输到负极，同时锂离子从正极上脱出，通过电解质和隔膜到达负极，锂离子和电子在负极上结合形成锂嵌入负极，此时负极处于富锂状态，正极处于贫锂状态，放电过程为充电的逆过程[44]。总的来说，电池充放电工作时，锂离子穿过隔膜在正负极材料之间来回传输，不断地嵌入和脱嵌，同时伴随着能量的存储和释放。

随着电子信息技术的高速发展和不断进步，锂电池的应用领域也不断拓宽，已经从手机、相机、笔记本电脑等便携数码类产品扩展到新能源汽车、大型储能电站、5G 基站、电动工具等领域，乃至航空航天、军事国防等领域[43-46]。

7.3.2.2 锂电池隔膜介绍

隔膜是锂离子电池中的关键组成部分之一，它主要起两个作用，一是将正负两极分隔开，以防止正极和负极接触造成短路，二是为电池充放电过程中锂离子的迁移提供运输通道，使电解液中的锂离子能够自由通过膜的微孔，保证电池的正常工作[47]。如今，在锂离子电池的核心组件中，国产的正、负极材料和电解液已满足需求，但国产锂电池隔膜主要供应低端市场，高端锂电池隔膜技术仍较弱，大量依赖进口，锂电池隔膜与芯片、精密仪器、飞机发动机、传感器等技术一并被认为是我国"卡脖子"的尖端技术之一。为促进动力电池行业的发展，开发高端锂电池隔膜刻不容缓。目前，锂电池薄膜生产主要集中在日本、美国、韩国和中国。日本的旭化成、东燃、美国的 Celgard、韩国的 SKI 为全球的主要生产商，合计全球市场占有率（CR4）约 45%。而过去几年中国锂电池隔膜的产能快速增长，恩捷股份、中材科技、星源材质三大隔膜生产商市场占有率合计超过 60%。

虽然锂离子电池隔膜不参与电池反应，但隔膜的结构和性能对电池性能有显著影响。锂电池隔膜的界面结构、对电解质的浸润性和离子电导率决定了隔膜材料的优劣，并进而影响电池容量、循环使用寿命、电池能量密度、电池安全等关键特性[48]。

一般来说，锂电池隔膜需满足以下基本要求：①隔膜应具有良好的隔离性和电子绝缘性，防止正负极接触，阻止两极活性物质的迁移。②隔膜须对锂离子电池中的电解液和电极材料具有化学和电化学稳定性。隔膜不能溶于电解液，也不能与电极和电解液反应。当电池充放电时，隔膜应在强氧化还原环境中呈惰性，不参与反应，不发生腐蚀。③隔膜应具有良好的机械强度，需具有足够的拉伸强度和穿刺强度以防止电池变形和短路，保证电池使用安全。④在保证一定机械强度的情况下，隔膜越薄，电池的内阻越小，电池的能量密度和容量越大。大多数商业锂离子电池隔膜的厚度范围为 $20\sim25\mu m$[49]。此外，隔膜厚度越均匀，越利于电池稳定运行和循环寿命。⑤隔膜应具有合适的孔径和均匀分布，利于锂离子的运输并阻挡活性材料和导电添加剂等其他物质渗透。通常，锂离子电池隔膜需要达到亚微米孔径（小于 $1\mu m$）[50]。隔膜还应具有适当的孔隙率，以保持足够的电解液，从而使电池具有足够的离子传导性。如果孔隙率太低，由于两电极之间的电解液不足，会产生较大的内部电阻。如果孔隙率太高，可能导致机械强度低，不利于电池的安全性，且孔隙率过高的分离器在温度升高时会收缩。商用膜的孔隙率大多在 40%～60%[51]。⑥隔膜应具有良好的热尺寸稳定性及电流遮断保护性能。当电池运行发生异常时，为防止温度失控而产生危险，在快速产热温度开始时，隔膜既要具有良好的抗收缩性，又可熔融，关闭微孔，达到遮断电流的效果。⑦隔膜应具有良好的电解液浸润性，以保证隔膜吸收和保留电解液，降低电池内阻、提高离子电导率。

根据结构和组成的差异，较常见的锂电池隔膜主要有三类：①微孔聚合物膜，主要通过机械法、热致相分离法、浸没沉淀法等方法制备，如聚烯烃隔膜、聚偏氟乙烯隔膜、聚丙烯腈隔膜等[52]；②无纺布隔膜，由纤维定向或随机黏合所形成的隔膜，具有较高的孔隙率，有利于提高电解液吸收率，提升离子传导率[53]，为优化隔膜的物理化学性质，通常与有机物或陶瓷复合；③无机复合隔膜，主要通过将无机纳米颗粒（如 SiO_2、Al_2O_3 等）涂敷或接枝在基膜表面、填充在基膜内等方法制备，可显著提高隔膜的电解液浸润性和耐热性[54]。

（1）聚烯烃隔膜　目前，商业化锂离子电池隔膜主要是微孔聚烯烃类隔膜，如聚乙烯（PE）、聚丙烯（PP）及由这两种材料构成的复合膜[31]，该类隔膜机械强度高、化学性质稳定、成本低。但，聚烯烃隔膜的热稳定性较差，PE 和 PP 的热变形温度较低（PE 的热变形温度为 80～85℃，PP 为 100℃）[52]，在高电流密度、高温或过充放时，隔膜易发生严重的热收缩，导致短路或爆炸危险的发生。此外，聚烯烃本身是表面能较低的非极性材料，对电解液的浸润性较差，导致电池离子电导率低，影响电池的循环使用寿命[55]。

为克服传统聚烯烃隔膜材料热稳定性差和对电解液浸润差的缺点，新型锂离子电池隔膜主要采用极性较高的聚合物材料，主要包括聚偏氟乙烯树脂（PVDF）、聚丙烯腈（PAN）、聚甲基丙烯酸甲酯（PMMA）和聚酰亚胺（PI）等。

（2）聚偏氟乙烯隔膜　聚偏氟乙烯（PVDF）具有良好的化学稳定性，室温下不被酸、碱和强氧化剂腐蚀。PVDF 隔膜在锂离子电池中机械强度高，具有化学和电化学稳定性。与商业聚烯烃隔膜相比，PVDF 隔膜热稳定性更强，热分解温度高（大约为 350℃），长期工作温度范围大（−40～150℃），使电池的安全可靠性更高。PVDF 具有较高的介电常数（$\varepsilon = 8.4$），有利于锂盐的电离，从而提高载流子浓度[56]。PVDF 具有较高的极性对极性电解液的浸润性更好，电解液会被包容在多孔隔膜中，与 PVDF 形成溶胀的凝胶态聚合物电解质[57]，从而提高离子电导率，且避免了电池漏液情况的发生，提高了电池的安全性。

偏氟乙烯-六氟丙烯共聚物（PVDF-HFP）是由六氟丙烯和偏氟乙烯共聚得到的聚合物。与 PVDF 相比，PVDF-HFP 具有更低的结晶度。聚合物膜的结晶区会阻碍锂离子的迁移，造成更大的电池电阻，结晶度降低有利于提高隔膜对电解液的吸收及载流子在凝胶聚合物中的传导，从而提高离子电导率[49]。

（3）聚丙烯腈隔膜　聚丙烯腈（PAN）具有良好的加工性、电化学稳定性能、高热稳定性（熔点为 317℃，加热至 220～300℃时才会软化和分解）、高电子绝缘性和耐腐蚀性。由于 PAN 分子链中含有较强极性基团腈基（C≡N），因此 PAN 隔膜对电解液具有良好的吸收和浸润能力，可用于制造锂离子电池隔膜。PAN 还可以作为聚合物电解质的基体材料，PAN 的强极性腈基可以和锂离子发生相互作用，从而参与锂离子的传输[58]。PAN 膜可以减少锂离子电池充放电过程中枝晶的形成。PAN 隔膜在锂离子电池中表现出较高的离子电导率和良好的电化学稳定性。

（4）聚甲基丙烯酸甲酯隔膜　聚甲基丙烯酸甲酯（PMMA）作为锂离子电池隔膜材料，价格便宜，电绝缘性良好。具有良好热稳定性，分解温度大于 200℃，使用温度范围为 −40～80℃。对电解液具有较好的相容性，可以吸收大量电解液，制备成膜后具有较高的离子电导率[59]。但 PMMA 为无定形结构，力学强度不够理想，通常需要进行改性，或与其他聚合物材料混合来改善机械强度。

（5）聚酰亚胺　聚酰亚胺（PI）是一种新型锂离子电池隔膜聚合物材料，含有刚性芳香环和极性酰亚胺环，具有优异的物理化学性，比如优异的耐热性，通常全芳香聚酰亚胺的热分解温度可达 500℃以上，能长时间在高温条件下使用，还具有化学稳定性和对电解液良好的浸润能力[60]。尽管 PI 隔膜的研究取得了一定的成果，但由于其制造工艺复杂、生产成本高，仍未商业化用于锂离子电池，阻碍了其工业化生产。对于下一代高性能、高安全性锂离子电池， PI 隔膜未来研发趋势主要包括：合成或筛选新单体，提高 PI 的耐压性、疏水性和延展性；通过适当的分子结构设计或改性，提高 PI 隔膜的机械强度；系统研究含有不同极性官能团的 PI 隔膜与电解质和电极的相互作用，提高电化学性能[61]。

此外，聚氯乙烯（PVC）、聚酯（PET）等材料也被用于锂离子电池隔膜。

7.3.2.3　锂电池隔膜制备方法

锂电池用微孔聚合物隔膜制备方法主要有干法和湿法。这两种制备方法都涉及制备聚合物薄膜的挤压步骤和形成多孔结构的拉伸步骤。两种方法的主要区别体现在隔膜的微孔结构上，通过干法制备的微孔膜具有贯通的狭缝状微孔结构，而湿法制备的微孔膜则具有相互连接的椭圆形微孔结构。联通的微孔结构可以减小锂离子的传输阻力，干法制备的膜由于具有开放和直通的多孔结构，所以电池具有更高的功率密度。湿法隔膜电池循环寿命更长，因为交错、曲折的孔结构有利于抑制充放电过程中锂枝晶的生长[49]。

干法工艺[44,49,62]通常包括加热、挤压、退火、拉伸四步（如图 7-5）。加热之后，所得熔融聚合物被挤压形成无孔聚合物薄膜，然后进行退火处理以促进晶体生长，增大晶体的尺寸和数量，形成高度取向的片晶结构。然后将退火后生成的高结晶度无孔聚合物薄膜沿机器方向拉伸形成微孔。干法中的拉伸步骤由低温拉伸、高温拉伸和松弛组成，目的是减少热处理引起的内应力。所得膜的孔隙率取决于挤出膜的形态，以及退火和拉伸步骤的条件，包括退火温度、退火时间、拉伸比等。根据拉伸方向，干法工艺又可分为单拉工艺和双拉工艺。干法工艺制膜过程简单，不使用溶剂，成本低，绿色环保，但隔膜孔径大小和孔隙率难以控制，隔膜厚度较大。

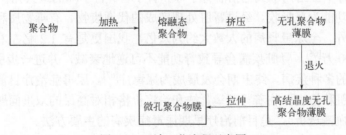

图 7-5　干法工艺流程示意图

湿法工艺[49,54,63]又称热致相分离法，该工艺通常包括混合加热、挤压、溶剂萃取、拉伸四步，如图 7-6 所示。首先，聚合物、液态烃和其他添加剂混合、加热，形成均相溶液，然后进行降温、分离杂质等工序。第二步是将溶液挤压成无孔薄膜。第三步是用挥发性溶剂从薄膜中萃取液态烃和其他添加剂，形成微孔结构。第四步，双向拉伸薄膜使分子链取向一致，拉伸可在萃取液态烃和添加剂之前或之后进行，以得到理想的孔隙率和孔径。溶液的组成和溶剂的萃取及拉伸条件等因素影响湿法微孔聚合物膜的结构和性质。湿法工艺生产的隔膜孔径分布均匀，孔隙率和透气率高，穿刺强度高，具有更高的电池能量密度，但该工艺使用大量溶剂，成本较高。

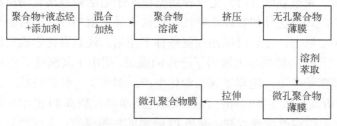

图 7-6 湿法工艺流程示意图

为满足锂离子电池发展的需求，一些新型隔膜被不断开发出来。PP/PE 双层和 PP/PE/PP 三层隔膜等多层膜增强了隔膜强度，提高了电池的安全性；在隔膜表面修饰亲水性材料可有效改善隔膜对电解液的浸润性，Al_2O_3、SiO_2 等陶瓷材料修饰的聚烯烃隔膜已经应用于商业锂离子电池隔膜[64]；将 PVDF 涂覆在隔膜表面，可以提高耐热性和膜强度，降低隔膜厚度；通过静电纺丝可制备高孔隙率纳米纤维隔膜[65]，提高对电解液的吸收率。高安全性、高稳定性的隔膜是锂电池隔膜的研发趋势和热点。

7.4 膜技术在医疗领域的应用

7.4.1 血液透析膜（"人工肾"）

7.4.1.1 血液透析

肾脏系统在人体内具有重要功能，能够帮助人体组织排出大部分的生化废物和有害毒素，并协助维持电解质平衡和人体酸碱平衡。人体的整个肾脏结构当中总共有将近一百万个肾单位，每个的肾单位结构中又包括着肾小球和肾小管。肾小球的最大孔径在 6.5～10 纳米；而肾小管的主要功能为重吸收。经过肾脏处理完成的代谢废物、有毒物质和多余的水分会形成尿液，排出体外。全球患肾病的人数大约为八亿，我国更是有 1.2 亿左右的肾病患者，终末期病人达到 300 万[66]。肾脏疾病会导致肾功能不可逆地衰减，并进一步引发血液、消化、神经、呼吸系统的多种疾病，终末期会发展成为尿毒症[67]。尿毒症治疗目前尚远远不能通过药物治疗，且肾脏移植也面临着肾源量紧缺和治疗价格相对高昂的双重问题，采取移植肾脏替代治疗方式（血液透析），是目前治疗早期尿毒症疾病的主要方法。

血液透析仪器主要包括透析液、透析器、水处理机和血液透析机这几部分[68]。透析液主要是将由所含多种电解质的电解质浓缩液与水等按照一定比例经过稀释混合之后配制而成的，是浓度与病人血液电解质浓度几乎相似的离子溶液，用于将患者血液系统维持在正常状态；透析器材料大多是使用厚度在 10～20 微米、平均为孔径小于 3 纳米的中空纤维分离膜的组件，能够长期有效地阻隔血细胞、细菌、蛋白质、细菌、病毒等透过；水处理机可通过反渗透分离技术来制备高纯度透析血液用水，可用于配置透析液；血液透析机一般包括血泵、透析液供给配置监测系统、容量分配监控等系统，主体部分由透析液配置监控装置和体外液循环配置监控装置组成。

7.4.1.2　血液透析器的发展历程

19 个世纪中叶，苏格兰化学家托马斯·格雷姆（Thomas Graham）在研究液体扩散反应时，用玻璃罐、陶瓷管道、羊皮纸、石膏、穿孔的金属板、石墨、黏土等各种膜材料进行了实验，发现涂有蛋清膜的羊皮纸膜有半穿透扩散功能，可完全透过可溶性的低分子化合物而截留胶体物质，他把这一现象称为"透析"。1912 年，美国的约翰·阿贝尔（John Abel）等科学家首次报道了对实验活体动物进行弥散灌注实验，1913 年，又首先利用火棉胶管（一种纤维素类半透膜）设计制造出了一种管状透析器，并以水蛭素钠为抗凝剂，以兔子为实验用动物，进行了 2 个小时左右的血液透析操作，这是第一台"人工肾"，也是现代透析机的前身[69]。1924 年，透析技术被首次运用到人体。1928 年，德国医生乔治·哈斯（Georg Haas）发现肝素，并将肝素作为抗凝剂，自此，医学界开始利用腹膜透析治疗尿毒症。同年，科学家以赛璐玢纸膜为滤膜制备了透析器，并进行了人工肾实验。1943 年，第一台可用于人类透析治疗的转鼓式透析机由荷兰医生威廉·约翰·科尔夫（Willem Johan Kolff）制造。该装置在木条制成的旋转鼓桶上缠绕 30~40 米的醋酸纤维素膜，病人血液从手腕动脉进入半透膜，通过转鼓推动血液体外循环，净化后的血液输送回病人体内。1945 年，醋酸纤维素膜被首次利用到急性肾衰竭患者的血液透析治疗中，并取得成功。科尔夫也被誉为"人工器官之父"。此后，血液透析成为尿毒症患者常规疗法，拯救着上百万肾病患者的生命。

世界各国科研人员对于怎样提高透析器的处理效率方面的实验研究从未停止，自转鼓式透析器投入使用后，又出现了许多更为先进的透析器。Skegg-Leonards 平板式透析器首先于 1948 年左右出现，并于 60 年代初期迅速发展，直到 90 年代初后才又逐渐被淘汰。1964 年，美国科学家理查德·斯图尔特（Richard Stewart）等科学家首创中空纤维式透析器[70]，内部有 1 万根醋酸纤维膜，纤维内径 200 微米，膜厚仅 30 微米。中空纤维膜透析器逐渐取代了传统的管式膜和平板膜透析器，并于 1964 年开始由美国陶氏化学公司实现大规模工业化生产。直至今天，中空纤维膜透析器仍是治疗各类急中/重度慢性肾衰竭期病人的主流仪器。

7.4.1.3　血液透析膜

（1）血液透析膜的基本性能要求　血液透析膜是血液透析仪器的关键部件，很大程度上决定了血液透析对病人的治疗效果[71]。高性能的血液透析膜应满足如下特性：①血液透析膜支撑层的孔隙率应尽可能高、分离层厚度应尽可能薄，从而使透析膜具有高渗透性，同时又能有效清除血液中的小分子毒素。②血液透析膜的分离层应具有均匀的孔径，且最大孔径不应超过一定限度从而使透析膜具有高选择性，防止血液中大分子蛋白的丢失。③血液透析膜应具有优异的血液相容性和细胞相容性，从而在透析过程中不会发生蛋白质吸附、血小板黏附、血液凝固、补体激活及溶血等现象。④血液透析膜应有足够的力学性能和机械稳定性，可承受血液透析治疗过程中产生的压力而不影响其结构和性能。⑤血液透析膜应防止透析液中可能存在的细菌污染物（例如内毒素）从透析液穿过透析膜传到血液中而对患者健康造成不良影响。⑥高性能血液透析膜需要兼具生物安全性与功能性。安全性要求膜材料具有天然无毒、不含致癌、生物相容性好和具有抗蛋白吸附性优良等的特点。功能性主要包括维持血液透析性能，不仅保证要防止白蛋白和氨基酸的损失，还要确保能够有效去除掉一些与并发症直接相关的低分子量蛋白，并且需要有一定的抗凝、抗氧化、抗炎等功能[72]。

（2）血液透析膜的发展　早期一般用纤维素等天然材料制备透析膜，其中铜仿膜应用最广，该种膜材料制造成本低、膜壁薄，但其也有易引起炎症反应的缺点，且对中等分子和大分子毒素清除效果不佳，易导致透析相关的淀粉样变等并发症[73]。

经过一段时间的发展，血液透析膜的发展方向转到了改性纤维素材料上。改性纤维素膜即指在各种纤维素膜的纤维主链结构上引入一些不同结构的取代基团，代表性材料为醋酸纤维素膜。此类膜不易引起慢性炎症反应，但血液相容性较差[73]。

随着人工合成高分子材料的出现和蓬勃发展，各种高分子材料开始被引入到血液透析膜中，用于制备各种孔径的膜材料，使得可截留的分子大小可控，既能得到可截留蛋白质等大分子的高通量膜，也能得到截留率更高的低通量膜，并具备更好的生物相容性。

以下简介几种人工合成血液透析膜。

① 聚砜膜。聚砜类高分子膜材料是目前应用最广泛的血液透析膜材料，自 1984 年即得到广泛应用，具有机械性能良好、孔隙率高、孔径均一等优点，传输溶质性能好，能够有效截留中分子毒素，抗并发症作用好。临床用聚砜膜可满足对于低通量透析、高通量透析、在线透析等各种透析过程对于溶质的处理要求。与纤维素类膜相比，聚砜膜的血液相容性较好，且膜上具有与内毒素分子相似的疏水部分，可以与毒素分子之间产生相互作用，因此可吸附内毒素，达到清除毒素的目的。此外，聚砜膜的热稳定性也较好，可直接使用蒸汽消毒。

② 聚醚砜膜。聚醚砜分子与聚砜分子结构相似，二者差别在于前者分子结构中的醚氧基团取代了后者分子中的异丙基，因而具有更稳定的结构，且分子中没有双酚 A 结构，避免了双酚 A 可能导致的致癌、致畸风险，使得其使用安全性更高，且具有更好的耐热性与更高的机械强度。近年来，科学家们开发出了多种表面改性与结构的聚醚砜膜，致力于提高膜稳定性，防止透析过程中发生毒素反渗的现象。

③ 聚甲基丙烯酸甲酯膜。1973 年，日本东丽株式会社开始研发聚甲基丙烯酸甲酯中空纤维透析器。通过溶液纺丝和非溶剂相分离方法，制备出了透析性能良好的中空纤维膜，但其渗水率过高。之后又开发出了高分子复合膜，并将其用于临床，此即第一台可用于临床的合成高分子中空纤维膜透析器。该类滤膜材料通过表面改性，可以进一步制成可有效选择性吸附于大分子碱性蛋白层的膜材料，使得其对 β 基 2-微球蛋白及其他多种相对分子量高于 5000 以上的有机分子载体的截留能力大大提高。此外，聚对甲基丙烯酸甲酯膜材料还具有相对较好的生物相容性。

④ 聚丙烯腈膜。聚丙烯腈滤膜相较于传统的聚丙烯纤维素膜，过滤速率较高、耐有机难溶剂性能普遍较好，机械强度均较高，这些新特性也大大地提高了膜的生产效率及与使用寿命。法国科学家于 1969 年合作开发生产出了聚丙烯腈透析膜 AN69，该滤膜通过聚合丙烯腈钠与聚甲基烯磺酸钠之间的共聚而制成，由于磺酸根与水分子之间良好的结合力，AN69 膜表现出良好的亲水性，从而具有高弥散性与渗透率。并且，此类膜对于小分子蛋白质具有良好的吸附性能。此外，还有在 AN69 膜内表面接枝肝素分子的 AN69ST 膜，使得膜的抗凝血能力显著提高。

7.4.2 体外膜肺氧合膜

7.4.2.1 体外膜肺氧合（"人工肺"）

肺是人体的呼吸器官，空气中的氧气进入血管，同时血液中的二氧化碳排出，从而维持正常的血液循环。肺中的支气管反复多次横越肺部，分支无数，这些细支气管的末端是呈囊泡状的肺泡，每个肺泡约 0.2 毫米，是发生气体交换的主要场所。成年人的肺中含有肺泡 3～4 亿个，肺泡展开面积约 100 平方米[74]。随着工业生产的发展，患肺部疾病的人愈来愈多，人们的生命健康面临严重威胁。"人工肺"是治疗肺病患者、挽救生命的重要医疗装置，分为机械肺和化学肺。机械肺是利用高压泵、空气过滤器和氧合后产生的气体，通过管道送到肺部，进行气体交换；化学肺是利用特殊物质制成的膜，将二氧化碳吸入膜内而使之与氧气交换，又名氧合器。人工肺的研制成功，尤其是膜式人工肺的问世，开辟了解决呼吸功能衰竭的新途径。

体外膜肺氧合（extracorporeal membrane oxygenation，ECMO）技术是一种膜式人工肺，其工作过程是将患者的静脉血通过技术引至体外，经过膜肺氧合，空气中的氧气与血液中的二氧化碳交换，再经静脉或动脉系统输回体内。人工肺可代替或部分替代患者的心肺功能，维持人体组织的正常运转[75]。ECMO 是代表重症患者救治水平的技术，也是针对严重心肺功能衰竭的急救方法。ECMO 技术源于心外科的体外循环，从开始应用至今不足 50 年，对抢救危重患者生命具有重要价值。ECMO 可用于治疗呼吸衰竭（如急性呼吸窘迫综合征、肺移植与移植后原发性移植物功能障碍）、心力衰竭（如心源性休克、脓毒症休克、肺栓塞）和对器官移植供者的维护。ECMO 在 2019 年爆发的新型冠状病毒疫情中，对救治重症感染者起到了关键作用[74]。

7.4.2.2　体外膜肺氧合的发展历程

1944 年，荷兰医生考尔夫（Kolff）和工程师博克（Berk）发现血液流经人工肾脏的玻璃纸腔室时能被氧合。1953 年，吉本（Gibbon）医生在心外科手术中实施了第一例体外循环。为了在心脏暂时"歇工"的情况下对其实施手术，同时还不会影响其他器官的供氧，他让血液从静脉绕过心脏和肺，在体外的一台机器中进行氧合，变成富含氧气的动脉血之后再回输到大动脉中。由于血液绕过了心肺，在手术中避免了大量出血。1960～1970 年期间，膜式氧合器出现，该氧合器是以半透膜将血液和含氧气体分开，保护了红细胞和血小板。1965～1975 年间，随着抗凝技术的完善，延长了 ECMO 在临床上的长时间安全运行。1969 年，膜式氧合器用于婴儿体外循环，1970 年，ECMO 为一例患先天性心脏缺陷的婴儿提供了手术支持。1971 年，希尔（Hill）医生首次长时间使用 ECMO 成功救治了一例呼吸衰竭患者，体外循环维持了 3 天，最终拯救了这名患者。自此，医院相继开展使用 ECMO 技术的临床应用，但成功率较低。1975 年，巴特利特（Bartlett）医生用 ECMO 成功救治了一例患持续性胎儿循环的新生儿[76]。ECMO 技术成熟是在 20 世纪 80 年代，1983 年弗吉尼亚医学院、密歇根大学和匹兹堡大学分别成立了 ECMO 中心，为了推动全球范围内 ECMO 技术的交流与应用，在 Bartlett 教授推动下，1989 年国际体外生命支持组织（Extracorporeal Life Support Organization，ELSO）在密歇根大学成立。随着医疗、材料、机械技术的发展，ECMO 的支持时间变得越来越长，现在已广泛应用于临床危重急救，成为安全有效的临时救命技术。

近年来，ECMO 临床应用突飞猛进。世界范围内，2020 年注册的 ECMO 中心数达 521 个，高水平 ECMO 中心主要集中于北美和欧洲，全年累计开展 ECMO 救治 15.4 万余例，54% 的患者存活至出院或转院。ECMO 在我国同样发展迅猛，ECMO 中心和 ECMO 救治病例明显增加，2020 年我国开展 ECMO 辅助例数 6937 例，较 2019 年增加 6.3%，接受呼吸和心脏辅助患者的生存率分别达 54.5% 和 51.6%。但，目前我国尚无厂家生产 ECMO，国内医院里的 ECMO 均为国外进口，全球范围内生产 ECMO 仅有 10 余厂家。2022 年，我国清华大学与北京清华长庚医院联合研发的体外膜肺氧合器成功实现小批量试制样机，并顺利完成动物预实验。

7.4.2.3　体外氧合膜

氧合膜作为 ECMO 的核心组成部分，起着交换血液中二氧化碳和空气中的氧气的作用。膜式氧合器根据生物肺肺泡气体交换的原理而设计，通过透气的薄膜进行氧气和二氧化碳的交换，对血液的破坏轻微，适用于长时间使用，其使用形式也从原来的平板式发展到了中空纤维式，在临床上有着更好的应用前景。

目前，用于膜式人工肺的膜材料主要有聚乙烯、聚四氟乙烯、聚二甲基硅氧烷、聚酰亚胺等。按膜结构可分为致密膜、微孔膜和复合膜。均质膜材料的代表是聚二甲基硅氧烷，它是一种无毒害、无污染的硅橡胶，同时也不致癌、不引起凝血、无致突变作用，作为膜式人工肺的一部分，表现出良好的透氧气性能和生物相容性。微孔膜材料作为膜式人工肺的研究重点，聚丙烯（PP）膜的制备方法可分为拉伸法和热致相分离法。但需要注意的是通过拉伸法制备的 PP 膜在拉伸方向上易破裂，不适合用于氧合器，因此，目前主流的人工肺 PP 膜是通过热致相分离法制备的。聚（4-甲基-1-戊烯）（PMP）是最具代表性的新型高效氧合膜材料。复合膜有聚合物共混方式和涂覆方式两种制备方法。目前大多制备过程均采用涂覆方式，常用的涂覆材料是 PDMS（聚二甲基硅氧烷）[77]。

（1）致密型氧合膜　首次被用在体外氧合器的膜是由乙基纤维素制成的致密膜，但因其较强的亲水性，导致血浆流过膜表面时发生渗漏，造成 ECMO 的使用寿命较短。之后，研究者采用机械强度更高、疏水性更强的聚乙烯（PE）和聚四氟乙烯（PTFE）作为膜材料，血浆渗漏问题虽然得到解决，但氧气和二氧化碳在膜内的扩散速率较低。具有高透气性的疏水材料 PDMS 大幅推动了膜式氧合器的发展。科洛波夫（Kolobov）开发的 PDMS 膜作为氧合器膜材料的标准已有近 50 年[78]。但，PDMS 膜的成膜性较差，为保证足够的强度，自支撑 PDMS 膜会被制备得较厚而影响了气体渗透性。采用 PDMS 作为中空纤维膜的致密涂层时，膜结构稳定性较差，PDMS 涂层与基材的界面结合力较弱，此外，由于 PDMS 有较大黏性，成膜后膜丝间易发生粘连。

（2）微孔型氧合膜　McCaughan 等首次提出将微孔膜用于 ECMO。与致密膜不同，微孔膜的孔道更加贯通，血液与 O_2 直接接触，可大幅提高膜的气体交换速率。由微孔 PE、烧结镍和改性的疏水醋酸纤维素制得了第一例微孔型氧合膜，但由于较大的膜孔径（1~10 微米），出现了明显的血浆渗漏。PP 微孔膜是最为广泛使用的微孔膜，其外观与人体肺泡的相似度很高，孔径也只有 0.03 微米，孔隙率高达 55%[79]。PP 在约 150℃条件下被加热形成均相溶液，之后熔融纺丝制备出的多孔 PP 中空纤维膜具有非对称结构，例如 3M 公司的 Membrana 膜。微孔型氧合膜在使用过程中有如下问题：当气相侧压力高于液相压力时，会产生气栓；当液相压力过高，在较长的使用时间后，膜表面容易发生浸润，进而导致血浆渗漏。尽管存在上述问题，但微孔型氧合膜因其较高的气体交换速率、较小的血液损伤、便携性和相对较低的成本优势已成为体外氧合器的主要膜材料。

（3）复合型氧合膜　为减少微孔型中空纤维氧合膜发生的血浆渗漏概率，在膜表面涂覆一层 PDMS，开发了复合结构的氧合膜。PDMS 涂层强疏水性可防止血液渗透至膜内气体通道中，虽然 PDMS 涂层会使气体交换阻力在一定程度上增大，但可有效提高氧合器使用寿命。

PTFE 是由四氟乙烯和全氟（2,2-二甲基-1,3-二氧杂环戊烯）共聚形成的疏水性全氟共聚物，透氧系数优于 PDMS，有望将其制备成高效的复合膜涂层材料。全氟化无定形聚合物聚全氟（2-甲基-2-乙基-1,3-二氧杂环戊烯）相比于 PDMS 和 PTFE，具有较高的透氧系数和更好的血液相容性[80]。聚 4-甲基-1-戊烯（PMP）是由丙烯二聚得到的 4-甲基-1-戊烯作为单体聚合而成的高分子材料，采用 PMP 作为涂层制备 ECMO 膜是一大技术突破。PMP 的分子结构与聚烯烃类似，因此具有聚烯烃相似的生物相容性。在采用 PMP 作为中空纤维膜的致密超薄皮层时，长时间使用也不容易发生血液渗透；同时，膜皮层的致密性避免了血液与氧气或空气直接接触，进而避免了发生血栓的风险；PMP 超薄皮层具有优异的气体渗透性。目前仅有日本三井化学公司生产 PMP 树脂，美国 95% 以上的 ECMO 均使用 PMP 中空纤维氧合膜。相比 PDMS，尽管 PMP 膜的透氧系数较低，但因可以在长时间运转下稳定使用使其成为目前体外膜式氧合器较为广泛采用的膜材料[81]。

7.5　小结

数十年来，膜分离技术发展日渐成熟，已广泛应用于化工、环保、电子、轻工、纺织、石油、食品、医药、生物工程、能源工程等生活和生产的各个方面[2, 82]。反渗透技术作为膜分离技术的重要分支，在水处理领域应用越来越广，其发展既有赖于 Gerald Hassle、Srinivasa Sourirajan 等多位科学家的钻研创新，也有赖于 Cadotte、Bray 等多位具有科学家素养的企业家对其商业化进程的推动，从而诞生了诸如 Toray 公司、陶氏膜公司等一批成熟的反渗透膜公司。我国反渗透技术虽然发展较晚，但近二十年来我国反渗透膜的国产能力不断提升，有望在未来实现技术超越。

膜技术在能源领域和医疗领域发挥着重要作用。2020 年，我国提出了"二氧化碳排放力争于 2030 年前达到峰值、努力争取 2060 年前实现碳中和"的"双碳"目标。大力发展绿色清洁新能源是实现"双碳"目标的重要举措，已列入我国能源战略。膜材料与膜技术是推动氢能领域和储能领域发展的重要支撑。同时，人民生命健康和医疗水平的提高是关系国计民生、促进社会发展的重要保障，国家高度重视。膜技术在"人工肾""人工肺"等人工器官领域发挥着关键作用。2022 年，我国对科技发展提出要求，要坚持面向世界科技前沿、面向经济主战场、面向国家重大需求、面向人民生命健康，加快实现高水平科技自立自强。目前，上述能源和医疗领域用膜材料还普遍依靠进口。高性能电池隔膜材料和医疗用膜材料的自主研发与国产化以及相关膜技术发展是直接关系我国能源战略和人们生命健康的迫切需求。

思考题

① 2022 年北京冬奥会期间，氢燃料电池车成为"绿色"奥运的亮点和代表，请调研了解氢燃料电池车服务冬奥会的情况。

② 请列举一两个使用固体隔膜的电池，并简述其原理和隔膜的作用。

③ 请调研血液透析膜的国产化情况。

④ 体外膜肺氧合器（ECMO）在抗击新冠病毒挽救患者生命的过程中起了至关重要的作用，请调研 ECMO 的使用案例及 ECMO 膜的国产化情况。

参考文献

[1] Mulder M. 膜技术基本原理[M]. 2 版.李琳, 译.北京: 清华大学出版社, 1999.

[2] 王志, 王宇新, 李保安, 等. 膜科学与技术[M]. 北京: 科学出版社, 2022.

[3] 王湛, 王志, 高学理, 等. 膜分离技术基础[M]. 北京: 化学工业出版社, 2019.

[4] 刘茉娥, 李学梅, 吴礼光. 膜分离技术[M]. 北京: 化学工业出版社, 2000.

[5] 刘莹莹. 调控分离层制备高通量高截留率反渗透膜[D]. 天津: 天津大学, 2021.

[6] 坞军辉. 抗污染反渗透膜及其中试生产线研究[D]. 天津: 天津大学, 2015.

[7] 韩向磊. 高性能反渗透膜分离层结构设计调控[D]. 天津: 天津大学, 2022.

[8] 张德胜, 娄燕敏. 废润滑油处理工艺在国内的研究进展[J]. 炼油与化工, 2017, 28(6): 1-3.

[9] 牛罗伟. 油水分离膜在废润滑油净化再生中的应用研究[D]. 天津: 天津工业大学, 2020.

[10] 何添伊. 微滤膜在两种中药配方颗粒备工艺中的应用研究[D]. 安徽: 安徽中医药大学, 2016.

[11] Ghosh R, Cui Z. Protein purification by ultrafiltration with pre-treated membrane [J]. Journal of Membrane Science, 2000, 167(1): 46-53.

[12] 张建民, 刘红勇, 白俊, 等. 超滤膜分离技术在维生素 B_{12} 生产中的应用[J]. 河北化工, 2011, 34(1): 29-31.

[13] 牟倡骏, 于亚楠, 张琳, 等. 人工透析的现状及展望[J]. 生物产业技术, 2019, 05: 50-56.

[14] 唐克诚, 李谦, 王瑞, 等. 血液透析膜材料的研究进展[J]. 医疗设备信息, 2007, 22: 49-52.

[15] Mahmoudi N, Reed L, Moix A. PEG-mimetic peptoid reduces protein fouling of polysulfone hollow fibers [J]. Colloids Surf B, 2017, 149: 23-29.

[16] World Economic Forum. The Global Competitiveness Report 2016-2017 [R]. 2016, http://www3.weforum.org/docs/GCR2016-2017/05FullReport/TheGlobalCompetitivenessReport2016-2017_FINAL.pdf.

[17] 刘俊吉, 周亚平, 天津大学物理化学教研室. 物理化学(上册)[M]. 4 版. 北京: 高等教育出版社, 2009.

[18] Glater J. The early history of reverse osmosis membrane development [J]. Desalination, 1998, 117: 296-309.

[19] Cadotte J E. Interfacially synthesized reverse osmosis membrane: US4277344A[P]. 1981-07-07.

[20] Edgar K J, Buchanan C M, Debenham J S, et al. Advances in cellulose ester performance and application [J]. Progress in Polymer Science, 2001, 26: 1605-1688.

[21] Shenvi S S, Isloor A M, Ismail. F. A review on RO membrane technology: Developments and challenges [J]. Desalination, 2015, 368: 10-26.

[22] 王耀. 高通量抗污染耐氯反渗透膜研制[D]. 天津: 天津大学, 2018.

[23] 熊日华. 水处理技术简史-反渗透[Z]. 2020.

[24] EIA. Annual Energy Outlook 2021[R/OL]. (2021-02-03) [2022-11-18]. https://www.eia.gov/outlooks/aeo.

[25] 中华人民共和国国家发展和改革委员会, 国家能源局. 氢能产业发展中长期规划(2021—2035 年)[Z].

[26] 邵志刚, 衣宝廉. 氢能与燃料电池发展现状及展望[J]. 中国科学院院刊, 2019, 34(4): 469-477.

[27] Jiao K, Xuan J, Du Q, et al. Designing the next generation of proton-exchange membrane fuel cells [J]. Nature, 2021, 595(7867): 361-369.

[28] Zhang H W, Shen P K. Recent development of polymer electrolyte membranes for fuel cells [J]. Chemical Reviews, 2012, 112(5): 2780-2832.

[29] Shin D W, Guiver M D, Lee Y M. Hydrocarbon-based polymer electrolyte membranes: importance of morphology on ion transport and membrane stability [J]. Chemical Reviews, 2017, 117(6): 4759-4805.

[30] 刘义鹤, 江洪. 燃料电池质子交换膜技术发展现状[J]. 新材料产业, 2018, 05: 27-30.

[31] Houchins C, Kleen G J, Spendelow J S, et al. U. S. DOE progress towards developing low-cost, high performance, durable polymer electrolyte membranes for fuel cell applications [J]. Membranes, 2012, 2(4): 855-878.

[32] Kraytsberg A, Ein-Eli Y. Review of advanced materials for proton exchange membrane fuel cells [J]. Energy & Fuels, 2014, 28(12): 7303-7330.

[33] Radenahmad N, Afif A, Petra P I, et al. Proton-conducting electrolytes for direct methanol and direct urea fuel cells-a state-of-the-art

review [J]. Renewable & Sustainable Energy Reviews, 2016, 57: 1347-1358.

[34] Georges Gelbard. Organic Synthesis by Catalysis with Ion-Exchange Resins[J]. Industrial & Engineering Chemistry Research, 2005, 44: 8468-8498.

[35] Rafidah R S R, Rashmi W, Khalid M, et al. Recent progress in the development of aromatic polymer-based proton exchange membranes for fuel cell applications[J]. Polymers, 2020, 12, 1061: 1-27.

[36] Shin D W, Guiver M D, Lee Y M. Hydrocarbon-based polymer electrolyte membranes: importance of morphology on ion transport and membrane stability[J]. Chemical Reviews, 2017, 117(6): 4759-4805.

[37] Wang K, Yang L, Wei W, et al. Phosphoric acid-doped poly (ether sulfone benzotriazole) for high-temperature proton exchange membrane fuel cell applications[J]. Journal of Membrane Science, 2018, 549: 23-27.

[38] Peckham T J, Holdcroft S. Structure-morphology-property relationships of non-perfluorinated proton-conducting membranes[J]. Advanced Materials, 2010, 22(42): 4667-4690.

[39] Pan M Z, Pan C J, Li C, et al. A review of membranes in proton exchange membrane fuel cells: transport phenomena, performance and durability[J]. Renewable & Sustainable Energy Reviews, 2021, 141: 110771.

[40] Kreuer K D, Paddison S J, Spohr E, et al. Transport in proton conductors for fuel-cell applications: simulations, elementary reactions, and phenomenology[J]. Chemical Reviews, 2004, 104(10): 4637-4678.

[41] 殷伊琳. 我国氢能产业发展现状及展望[J]. 化学工业与工程, 2021, 38(04): 78-83.

[42] 陈雅丽, 苏华莺. 燃料电池汽车研究现状及发展[J]. 内燃机与配件, 2021(03): 170-171.

[43] 郑洲. 我国锂离子电池及其正极材料的产业化进展[J]. 新材料产业, 2020(06): 49-52.

[44] 于捷, 张文龙. 锂离子电池隔膜的发展现状与进展[J]. 化工进展, 2023, 42(4): 1760-1768.

[45] 王超君, 陈翔, 彭思侃, 等. 锂离子电池发展现状及其在航空领域的应用分析[J]. 航空材料学报, 2021, 41(03): 83-95.

[46] 张紫瑞, 刘晓芬, 李惠惠, 等. 锂离子电池的现状及其在军事领域的应用[J]. 化工新型材料, 2022, 50(S1): 56-59.

[47] Lagadec M F, Zahn R, Wood V. Characterization and performance evaluation of lithium-ion battery separators[J]. Nature Energy, 2019, 4(1): 16-25.

[48] Jovanović P, Mirshekarloo M S, Hill M R, et al. Separator design variables and recommended characterization methods for viable lithium-sulfur batteries[J]. Advanced Materials Technologies, 2021, 6(10): 2001136.

[49] Lee H, Yanilmaz M, Toprakci O, et al. A review of recent developments in membrane separators for rechargeable lithium-ion batteries[J]. Energy & Environmental Science, 2014, 7(12): 3857-3886.

[50] Francis C F J, Kyratzis I L, Best A S. Lithium-ion battery separators for ionic-liquid electrolytes: A review[J]. Advanced Materials, 2020, 32(18): 1904205.

[51] Deimede V, Elmasides C. Separators for lithium-ion batteries: A review on the production processes and recent developments[J]. Energy Technology, 2015, 3(5): 453-468.

[52] 王振华, 彭代冲, 孙克宁. 锂离子电池隔膜材料研究进展[J]. 化工学报, 2018, 69(01): 282-294.

[53] Yang M, Hou J. Membranes in lithium ion batteries[J]. Membranes, 2012, 2(3): 367-383.

[54] 李杨. 锂离子电池复合隔膜的改性研究[D]. 天津: 天津大学, 2019.

[55] Song Y, Sheng L, Wang L, et al. From separator to membrane: Separators can function more in lithium ion batteries[J]. Electrochemistry Communications, 2021, 124: 106948.

[56] Costa C M, Silva M M, Lanceros-Méndez S. Battery separators based on vinylidene fluoride (VDF) polymers and copolymers for lithium ion battery applications[J]. Rsc Advances, 2013, 3(29): 11404-11417.

[57] Barbosa J C, Dias J P, Lanceros-Méndez S, et al. Recent advances in poly (vinylidene fluoride) and its copolymers for lithium-ion battery separators[J]. Membranes, 2018, 8, 45: 1-36.

[58] 吴宽, 王翔, 李子鸣, 等. 基于聚丙烯腈纤维膜的高强度复合隔膜的制备[J]. 武汉大学学报(理学版), 2020, 66(04): 331-337.

[59] 巩桂芬, 王磊, 徐阿文. 静电纺PMMA/EVOH-SO-3Li锂离子电池隔膜复合材料的制备及性能[J]. 复合材料学报, 2018, 35(03): 477-484.

[60] 林冬燕. 具有交联形貌的二氧化硅/聚酰亚胺复合纳米纤维膜的制备及其作为锂电池隔膜的研究[D]. 北京: 北京化工大学, 2017.

[61] Yu H, Shi Y, Yuan B, et al. Recent developments of polyimide materials for lithium-ion battery separators[J]. Ionics, 2021, 27(3): 907-923.

[62] 郭旭青, 杨璐, 李振虎, 等. 锂离子电池隔膜研究进展及市场现状[J]. 合成纤维, 2022, 51(07): 46-49.

[63] 余航, 石玲, 邓龙辉, 等. 锂离子电池隔膜材料的研究进展[J]. 化工设计通讯, 2019, 45(10): 167-169.

[64] Song Y H, Wu K J, Zhang T W, et al. A nacre-inspired separator coating for impact-tolerant lithium batteries[J]. Advanced Materials, 2019, 31(51): 1905711.

[65] Kim J K, Kim D H, Joo S H, et al. Hierarchical chitin fibers with aligned nanofibrillar architectures: a nonwoven-mat separator for lithium metal batteries[J]. ACS nano, 2017, 11(6): 6114-6121.

[66] 于旭峰. 血液透析用纳米纤维基复合膜的制备及其性能研究[D]. 上海: 东华大学, 2020.

[67] 李富强. 血液透析和腹膜透析对慢性肾衰竭尿毒症患者微炎症状态的影响及与心血管疾病的关系[J]. 临床内科杂志, 2019, 36(11): 748-750.

[68] 池彩霞, 王晓丽. 一种肾内科用透析管固定装置及其使用方法: CN112546400A[P]. 2020-12-29.

[69] 成定胜, 高波, 吉小静. 低温可调钠配合曲线超滤预防血透低血压的研究[J]. 医疗装备, 2010, 23(8): 12-13.

[70] 王欢岚, 张英, 张燕敏, 等. 透析器性能的研究现状[J]. 临床肾脏病杂志, 2019, 19(9): 709-712.

[71] 卞书森, 张福港, 李晓东. 血液透析膜的生物相容性研究进展[J]. 中国血液净化, 2006, 5(4): 205-207.

[72] 于茜, 周建辉, 赵小淋, 等. 血液净化膜材料的临床发展[J]. 中华肾病研究电子杂志, 2021, 10(2): 103-108.

[73] 刘强, 苏白海. 血液透析器膜材料研究现状及展望[J]. 华西医学, 2014, 29(9): 1787-1790.

[74] Betit P. Technical Advances in the Field of ECMO[J]. Respiratory Care, 2018, 63(9): 1162-1173.

[75] Lim M W. The history of extracorporeal oxygenators[J]. Anaesthesia, 2006, 61(10): 984-995.

[76] Espeed K, Neil R, Chris H, et al. Poly-methyl pentene oxygenators have improved gas exchange capability and reduced transfusion requirements in adult extracorporeal membrane oxygenation[J]. Asaio Journal, 2005, 51(3): 281-287.

[77] Motojorp N, Hiroyoshi K, Shoji N, et al. Development of a novel polyimide hollow-fiber oxygenator[J]. Artificial Organs, 2004, 28(5): 487-495.

[78] Zheng Z, Wang W, Huang X, et al. Fabrication, characterization, and hemocompatibility investigation of polysulfone grafted with polyethylene glycol and heparin used in membrane oxygenators[J]. Artificial Organs, 2016, 40(11): 219-229.

[79] Tian X, Qiu Y R. 2-methoxyethylacrylate modified polyurethane membrane and its blood compatibility[J]. Progress In Biophysics & Molecular Biology, 2019, 148: 39-46.

[80] Ikada Y. Membranes as biomaterials[J]. Polymer Journal, 1991, 23(5): 550-551.

[81] Wang L R, Qin H, Zhao C S, et al. Direct synthesis of heparin-like poly(ether sulfone) polymer and its blood compatibility[J]. Acta Biomaterialia, 2013, 9(11): 8851-8863.

[82] 邓麦村, 金万勤. 膜技术手册[M]. 2 版. 北京: 化学工业出版社, 2020.

第**8**章
工业结晶

众所周知，晶体是组成化合物的分子、原子、离子按照一定的规律有序排列形成的一种固态物质，而结晶就是物质从液态或气态中以晶体形态析出固体的过程，它是一种重要的化工分离和纯化手段。工业结晶一般是针对结晶规模而言，是大批量生产晶体产品的一门化工单元操作，工业结晶作为一种高效、低能耗、低污染的分离纯化技术以及获取特定粒子晶型和形态的手段，被愈来愈广泛地应用于医药、生物、能源、食品和精细化学品等产品的绿色制造。

8.1 中国工业结晶的历史

在我国，工业结晶的发展有着悠久的历史背景，我国古代劳动人民很早就知道利用结晶的方法进行盐和糖的制造，据记载，早在远古黄帝时期就在运城盐湖进行湖水制盐，唐代就有糖霜的制造。然而，工业结晶作为一门技术在我国的研究起步较晚，天津大学作为中国近代第一所大学也是我国工业结晶技术的发源地。

8.1.1 结晶在制盐行业中的发展

众所周知，盐乃百味之祖，在人类文明进程中扮演了重要角色。渤海之畔的寿光市，是传说中"盐宗"夙沙氏的故里，也是世界海盐发祥地之一，被誉为"中国海盐之都"。独特的自然条件，孕育出历史悠久、传承至今的寿光卤水制盐技艺。作为先民智慧的结晶，卤水制盐技艺有着重要的历史价值、科学价值、社会价值和文化价值，被列入国家级非物质文化遗产名录。"世界盐业莫先于中国，中国盐业莫先于山东"。夙沙氏煮海为盐，开辟了制盐先河，是人类由渔猎时代走向农耕文明的重要里程碑，促进了人类社会的进步和发展。寿光北部沿海地区是中国古代著名的盐业生产基地，考古资料表明，这里用地下卤水制盐的历史可追溯到商周时期，距今已有 4000 多年。卤水制盐技艺，是以地下卤水为原料，利用煮、煎、熬或滩田暴晒，制取饱和卤水，进而结晶制取原盐的传统技艺。

盐的化学成分是氯化钠，它不仅是一种必不可少的调味剂，又是一种重要的化工原料，例如烧碱、纯碱、盐酸的生产都离不开盐作为原料。氯化钠晶体属于立方晶系，每个氯离子连接六个钠离子，同样每个钠离子也连接六个氯离子，这样的离子排列方式使得盐是以小晶粒形式存在。盐的结晶，是颗粒盐从饱和浓度卤水通过温差析出的过程。古代用煮、煎、熬法，近代以后主要是在滩晒结晶池中结晶，见图 8-1。自 20 世纪 80 年代初大力推广塑膜苫盖结晶池以来，以往季节性结晶产盐的局限得以改变，使得常年结晶产盐成为现实。

说到近代制盐工业不得不提到范旭东，他被誉为"中国民族化学工业之父"，开启了国内精制盐的大门，结束了"食土民族"的历史。古代我国沿海居民利用海水制食盐，把海水引入盐田，利用日光和风力蒸发浓缩海水，使其达到饱和，进一步使食盐结晶出来，这种方法在化学上称为蒸发结晶。直至近代，我国的制盐工业虽然规模巨大，但是技术上比较单一。1914 年冬，范旭东来到天津塘沽，看到海滩边如冰雪一般的盐坨无边无际，目睹此景的他十分激动，立志从此一定要发展我们国人自己的盐业。当时西方发达国家已经明确规定，氯化钠含量不足 85%的盐不许用来做饲料，而中国人食用的氯化钠含量还不足 50%，当时的食盐纯度低，有害杂质还多，因此西方讥笑中国是"食土民族"。1915 年，范旭东在天津创办久大精盐公司，以海滩晒盐加工卤水，用钢板制平底锅升温蒸发结晶，制成精盐，生产的食盐纯度达到 90%以上。此后一发不可收拾，产量逐年攀升，终于带领国人摘掉了"食土民族"的帽子。

煮盐 　　　　　　　　　　　　　　　　　　煎盐

图 8-1　古代人民制盐场景

新中国成立初期我们的产盐能力不高，1949 年我国盐业的年产量仅 297.5 万吨。新中国成立后，我国经济迅速发展，盐业生产能力也逐年上升，基本形成了以东部沿海的 10 个海盐区、西南和中南的 10 个井矿盐区以及西北 3 个湖盐区为主体的多源性盐业。图 8-2 是天津长芦汉沽盐场摊晒结晶池。

图 8-2　天津长芦汉沽盐场摊晒结晶池

1990 年，国务院颁布的《盐业管理条例》明确指出：加强盐资源的保护和开发，促进盐业生产发展。在随后的 10 年里，我国盐业产能持续增长，原盐的产量从 1991 年的 2410 万吨增长到 2000 年的 3128 万吨，基本满足了社会需求，并为国家提供了丰厚的盐储备。2017 年，为了保障食盐科学加碘工作的有效实施，确保食盐质量安全和供应安全，国务院发布《食盐专营办法》，标志着我国盐业的生产发展模式由量向质转变。根据国家统计局发布的最新数据，2020 年我国原盐的产量已达到 5852.68 万吨。

我国现有的制盐企业有 3000 多家，盐业形成了以中盐集团为龙头、区域性的盐业公司为依托的格局。中盐集团一枝独大，山东盐业集团公司、四川久大盐业集团、四川和邦盐化集团、云南盐化集团公司、湖南盐业集团、山东海化集团、江苏井神盐化集团、江西盐矿盐化公司等各据地域优势发展。图 8-3 为天津长芦汉沽盐场大规模盐堆。

图 8-3　大规模盐堆

伴随着中国工业结晶技术的不断发展，我国的制盐技术也从最初的晒盐到单效蒸发、多效蒸发、五效真空蒸发（图 8-4），制盐结晶设备上也有不断的改进和突破，1958 年，著名盐业专家吴鹿苹先生在山东青岛永裕盐厂主持设计建成了国内第一套以海盐化水经精制的净化卤水为原料的四效内热式（标准式）强制循环真空蒸发制盐装置。1963 年 10 月，自贡市井矿盐工业设计研究院根据国家科委和轻工业部的要求在自贡市郭家坳兴建了一套以石膏型卤水为原料，采用石膏晶种法防垢的四效内热式强制循环真空蒸发制盐试验装置。1994 年 9 月自贡市井矿盐工业设计研究院又首次将外热式强制逆循环径向出料蒸发装置应用于河南平顶山盐厂 30 万吨/年真空制盐工程设计中。

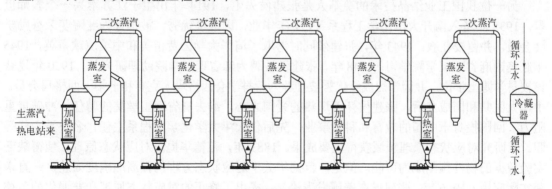

图 8-4　五效蒸发流程示意图

我国盐业的发展一直伴随并见证着中国工业结晶技术的成长，从海水蒸发到五效蒸发，从简单手工作坊到大规模数字化控制的工业生产，每一次制盐工业的革新都离不开工业结晶技术背后强大的支持。放眼未来，期待我国的制盐行业能够在高端化、精细化、功能化更进一步。

8.1.2 工业结晶技术在中国的发展

尽管通过海水制盐可以追溯数千年的历史，结晶的理论发展却十分迟缓，相较于液-液或气-液相平衡关系，固-液相平衡关系更易受过程动力学"迟滞"影响，致使结晶过程大多在一种非平衡状态下进行，工业结晶过程工艺和设备设计仍很大程度上建立在经验的基础之上。直到近几十年来，结晶科学与技术领域才取得了较快的发展，特别是在结晶基础理论、过程在线分析技术和过程控制等方面获得了重要的研究进展。

我国的工业结晶研究起步较晚，丁绪淮先生作为我国工业结晶技术的开拓者发挥了举足轻重的作用。丁绪淮先生，字导之，安徽省阜阳县人，曾就读于北京清华学校（留美预备部），留学美国密歇根大学学习化学工程，先后获该校工程学士、工程硕士和科学博士学位。丁先生早在 20 世纪 30 年代就开始研究硫酸镁溶液加晶种并进行搅拌使溶液冷却结晶，观察溶液过饱和度和晶体形成的过程。结果发现了晶种的长大与新晶核的形成（或称"自身核化"）这两种过程可同时进行，且发现在晶体成核过程中溶液的过饱和度并非一成不变，而是受晶种重量和粒度、溶液冷却速率和搅拌强度等许多因素的影响。这一发现修正了密尔斯等关于此问题的论点。密尔斯等人曾认为，如果溶液易于饱和，则有一条所谓超饱和曲线存在，该线与普通溶解度曲线大致平行，且位置固定不变。丁绪淮的研究成果表明：不能将超饱和曲线视为一条位置不变的线，而应视为一组超饱和线群，或一条超饱和带。与此同时，丁绪淮还提出：晶粒之间的相互碰撞、晶粒与搅拌桨叶以及晶粒与器壁之间的碰撞，会大大地影响其自身核化（亦称"接触式核化"）过程，从而影响最终产品粒度分布这一重要结论。丁绪淮在这一领域发表的主要论文有：*Super saturation and crystal formation in seed solution* 及 *Solubility of magnesium sulf heptahydrate*，在后一篇论文中进一步提出了常温下硫酸镁的溶解度曲线及代表该曲线的精确方程，从而修正了多年来惯用的溶解度数据。丁绪淮先生的这一系列科研成果使他被公认为是最早在中国开展工业结晶研究的科学家和该领域的奠基人之一。1985 年由化学工业出版社出版了我国第一本关于工业结晶的书籍《工业结晶》（主编丁绪淮），至今这本书仍被广大业内人士认为是一本重要的工业结晶工具书。

另一位我国工业结晶技术的奠基人是张建侯先生，1914 年出生于江苏泰兴一个教师世家。1935 年考入南开大学化学工程系 1939 年毕业，因成绩优秀，被推荐为斐陶斐荣誉励学会会员，并留校任教。1943 年，张建侯同时考取了清华大学公费留美和中英庚款留英，1945 年赴美国麻省理工学院学习。1948 年，张建侯被聘为麻省理工学院助理研究员，1950 年夏获该校科学博士学位，并因学习成绩优秀被推荐为荣誉学会西格玛·克赛和卡帕·西格玛会员。中华人民共和国成立后，张建侯怀着炽热的爱国之心，辞去麻省理工学院的聘任，冲破重重阻力，回国投身于中国的教育和科研事业，先后任天津大学化学工程系主任、名誉系主任等职。在研究对应状态原理领域获得重要成果。1881 年，范德华提出对应状态原理，使得缺乏实验数据的物性预测成为可能。但是，范德华关于对应状态方程的预测准确度太差，一直未获实际应用。1946 年，张建侯在美国发表论文，提出了修正的对应状态原理和普遍化的范德华状态方程。张建侯的研究成果，是范德华对应态方程提出后经过广泛验算、具有重要应用价值的状态方程之一。它标志着对应状态原理由定性向定量发展的重要转折，提高了对应状态原理的准确性和适用范围的层次。时过几十年，一些专著和文献还在引用这项成果。可以说他为日后工业结晶的发展奠定了重要的热力学理论基础。

另一位中国工业结晶技术的重要人物就是张远谋教授，湖南长沙人。1943 年毕业于西南联合大学化工系，1948 年获美国衣阿华州立农工学院细菌生理硕士学位。回国后，历任北洋大学、天津大学副教授、教授。我国是一个缺钾的国家，钾盐主要分布在新疆、青海、云南，青海柴达木盆地的钾盐主要集中于察尔汗盐湖钠盐层的晶间卤水中，加之提钾技术受限，新中国成立初期 90%以上的钾肥都需要进口，蒸发结晶最早是在察尔汗盐湖上开始使用，就是根据晶间卤水的组成，通过分段结晶的方法得到较为纯净的氯化钾。为了解决我国钾肥匮乏大量需要进口的问题，19 世纪 70 年代，张远谋教授承担了"六五"国家重点攻关项目，开发青海盐湖钾盐资源，开展通过工业结晶手段从光卤石中提取氯化钾的研究，并取得重要成果。1980 年初张远谋教授又承担了国家的重点攻关项目，利用"热溶结晶法"研究从光卤石制取氯化钾结晶系统的设计与控制。"热溶结晶法"是当时国外十分先进的技术，在许多国家都已有相关的大型工厂，但其中设计方法的关键内容和数据等一直保密，对我国技术进行封锁。张远谋教授为打破国外技术封锁，通过在小型车间进行物理模拟实验，找出模型中的物理参数以及计算机中的自动控制程序，再以此进行放大设计。利用一台进口的美国电子计算机，从 1980 年到 1983 年，经过不断的实验，最终取得了上千组数据，并最终完成了超过万吨级的生产试验。1985 年，由张远谋教授主持的青海盐湖光卤石制钾肥系统工程的研究获国家教委科技进步奖二等奖。

几乎同期，张建侯的学生王静康教授也开启了自己的结晶人生。王静康教授于 1938 年出生在河北省秦皇岛市一个知识分子家庭，1980 年调入天津大学工作，担任张远谋教授主持的青海盐湖攻关项目组长，经过几年的艰难探索，王静康带领团队不仅完成了这个攻关项目，并且于 1987 年成立了化学工程系统教研室（天津大学国家工业结晶与工程技术研究中心的前身）。在这里，王静康教授和她的团队完成了一个又一个的国家攻关项目，从"六五"到"十二五"，从青海盐湖到青霉素结晶，从老挝钾镁盐矿资源生态利用系统工程再到高纯天然辣椒碱耦合结晶技术及产业示范项目，她的科技攻关成果三次被列入国家重大科技成果推广计划，而她本人也在 1999 年当选了中国工程院院士，至今仍然活跃在工业结晶科研战场的第一线。王静康教授长期致力于工业结晶的理论和新技术的创新研究与开发，系统地发展了现代工业结晶与医药结晶理论，发明了塔式液膜熔融结晶共性技术与设备，率先提出了耦合结晶新技术，进一步发展了结晶过程的系统工程理论。她被亲切地称为"中国工业结晶之母"，其桃李满天下，学生遍布在各大高校和科研院所，他们大多从事着与工业结晶领域相关的研究工作。

天津大学工业结晶技术研究中心最早成立于 1995 年，当时是由王静康教授申请组建的国内第一家从事工业结晶技术的科研部门，同期国家医药管理局批准成立"天津大学医药结晶工程研究中心"，同年被列入国家科技成果重点推广计划项目，成立"工业结晶技术研究推广中心"，2005 年教育部批准成立"绿色精制过程教育部工程研究中心"，2007 年批准成立"天津市工业结晶技术工程中心"，2008 年科技部批准组建"国家工业结晶工程技术研究中心"，并于 2012 年顺利通过验收，2015 年被授予"天津市国际联合研究中心"，2016 年被授予"国家级国际联合研究中心"，团队在 2018 年获批首届全国黄大年式教育团队荣誉称号（图 8-5）。多年来，中心在王静康院士的带领下长期致力于工业结晶机理与技术的研发和创新成果的产业转化，让"中国结晶"的国际实力实现从跟跑、并跑到领跑的飞跃。它也是我国在工业结晶领域唯一的国家级的工程中心。"中心"拥有针对各种功能晶体产品不同类型结晶工艺过程的结晶精制技术研发装置设备，建有完备、先进的工业结晶过程分析和晶体表征大型仪器分析测试设备，团队在强大完备的硬件条件支持下连续承担并出色完成了国家下达的"六五"

"七五""八五"直至"十二五"工业结晶技术领域的国家重大科技计划项目，完成了上百种晶体功能产品的开发和工艺流程优化，并取得了显著的成果，先后获得过国家技术发明二等奖、三等奖各 1 项，国家科技进步二等奖 4 项，省部级一等奖 7 项，教育部科技进步一等奖 3 项，多次获得中国专利金奖、优秀奖等。为推动我国化工产业特别是医药行业的高端晶体产品的开发做出了积极的贡献。

图 8-5　国家工业结晶工程技术研究中心团队成员（摄于 2017 年），第一排右三为王静康院士

8.2　工业结晶技术的"热门话题"

8.2.1　高端"晶"品制造

高端化学品是具有高品质、高性能、高附加值、高技术壁垒等特征的化学材料，涉及精细化工、制药、无机盐、电子级化学品等领域，是众多战略性新兴产业自主发展的命脉。近年来，我国化工产业发展迅速，但由于起步晚，加上存在技术瓶颈等，无论是在产品种类、数量、规模，还是在质量、水平和效益等方面都与发达国家存在较大差距，尤其是高性能、高技术含量的高端专用化学品严重依赖进口，不能满足化工产业转型升级和高质量发展的需要，严重威胁产业链、供应链的安全可控。

我国是化工原料药生产第一大国，但由于生产技术相对落后，高端化工产品占比较少，而高端化学品和专用化学品在化工行业不可或缺。如食品饲料工业的核心是添加剂技术，我国食品和饲料添加剂普遍存在产品档次低等共性问题，如固体蛋氨酸，我国长期依赖进口，国产蛋氨酸由于晶体形态差，堆密度仅有德国德固赛进口产品的1/2，产品流动性难以达到混合要求，只能作为低端初级品出口，经国外企业结晶精制后再高价返销国内，赚取高额的差价。再如，我国高端电子化学品一直是化工行业的"短板"，是化工产业链上的薄弱环节。在顺应经济"双循环"的格局下，大力发展高端化学品，抢占行业国际竞争制高点势在必行。

高端化学品的本质要素是产品的纯度、晶习、粒度及其分布等。结晶作为一个重要的分离与纯化单元，是提高产品质量、制备高端化学品的关键手段。结晶是一个从无序分子到有序晶体产品的相变过程，无序的分子通过分子识别和超分子自组装形成特定的晶体结构，再经过结晶过程的分子识别和自组装过程排除杂质分子，得到高纯度的结晶产品，达到分离纯化的目的。与此同时，不同的组装形式，会得到具有不同的物理化学性质的产品。因此，通过调控结晶工艺参数控制晶体的分子组装方式是实现高端化学品制备的关键。

化学纯度主要关注的是化学品中杂质含量。一般来说，化学产品中杂质是指在研发生产以及贮存运输过程中产生或引入的有害物质，这些杂质的相关信息与特定的化学产品有关，是可能与目标产品结构相似的其他化学物质。如药物的多晶型、生物医药制品中一些发生基因异常表达的蛋白质、放射药品在放射过程中产生的一些衰减物质、无机盐以及含有的一些重金属等均可以归类为药物中的杂质。严格的化学组成对于高端晶体产品有着重要的意义。以碳酸锂为例，普通的工业级碳酸锂（质量分数>98%）与电池级的碳酸锂（质量分数>99.9%）的价格差异巨大，造成两者区别的主要指标就是纯度。而晶体的纯度对于晶体产品的质量和用途有很大影响，以单晶硅为例，纯度为 99.9999% 的单晶硅产品就只能用于太阳能电池，而纯度为 99.999999999% 的单晶硅则可用于芯片的制造。如药品中含有的杂质大多都具有潜在的生物药理活性，影响药物的功效以及药物的安全性能，在某些条件下有些杂质甚至还会与药品发生反应，产生未知的毒性作用，危及患者的生命健康。

高端化学品普遍以晶体的形式存在，同一个物质结晶出不同的晶体被称为同质多晶现象。造成晶体存在多晶型现象的原因是构成晶体的分子或原子的排列方式不同。晶型纯度是指当同种分子存在两种或者两种以上的组装方式形成不同的晶体结构时，目标的晶体结构所占的百分比。多晶型的概念属于晶体工程范畴，从分子组装和结合方式入手，常将无溶剂型多晶型、溶剂化合物、共晶、盐并列。结晶过程中，由于结晶条件的变化，例如：溶剂组成、温度、浓度、过饱和度、pH 值、搅拌速度、杂质等都会导致晶体内部质点元的构型、构象发生变化，或者相互之间的结合方式和作用力改变，都可以使晶体出现不同的晶胞参数和空间群，从而形成多晶型现象。例如：对于碳酸钙，霰石通常是在高温条件、高过饱和度下生成，超高过饱度下可以生成无定型。高过饱和条件下 D-甘露醇的成核晶型是 α 晶型；低过饱和度下成核的是 γ 晶型。对于茶碱而言，温和条件下无水溶剂中制备的是晶型 Ⅱ，高温时晶型 Ⅰ 是稳定晶型。

对于化学品来说，不同晶型的产品由于晶格中分子排列方式的不同，会导致晶体内部分子间作用力以及表面性质的差异，从而引起不同晶型产品的各种理化性质（如溶解度、熔点、密度、硬度、热容、晶体形态、机械性能等）的变化，这不仅影响产品的流动性、可压缩性、凝聚性等加工性能，更重要的是还会引起产品的生物利用度、生物活性以及溶出速率、溶出度、稳定性等的质量差异。因此研究高端化学品多晶型及其构效关系、开发晶型优化技术、实现特定单一晶型的规模化结晶生产具有重要意义。

晶习是指晶体在一定条件下呈现出的外观形态，晶习的优劣是晶体产品最重要的质量指标之一。对于给定的具有固定晶体形式的化合物，晶习由一定条件下晶体不同晶面的相对生长速率决定，在给定晶面上生长速度越快，则该晶面在晶体上所占面积越小。从结晶学角度分析，晶习严格受晶体内部的分子结构制约，真空体系中，晶体可自发地生长成为具有对称几何外形的多面体。而在溶液环境中，晶体生长受外部因素，例如溶剂、温度、添加剂的影响，晶体趋向于往某一特定晶面方向生长为具有特定形貌的晶体。

在制药和饲料添加剂行业中，良好的晶习不仅能够改善晶体产品的过滤性、流动性，有利于后续包装、加工、运输及储存等操作，还会影响药物的稳定性、溶解性、生物利用度等。例如，片状晶体由于在过滤过程中容易发生聚结，滤饼的渗透性差，导致过滤和洗涤效率低下；而针状晶体由于易聚结，会导致杂质包藏，纯度低，且流动性差、堆密度低，会严重影响与辅料的混合以及最终的压片过程。相反的，块状晶体由于更容易洗涤、过滤和混合，且流动性好堆密度高，易于运输和存储，是大部分晶体产品的目标晶习。在结晶过程中，晶习的好坏主要取决于晶体的生长，然而由于缺乏对晶体生长机理的深入认识，导致晶习优化往往基于经验操作，效率低、成本高。因此，通过深入了解晶体的生长过程，探究结晶条件对晶体生长的影响机理，对高效调控结晶工艺参数、优化操作条件以及制备满足市场需要的高品质晶体产品具有重要意义。

化学品粒度及其分布（crystal size distribution，CSD）是一项衡量晶体产品质量的重要指标，直接影响着粉体性能，包括流动性、堆密度、可压性、变形性能和溶解速率等。一方面晶体粉体性能的优劣对后处理过程产生较大影响，例如作为片剂使用的原料药需要经过与辅料混合和压片等工艺，若原料药晶体的分散性差，粒度分布不均匀，则会存在混合效果差的问题。另一方面，对晶体的粒度进行调控时需要根据具体产品的实际需求进行研究，例如虽然大粒度的产品堆密度较高，但小粒度的晶体由于比表面积较大，溶解速率具有较大的优势。因此，晶体粒度控制对于高端化学品具有重要意义，而粒度控制指标的确定需从结晶工艺过程和产品应用等方面进行综合考虑。

目前，粒子产品工业主要依赖于后处理技术（干/湿磨）来实现 CSD 的调控，但这些后处理技术使工艺流程变得繁琐，生产成本增大。而通过结晶过程中初级成核和二次成核来生产粒度分布均匀的晶体产品是一项重要且具挑战性的任务。近几年，随着连续结晶、原位测试技术、过程分析技术（process analytical technologies，PAT）等的兴起，为设计和控制结晶过程 CSD 提供了新思路和新方法。如 ATR-FTIR（衰减全反射傅里叶变换红外光谱）和 ATR-UV/Vis（衰减全反射紫外/可见光谱）可以实时监测结晶器内过饱和度（浓度）的变化；FBRM-PVM（聚焦光束反射测量-粒子图像测量仪）能够在线监测结晶过程晶体粒子的弦长分布、数量、晶形等；在线拉曼技术能识别多晶型，对转晶和固体混合物中不同晶型的晶体比例进行定性和定量分析。然而，工业结晶过程 CSD 控制仍然还面临着一系列挑战，在模型控制方面，需要开发多维的粒数衡算方程，并对晶体的聚结、破碎以及存在杂质等接近实际生产状况的现象建立模型，以提高模型精度；在无模型控制方面，需要发展更为精确的可识别晶体聚结和重叠的实时粒度监测工具，为 CSD 的控制提供可靠的技术支持。其次，CSD 控制策略在工业放大环节也存在挑战，实验室规模和工业规模的结晶器在传热、传质、流体力学等方面有很大的差距，工程放大会对晶体的成核、生长、聚结、破碎产生影响，这就需要将结晶动力学和流体力学以及传递过程相关理论耦合起来，设计出更优的 CSD 控制策略。

8.2.2 医药工业结晶及药物多晶型

作为晶体学的一个重要分支，药物晶体学旨在解决药学发展中的相关晶体学问题，是近年来发展起来的新兴学科，也是得到药学和晶体学领域广泛重视的一门交叉学科。而固体药物的多晶型现象作为这一学科的重中之重，更是得到了国内外的科学工作者的广泛研究。早在 19 世纪人们就已经发现了许多化合物都具有二重性（二态体），而同一种化合物的不同的晶型会表现出不同的物理化学性质，表 8-1 中列举了多晶型可能具有的不同物理性能。通过化合物结晶能够得到不同熔点、不同晶习、不同溶解度的固体物质。

表 8-1 多晶型可能具有的不同的物理性质

堆积性质	分子体积和密度	光谱性质	电子态转换
	折射率		振动能转换
	导电性和传热性		核自旋态转换
热力学性质	吸湿性	动力学性质	溶解速率
	熔点、升华		固态反应速率
	结构能		稳定性
	焓	表面性质	表面自由能
	热熔		界面张力
	熵		晶习
	自由能和化学潜能	机械性质	硬度
	热力学活度		应力
	蒸气压		兼容性、压片性能
	溶解度		流动性、混合性

据统计，90%以上的药物产品的 API（活性药物成分）最终是以晶体的形式存在的，据美国 FDA（食品药品监督管理局）统计，超过 70%的药物化合物分子均存在药物多晶型现象，表现在医药晶体的功能性指标（如药效、生物活性、稳定性等），都取决于它的形态学指标——晶型、粒度分布、尺度效应等。随着科技的发展及研究的深入，人们发现药物的纯度及粒子形态学指标是决定产品物化性质和功能的本质要素。近年来，世界各国对于医药结晶技术的发展十分重视，结晶技术对于药物活性组分质量的控制作用也愈加突出。相比于其他分离技术，结晶有着无可替代的优点：①纯度高，结晶过程可以极大地提高药品的纯度，可以从含有杂质的多组分溶液或者熔融混合物中分离出高纯的或超纯的药物晶体，有利于药物的包装、运输及贮藏；②选择性高，部分药品必须以特定的晶型存在才可以表现出药物活性，结晶分离技术对于分离 API 有着重要的作用；③能耗低，结晶分离过程操作温度低且高效，对于热敏性的药物活性组分可以起到保护的作用；④通过结晶分离过程可以控制晶体的粒度分布（CSD）和晶习等，从而提高药效及生物活性。

多晶型的定义发展到目前为止总结起来有狭义和广义两种理论。狭义多晶型认为化合物分子在固体状态下存在两种或两种以上的排列形式，这种多晶型也称为同质多晶型。多晶型的广义学说则认为除了同质多晶型以外，水合物、溶剂化合物、共晶、对应的成盐物质和无定形均可称为多晶型现象。我们可以用下面的图 8-6 表示多晶型。

多晶型主要存在两种方式：①堆积方式的不同，例如刚性分子在晶体中的排列方式不同；②分子构象不同，例如柔性分子在晶格中存在多种不同的构象。堆积多晶型最典型的例子是金刚石和石墨，构象多晶型最典型的例子是 2-（2-硝基苯氨基）3-氰基-5-甲基噻吩（ROY），已经报道的有 14 种晶型。

药物多晶型的研究意义在于优势晶型的筛选和制备。一般来讲，化学药物都会存在多种晶型，然而并不是所有制备的晶型都可以作为临床应用的药物，需要在众多的晶型中筛选出最优势的晶型，主要从以下几个方面考虑：制备工艺的可行性、溶解度、稳定性、粉体性能、生物利用度、吸收特性、毒性作用、药效作用等。目前大部分药物都存在多晶型或者溶剂化合物，很多原研药企已将很多晶型申请专利保护，我国是仿制药生产大国，仿制药企为了打

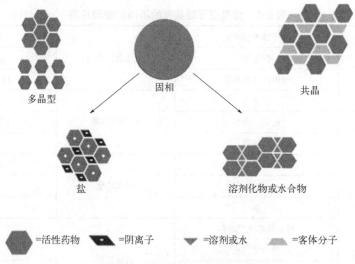

图 8-6　广义药物多晶型示意图

破原研药厂的专利壁垒，急需筛选出新的晶型才能合理地获取仿制药的生产资格。同时，原研药厂总是期望在专利期限到达之前开发出新的晶型以获取更长的专利保护。因此，不论是从药效的角度还是从商业价值角度，药物多晶型的研究都显得尤为重要，特别是近十年，国内的制药企业相继成立了独立的结晶部门，专门开展药物多晶型的筛选及结晶工艺优化工作，这极大地推进了我国药品晶型开发研究能力的提升。

天津大学化工学院的王静康院士带领团队成员尹秋响、王永莉、张美景、龚俊波、侯宝红和郝红勋等人出色完成多项有关医药结晶技术的"十五"国家科技攻关任务，系统研究了不同类别医药等功能产品形态学特征，发明了其分子组装与晶型优化技术，获 5 项相关发明专利；进而建立了晶体形态优化方法学，解决了产品中晶形不唯一的国际难题；开拓了耦合结晶新技术，实现了分子有序组装与规则排列和智能化调控的过程；完成了发明成果的产业转化，达到了由分子层次研究直至产业化集成创新的多尺度研发目标，领先实现了该共性技术的突破。该专利核心技术成功应用于药用氨基酸、盐酸大观霉素、头孢曲松钠等十余种产品，建成 17 条精制生产线。该系列技术成果分别获 2006 年度教育部科技进步一等奖、2007 年度天津市技术发明一等奖和 2008 年度国家技术发明二等奖。天津大学国家工业结晶工程技术研究中心的龚俊波教授带领团队通过多晶型精准制备技术改善了Ⅰ晶型硫酸氢氯吡格雷的晶型纯度和晶体形态，绿色精制得到稳定的Ⅰ晶型球形晶体，大大提高了产品流动性和堆密度，有效解决了后续制剂工艺的难题，药品质量稳定，疗效好，实现了国有硫酸氢氯吡格雷片"泰嘉"的上市，突破了制药结晶中的"卡脖子"问题，首批通过国家仿制药一致性评价。依托该技术申报的项目"抗血栓药物硫酸氢氯吡格雷绿色关键技术及产业化"获得 2017 年中国产学研创新成果奖一等奖，申报的专利"一种制备球形硫酸氢氯吡格雷Ⅰ晶型"获得 2019 中国专利金奖。

8.2.3　绿色分离"晶"制技术

遵循绿色化学化工原则，传统工业结晶技术必须向绿色高效集成化发展。随着人们对环境生态化的要求以及能源、资源危机面临的挑战，结晶精制工艺既要求选择环境友好的溶剂体系，又需要使结晶过程向集约化、减量化、节能、降耗、减排的目标发展。换句话说，现代工业结晶技术将更加注重与其前后操作单元的绿色集成与耦合。以 A 晶型盐酸帕罗西汀结晶过程为例，国际专利技术采用三步法制备工艺，天津大学发明的新专利技术采用一步实现 A 晶型盐酸帕罗西汀的制备，选用绿色易回收溶剂，过程效率大为提高，与国际专利技术相比，节能 70%，原材料消耗降低 80%，废物排放降低 80%，实现了质量和耗能的集成，达到了对环境影响最小的循环经济发展目标低能耗、高效分离蛋白质、同分异构体、共沸体系等。

我国的工业结晶技术在追求高端化学品产品质量的同时在技术上仍需要进一步的革新，我们一直在探索一条绿色高效的分离之路。那么对于工业结晶分离过程而言，什么是可持续发展的绿色分离精制技术的发展方向呢？

（1）溶剂的选择　我们知道大多数的结晶过程都是溶液结晶过程，这中间几乎都要引入溶剂这个成分，而在实际生产过程中有机溶剂用得也会比较多，这就导致或多或少带来一些溶剂残留，对于食品或者药品来说，这一点"残留"可能就会引发食品的安全问题或影响药品的药效，有时甚至会带来毒性，这就要求我们在结晶过程尽量选择低沸点、易挥发，容易干燥的溶剂。

（2）结晶过程的选择　目前的结晶技术大部分是针对间歇结晶过程的研究，但是间歇过程存在它不可回避的弊端，比如效率低、产能低、耗能大，批次间产品质量差异大等，这就要求我们开发出一种连续结晶技术，使得生产工艺向高产能、低能耗、无批次间差异方向发展。另外，传统的结晶工艺可能仅仅是为了提高产品纯度，但是对于工业结晶分离技术，除了关注产品纯度的同时也要解决由于颗粒特性带来的后处理问题。比如大多数情况下，我们都希望得到一种粒度均一、尺寸较大的固体颗粒，这样会大大加速粒子的过滤、洗涤、干燥过程，此外粒度均一、堆密度较大的颗粒给后期的运输也会带来利好。

（3）结晶设备的选择　传统的设备自动化程度低，随着计算机技术的发展，现代工业结晶设备已经开始向智能化迈进，一方面降低了人工成本，另一方面能够准确控制工艺参数，此外还能有效避免操作不当引起的安全问题，当然这些都离不开待结晶组分的分离特性。在提高产品质量的同时寻求一种更加绿色、友好的工艺流程，这是我们工业结晶技术一直努力的方向。

8.2.4　智能制造在工业结晶中的应用

工业结晶具有多目标、非线性和强耦合的特点，在国际上被公认是最难设计的化工单元操作之一。面向智能制造发展的重大战略需求和历史机遇，基于国内外对工业结晶和智能制造的研究现状，构建基于智能制造的工业结晶多尺度研究框架是目前工业结晶技术的重大挑战。

工信部《国家智能制造标准体系建设指南（2021 版）》中对"智能制造"的定义为：将物联网、大数据、云计算等新一代信息技术与设计、生产、管理、服务等制造活动的各个环节融合，具有信息深度自感知、智慧优化自决策、精准控制自执行等功能的先进制造过程、系统与模式的总称。回到我国工业结晶技术发展的主战场，结合相关案例，目前关于人工智能、云计算、物联网等核心智能制造技术在工业结晶中的应用，主要体现在化合物溶解度预测、晶型预测、晶习预测、共晶筛选等几个方面。

（1）溶解度预测　化合物的溶解性能是一种重要的物理化学性质，一般来说，我们用化合物在某种溶剂中的溶解度大小来表达它的溶解性。在药品开发中，一个药物在体内的溶解度直接关系到该药物的生物利用度、制剂贮存、自身给药、毒性等特性。目前，关于溶解度数据往往通过实验测定得到，近年来，由于人工智能和计算能力的大力提升，预测物质溶解度的研究成为热点。人工智能预测物质溶解度的优势在于，能够节省大量的用于实验测定溶解度的时间、人力及物力，还能够有效避免因实验测量方法、人为操作或药物纯度等一些不可控的变量的差异而引起实验测定溶解度数据产生的误差。迄今，常用的溶解度预测模型有三类算法，第一类是热力学模型，例如 UNIFAC、UNIFAC mod、COSMO-SAC 和 NRTL-SAC；第二类是定量结构活性关系（QSAR）和定量结构性质关系（QSPR），常用的有 GSE 和 QSPR 模型；第三类是机器学习算法，例如决策树法、随机森林法、K 值邻近法（KNN）、支持向量机（SVM）、人工神经网络（ANN）及深度学习等。

（2）晶型预测　随着结晶科学的不断进步，越来越多化合物的多晶型被人们发现并利用，以往关于多晶型的筛选我们只能通过改变不同的实验条件反复验证，存在盲目性和试错概率大等问题。近年来，随着研究者对开发出更多化合物多晶型的迫切需求，人们试图通过模拟计算来预测化合物多晶型可能存在的晶体结构。目前关于化合物多晶型的预测都是基于色散校正的密度泛函理论，英国伦敦大学学院的 Price 发展的 DMACRYS 晶体结构优化器和德国先锋材料模拟公司 Neumann 等开发的 GRACE 引擎较为成熟。剑桥晶体数据库中心（CCDC）每三年举办一次晶体结构盲测，最新结果表明，刚性分子以及少量柔性的晶体结构能够被很好地预测出来，此外较为复杂的物质如盐、溶剂化物和两性离子等，结构预测的准确性也较往年有所提高。人工智能也逐渐应用于晶体结构预测中。通过运用集群解决特征选择（CR-FS）和支持向量机（SVM）分类，Oliynyk 等定义了 113 个描述符，最终成功在仅有成分信息的情况下预测了等原子三相晶体的结构。美国麻省理工学院 Urban 课题组将 Behler-Parrinello 方法结合人工神经网络，成功预测了二氧化钛原子晶体的结构信息。由此可见，人工智能在预测原子晶体结构方面已经取得了一定的进展，这得益于原子晶体较为简单的组成及其刚性的分子结构。对于分子晶体来说，洛桑联邦理工学院的国家计算设计和新材料发现中心报道了对半导体材料偶氮戊烯及其 N 原子取代物的预测，将机器学习与传统的晶体结构预测方法结合，成功预测了多晶型的能量。

（3）晶习预测　晶体生长过程中的物理化学环境对晶习有着极其重要的影响，尤其是极性有机晶体，在不同物理场的条件下结晶，往往得到不同的晶习。变换结晶过程中的参数可以影响产品晶习，如过饱和度、结晶温度、溶剂、溶液的 pH 值、杂质、添加剂等。鉴于晶习在众多领域的重要影响，人们一直对其控制和理论预测表示了极大的兴趣。近年来，晶习预测理论得到了快速发展，一些重要的成果相继发表。预测晶体的理论生长形态有助于了解晶体的生长过程和机理，并对结晶过程的控制提供重要的指导。因此，晶习预测已经成为当前相当活跃的研究领域。然而，由于结晶过程涉及领域的复杂性，晶体的成核及生长机理还不成熟，因此大部分预测理论还处于定性阶段，定量研究还需要进一步的努力。晶习的决定性因素是各晶面的生长机理与相对生长速率。由于晶体中各个晶面性质的不同，如晶面外露的基团不同、吸附的选择性和强弱不同、各个晶面的力场和微结构的差别，故不同的晶面在相同的生长环境下也可能具有不同的生长机理及生长速率。晶习预测的实质就是对各晶面的生长机理和相对生长速率作出判断。目前，常用于晶习预测的模型很多，广泛应用的主要有 BFDH 模型、PBC 模型和 AE 模型等。Cerius^2 是 Accelrys 公司推出的分子模拟软件，该软件为用户分析预测分子在空间的三维结构提供一个平台，使得研究者可以在原子尺度了解物质的微观结构与晶体晶习的关系。该软件还提供了强大的图形处理和计算功能，可建立分子、晶体、界面、聚合物以及无定型结构的预测模型。

（4）共晶筛选　药物共晶是指活性药物成分（active pharmaceutical ingredient，API）与共晶形成物（cocrystal former，CCF），以氢键或其他非共价键形式结合形成的新晶体。近年来，药物共晶筛选技术成为改善药物溶解度、稳定性等性质的研究热点。然而共晶筛选技术主要集中在研磨法、溶剂结晶法、热力学方法（溶剂缓慢挥发、熔融结晶、溶剂介导）。通常借助红外光谱 IR、热分析 DSC 和粉末 X 射线衍射（PXRD）、单晶 X 射线衍射进行结构确证（SXRD），由于筛选过程缺乏理论指导依据，存在一定的盲目性，造成操作者在时间、精力和实验资源上的浪费。这亟须发展一种可以作为共晶筛选或理论预测的计算方法。剑桥结构数据库（CSD）筛选技术是利用 CSD 中大量晶体结构数据，结合超分子合成子的选择，可以在上万种有机物中初步筛选具有合适构象的共晶配体；三元相图分析法可以通过绘制共晶相图简单直观地显示共晶形成区域，有效指导共晶的生成；通过热力学建模（优化），对所有可用的热力学和相平衡数据同时进行评估，以获得一套关于所有相的吉布斯能量与温度和组分的模型方程。这些方程允许对所有热力学性质和相图进行反向计算。商用的软件包例如 Thermo-Calc，MTDA-TA，Pandat 和 Fact Stage 可以对相图和热力学性质进行建模和计算，从而为共晶的筛选节省成本；流体热力学理论指导 Abramov 利用 COSMO-RS 高效准确地筛选活性药物成分的辅料，API 共晶混合物相对于纯组分的剩余焓反映了这两种化合物共结晶的趋势；基于机器学习算法的预测工作集中在纯组分和共晶熔点的比较和共晶结构的预测，这些算法需要对每一组可能的共晶体成分进行重要的计算，因此计算成本很高。此外，人工神经网络被成功地应用于预测共晶体的熔点，Wicker 等使用 RDKit cheminformatics 工具包和支持向量机算法，使用分子描述符创建了预测模型，可以用来指导特定 API 的共晶配体的选择。

随着人工智能技术的不断创新和发展，智能制造必将在晶体产品设计、开发、生产中发挥着越来越重要的作用。

8.3　多种分析手段及 PAT 技术在工业结晶技术中的应用

8.3.1　晶型分析方法

不同晶型由于分子在晶格中排列方式和分子间相互作用力的不同，会表现出不同的物理化学性质，如熔点、稳定性、溶解度、晶体形态等。随着光谱技术和热分析技术的快速发展，用来研究多晶型的手段越来越广泛。传统的研究方法有 X 射线衍射法（包括单晶和粉晶技术）、熔点分析法。但这两种方法均存在一定局限性，单晶衍射对晶体质量要求很高，在实际试验中常常难以实现，而多晶衍射对于一些同构型的溶剂化合物存在一定的鉴别盲区，此外熔点分析仅适用于不同晶型具有不同的熔点且融化发生前不存在分解的化合物晶体。因此，在表征物质多晶型时常常需要用多种测试手段和分析方法对化合物晶型进行综合判定才能得出结论。下面将简单介绍几种分析方法的基本原理和特点：

（1）X 射线单晶衍射　晶体的周期性有序排列结构可以当作一个衍射光栅，会对入射的 X 射线引起干涉效应，在特定的相位上出现衍射斑点。X 射线单晶衍射就是利用这一原理来测定组成晶体的分子、原子和离子在晶胞中的三维空间位置，其结果可以具体到晶体的晶胞参数、每个原子或离子在晶胞中的空间坐标、原子或分子间的键长、键角、扭曲角、二面角等，可以完整描述一个晶体结构的所有信息。

（2）X 射线粉末衍射也称多晶衍射　与单晶衍射原理类似，不同的是它的测试对象主要为粉末多晶体或高聚物等块状或薄膜样品。单晶的探测器属于三维探测器，而多晶衍射只记录了强度数据，多采用一维探测器，因此只能对多晶型样品进行定性或者半定量分析。但是随着计算机技术的发展和专业软件的开发，利用粉末结构信息解析单晶结构的可行性正在逐步提高。目前常用来进行结构精修的软件有 GSAS、FULL-PROF、BGMN、JANA2000 和 DBWS 等。

（3）热分析方法　常用的热分析仪有示差扫描量热仪和热重分析仪。示差扫描量热仪（DSC）主要用来记录升降温过程单位质量的物质吸放热情况，可以得到物质的熔点、凝固点以及玻璃态转换温度，也可以通过物质升温或降温过程中的热通量变化来间接得到化合物的比热容。一般来说，不同溶剂化合物对应的脱溶剂温度、脱溶剂吸热焓会有所不同，但也存在不同溶剂化合物脱溶剂温度、熔点信息差别不显著的情况，因此热分析方法并不能作为直接鉴别溶剂化合物或多晶型的唯一手段。对于一些热稳定性差的多晶型物质，即物质在未达到"熔点"之前就产生了分解，可以通过热重分析，考察不同温度对应的质量变化过程。热分析方法也可作为溶剂化合物研究的一种辅助手段。

（4）扫描电镜　通常不同晶型对应的晶习也会有所差异，通过扫描电镜考察不同试验得到晶体的固体形态也可以作为考量多晶型是否存在的一种简易方法。但是同一种晶型也可能会受结晶环境比如溶剂、力场、添加剂等因素的影响而得到不同的晶习。

（5）核磁共振　从核磁共振谱图可以得到化学位移和耦合常数，通过这些信息可以推导出碳、氢等原子的相对数量、化学形态以及相互关系，进而可以得到化合物中化学键合的信息，从而计算原子之间的距离和估算分子间作用力等。因此，不同晶型分子排列方式的不同也会引起核磁共振谱图的不同，但结果也不是绝对的。在实际科研中，常常会遇到一些通过其他手段已确定为多晶型的物质但是其在核磁共振谱图上没有明显不同。

（6）拉曼光谱　拉曼光谱是一种散射光谱，通过对不同频率的入射光的散射效应得到分子振动和转动等方面的信息。不同晶型由于在晶格中的排列方式不同，分子间相互作用力有所差别，对入射的拉曼光所产生的散射效应也不同。同时，拉曼光谱也可用于多晶型的定量分析，分子拉曼光谱法对于低频振动的检测具有明显优越性，甚至可检测到分子的晶格振动，其谱带强度与待测物浓度的关系遵守比尔定律，亦可用于化合物定量分析。此外，在线拉曼光谱也常被用于监测合成或结晶过程的晶型转换，同时作为一种重要的过程分析技术（PAT）广泛应用于药品的研发及工艺过程的优化。

8.3.2　粒子形态分析方法

粒子形态是指固体颗粒的外部几何形态，对于晶体产品来说，晶体的外观形态我们称之为晶习或晶癖，我们常见的晶体晶习有针状、片状、块状和棒状，常用的测试手段有显微镜、扫描电镜等。

扫描电镜是利用电子枪发射电子束经聚焦后在试样表面作光栅状扫描，通过检测电子与试样相互作用产生的信号对试样表面的成分、形貌及结构等进行观察和分析，主要用于样品微区形貌、结构及成分的观察和分析。扫描电镜具有高的分辨率、良好的景深以及简易的操作等优点，在材料学、物理学、化学、生物学、考古学以及微电子工业等领域有广泛的应用。在工业结晶中，通常采用扫描电镜技术对晶体产品的外观和形貌进行扫描分析，此外，对于一些大颗粒的晶体产品或材料也可以直接用显微镜观察。

8.3.3　过程分析技术

（1）粒子影像测量（particle vision measurement，PVM）在线监测技术　PVM 技术是一种基于探针的高分辨率原位视频显微镜，它可以实时监测结晶器内的某一固定区域，提供该区域内晶体或液滴的实时图像，如图 8-7 所示。PVM 使用六个独立的激光源照射悬浮溶液，悬浮溶液散射回来的散射光被图像传感器 CCD 接受，将图像信息转化为数字信号，显示在配套软件上。

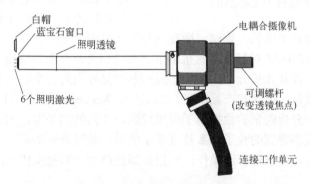

图 8-7　PVM 工作原理图

在结晶过程中，PVM 一般被用于检测成核、固体粒子溶解以及粒子尺寸、数量和形状的测量，可以非常直观有效地反映出结晶体系内的真实情况。PVM 可以实时反映结晶过程的晶体形貌特征，它自动连续摄取和储存单个的图像，并用软件对图像进行在线或离线分析处理，得到颗粒数目、形状、尺寸分布和变化曲线，确定一个取样标准获得一系列高分辨率显微图像直观地观测晶体的生长情况。Borsos 等人[1]通过 PVM 对颗粒的形貌和大小进行了实时监测，并利用计算进行实时处理计算得到颗粒分布曲线，根据得到的数据与预期值的偏差调整体系温度。随后，作者进一步建立了通过 PVM 和粒子图像处理反馈控制磷酸二氢钾结晶过程，并且对比分析通过 FBRM（聚光束反射测量）数据和 PVM 数据反馈控制结果，温度曲线结果的一致性说明了两种在线数据的反馈控制结果也具有一致性，同时也说明了 PVM 图像处理法也适用于反馈控制。此外，利用 PVM 监测油析过程应用也非常广泛，Gerry Steele 和 Emilie Deneau[2] 研究了化合物在乙醇和水混合溶剂中的油析现象。在冷却结晶过程中，将 FBRM、PVM 和 ATR UV/vis 联用得到了化合物油析和结晶过程的溶液及粒子状态，提出了冷却结晶中油析结晶五个主要阶段，该研究利用 PVM 可以清晰地观察到油滴融合变大的过程。

（2）聚光束反射测量（focused beam reflectance measurement，FBRM）粒数分布在线监测技术　FBRM 是一种基于探针监测的技术，其工作原理是通过一个快速旋转的激光在接触晶体前后的反射时间的长短来判断被检测颗粒的尺寸并通过反射数量来判断晶体数量，其测量得到的一般为晶体的弦长分布（CLD）。FBRM 工作原理见图 8-8。

FBRM 是测量颗粒尺寸范围为 0.25～1000μm 的一种相对较新的在线直接测量技术，它能动态量化和控制工艺参数对颗粒系统的影响，也能量化颗粒系统对下游性能（分离性、反应性、分散性等）的影响。FBRM 可以在线实时给出悬浮液中的粒子的粒度及粒子数量随时间的变化的曲线。FBRM 被广泛应用于监测溶液中颗粒数量和尺寸的变化。由于 FBRM 测

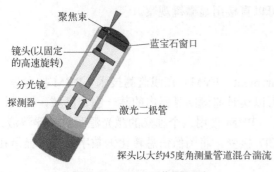

聚焦束

镜头(以固定的高速旋转)

分光镜

探测器

蓝宝石窗口

激光二极管

探头以大约45度角测量管道混合湍流

图8-8　FBRM工作原理图

量的是晶体的弦长分布而不是实际的直径，其测量值受粒子形状、尺寸、数目的影响，而可视化的监测技术则提供了更高精度的粒子形状和尺寸的表征，所以在结晶过程中，通常采用FBRM与PVM联用。FBRM一般可以用于检测结晶过程中的成核现象、固体颗粒的溶解以及粒子尺寸和数量的变化等。因此，FBRM已被成功应用于表征介稳区宽度、结晶二次过程控制、多晶型转变、颗粒分散控制、溶解度测定等，还可被用于监测粒子生长、聚结、微观或介观尺度混合等。

孙苗等人[3]运用FBRM对灯盏花素抗溶剂结晶过程进行全面、快速、高效的监控，揭示了颗粒的形态、弦数以及弦长分布，阐释了反溶剂结晶过程的三个阶段和结晶终点的控制，有利于保障批次间质量一致性和产品质量。David A. Acevedo等人[4]利用FBRM监测扑热息痛药物的结晶过程，分析收集的数据用于反馈控制，在药物结晶前，预先进行目标粒子数目的设定，当溶液中监测得到的粒子总数超过设定值时，此时升温溶解一部分粒子，相反，当监测值小于设定值时，便进行降温操作，通过反馈控制溶液的温度优化产品性质，从而减少批次间的差异。

值得注意的是该方法的优点在于以在线方式实时监测结晶体系中颗粒粒度与晶习的变化，避免了离线分析时在取样、过滤过程中，颗粒发生聚结、破碎等转变而导致测量结果失真。对于某些固液混合程度不佳或者溶剂黏稠、固体含量较高的体系，FBRM技术测量的结果有较大的偏差，同时作为一种干扰技术，监测时或多或少会影响结晶过程。

（3）拉曼光谱（Raman spectroscopy，RS）在线监测技术　RS技术是利用光的散射原理，通过检测特征频率的分子振动来确定物质化学结构的一种原位测量手段。当单色激光光源照射样品时，由于光子与样品分子振动的相互作用，光子发生能级跃迁，使得散射光的激光波长与入射光的波长不同，发生了光的非弹性散射，由此而产生特征的Raman光谱。此过程可以同时监测液体和固体样品。Raman光谱谱带的强度与待测物浓度的关系遵守比尔定律，因此，Raman光谱还可用于化合物定量分析。Raman光谱法无需特殊制样，可直接检测，避免了制样过程对晶型的影响。在众多的在线监测分析技术中，Raman光谱法被誉为是鉴定药物产品的晶型及监测药物的相变过程最合适、快捷、可靠的手段。它能够满足实时取样检测的需要，可以快速、方便和直接地表征相转化中的变化规律。赵凯飞等人[5]用Raman光谱法研究了γ-氨基丁酸在水中的转晶过程，根据检测发现γ-氨基丁酸的晶型Ⅰ和半水合物在纯水中的液相Raman光谱存在明显的区别，晶型Ⅰ的特征峰主要有885cm^{-1}，半水合物的特征峰主要有1042cm^{-1}，通过对这两个拉曼特征峰的监测探究了γ-氨基丁酸由化合物晶型Ⅰ向半水物晶型转化。

（4）热台偏光显微镜（hot-stage polarizing microscope，HSPOM）技术　HSPOM技术主要通过内置数码摄像头记录每一时刻样品随温度的变化状态，主要用于微量级结晶过程的监测。由于不同晶型的晶体产品会具有不同晶体形貌或者偏光性能，当晶型发生转化时，在偏光显微镜下，可清晰地观察到晶体的变化。HSPOM尤其适用于观察固体药物晶型随温度的变化、固体溶剂化合物的脱溶剂过程，或者熔融结晶过程等。

Changquan Calvin Sun[6]等利用热台偏光显微镜技术研究了咖啡因水合物的脱水过程，他将塑性弯曲的咖啡因单晶用硅油固定在热台表面，进行程序升温，发现在 80℃左右的时候，水分子会首先从弯曲的部分以水泡的形式脱出，从而辅助解释了咖啡因水合物单晶弯曲的机理。

（5）原位变温 X 射线衍射（X-ray diffraction，XRD）技术　原位变温 X 射线衍射技术可以原位监测化合物的固-固相转化过程。X 射线照射到样品时，就其能量转换而言，一般分为三部分，一部分被散射，一部分被吸收，另一部分则继续沿原来方向传播。散射的 X 射线在特定的方位上会产生衍射现象，即晶面间距产生的光程差等于波长的整数倍。原位变温 XRD 测试是指对固体粉末进行程序控温的同时对样品进行 X 射线衍射扫描分析，可以考查样品在不同温度的稳定性，得到一系列样品随温度实时的结构信息变化，可以提供晶型随温度转化的直接证据，有助于深入认识到多晶型化合物晶型随温度的变化规律，还可以确定晶体材料发生晶型转化的温度点。

（6）衰减全反射傅里叶变换红外光谱（attenuated total reflection Fourier transform in frared spectrum，ATR-FTIR）在线监测技术　ATR-FTIR 是通过检测样品吸收光学致密晶体反射出的红外衰减波所产生的信号，然后将该信号转化为红外光谱，最终实现样品表层化学成分结构信息的表征。利用衰减波的目的是减弱红外吸收信号的强度，使溶液中化学成分信息获得更好的表征，这也是 ATR-FTIR 技术与中红外光谱技术的显著区别之一。

ATR-FTIR 可根据不同组分的特征吸收峰对每种组分进行定性和定量分析。同时，作为一种实用且强大的在线分析技术，除了在结晶过程中的应用外，其在药物生产的其他多个环节，如混合度监测、活性成分含量测定和包衣过程监控等均有应用。

它具有以下特点：

① 制样简单、无破坏性，对样品的大小、形状、含水量没有特殊要求；

② 可以实现原位测试、实时跟踪；

③ 检测灵敏度高，测试区域小，检测点可为数微米；

④ 能得到测量位置出物质分子的结构信息、某化合物或官能团空间分布的红外光谱图像微区的可见显微图像；

⑤ 能进行红外光谱数据库检索以及化学官能团辅助分析，确定物质的种类与性质；

⑥ 在常规 FTIR 上配置 AIR 附件即可实现测量，仪器价格相对低廉、操作简单。

ATR-FTIR 对于监测结晶过程过饱和度的变化有十分广泛的应用。众所周知，过饱和度是晶体生长和成核的基本推动力，是调控晶型、形貌、粒度分布的重要参数，对于晶体产品的质量具有重要的影响。当过饱和度低时，成核的诱导期慢，晶体生长快于成核，从而导致更大的晶体尺寸分布。当过饱和度高时，晶体成核优先于晶体生长，则会导致晶体尺寸变小。实现对结晶过程中过饱和度的动态检测与控制，是确保晶体产品质量的关键，也是结晶过程中的研究热点。因此如何实现对结晶过程中过饱和度变化的监测与表征，并最终使其处于一个动态、可控制的范围内已成为结晶技术的关键问题。其中，ATR-FTIR 作为一种重要的在线分析工具已成功用于结晶过程中过饱和度的监测。此外，ATR-FTIR 还可应用于转晶过程的监测。由于不同晶型具有不同的溶解速率，根据浓度的变化，可以检测到转晶过程。

（7）衰减全反射紫外/可见光谱（attenuated total reflection ultraviolet/visible spectrum，ATR-UV/Vis）技术　ATR-UV/Vis 是由价电子跃迁产生的一种电子光谱，该技术通过检测物质对紫外/可见光的吸收程度，可得出该物质的组成、含量以及结构信息，其获取信息便捷且精确。由于大多数有机化合物官能团具有紫外吸收，所以 ATR-UV/Vis 的适用范围很广泛，可在药物的结晶精制过程中同时实现对晶体成核、多晶型转变与过饱和度变化的原位监测。Simone[7]等人通过红外-紫外光谱仪监测溶液浓度和过饱和度，通过过饱和度的反馈调节控制温度曲线，对比了这种反馈控制结晶和直线降温结晶产品的质量，发现反馈控制的产品纯度高、粒度分布集中。李炳辉[8]采用 ATR-UV/Vis 光谱探究不同降温速率、反溶剂添加速率对结晶过程的影响，测定了 5′-肌苷酸二钠和 5′-核苷酸二钠的反溶剂/冷却结晶过程的动力学参数，结合指数型经验方程回归得到了一系列不同初始溶剂、不同初始温度时不同降温速率、反溶剂添加速率的动力学方程。通过对比过饱和度与预设范围值的上下限，确定过饱和度调整方向。当过饱和度高于上限时，减小降温速率和/或反溶剂添加速率；当过饱和度低于下限时，则增大降温速率和/或反溶剂添加速率；当过饱和度在预设范围内时，则不改动工艺参数。

8.3.4　在线分析技术在工业结晶中的应用

（1）PAT 技术在药物多晶型溶解度测定中的应用　同一种药物分子，由于分子组装方式的不同会产生不同的晶型，不同的晶型溶解度、溶出速率、流动性、化学稳定性等性质不同，对药物的存储、药效的发挥具有重要的影响。对于不同晶型药物分子溶解度的测量有助于为制备特定晶型提供理论指导依据。尤其是对于互变多晶型，确定晶型转变的温度最可靠和最直接的方式就是测量不同晶型的溶解度。传统的溶解度测量方法主要包括静态法和动态法，静态法需要经过充足的时间使药物晶体与溶剂充分混合从而达到热力学平衡，耗时较长。动态法则需要对于溶解过程进行动态监测，耗费人力物力。对于介稳晶型溶解度的测定，当使用静态法进行测量时，有可能发生转晶行为，从而导致测量的晶型并不是目标晶型的数据。通过将 FBRM 和 RS 进行联用，便能够很好地解决介稳晶型的溶解度测定问题。一方面利用FBRM 进行相应晶型溶解度的测定，另一方面可以实时监测溶液中固相的结构，从而避免转晶的发生，确保测量数据的准确性。

（2）PAT 技术在多晶型转晶过程中的应用　对于相转化的研究，首选 ATR-FTIR 和 RS的组合，前者检测浓度的变化，后者检测固体晶型的变化。例如借助 FTIR-ART 技术可以监测人生皂苷化合物 K 的转晶过程；甲醇溶剂化合物和水合物有其各自的特征峰，通过特征峰关联浓度可以实时监测溶液的浓度来判断转晶过程，发现转晶速率受温度、固载量和晶种的影响。在线拉曼可以用于监测柠檬酸在甲醇+水体系中的相转化行为，发现溶剂组成在整个转晶过程起到关键性作用。吴送姑[9]为了研究加巴喷丁在甲醇、乙醇、丙醇等溶剂中的晶型Ⅰ向晶型Ⅱ转晶的过程，通过在线红外对浓度进行监测、在线拉曼对溶液中的晶体的转晶过程进行实时监测，并结合 XRD、SEM 等离线表征，提出了新的相转化机理。周丽娜[10]通过红外监测技术在线监测了环索奈德丙酮溶剂化合物与环己烷溶剂化合物相互转化过程，确定了在丙酮-环己烷混合溶剂中随着环己烷含量的增大，环索奈德固体物质从丙酮溶剂化合物转为环己烷溶剂化合物（图 8-9）。

药物分子不同晶型的稳定性不同，在特定条件下，亚稳晶型会向稳定晶型转变，通常根据相转化环境的不同可分为固固相转化和溶剂介导转晶两种。为了深入认识晶型转化的机理、调控晶型转化的过程，有必要使用 PAT 技术进行原位检测。对于溶剂介导的相转化过程，RS可以有效监测溶液中晶体的晶型转化过程，给出定性或者定量的分析数据。根据待研究物系的特点，常常将 RS 与不同的在线设备进行耦合（图 8-10）。

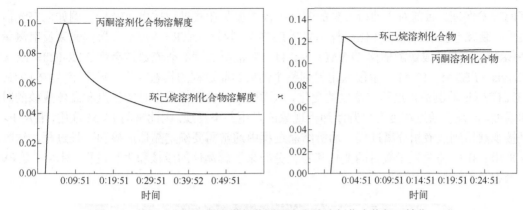

图 8-9　傅里叶变换红外光谱仪监测环索奈德溶剂化合物相互转化

（x 为环索奈德溶剂的摩尔浓度）

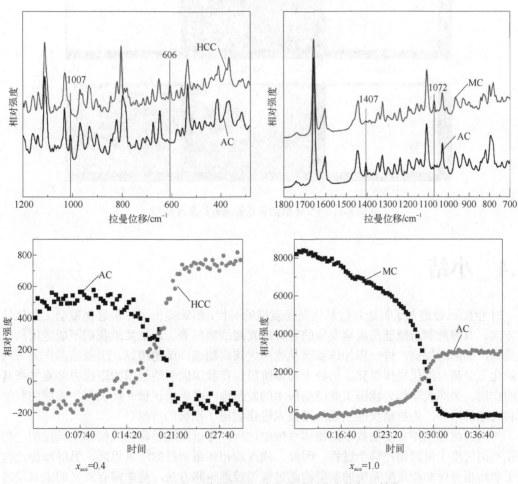

图 8-10　拉曼光谱仪监测环索奈德溶剂化合物相互转化

（x 为混合溶剂中丙酮的摩尔分数）

（3）PAT 技术在监测油析结晶过程中的应用　随着分析技术的发展，对于结晶过程中发生油析现象的研究手段也逐渐增多，油析现象的发生受多种过程控制因素的影响，因此，离线技术在研究溶析结晶过程中会受到很多限制，而在线技术的发展为研究油析过程提供了很好的技术保证。目前对于油析现象的表征手段主要是在线过程技术（PAT），例如动态光散射技术，衰减全反射傅里叶变化红外（ATR-FTIR）、紫外（ATR UV/vis），聚焦光束反射测量仪（FBRM）和粒子成像测量仪（PVM）等。目前对油析过程的研究通常会将 ATR-FTIR 或 ATR UV/vis、FBRM、PVM 多手段联用得到整个油析结晶过程的状态变化。通常用 ATR-FTIR 和 ATR UV/vis 监测油析过程中浓度的变化，从而确定油析现象发生时的浊点和晶体成核的时间和温度。但是仅通过浓度变化判断油析现象的发生并不直观，因此常与 PVM 联用，利用 PVM 直接观察得到液液相分离过程。油析结晶过程中通常需要确定晶体成核和生长过程，这时通常采用 FBRM 监测粒子数目的变化和粒径分布来了解晶体的成核和生长过程。图 8-11 是 PVM 监测香兰素油析结晶过程。

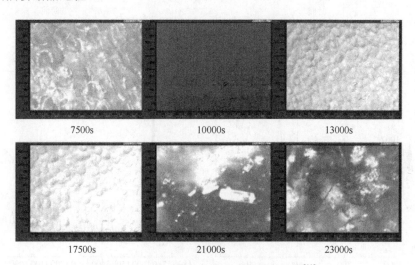

图 8-11　PVM 监测香兰素油析结晶过程[11]

8.4　小结

21 世纪已经进入了制造业信息化高速发展的时代，国家提出了以信息化带动工业化的发展方向、以智能制造赋能高质量发展的可持续发展战略部署。这就要求我们不断运用科技力量提高产品的附加值，进一步加速我国从生产大国向制造强国的跨越。工业结晶作为一门基本的化工分离与纯化操作单元，仍处于起步阶段，在我国向制造强国的迈进中必将发挥其重要的作用。天津大学作为我国工业结晶技术的发源地，多年来积极开展了相关领域的科学研究和人才的培养，为推动我国工业结晶技术进步做出了积极的贡献。

传统的结晶调控主要依赖于均相体系浓缩过程，难以实现精确的成核和生长控制，也无法在不同尺度上协同调控整个过程。因此，摆脱均相体系调控的经典思路，另辟蹊径，建立基于非均相界面和微尺度系统的新型结晶过程调控理论和方法，是非常有意义的未来发展方向。随着工业结晶的不断发展，越来越多的结晶过程与精馏、萃取、膜分离等传统化工过程耦合，包括生产电子级碳酸锂的碳化反应结晶、利用 CO_2 为酸源的 DL-蛋氨酸气-液连续反应结晶、化学反应-结晶-制剂全过程耦合连续化制药以及消旋反应-结晶过程耦合集成的手性药物 100% 拆分等，使得工业结晶这一典型化工分离技术在绿色化、连续化、集成化、微型化、智能化的化工学科发展中焕发出强大的生命力。在晶体产品工程领域，围绕经典与非经典晶体成核、生长机理的研究正不断取得新的突破，极大地丰富了结晶理论，使得包括无机盐、药物、沸石等功能晶体产品的理性设计与精准制备成为现实。

截至目前结晶仍旧是一门半科学半艺术的学科，未来的发展任重道远，期待越来越多的有志青年加入到我国工业结晶的伟大事业中来。

思考题

① 简述生活中你所接触到的 1～2 种晶体产品，并利用这节课所学到的结晶知识简述有没有需要改进的地方。

② 你从王静康院士的故事中获得了哪些启发？

参考文献

[1] Botond S, Ákos B, Kanjakha P, et al. Experimental implementation of a Quality-by-Control (QbC) framework using a mechanistic PBM-based nonlinear model predictive control involving chord length distribution measurement for the batch cooling crystallization of L-ascorbic acid[J]. Chemical Engineering Science, 2019, 195: 335-346.

[2] Emilie D, Gerry S. An in-line study of oiling out and crystallization[J]. Organic Process Research & Development, 2005, 9(6):943-950.

[3] 孙笛. 过程分析技术在两种中药注射液生产过程中的应用研究[D]. 杭州: 浙江大学, 2012.

[4] Acevedo D A, Ling J, Chadwick K, et al. Application of process analytical technology-based feedback control for the crystallization of pharmaceuticals in porous media[J]. Crystal Growth & Design, 2016,16(8): 4263-4271.

[5] 赵凯飞. γ-氨基丁酸多晶型与溶剂化物研究及其结晶工艺优化[D]. 天津: 天津大学, 2017.

[6] Hu S, Mishra M.K, Sun C.C, et al. Twistable pharmaceutical crystal exhibiting exceptional plasticity and tabletability[J]. Chemistry of Materials, 2019, 31:3818-3822.

[7] Simone E, Zhang W, Nagy Z K. Application of process analytical technology-based feedback control strategies to improve purity and size distribution in biopharmaceutical crystallization[J]. Crystal Growth & Design, 2015, 15(6): 2908-2919.

[8] 李炳辉. 基于实时监测的5′-呈味核苷酸二钠反溶剂结晶过程研究[D]. 广州: 华南理工大学, 2019.

[9] 吴送姑. 药物晶型转化过程分析与控制研究[D]. 天津: 天津大学, 2017.

[10] 周丽娜. 环索奈德溶剂化合物及脱溶剂过程研究[D]. 天津: 天津大学, 2017.

[11] 赵海平. 香兰素结晶过程研究[D]. 天津: 天津大学, 2013.

第9章
微化工

    微化工技术是 20 世纪 90 年代初兴起的集微机电系统设计思想和化学化工基本原理于一体的一种新兴技术。近几十年来，国内外开展了微混合与多相微流动、微换热与传质、微反应等微化工技术的研究和应用[1]。微反应是业界较为关注的研究内容之一，其基本思想就是在百十微米至数毫米级的微小通道中实现反应过程。微反应器的特点主要体现在质量和能量消耗少、响应时间短、比表面积大、热质传递效率高、生产灵活等。一些研究者提出了对微化工应用前景的设想——迷你工厂（miniplant）。该思想强调过程强化概念以及分散式、模块化、柔性化生产方式。迷你工厂的概念不是简单地将现有工业流程、过程及设备直接微小型化，而是在该基础上的变革性思维模式。通过微小型化的过程强化手段，实现更高效的化工工艺及过程。更重要的，实现高危反应间歇过程的本质安全化和连续化过程，实现传统工艺无法做的产品和过程[2]。目前，业界已有冰箱大小的连续流动化和集成化的药物合成工艺，便于即插即用、端对端、按需定制的药物合成的连续制造[3]。在此基础上，通过类似堆积木方式的模块化单元操作流程，与人工智能和机器学习结合，采用机械手，实现高效的定向产品的合成及相关合成路线的筛选等工作[4]。

9.1 微化工技术基本概念及特征

    微化工技术是指在百十微米至毫米级尺寸通道内实现"三传一反"的化工过程[5]。通过受限空间内微尺度下流体流动、混合、传递过程及反应的强化，提高反应、传热、传质和分离效率，提高反应的选择性，改善反应和分离条件。典型设备包括微反应器、微混合器、微分离器、微换热器等。微化工技术适应节能减排、绿色低碳、可持续发展、环境友好的发展趋势。例如，因为微通道内可实现反应物料的快速微观混合以及高效的传热和传质能力，对于强放热反应过程，采用微反应技术可以避免爆炸风险，提高反应效率，改善反应安全性。由于微化工设备的模块化，易于实现并行化微通道的数目放大，可高效推进小试成果的工业化进程。

9.2 多相微化工基础及界面传递现象

9.2.1 气泡（液滴）的生成

    气泡和液滴是微流体应用的基础，在微通道内气泡和液滴的生成机理比较复杂，吸引了许多学者[6,7]。总的来讲，常见的气泡或液滴的发生器可以分为三类（图 9-1）：错流接触的 T 形微通道：通常分散相由竖直旁路管道引入，而连续相由主管道引入，并从主管道下流流出；对流接触的 T 形或 Y 形微通道装置：通常分散相和连续相均由两旁路管道引入，并由主管道流出；聚焦流十字形微通道：通常分散相由中间的主管道引入，连续相由两旁路管道夹流引入，混合流体由主管道下游流出。图 9-1 中 Q_d 表示分散相的流量，Q_c 表示连续相的流量。

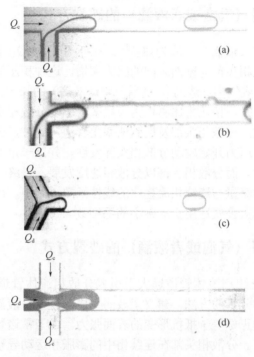

图 9-1　三种常见的气泡（液滴）生成结构图

9.2.2　气泡（液滴）在错流接触 T 形微通道内的生成

连续相以错流的方式与分散相接触并使之破裂是气泡或者液滴最常见的一种生成方式。研究表明，当连续相和分散相的驱动压力接近时，生成液滴的尺寸随着分散相的增加而增大；当两相压力相差太大时，不能生成液滴。当黏性力大于界面张力的时候，液滴头将脱离分散相，形成液滴，液滴直径与表面张力、连续相黏度以及剪切速率相关[8]。目前主要将气泡或者液滴的生成机理分为：

受限（confined）的分散相破裂方式[9]：刚生成的气泡（液滴）头很快填满两相接触区域，并在出口管道中继续发展，其发展过程受管道的结构和尺寸影响。这种生成过程中，发展中的分散相头部阻挡了连续相流体，使其只能在分散相与壁面之间的薄膜层流动。这种阻扰使连续相上游的压力增大，驱动两相界面向下游发展，并最终夹断分散相头部使之脱离，生成气泡（液滴）。这个区域也称为挤压区（squeezing regime）。一般发生在较低毛细数（物理意义：黏性力与表面张力的比值）范围。这种生成机理产生的气泡（液滴），主要由分散相与连续相的流量比控制。

非受限（unconfined）的分散相破裂方式[10]：刚生成的气泡（液滴）头不与主管道的壁面接触，整个生成过程不与主管道的壁面接触，分散相头部对连续相的流量不产生大的影响，生成的气泡（液滴）的尺寸主要由局部的剪切力（毛细数 Ca）控制。这种机理生成气泡（液滴）的区域称为滴状区（dripping regime），一般发生在较大的毛细数范围。

两种破裂方式之间的区域[11]：生成机理介于前两种之间，称为转变区（transition regime），一般发生在中等毛细数范围。这种机理生成的气泡（液滴），主要由分散相与连续相的流量比和毛细数共同控制。通常来讲，许多微通道内生成的气泡（液滴）是由这种方式产生的。

9.2.3 受限型分散相（气泡或者液滴）的破裂方式

这种方式生成的气泡（液滴）一般为弹状[9]。在低毛细数情况下，分散相头部堵塞了下游管道，这样导致了分散相头部与壁面之间的阻力突增。这种积压驱动分散相头部向下游发展，并最后使其夹断，生成气泡（液滴）。随着气泡（液滴）的长大，膜厚变小，挤压力和黏性力都变大。当膜厚很小时，挤压力比黏性力大很多，驱动分散相头部继续发展并最终使之夹断脱离。刚开始的时候，分散相头部发展到堵塞主管道，此时，分散相头部的长度大约等于管道的宽度。随后，挤压力开始驱动分散相头部发展，并以一定的速度挤压分散相颈部，该速度约等于连续相速度。而分散相头部以分散相速度发展。最终，被夹断脱离的气泡（液滴）的尺寸表示为分散相流量与连续相流量比的线性函数。其中，比例因子特征常数与微通道的结构和尺寸有关。相关公式适用于非常小的毛细数。

9.2.4 非受限分散相（气泡或者液滴）的破裂方式

一些研究者在引入连续相流体管道远大于引入分散相流体管道的微通道内研究了气泡和液滴的生成。通过受力分析的方法，建立了液滴生成的模型。液滴的脱离时刻发生在连续流体对分散相头部的曳力正好等于抵抗形变的表面张力。由于雷诺数比较小，分散相的头部受到的曳力在斯托克斯区。分散相头部在连续相中的膨胀和运动导致连续相产生局部的惯性力也加速分散相头部的脱离。阻止气泡脱离的力为表面张力。通过静力学分析得到了液滴生成的尺寸，结果表明液滴的生成尺寸与毛细数有关，与两相流量比、黏度比无关。这个简单的模型能在一定的毛细数范围内很好地预测液滴的生成尺寸。

9.2.5 转变区域内的气泡（液滴）破裂行为

在这个区域，气泡（液滴）的生成由以上两种机理共同作用，增加了建模的难度。可对微通道中生成的液滴达到生长阶段最大体积时刻进行静力学分析。然后，对夹断阶段进行分析，得出最终的液滴尺寸的表达式。生成液滴的体积由毛细数和两相流量比决定。而且，微通道结构参数（引入分散相管道与引入连续相管道的宽度比）也是影响液滴体积的一个因素。

9.3 黏度比的影响

以上模型中，很少有涉及黏度比的。不过一些研究者实验研究了黏度比对气泡（液滴）生成的影响。对于滴状区内液滴的生成过程，即非受限型液滴生成过程，在给定的流量下，液滴的体积随着连续相黏度的增大而减小。因为在相同的流量下，黏度越大黏性曳力越大，加速了液滴的夹断脱离过程。对于挤压区生成的液滴，其长度与流体的黏度无关；对于过渡区生成的液滴，当两相黏度比较接近的时候，液滴生成才与黏度比有关；如果分散相黏度比连续相的黏度小 50 倍以上，生成液滴的尺寸就与黏度比无关。对于气泡的生成过程，在受限情况下，当气液流量比增大时，预测的气泡长度比实验值要小。这是由于气泡的存在，微通道内阻力变小，积压变小，小的挤压力导致较长的夹断脱离时间，有更多的分散相气体进入气体头部，最后生成的气泡就比较大。

9.4 气泡（液滴）在聚焦流十字形微通道内的生成

9.4.1 气泡的生成

典型的聚焦流十字形微通道可以分成三种类型[12-14]（图 9-2）：（Ⅰ）毛细管聚焦形，气相被同向的液相流体聚焦流动；（Ⅱ）聚焦流十字形连接处与宽大的出口之间由一个小而短的孔连接；（Ⅲ）聚焦流十字形连接处的尺寸与出口的尺寸一样。这三种装置中，气液流量对气泡生成过程具有重要影响。同时，微通道的结构对气泡生成过程也有影响。

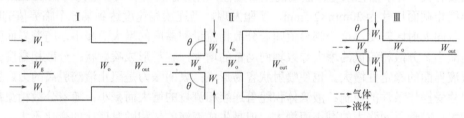

图 9-2 三种常见的聚焦流十字形微通道

对于第一种微通道结构内生成的气泡，在液相雷诺数范围为 40～1000 时，气泡直径与出口宽度的比例与气液流量比呈指数关系。对于第二种微通道内生成的气泡，在低毛细数情况下，气泡头的颈部夹断速率几乎是稳定的，与液相流量成正比。夹断速率与液相的表面张力值无关，而且比经典的不受约束的毛细管夹断速率要小得多。他们把这种不受表面张力控制的夹断过程归因于提供恒速连续流体的注射泵，当发展的分散相头部阻塞管道的时候，能量耗散增大，为了维持恒定的速度，注射泵不得不增大压力，这样的结果就是在两相接触处产生了积压，这种积压驱动分散相头部继续发展并最终被夹断。整个过程中，分散相头颈部的夹断过程中不受毛细不稳定原理的控制（即与表面张力无关），而由液相流量来控制。生成气泡的体积 V 与控制参数（气相压力 P，液相的流量 Q_1 和黏度 μ）的关系：

$$V \propto P / Q_1 \mu$$

气泡生成体积等于气体的体积流量与生成周期的乘积。在气液接触处，气泡的膨胀速度可以用泊萧叶方程来估算：

$$Q_g = P / R_r \propto P / \mu$$

式中，R_r 为流体阻力。而气泡头的颈部夹断速率由液体流量控制，得到生成周期

$$T \propto 1 / Q_1$$

气体膨胀速率与生成周期的乘积为气泡生成体积。对于第三种微结构内生成的气泡，长的气泡由于表面张力和装置的限制作用，在下游管道方向呈圆柱体形，气泡与正方形截面的

管道的壁面之间的楔形空间有流体流过。这种装置内气泡体积的估算可以近似地认为是气液两相流之间的压力竞争的结果。气泡的生成尺寸与夹断时间和气泡平均速度成正比。夹断时间，即液相流体夹断气体头颈部所需要的时间，可以近似认为气泡头颈部初始直径为微通道的宽度。气泡平均夹断速度为气液系统表观流速。气泡长度表达为通道宽度与液含率的比值。

9.4.2　液滴的生成

十字聚焦型微通道内生成液滴的结构与气泡类似[15]。这些微通道内生成液滴的区域也可以根据界面失稳形态分为滴落区（dripping regime）和喷射区（jetting regime），以及两个区域之间的过渡区域。第一种微通道内液滴的生成。对于水包油微乳化过程，用内径为 $0.7\sim100\mu m$ 的小圆管为分散相引入管，生成的液滴直径范围为 $2\sim200\mu m$。液滴生成尺寸与分散相引入管的直径、两相流量和黏度、两相间界面张力等有关。滴状区发生在毛细力远大于惯性力的情况，利用液滴脱离时刻表面张力与黏性曳力平衡原则得到预测液滴尺寸的表达式。结果表明液滴的生成尺寸由两相流量比和毛细数决定。如果分散相流量足够小，生成液滴的尺寸只与毛细数有关。对于油包水型微液滴的生成过程，所用分散相引入管道为内径 $100\mu m$ 的毛细管，连续相截面尺寸为 $20mm\times2.5mm$。实验发现，当连续相速度达到某一个临界值的时候，滴状区就向喷射区转变，这个临界值随着分散相流量和黏度的增大而减小，随着界面张力的减小而减小。分散相流量的增大导致轴向动量的增大，容易形成喷射状；分散相黏度的增大致使液液界面的稳定性增大，也使喷射状容易形成；表面张力是阻止液滴脱离的力。生成液滴的尺寸受操作条件的控制：液滴体积随着连续相流量的增大而减小；随着分散相流量的增大而增大；随着界面张力的减小而增大；但是生成液滴的体积随黏度比的变化不大。

对于第二种微通道内油包水液滴微乳液的生成，出现两种液滴类型：一种是尺寸与中间小孔的宽度可比拟的液滴，在较低连续相流速情况下发生；另一种是细长的分散相头部延伸到小孔后面宽的收集出口区域，并被连续相流体最后夹断脱离，这个时候生成液滴的尺寸比小孔要小得多，这种情况在较高连续相流速下发生。实验还发现，通过控制分散相流体和连续相流体的流速比，可以生成不同尺寸的液滴。研究表明，随着毛细数 Ca 的增大，液滴生成可以划分为三个不同的区域：在较小的毛细数下，液滴的生成由微通道的小孔的宽度控制，称为结构控制区（geometry-controlled）；随着毛细数的增大，分散相头部的宽度由于连续相流体的黏性力的增大而变窄，这个时候生成的液滴的直径将小于小孔的宽度，称为滴状区（dripping）；在较高毛细数的时候，分散相头部被拉得很长，延伸到小孔下游的出口收集区域，称为喷射区（jetting），这个区域生成的液滴尺寸也较大，而且尺寸不均一，不好控制。

对于第三种微通道内液滴的生成，在低流速和中等毛细数的条件下，液滴并不是由剪切原理生成的，而是由于分散相头部阻塞下流管道，由微流体泵驱动的连续相流体在两相接触处被堵塞，这样在分散相颈部就产生了积压，这种积压使分散相头最终被夹断脱离。在黏度较小的流体中形成黏度较大的微乳液的过程，不同的液滴形成区域与两相的毛细数有关。

9.5　复杂结构微通道内气泡（液滴）动力学

利用台阶式微通道产生气泡或者液滴是一种利用设备几何结构实现控制气泡或液滴的单一分散性的途径，这不同于传统的 T 形以及聚焦十字形微通道中的气泡或液滴的产生[16-18]。

由于台阶式微通道具有几何结构控制气泡或者液滴生成的优势，所以台阶式微通道在工业中是一种能够易于实现并行放大的生产设备。

微通道内气泡在一定条件下会破裂。研究发现在 T 形微通道内，在甘油-水溶液为连续相的情况下，气泡破裂分为三种流型：第一种是永久阻塞破裂，如图 9-3（a）所示。该破裂流型下，气泡始终与微通道壁面接触。第二种是有空隙的破裂，包括图 9-3（b）中气泡开始与微通道壁面接触，随着破裂进行，气泡与微通道壁面分离的情况和图 9-3（c）中气泡与微通道壁面始终分离的情况。第三种是不破裂，如图 9-3（d）所示。

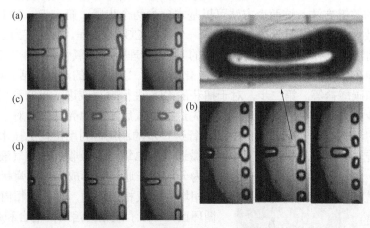

图 9-3　气泡破裂动力学及其类型

目前，人们构想采用并行化微通道数目放大的方式实现微化工的放大。这种放大模式有别于现有化工过程逐级放大的思维模式，便于快捷实现产品开发相关的工艺及过程从实验室小试到工业化应用。关于微化工的放大研究主要从两大方向展开。第一个方向是研究流体分布特征，即单相流体通过多通道进行分布后相互接触，进而可再通过并行方式放大，其中包括仅一种流体进行分布的方式和两种流体都进行分布的方式；前者只有一种流体在多通道间进行分布，而与其反应或接触的另一种流体则采用空腔或多个设备同时输送的形式，采用空腔形式可起到收集产品的作用，多为共流或台阶装置系统，而用多个设备输送流体一方面可避免流体在通道间的再次分布以及通道间相互交叉的三维设计，另一方面不同的泵可同时控制输送多种流体以形成不同组成的产品。后者通过改进通道设计方法和实验方法，采用多层或环形通道的形式，仅用两套实验操作系统（两相分别有一个入口）使两种流体都在特定构型的多通道中进行分布，从而减少了一系列流体输送设备及流量控制设备等，同时也减少了流体流动中因泵输送的不稳定性造成的流动分布不均匀问题。此种方法节约成本，占地面积小，能在最小规模内实现操作系统的高度集成，达到高通量生产，可方便快捷地操作，具有经济适用性及可行性，但是此方法存在的一个弊端是一旦某通道发生堵塞，其余通道中流体的分布会受到影响。第二个方向是研究生成产品的破裂，即两相流体先接触，所生成的气泡或液滴在通道的 T 形或 Y 形结点处逐级破裂。此种方法所用的通道便于设计，可在二维平面内完成放大目的，且两相流体在接触前未进行分布，从而避免了流体在多通道间分布的差异性，但需要充分了解气泡或液滴在节点处破裂的条件、破裂的动力学和机理以及影响因素等问题。两种研究方向中流体分布均匀性和稳定性都具有挑战。第一种方向的研究重点是流体分布的均匀性，其中两种方式的主要区别在于泵送稳定性差异与多通道间分布差异的权衡；而第二种研究方向主要是产品破裂后的均匀性和稳定性。

9.6 面向碳减排的微化工基础及应用

由于化石燃料无节制的开发以及低效的利用，导致大气中人为排放的 CO_2 等一系列温室气体显著增加。在全球每年人为排放 365 亿吨 CO_2 的大背景下，减少 CO_2 排放被认为是防止全球变暖的有效措施[19]。以此为基础，碳捕获和储存（carbon capture and storage，CCS）以及碳捕获和利用[20]（carbon capture and utilization，CCU）是可以有效控制因人类活动而产生的 CO_2 排放量的关键方法。这两个方法可以基本分为两个步骤：第一步，对于游离于大气中的 CO_2 进行高效地捕获，并且这一过程也是一个纯化 CO_2 的过程。到目前为止，对于燃烧后生成的 CO_2 使用溶剂进行吸收是使用最广泛的方法。物理吸收二氧化碳的溶剂包括聚乙二醇、甲醇、N-甲酰基吗啉的二甲醚和氟碳化合物。化学吸收二氧化碳的溶剂包括有机溶剂烷醇胺、无机溶剂氨水和碳酸盐等。第二步，对于捕获的 CO_2 进行封存或进一步的利用。封存技术主要是对于第一步获得的捕集的 CO_2，释放后先进行加压后注入地壳储层。对于 CO_2 的利用，多是使用捕获的 CO_2 作为目标产品的碳源进行进一步的利用。利用微化工技术进行碳减排过程，具有传热传质效率高的显著特征。对于微通道中二氧化碳吸收过程的气液两相流，气体

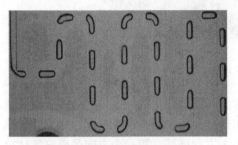

图 9-4　CO_2 吸收过程微通道中
气液两相流示意图

作为分散相在通道中形成一个子弹状的气塞。由于气相堵住了液相的流动，使得液相内部形成两个内循环区，增强了液相内溶质的混合和传质（图 9-4）。通过实时观测气液吸收过程，可获得 CO_2 扩散系数、气体溶解度及反应常数等[21]。

当微通道内流型是弹状流时，可以根据分散相与连续相流体的接触状态将分散相气泡的传质部位划分为气泡头尾、过渡区、气泡主体液膜区三个部分。当傅里叶数 $Fo > 0.1$ 时，气泡传质速率主要来自于气泡头尾的传质贡献，气泡主体液膜传质可以忽略；同理，当傅里叶数 $Fo < 0.1$ 时，气泡传质速率来自于气泡头尾的传质贡献和气泡主体液膜传质贡献，气泡主体液膜传质不可忽略。当操作条件的变化例如液含率减小、气相流率增大使得气泡的比表面积增大时，平均体积传质系数将增大；当液含率增大、液相流率增大使得液弹中对流增大时，由于液相侧传质系数的增大，平均体积传质系数也将会增大。

对于物理吸收过程，吸收溶剂常用水、醇类、离子液体等。气泡生成阶段气泡中 CO_2 进入液相的量较小。气泡的流动传质阶段分为对流控制的快速传质阶段和扩散控制的慢速传质阶段。对于高压微通道内 CO_2-卤水传质系统，压力和盐浓度对 CO_2 溶解度和扩散率产生影响。通过将原位共聚焦拉曼光谱与高压微通道反应器相结合，通过实时监测与盐水中物理溶解的 CO_2 分子对应的谱带强度，发现 CO_2 在盐水中的溶解度随着盐浓度增大而降低。

在大部分物理吸收的研究中 CO_2 的吸收溶剂会选择黏度小，对 CO_2 吸收能力强的吸收溶剂。而现有研究发现将 CO_2 注入深稠油（沥青）中可促进原油采收率，并且这一过程受 CO_2 传质速率的控制。但是，传统的 CO_2-沥青体系传质表征方法费时（长达 48h），而气液两相流微通道系统具有扩散长度小的特性，利于 CO_2 在稠油中的传质研究。对于驱油背景下快速测量黏度较高和吸收能力差的液体传质物性参数方面具有应用价值。在一定速率和压力下，由二氧化碳气体组成的微气泡溶解在高黏性硅油中。利用 CO_2 微气泡的周期性序列，可获得气

泡溶解与高黏体系多相流的耦合关系。

化学方法封存二氧化碳以及将 CO_2 转化为燃料的方法为全球额外的二氧化碳排放提供了一个可持续的解决方案。然而，由于 CO_2 的热稳定性和低反应性，将其作为碳化学原料来生产一氧化碳或可再生燃料如甲醇仍然具有挑战。另一方面，目前有机胺广泛用于 CO_2 捕获，然而释放捕获的 CO_2 来获得再生溶剂需要极高的能量。并且，烟气中存在氧气会导致溶剂的氧化降解。因此对于开发新的化学 CO_2 捕获体系以及优化现有化学固碳工艺都需要进一步掌握微通道中 CO_2 的传质和反应机制。

由于微通道在进行系列放大后的处理量依然远小于现有 CO_2 吸收设备，使得微通道系统在 CO_2 吸收上难以直接应用于 CO_2 的初次捕集。但是微通道仍然可应用于吸收溶剂的快速筛选和参数的快速测定。并且 CO_2 的吸收反应属于 CO_2 在微通道中最基础的模型反应，是进一步研究和掌握 CO_2 在微通道复杂反应的基础。故对于微通道中 CO_2 的化学吸收的研究仍然具有一定的意义。

人工光合作用在能源利用、CO_2 减排等方面有着极其重要的发展前景。微化工系统在人工光合作用中暗反应的 CO_2 还原反应中有一定的应用。Endrodi 等[22]展示了 CO_2 还原反应微反应器的最通用的架构，包括两个流动通道，一个用于阳极液，另一个用于阴极液，中间使用离子交换膜分隔。将阴极电催化剂固定在气体扩散层（GDL）上，GDL 从一侧与流动的阴极电解质接触，而 CO_2 气体在另一侧直接供气。这种安排克服了与其他设置相关的大多数问题。虽然目前还没有商用的工业规模的仪器，但是这种装置的大部分组件（例如，GDLs 和催化剂）已经可以使用并准备扩大规模。通过微反应器易于数量放大的特点，一定程度上增强整体人工光合反应器的柔性。

由于微化工系统中反应尺度缩小带来的连续相混合稳定易控的特点为纳米颗粒的生成提供了均一稳定的环境，有利于控制所生成颗粒的尺寸以及形貌。可以通过微通道内反应和传质的控制对目标纳米颗粒的粒径和形貌进行有效控制。Han 等[23]报道了一种新型的喷雾辅助碳酸化微反应合成介孔二氧化硅微球的方法。该合成工艺包括通过碳化反应制备硅溶胶，在高温下快速凝胶化，随后通过喷雾干燥快速蒸发溶剂。碳化微反应在膜分散微反应器中进行，存在水玻璃和二氧化碳反应物。合成的二氧化硅微球具有均匀的介孔结构，分散性好，粒径分布窄，平均直径为 $1\sim2\mu m$，比表面积为 $300\sim1149m^2/g$，总孔体积为 $0.21\sim1.82cm^3/g$。相对较低浓度的硅酸盐物种和控制良好的二氧化硅冷凝速率是形成所观察到的球形形貌的原因。由于该合成工艺使用了低成本的原料，并表现出优良的可控性和工艺稳定性，因此具有重要的现实意义。由于微环境稳定以及传质高的一系列特点可以将在传统化工设备中难以实现的工艺应用于微反应器中，以此来实现更高效、绿色的生产。并且这种将 CO_2 作为供酸来源而非供碳来源的设计思路也非常值得借鉴。而微化工系统在 CO_2 作为反应的碳源以简单化合反应的形式合成较为基础的化工产品方面具有较好的工业化前景。例如，在微通道中通过 CO_2 与氨溶液简单的酸碱中和反应，对所得产物进行脱水可获得尿素。

在推进微化工系统进一步工业化的进程中，如何在增大原本较小的处理量的同时保证处理效果和产品质量成为了亟需解决的重要问题。由于微通道的高效、可控等系列优势均是建立于通道的小尺度，所以对于微化工系统进行数目放大来增大处理量成为了可行的方案。对于单相流，市场上已经有许多模块化装置用于工业生产。对于多相流，模块化装置的发展还处于初级阶段。这主要是由于多相流的流量分布困难。不合理的流动分布，特别是气液流动，会导致流型的变形或出现气液窜流，有的通道只充满液体，而有的通道充满气体。流量分布取决于每个平行微通道内的水力阻力[24]。在单相流动中，水力阻力取决于流体的物理性质和通道的水力直径。对于多相流，流动分布不仅取决于单相的性质，还取决于流速、比表面积、流型以及两相接触的方式。在平行微通道中分配气体和液体流动以实现泰勒流型可以通过分支、内部分布来实现。研究发现，通过每个平行通道使用气体和液体分开进料，可实现每根通道中气液状态的均匀分布。当在单相流分布器和气液分开进料之间设置水力阻力障碍通道时，气液窜流得到了有效抑制，流体分配的均匀性能得到很大程度的改善。隔板型分布器是一种适用于泰勒流型并联通道的优良气液分布器。这种分布器的一个主要特点是可以提供流量均匀分布所需的水力阻力。生产能力达到 kg/h 级别[25]。

9.7　小结

微化工技术是化工学科新的发展领域，契合绿色低碳、智能化、本质安全的可持续发展化工的重大需求。经过三十多年的积累和发展，人们对微化工过程、微化工设备、微化工工艺进行了一定的探索，初步掌握了连续制造和连续流动化学基本规律，并积极尝试将其运用于产品工程中。例如，针对精细化工中的反应单元如硝化、重氮化、氯化、氧化、过氧化、加氢、氟化、磺化等，由于快速强放热特点，现有工艺不得不采用滴加的间歇方式。结合多相微化工的特点，人们正在积极尝试相关间歇工艺的连续化，以及相应的智能化和自动化工作。

思考题

① 简述微化工过程包括哪些典型多相过程？
② 微化工过程的特点有哪些？
③ 微化工在碳减排方面可以发挥哪些作用？

参考文献

[1] Jensen K F. Flow chemistry—Microreaction technology comes of age [J]. AIChE Journal, 2017, 63(3): 858-869.

[2] Rogers L, Jensen K F. Continuous manufacturing—the Green Chemistry promise? [J]. Green Chemistry, 2019, 21(13): 3481-3498.

[3] Adamo A, Beingessner R L. Behnam M, et al. On-demand continuous-flow production of pharmaceuticals in a compact, reconfigurable system [J]. Science, 2016, 352(6281): 61-67.

[4] Coley C W, Thomas D A, Lummiss J A M, et al. A robotic platform for flow synthesis of organic compounds informed by AI planning [J]. Science, 2019, 365(6453): eaax1566.

[5] 陈光文, 袁权. 微化工技术[J]. 化工学报, 2003, 54(4): 427-439.

[6] 付涛涛, 马友光, 朱春英. T形微通道内气泡(液滴)生成机理的研究进展 [J]. 化工进展, 2011, 30(11): 2357-2363.

[7] Fu T, Ma Y. Bubble formation and breakup dynamics in microfluidic devices: A review [J]. Chemical Engineering Science, 2015, 135(0): 343-372.

[8] Thorsen T, Roberts R W, Arnold F H, et al. Dynamic pattern formation in a vesicle-generating microfluidic device [J]. Physical Review Letters, 2001, 86(18): 4163-4166.

[9] Garstecki P, Fuerstman M J, Stone H A, et al. Formation of droplets and bubbles in a microfluidic T-junction-Scaling and mechanism of break-up [J]. Lab on a Chip, 2006, 6(3): 437-446.

[10] Xu J H, Li S W, Chen G G, et al. Formation of monodisperse microbubbles in a microfluidic device [J]. AIChE Journal, 2006, 52(6):

2254-2259.

[11] Christopher G F, Noharuddin N N, Taylor J A, et al. Experimental obervations of the squeezing-to-dripping transition in T-shaped microfluidic junctions [J]. Physical Review E, 2008, 78(3): 036317.

[12] Fu T, Ma Y, Funfschilling D, et al. Bubble formation and breakup mechanism in a microfluidic flow-focusing device [J]. Chemical Engineering Science, 2009, 64(10): 2392-2400.

[13] Cubaud T, Tatineni M, Zhong X, et al. Bubble dispenser in microfluidic devices [J]. Physical Review E, 2005, 72(3): 037302.

[14] Anna S L, Bontoux N, Stone H A. Formation of dispersions using "flow focusing" in microchannels [J]. Applied Physics Letters, 2003, 82(3): 364-366.

[15] Anna S L. Droplets and bubbles in microfluidic devices [J]. Annual Review of Fluid Mechanics, 2016, 48(1): 285-309.

[16] 付涛涛, 徐子懿, Tahir Muhammad Faran, 等. 微通道内液滴/气泡破裂动力学分析 [J]. 化工学报, 2018, 69(11): 4566-4576.

[17] 张志伟, 朱春英, 马友光, 等. 微通道内气泡和液滴自组织行为的研究进展 [J]. 化工学报, 2022, 73(1): 144-152.

[18] Shen Q, Zhang C, Tahir M F, et al. Numbering-up strategies of micro-chemical process: Uniformity of distribution of multiphase flow in parallel microchannels [J]. Chemical Engineering and Processing-Process Intensification, 2018, 132(0): 148-159.

[19] 庞子凡, 蒋斌, 朱春英, 等. 微通道内 CO_2 吸收与传质及资源化利用的研究进展 [J]. 化工学报, 2022, 73(1): 122-133.

[20] Chen C, Khosrowabadi Kotyk J F, Sheehan S W. Progress toward commercial application of electrochemical carbon dioxide reduction [J]. Chem, 2018, 4(11): 2571-2586.

[21] Abolhasani M, Gunther A, Kumacheva E. Microfluidic studies of carbon dioxide [J]. Angewandte Chemie, 2014, 53(31): 7992-8002.

[22] Endrődi B, Bencsik G, Darvas F, et al. Continuous-flow electroreduction of carbon dioxide [J]. Progress in Energy and Combustion Science, 2017, 62: 133-154.

[23] Han C, Hu Y, Wang K, et al. Synthesis of mesoporous silica microspheres by a spray-assisted carbonation microreaction method [J]. Particuology, 2020, 50(0): 173-180.

[24] Yue J, Boichot R, Luo L, et al. Flow distribution and mass transfer in a parallel microchannel contactor integrated with constructal distributors [J]. AIChE Journal, 2010, 56(2): 298-317.

[25] Al-Rawashdeh M M, Nijhuis X, Rebrov E V, et al. Design methodology for barrier-based two phase flow distributor [J]. AIChE Journal, 2012, 58(11): 3482-3493.

第10章
人工智能与化工

　　从晒盐到酿酒，从造纸到火药，蒸发、蒸馏、结晶与干燥等化工单元操作已经被应用了几千年。化学工程专业的现代化也经历了从单元操作概念的提出，到化工热力学、化工反应工程与化工设计理论的诞生，再到"三传一反"概念的形成，以及过程系统工程的出现，现在已经形成了完整的学科体系。那么，在未来，化工学科又将会如何发展呢？这是一个无论从广度还是深度上都十分巨大的问题，我们这里仅从大数据与人工智能的角度与读者探讨一下。

10.1　人工智能简史

　　纵观世界近代发展史，分别历经了三次工业革命，引领人类社会经历了从蒸汽时代到电气时代，直至信息时代的过渡，期间诞生了诸如蒸汽机、发电机以及电子计算机等重要产物，不断地促进人类社会经济与文化的发展，极大地改善了人类生活。第一次工业革命以珍妮纺纱机的发明为标志，从18世纪60年代直到19世纪中期；第二次工业革命以电力和内燃机的发明为标志，从19世纪70年代到20世纪初期；第三次工业革命以原子能和计算机的发明为标志，从20世纪四五十年代直到今天。而在当下，互联网产业，工业智能化以及工业一体化的发展，正宣告着第四次工业革命的降临，它将以人工智能、清洁能源、无人控制技术、量子信息技术和虚拟现实的发展为主导，从而掀起一场全新的技术革命，这被人们称之为数字化时代。目前，技术的指数级进步已经完全改变了我们工作、企业以及社会的运作方式，而进入数字化时代，更加灵活、人性化以及智能化的产品将不断诞生，实现快速追踪数字化的转型显得尤其重要。其中推动第四次工业革命向前发展的主要技术趋势包括人工智能（artificial intelligence，AI）和机器学习、物联网、大数据以及云计算和边缘计算，它们的基础在于对数据的分析、处理和应用，从而更好地指导工业生产，实现人类生活的便捷、智能化。而在上述几种主要技术趋势中，人工智能和机器学习赋予了机器进行学习和智能行动的能力，这意味着它们可以根据从数据中学到的知识来做出决定、执行任务，甚至是预测未来的结果。经过近些年的发展，人工智能理论与技术得到了持续发展与完善，在智能机器人、博弈以及模式识别等多个领域取得了瞩目的成果，可以期待人工智能将在各个领域实现更加多元化的发展。

　　人工智能技术的发展也不是一帆风顺的，从这一概念的提出直至今天，经历了几个发展的兴盛期与瓶颈期（图10-1）[1-2]。人工智能的提出最早可以追溯至20世纪50年代，在1956年的达特茅斯会议上，McCarthy正式提出这一词汇，由此掀起了一股关于人工智能研究的热潮，涌现了诸如探索式推理、自然语言和微世界等研究成果，并随着第一款神经网络——感知机的出现，将人工智能的研究推至第一阶段的高峰，关于人工智能的研究也获得了 DARPA（美国国防部高级研究计划局）的无条件拨款，这一阶段可以视为人工智能发展的启蒙阶段；然而在进入 20 世纪 70 年代初期，人工智能的研究受到了人们广泛的质疑，由于受到计算能力的限制，使得机器无法完成复杂的数据训练，之前对于人工智能过高的期望无法实现，DARPA 中止了对人工智能的资金支持，人工智能的发展陷入了第一次低谷期；随后，"专家系统"程序受到了越来越多公司的采纳，使得人工智能获得了实际应用，由此确立了以知识为中心开展智能研究的观点，通过"专家系统"程序运行得到的经济效益获得了 DARPA 的认可，其再次给人工智能产业提供了资金拨款，此外，在 1982 年，Hopfield 提出一种新型的神经网络，与此同时，反向传播算法的推广使得神经网络重获新生，人工智能也步入了第二个黄金时期；然而商业上对人工智能进行了过度的追捧，结果使人们失望，再加上专家系统自身实用性的局限以及经济预算的缩减使得人工智能再次跌入谷底；步入 20 世纪 80 年代后期，研究者们开始提出了全新的智能方案，要求机器兼具感知和行动，这意味着行为主义的诞生，然后人工智能进入了快速发展阶段，1997 年，IBM 深蓝战胜了人类象棋冠军，之后，深度卷积神经网络以及循环神经网络的提出加速了人工智能的发展，进入 21 世纪以来，人工智能在人脸识别和脑机接口等技术领域均实现巨大突破，并且 AI 的围棋技术水平也远超人类。面对人工智能领域这一伟大发展机遇，各国都迅速准备抢占高地，我国也紧跟潮流，在 AI 领域进行了国家级的战略部署，努力在该领域取得世界领先地位。

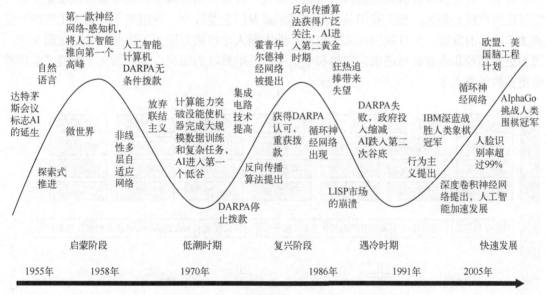

图 10-1　人工智能技术发展的波峰与波谷[1-2]

10.2　我国的人工智能战略

2017 年 7 月 8 日，国务院印发了《新一代人工智能发展规划》，规划制定了我国在人工智能领域分"三步走"的战略目标，第一步，至 2020 年我国的人工智能技术与发达国家达到同步水平，并作为支撑保证我国进入创新国家行列以及实现全面建成小康社会的奋斗目标；第二步，到 2025 年，我国的人工智能技术理论体系得到重大突破，部分技术实现世界领先水平；第三步，截至 2030 年，我国人工智能总体达到世界领先水平，并成为世界人工智能创新中心。从我国制定的发展战略足以看出国家对人工智能领域的重视程度，这一战略目标的实现将有助于我国在第四次工业革命中脱颖而出，为我国成为世界科技强国奠定良好的基础，并且将全面提升我国的产业发展水平，极大地提高人民群众的生活品质。

　　图 10-2 展示了我国目前的人工智能产业链结构，可以看出分别由基础层、技术层和应用层三部分组成，其中基础层是人工智能的基础，主要进行软、硬件的开发，例如 AI 芯片、数据资源以及云计算平台，可以为人工智能提供数据及算力支撑，其构成包括计算机硬件（AI芯片、传感器）、计算机系统技术（大数据、云计算以及 5G 通信）和数据（数据采集、标注以及分析），目前国内大互联网企业在这几方面进行了深入研究并获得了一定的成果，诸如百度在大数据和云计算领域的研究在国内独占鳌头，而华为在 5G 通信的研究则在全世界处于领先地位；其次技术层作为人工智能产业的核心，包括算法理论、开发平台以及应用技术三个方面，它基于模拟人的智能相关特征为出发点来构建技术路径，譬如目前热门的机器学习、人脸识别以及语音识别等技术；最后应用层作为人工智能的延伸，它集成了一种或者多种人工智能基础技术，针对特定的应用场景来制定相关的软硬件产品以及相关技术方案，涉及医疗、金融、教育、交通以及家居等领域，目前比较热门的产品有无人驾驶汽车、工业机器人以及智能家用电器等。整体来说，我国在人工智能领域已经进行了完备的部署，在国家的大力倡导下，企业以及科研高校投入大量相关研究，目前我国的人工智能专利数以及论文数在世界范围内遥遥领先，然而我国从事基础算法研发的企业较少，这阻碍了我国人工智能产业更加专业化的发展，并且我国在人工智能产业方面人才也相对匮乏，因此，针对我国现状，需要更多高校和企业参与进来，完善和丰富关于基础算法的研究，为我国人工智能产业培养出更多的优秀人才。

图 10-2　人工智能产业链结构[2]

10.3　人工智能主要算法简介

目前，人工智能主要包括八大关键技术，分别是：机器学习、云计算与数据、人机自然交互、机器人与智能控制、知识图谱、虚拟现实与增强现实、计算机视觉和自然语言处理，其中机器学习作为人工智能由弱变强的关键方法，对于它的理解和学习至关重要。机器学习——简单来说就是利用算法对数据进行解析和学习，从而对真实事件做出决策和预测，区别于实现传统弱人工智能方案的不同，机器学习利用大量数据进行"训练"，并且涉及各种算法，根据训练样本提供的信息以及反馈方式的不同，可以把机器学习算法分为（图 10-3）：监督学习（supervised learning）、半监督学习（semi-supervised learning）、无监督学习（unsupervised learning，UL）和强化学习（reinforcement learning，RL）[2-4]。

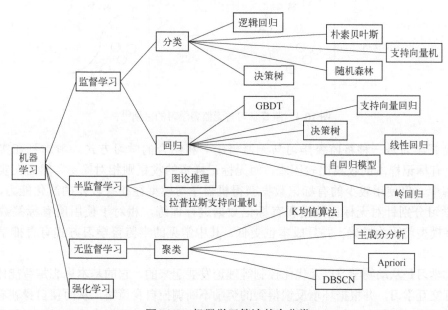

图 10-3　机器学习算法基本分类
DBSCN（density-based spatial clustering of applications with noise）为具有噪声的基于密度的聚类方法；
GBDT（gradient boosting decision tree）为梯度提升决策树

监督学习作为一种最常见的机器学习算法，它是从有标签的数据中进行学习的，在运用时，使用标签样本进行学习训练，建立具有推断功能的模型，从而给新数据建立标签。根据不同的标签类型，我们可以将其分为：分类问题和回归问题，其中前者用以预测数据属于何种类别，比如垃圾邮件检测，判断人的性别以及水果分类等；而后者则是预测样本对应的实数输出，比如预测某地区人的平均身高或者股价预测等。常见的监督学习算法中属于分类的有逻辑回归、朴素贝叶斯、决策树以及 k-近邻算法（k-nearest neighbors，kNN），而常见的回归模型包括线性回归、支持向量回归等[2]。

区别于监督学习，无监督学习中的样本数据是没有标签的（图 10-4），我们可以用经典的聚类算法来简单解释，即对于多组数据，在其数据特征未知前提下，我们依据相似数据在数据空间距离较近的假设将其归类。根据解决问题的差异，无监督学习可以分为三类：关联分析、聚类问题和维度约减，常用的无监督学习算法包括 K-Means 算法（K 均值算法）、稀疏自编码（sparse auto-encoder）和最大期望算法（expectation-maximization algorithm，EM）等，而图 10-4 可以对比监督和无监督学习之间的区别，其中左图为有标签数据的分类，右边为无标签数据的聚类，可以看出，相对于无监督学习，监督学习有监督者（supervisor）的干预。

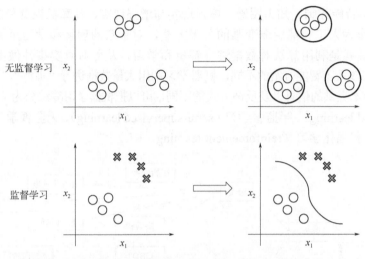

图 10-4　监督学习与无监督学习的区别[2]

半监督学习是一种将监督学习与无监督学习相结合的学习方式。考虑到在实际情况下，对于有标记样本的收集比较困难，而无标记样本的收集则相对简单，然而在实际机器学习训练中，仅使用较少的有标记数据获得机器学习模型往往有较差的泛化能力，因此，半监督学习分别针对无标记数据和有标记数据进行训练，相对于使用所有标签数据的方式，训练模型将更为准确，并且成本也更低。其中常见的半监督学习方式有直推学习和归纳学习。

强化学习是从动物学习以及优化控制等理论发展起来的，它的基本思想是智能体与环境不断进行交互学习，并根据环境反馈得到的奖励不断调控自身策略，从而使自身朝着最优化策略方向发展，它与无监督学习的相似点在于均是从无标签的数据中进行学习，但强化学习相比有监督学习技术、无监督学习技术的优势在于能够实现自主决策。作为目前人工智能领域的热门研究领域之一，强化学习将广泛地应用于机器人以及无人控制等领域，从而实现人工智能领域更加迅速的发展。

10.4　人工智能与化学化工

近年来，随着科学技术的发展，现代化学化工逐渐向更加大型化、自动化和复杂化方向发展，考虑到化工过程涉及大量复杂反应以及大量化工设备的参与，这给传统化工运行模式带来了挑战，而由于高性能计算机的出现，将以机器学习为主的人工智能技术应用于化工领域成为了可能。分析人工智能的不同分支与任务，可以发现它们具备着共同的特征：①它们均需要在复杂条件下进行模式识别、推理和决策；②它们经常处理一些不明确的问题、杂乱的数据、不确定性模型、综合性的大搜索空间、非线性行为以及对快速解决方案的需求，而

在化工过程系统工程（PSE）的综合、设计、控制、调度、优化和风险管理等问题中，也都
具备上述特征，这为人工智能技术更好地应用于化学化工提供了有利的条件[1]。

10.4.1　化学工程与人工智能简史

早在 20 世纪 60 年代末和 70 年代初，一些研究人员就探讨了利用人工智能来解决 PSE
中的问题，至 20 世纪 80 年代初，人们开始努力开发可以应用于化学工程的人工智能方法，
其中为过程合成而开发的自适应初始设计合成器系统代表着该方面的重大发展，这可能是化
学工程领域第一个使用了方法和目的分析、符号操作、关联数据结构等人工智能方法的化工
系统，这是化学工程中 AI 的 0 时代：早期努力阶段[1]。

从 20 世纪 80 年代早期到 90 年代中期，人们开始将 AI 广泛地应用于化学工程，这期间
被称为 I 时代：专家系统时代。专家系统的诞生有力地促进了 AI 在化学工业中的实际应用，
专家系统又被称为基于知识和规则的系统，它本质上是一种计算机程序，具备在特定领域内
模仿人类去解决实际问题的能力，比如一个专业问题通常会涉及大量的专业知识，需要专家
多年经验和学习的积累从而能够运用大量的知识去解决，而专家系统通过识别模式，并借助
于恰当的搜索法可以迅速地缩小知识范围。在 1983 年，卡内基梅隆大学开发了化学工程领域
的第一个专家系统—CONPHYNDE，它可以用于预测复杂流体混合物的热物理性质，此外在
这一时期，以石油公司霍尼韦尔为主导，资助了一个重要的大规模项目，即 Abnormal Situation
Management (ASM)协会的成立，该项目是于 2016 年被资助成立的清洁能源智能制造创新研
究所的前身，而在 1986 年，哥伦比亚大学建立并教授了第一个关于 PSE 的人工智能课程，
早期的课程主要侧重于专家系统，但随着机器学习的发展，在之后的几年里，课程新增了诸
如聚类、神经网络、统计分类器和遗传算法等人工智能内容，另外，第一届关于人工智能
的 AICHE 会议于 1985 年芝加哥的年度会议上进行；第一届关于过程工程中人工智能的美
国全国性会议于 1987 年在哥伦比亚大学举行，它由美国国家科学基金会、美国人工智能协
会和空气产品公司赞助；第一届国际会议：过程工程智能系统，由化学工程计算机辅助公
司（CACHE）主办于 1995 年 7 月。尽管专家系统取得了令人印象深刻的成功，但在实际应
用中也显现出了明显的缺陷，一方面，开发一个可靠的工业应用专家系统需要花费大量的精
力、时间和金钱；另一方面，在化工厂的改造过程中，随着新信息的输入或目标应用程序的
改变，进行知识库的维护和更新既困难又昂贵。

至 20 世纪 90 年代，由于专家系统在实际应用中的局限性，人们对其热情开始减退，转
而对另一种人工智能技术——神经网络产生了大量的兴趣，自此进入了人工智能的 II 时代：
神经网络时代，这是一个从专家系统的自上而下设计模式向神经网络的自下而上设计模式的
关键转变，对比专家系统，神经网络可以自动地从大量数据中获取知识，从而简化了模型的
维护和开发。人工神经网络（artificial neural networks，ANN）作为其中一种神经网络，最早
出现于 20 世纪 40 年代后期，它是一种模仿生物神经网络结构和功能的计算模型，由大量节
点（或称神经元）和之间的相互连接构成，通过调整内部大量节点之间相互连接的关系，达
到处理信息的目的。具有大规模并行处理、分布式信息存储、良好的自适应能力等特点。
而在 1986 年，研究者开发了反向传播算法（back propagation，BP）用来训练前馈神经网络
（图 10-5），以学习在神经网络输入、输出数据之间的隐藏层，BP 的出现对于神经网络的广
泛应用起到了重要的推动作用，它作为人工神经网络的一种监督式算法，在理论上可以逼近
任意函数，具有很强的非线性映射能力。而且网络的中间层数、各层的处理单元数及网络的

学习系数等参数可根据具体情况设定，灵活性很大，在优化、信号处理与模式识别、智能控制、故障诊断等许多领域都有着广泛的应用前景。图 10-5 是一个典型的前馈神经网络框架，它主要由输入层、隐藏层和输出层组成，以及所包含的相关信号、权重以及偏置。

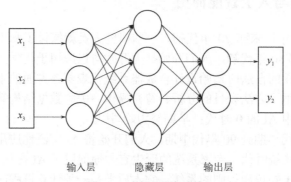

输入层　　　　隐藏层　　　　输出层

图 10-5　神经网络结构

在过去几十年里，人们针对人工智能在化工领域的应用进行了大量努力，其中阻碍其发展的因素可以归纳为[1]：①所处理的问题极具挑战性；②缺乏强大的计算、存储和编程环境来解决这些具有挑战性的问题；③数据量有限；④可利用的资源非常昂贵。随着近些年科技水平的发展，研究者对以上发展障碍的努力突破，在执行和实施人工智能过程中的困难和资源限制问题正在逐渐减少，人们从心理层面对人工智能的接受度也大大增加，更乐于接受基于人工智能辅助系统的任务建议。此外，众多公司也开始接受组织和工作流的变化，来适应以人工智能为辅助的工作流程，另一个关键是"大数据"的发展，使得在许多领域拥有大量的可用数据，这为机器学习的迅速发展奠定了基础。对于以上进展从根本上分析：一方面是由于英特尔公司（Intel）的创始人之一——戈登·摩尔提出的"摩尔定律"使这些惊人的进步成为可能，这为人工智能的发展提供了"技术推动"；另一方面是"市场吸引力"的存在，由于采用传统优化技术可以提升的效率已经实现最大化，因此，为了进一步地提高市场收益，进一步地实现自动化，人们必须使用人工智能来解决这一具有挑战性的问题。因此，在"技术推动-市场吸引力"的双向作用下，人工智能在化工领域的应用将进入快速发展时代。

进入 21 世纪至今，我们正处于人工智能的Ⅲ时代：深度学习与数据科学时代，这一时代主要得益于 3 个重要概念：卷积神经网络（CNNs）、强化学习和统计机器学习，它们是目前在游戏、图像处理和自动驾驶汽车领域掀起人工智能"革命"的幕后推手，而这些领域也正是人工智能新时代的主要驱动力。这些革新对于化学工程的发展也具有重要意义，从历史来看，化学工程是一门偏向于经验和实验性的学科，缺乏定量的、基于第一性原理的建模方法，这一切都随着阿蒙森时代的开始而改变，阿蒙森时代引入了数学方法，特别是线性代数、常微分方程（ODE）和偏微分方程（PDE），以发展基于第一性原理的单元运算模型，由此化学工程师一直对他们的建模能力感到自豪，但在这个新时代，建模将超越线性代数和微分方程（DAE 模型）的范畴。DAE 模型很适合用于解决于某一种类的问题，而在化学工程中拥有大量的此类例子，比如在热力学、输运现象和反应工程中。然而，还有其他类型的知识不适合这种模型，例如，用于故障诊断、风险分析和监督控制的知识建模通常不适合传统 DAE 方法，因为它不能提供原因和结果之间的明确关系。因此，在这个人工智能的新阶段，基于人工智能的建模方法正在成为我们建模武器库的重要组成部分[1]。

在我国，化工专家早在 40 年前就开始将人工智能与化工结合了，也就是在两者结合的第一阶段"专家系统时代"。其中，天津大学化工泰斗余国琮院士早在 1987 年就在化工学报上发表了专题论述"化学工程中的人工智能"。2019 年中国化工学会年会上，华东理工大学钱锋院士作了题为"人机共融石化工业智能系统-人工智能与石化制造深度融合"的报告，同时，专门设立了第十五分会场"过程模拟与智能制造分会场"，标志着人工智能与化工相结合已经受到化工领域专家的广泛重视。此外，近些年，四川大学、武汉工程大学、合肥工业大学等高校已经相继成立了化工与人工智能相结合的新型交叉专业，天津大学也拟成立智慧化工微专业，都意味着人工智能在化工中的应用在我国开始进入了系统性学习的阶段。

10.4.2　人工智能在化学化工中的应用

近些年，我国紧抓时代发展机遇，实施工业智能化发展新模式，为落实"中国制造 2025"国家战略，中国工业和信息化部自 2015 年启动"智能制造试点示范专项行动"，连续 3 年进行智能制造试点示范项目的全国遴选，其中启动的 207 个智能化试点项目中，有 18 个化工行业的项目，其中鲁西、东岳和九江石化等集团在智能化转型方面已经取得了一定成效。目前，化工行业正在进入一个全新的人工智能时代，人工智能利用最新的信息技术可以设计出更加精湛的工艺技术，并且能够给化工过程提供快速、准确的指导。现以人工智能在化学材料、故障诊断、固体氧化燃料电池（SOFCs）以及结晶领域的应用来具体介绍人工智能与化学化工的结合。

在 21 世纪，计算化学领域的预测能力越来越强，其应用范围也越来越广泛，如温室气体转化催化剂的开发，能源的收集和储存材料的发现，以及计算机辅助药物设计等。特别是密度泛函理论（DFT），现在已经成为计算固体结构和行为的一项成熟技术，使得原本就广泛的数据库进一步发展。当代人工智能方法的出现有可能从本质上改变和提高计算机在化学与材料科学中的作用，大数据和人工智能的结合在化学领域方面的应用的数量正以惊人的速度增长。有了机器学习，只要有足够的数据和规则发现算法，计算机就有能力在不需要人工输入的情况下确定所有已知的物理定律。机器学习通过评估一部分数据来学习数据集的规则，并建立对应的模型进行预测。图 10-6 是构建模型的基本步骤，这构成了在材料发现过程中成功应用机器学习所需的通用工作流程的蓝图[4]。第一代方法中的标准范例是计算输入结构的物理属性，这通常是通过对薛定谔方程的近似并结合原子力的局部优化来完成的。在第二代方法中，通过使用全局优化（例如进化算法），将化学成分的输入映射到包含对元素组合可能采用的结构或结构集合的预测的输出。正在出现的第三代方法是使用具有预测成分、结构和属性能力的机器学习技术，前提是有足够的数据可用，并对模型进行了适当的训练。下面的面板列出了训练机器学习模型的四个阶段，其中包括一些常见的选择。随着科学家们将机器学习和统计驱动设计纳入他们的研究项目，研究报告的应用数量正以惊人的速度增长。新一代的计算科学，在开源工具和数据共享平台的支持下，有可能彻底改变分子和材料的发现方法。

除了计算化学外，目前汽车装配线上常用的机器人被改造成为 "机器人化学家"，它可以像人类一样使用各种实验仪器，在化学实验室内自主工作[5]。这个实验机器人每天可以工作 21.5 个小时，剩下的时间需要去充电。也就是说，如果能实现无线充电模式，它可以一天24 小时工作，一周 7 天不休息。"机器人化学家" 可以自主完成化学实验中的所有任务。比如，称量固体、分配液体、进行催化反应和量化反应产物等。它还可以对下一步需要进行什么化学实验作出自主决定。根据已完成的实验结果来看，它可以从 10 个维度进行分析，从超过 9800 万个候选化学实验中，确定下一步要进行的最佳实验。"机器人化学家"还可以解决目前超出我们能力范围的规模和复杂性的问题。比如，它可以通过搜索广阔的、未开发的化学空间，来寻找清洁能源生产来源或新药配方。除此之外，一些有毒害、放射性环境下的实验工作，它也非常适合去做。

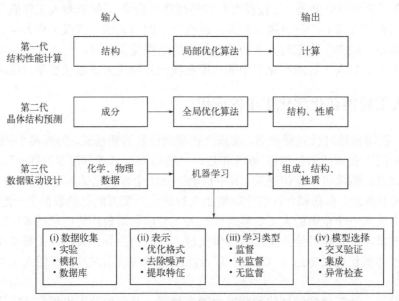

图 10-6　化学、材料领域构建计算模型的基本步骤[4]

　　故障诊断作为化工生产安全运行的关键技术，其检测的精确性和及时性对于化工过程系统的健康运行至关重要。在工业 4.0 的大背景下，采用人工智能的深度学习方法来进行工业过程的故障诊断是一个新型热门方向，它们的可行性在于：一方面，故障诊断技术是一门涵盖各个学科的复杂课题，其包含了计算机科学、系统工程、数学等各学科的主要内容，因此传统的故障诊断技术对于复杂的工业故障具有识别能力不足的问题；另一方面，深度学习作为一门融合概率论、线性代数和神经网络等方面的复杂技术，它可以处理高维非线性的数据，其优秀的特征表达能力应用于故障诊断过程具有天然优势[6-8]。根据深度学习在故障诊断过程中的不同作用，将基于深度学习的故障诊断方法分为分离和端到端两种学习模式（如图 10-7），

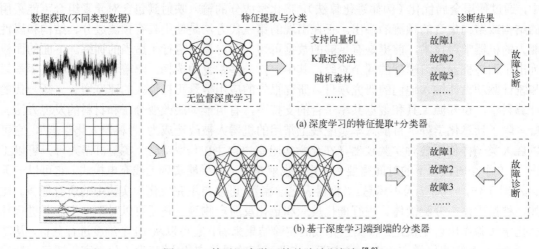

图 10-7　基于深度学习的故障诊断框架[7-8]

它们的主要区别在于是否单独进行特征提取步骤，其中分离学习模式针对获取的不同数据，首先采用深度学习进行特征提取，然后根据提取的特征结合各种分类器实现故障检测与诊断，它能够充分发挥深度学习的特征提取能力，一般采用无监督学习的方式进行，因此，对于缺少故障状态数据或标签数据的检测任务具有一定的优势；端到端的学习模式无需多余的特征提取步骤，将特征提取与故障识别融为一体，它能够充分利用数据的信息，让数据作为影响结果的唯一因素。其次，端到端的模型大大降低了模型对于专业知识的依赖，它提供了一个通用框架，在跨系统或跨领域应用时具有不错的泛化能力。深度学习在故障诊断领域的应用主要采用了以下几个方法：自编码器（autoencoder，AE）、深度置信网络（deep belief nets，DBN）、卷积神经网络（convolutional neural network，CNN）和循环神经网络（recurrent neural network，RNN）[8]。

　　近些年，故障检测与诊断（FDD）在国内外都已经成为人工智能与化工过程相结合的研究热点。目前，化工过程中正在研究应用智能故障检测与诊断的领域并不是很多，主要集中在田纳西-伊斯曼模拟过程（Tennessee Eastman，TE），连续搅拌釜反应器（continuous stirred tank reactor，CSTR），精馏过程等连续化工过程，以及半间歇结晶这样的间歇过程。田纳西-伊斯曼数据作为一个公开的化工过程数据集，目前已经作为数据源成为研究化工过程故障诊断技术的一种广泛方法[6-7]。TE 过程是通过计算机程序模拟仿真得到的，其仿真过程具有很强的非线性、时变性和耦合性，其中 TE 过程和实际过程已经非常接近，这对过程控制以及故障诊断的研究起到了非常大的促进作用。图 10-8 示意了 TE 的工艺过程，包括 53 个变量：例如反应器温度等 12 个过程控制变量（XMV1-12），41 个测量变量 XMEAS（22 个连续型变量，19 个组分分析变量），通过对 53 个变量数据的分析，判断过程出现了某种故障（故障类型已知，共 28 种故障类型，故障诊断过程即为故障分类）。

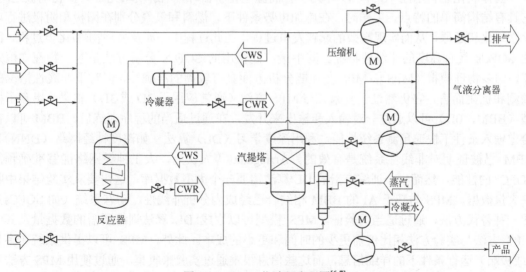

图 10-8　TE 工艺过程流程图[6-7]

　　因此，可以依据 TE 数据集中的数据信息，结合深度卷积神经网络（deep convolutional neural network，DCNN）强大的特征提取能力对数据信息进行深度挖掘，最终实现以端到端的形式完成故障诊断任务，并进一步通过改变卷积神经网络架构和超参数调节等方法来提高故障分类的准确率，其中，我们用故障诊断率（fault diagnosis rate，FDR）来表示模型整体的诊断性能，FDR 值越高，代表模型的诊断能力越强。表 10-1 对比了 DCNN 与常用的几个经典的基于机器学习的故障诊断算法（KNN，SVM 和 PCA-SVM）在 TE 过程中的应用，可以看到，DCNN 模型的故障诊断结果要优于其余三个模型[6-8]。

表 10-1　不同故障诊断模型的 FDR　　　　　　　　　　单位：%

项目	KNN	SVM	PCA-SVM	DCNN
故障 1	98.31	98.19	97.94	100.00
故障 2	97.56	98.63	98.50	99.94
故障 3	35.50	76.19	72.44	90.32
故障 4	99.69	99.63	99.56	100.00
故障 5	38.06	61.13	61.50	93.30
故障 6	98.21	100.00	100.00	100.00
故障 7	99.88	100.00	100.00	100.00
故障 8	82.69	92.31	91.63	98.42
故障 9	20.69	28.38	26.63	68.69
故障 10	32.56	55.31	48.38	98.73
故障 11	60.69	84.25	80.69	99.87
故障 12	11.56	21.13	15.75	91.08
故障 13	93.31	94.31	94.50	97.15
故障 14	78.38	94.75	93.50	99.94
故障 15	16.25	25.50	26.44	52.69
平均值	64.22	75.31	73.83	89.61

固体氧化燃料电池（SOFCs）作为一种高温电化学器件，电解质填充于其多孔电极之间，它具有结构简单的特点。工作时，在施加电势条件下，燃料和氧气分别在阳极和阴极进行电化学氧化和还原，从而实现高效的燃料发电过程，在此过程中，涉及多种物理/化学过程，因此 SOFCs 具有高度的非线性特征。其中最广泛使用的 SOFCs 分析方法是基于物理守恒定律，如多物理模拟（MPS），MPS 在性能分析方面具有较高的准确性，但对于非线性情况的预测和优化而言，它仍然过于复杂。与 MPS 方法（通常应用于 2D 或 3D）相比，黑盒子模型（BBM，0D）可以通过一对输入和输出来开发，在通过适当的程序训练后，BBM 可以在给定输入条件下快速预测系统性能，利用深度学习（DL）算法（如深度神经网络（DNN）），BBM 已被证明对非线性系统是有效的。Arriagada 等人认为，人工神经网络能够准确预测 SOFCs 的性能，然而一个训练有素的 DL 算法需要一个大型数据库，这需要从实验结果中收集大量数据。MPS 与基于 AI 的 BBM 相结合已经成为分析非线性、动态系统（如 SOFCs）的一种替代方法，通过适当的验证，MPS 模型可以生成 DL 算法训练所需的数据量，其中 MPS 方法与实验方法相比仅需更少的时间和更小的成本。此外，MPS 可以提供系统在多种（或极端）运行条件下的详细信息，而这些信息很难通过实验来收集。通过使用 MPS 方法开发的数据库进行训练，DL 算法可以在给定输入参数的情况下快速预测系统性能，以弥补 MPS 在快速响应方面的不足，而采用遗传算法（GA），可以进一步实现系统对目标参数的在线优化，最终形成了从检测到在线分析和优化的封闭循环[9]。

晶体广泛存在于医药、食品、化工等高附加值产品中，随着经济社会的快速发展，对高质量晶体产品的需求日益增长。工业结晶是晶体生产的关键操作，严重影响晶体产品的质量。由于影响晶体的因素很多，晶体产品的晶型、晶体结构以及粒度分布等许多指标都会对晶体性能产生影响，结晶过程也具有多目标、非线性、强耦合的特点，涉及分子、晶体、粉体、过程与设备等多个复杂尺度，因此，结晶也常被说成是"半科学半艺术"的学科[10]。这样，常规的晶体研究方法与生产控制难以对晶体产品的生产实现从产品设计到工业生产的综合、高效控制。随着国家智能制造战略的提出，将结晶与人工智能在各个尺度上结合，设计出从分子尺度到晶体颗粒尺度，再到工业设备尺度，最后到智能工厂尺度的整体研究框架（图10-9），实现各个尺度上的晶体智能研究与制造，对于未来工业结晶实现可预测的更大规模发展具有十分重要的意义。在分子尺度，可以将人工智能与晶体大数据相结合，开展溶解度、晶型、晶习、共晶等方面的智能预测研究；在晶体颗粒尺度，可进行晶体设计与结晶条件的研究；在设备尺度，可研究结晶釜内多相流体流动以及智能设备控制等方面的研究；最后，利用信息物理系统（CPS）、数字孪生建立智能晶体工厂，实现晶体产品的精准高效安全生产。这样，工业结晶通过融合人工智能、大数据、云计算、CPS 和先进控制等技术，在未来有望实现生产的绿色化、信息化、自动化和智慧化[10]。

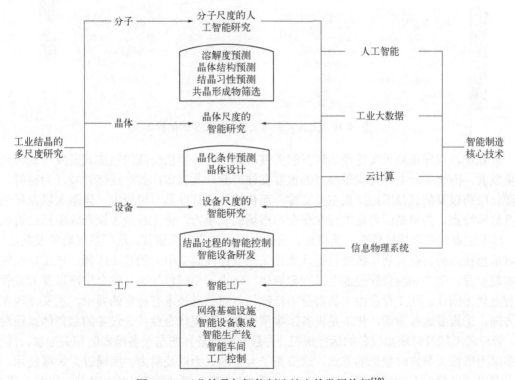

图 10-9 工业结晶与智能制造结合的发展构想[10]

10.4.3 工业互联网与智能化工园区建设

2017 年 12 月 8 日，习近平总书记在中央政治局会议上指出，大数据发展日新月异，我们应该审时度势、精心谋划、超前布局、力争主动，深入了解大数据发展现状和趋势及其对经济社会发展的影响，分析我国大数据发展取得的成绩和存在的问题，推动实施国家大数据战略，加快完善数字基础设施，推进数据资源整合和开放共享，保障数据安全，加快建设数字中国，更好服务我国经济社会发展和人民生活改善。其中，工业互联网作为云计算、物联网、大数据、区域链以及人工智能等新一代信息技术与现代工业深度融合的新模式，是新工业体系的操作系统（图 10-10），它可以实现对工业大数据的收集，通过对大数据的科学分析并借助于人工智能技术对数据进行处理，从而实现工业装置及生产过程的优化及智能控制。随着大数据分析的日益发展，利用互联网平台有益于实现现代企业的创新与变革，助力加快建设数字化中国。

图 10-10　工业互联网从数据到服务的架构图

　　近几年，我国正处于实施经济转型的关键时期，经济将由传统的粗放式发展形式转向高质量发展，而化工行业作为我国经济的重要支柱产业，具有宽广的产业链领域，为材料、新能源、医药以及信息技术均提供重要支撑，而传统化工行业具有投资大、风险大以及环保要求严格等特点，为提高国内化工行业在全球市场的竞争力，化工行业实施产业变革已迫在眉睫，其关注点将从重规模转变为重质量，从做大做强转向做强做优，从而呈现新的发展态势。随着信息技术的日益发展，智能化管理是化工企业提高其竞争力的首要选择，化工行业致力于实现研发、生产和经营管理的全过程智能化，建设一个绿色生态、安全生产以及高效管控的智慧化工园区。化工行业由于其自身的特殊性，对信息技术有特定的要求，主要体现在这个方面：①设备运行方面，化工是设备密集型行业，而现代企业关于设备的监督体系相对混乱，管理者不能及时获知设备的运行情况，并且缺少企业预测与设备维修的相关专家，目前，大多采用维修人员定时检修的方式，这浪费了大量的人力以及财力。而通过大数据技术，通过保存以往的维修及故障数据，在此基础上通过建立数学模型，可以对故障进行诊断及预测，不仅保障安全运行同时提升经济效益。②生产管控方面，化工生产过程涉及原料准备、化学反应、分离以及存储等工序，对于每一个生产过程都具有严格的控制，因此化工过程比较复杂，一些现象以及背后的机理难以精确描述，单纯采用机器学习去进行判断具有严重的局限性，搭建互联网平台需要实现的目标是提高生产过程的控制能力、提高决策科学性，打造一个从采购、产品加工到产品出厂的智能化生产管理平台，实现资源的优化配置与生产管理的协同优化，在提高生产效率的同时保证低碳生产，通过环保监测，保证企业的可持续发展竞争力。③安全管理方面，化工行业属于高风险的行业，其生产过程涉及高温、高压甚至有毒的环境，因此保证安全生产至关重要。目前，传统的方法主要通过人工方式进行安全管控和风险识别，通过互联网技术，利用工业无线、5G 等网络技术，可以快速地对安全信息进行感知和获取，实现智能的安全监控过程。例如，石化盈科通过建立一体化互联网安全管理工作平台，实现了风险管理对象结构化及标准化，帮助企业将检查问题、识别风险和发生事故关联起来，助推安全管理从被动反应到主动前瞻，从而降低事故发生概率。

　　在未来，随着大数据、云计算、物联网和人工智能（AI）等新技术蓬勃发展，基于工业互联网平台，建立起智慧化工园区（图 10-11），将满足化工行业对绿色生态、安全生产以及高效管控的需求，这将促进化工园区向精细化、信息化和智慧化方向转型，帮助化工企业进行"安稳长满优"的生产。而对于化学工程专业的学生来说，要想在过程工业智慧化中取得成功，他们需要超越数据素养/敏锐来理解数据的含义，理解统计和数学在上下文中的重要性，掌握基本的编程技能和算法思维，以及最重要的是，如何使用基本的工程原理和数据来做出合理的决策，这是对未来化工专业学生基本素质的一个重要要求[3]。

图 10-11　智慧化工园区架构

10.5　小结

　　通过对本章的学习，可以了解到人工智能发展的基本历程，人工智能基本算法的概念，人工智能与化学工程结合的简要历史，人工智能在化学化工一些领域的初步应用，以及工业互联网和智慧化工园区的基本概念与架构。以这些知识作为基础，可以增强读者对人工智能与化学化工相结合的认识，启迪并促进他们思考未来人工智能在化学与化工中应用的可能方向与思路。

思考题

简述人工智能在化学工程领域有哪些应用？

参考文献

[1] Venkatasubramanian V. The promise of artificial intelligence in chemical engineering: Is it here, finally? [J]. AIChE Journal, 2019,65(2): 466-478.

[2] 李涓子，唐杰. 2019 人工智能发展报告[R]. 北京: 清华大学, 2019.

[3] Qin S J, Chiang L H.Advances and opportunities in machine learning for process data analytics[J].Computers and Chemical Engineering, 2019,126: 465-473.

[4] Butler K T, Davies D W, Cartwright H, et al. Machine learning for molecular and materials science[J]. Nature,2018,559, 547-555.

[5] Burger B, et al. A mobile robotic chemist[J]. Nature, 2020, 583: 237-241.

[6] Wu H, Zhao J S.Deep convolutional neural network model based chemical process fault diagnosis[J]. Computers and Chemical Engineering, 2018,115: 185-197.

[7] Bao Y, Wang B, Guo P D,et al.Chemical process fault diagnosis based on a combined deep learning method[J]. Can J Chem Eng, 2022, 100: 54-66.

[8] 鲍宇，程硕，王靖涛. 基于深度学习的化工过程故障检测与诊断研究综述[J]. 化学工业与工程, 2022, 39(2): 9-22.

[9] Xu H R, Ma J, Tan P, et al. Towards online optimisation of solid oxide fuel cell performance: Combining deep learning with multi-physics simulation[J]. Energy and AI,2020,1:100003.

[10] 龚俊波，孙杰，王静康. 面向智能制造的工业结晶研究进展[J]. 化工学报, 2018, 69(11): 4505-4517.

第 **11** 章
催化科学

11.1 催化科学的发展历史

催化反应过程在化学工业生产中具有核心地位，现代化学工业的发展离不开催化科学与技术的创新变革。本节将简要介绍催化科学的历史发展。

11.1.1 催化是化学改变世界的加速器

11.1.1.1 "催化"概念的发现与提出

说起"催化"概念的起源，就不得不提到一位化学家的趣事。

琼斯·雅各布·贝采利乌斯（Jons Jakob Berzelius，瑞典化学家）是现代化学命名体系的建立者。1835 年，亲友们举办了一场盛大宴会庆祝他的 56 岁生日。当时贝采利乌斯刚刚完成了一项实验，看到亲友们纷纷向他举杯庆贺，顾不上洗手，就拿起酒杯，痛快地饮下杯中的葡萄酒。然而，他惊讶地发现杯中的葡萄酒竟然是酸的！而其他人酒杯内的葡萄酒都是正常的味道，这引起了他强烈的研究兴趣。通过反复实验，他最终发现实验中手上沾染的铂黑掉到了葡萄酒杯内，这种神奇的物质加速了乙醇在空气中的氧化过程，生成了醋酸。

贝采利乌斯于 1836 年发表了第一篇定义"催化"概念的论文。在这篇论文中，他总结了包括均相和非均相反应过程，首次提出了"催化力"（catalytic force）的概念[1]，并定义由"催化力"推动的反应为"催化反应"。

威廉·奥斯特瓦尔德（Wilhelm Ostwald，德国物理化学家），是物理化学的创始人之一，1909 年因其在催化剂的作用、化学平衡和化学反应速率等方面的研究成果而被授予诺贝尔化学奖。自贝采利乌斯提出"催化力"的概念之后，他进一步推动了"催化"这一概念的发展，并首次提出了催化剂的三个特征：

① 可以改变化学反应速率；

② 不能改变化学反应平衡；

③ 本身不存在于产物之中。

以氢气（H_2）和氧气（O_2）反应为例，该反应的方程式为：

$$2H_2 + O_2 \longrightarrow 2H_2O \qquad \Delta G < 0 \qquad (11\text{-}1)$$

室温下，该反应的吉布斯自由能的变化（ΔG）小于 0，说明该反应在热力学上是可以自

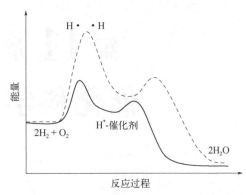

图 11-1 $2H_2 + O_2 \longrightarrow 2H_2O$ 的催化过程能量变化示意图

发进行的（数据可见《物理化学》第 5 版，上册，附录，表 16[2]）。但事实上，若无其他因素，这个反应在室温下非常缓慢，几乎不会发生，具体原因如下。

二者发生反应存在一个前提条件，即作为反应物之一的氢气裂解为氢原子后才能进行后续反应，而这一步需要越过一个很高的能垒（见图 11-1，虚线代表无催化剂，实线代表加入催化剂），正是这个很高的能垒，使其在动力学上无法自发反应。然而，加入催化剂后，氢气会在催化剂表面发生化学吸附，并形成易于裂解的过渡态结构，从而降低了反应能垒，使该反应在温和条件下即可发生。在反应结束后，随着反应物和生成物从催化剂表面的脱附，催化剂本身并不发生物理和化学性质上的变化。

正如图 11-2 所展示的那样，在反应热力学可行的前提下，催化剂的作用就像是"媒人"，经过它的"撮合"，消除了男女双方空间（能量）上的阻隔，加速了双方的交流（反应），在完成介绍（催化）的任务之后，便及时脱离。正是因为这种媒介的作用，催化剂也被称为"触媒"。

互不相识　　　　　　媒人介绍　　　　　　坠入爱河，媒人离开！

图 11-2　催化剂作用过程的示意图

综上所述，催化是指反应速度被催化剂所改变，而又不影响化学平衡的过程，在这个过程中催化剂发挥了关键性的作用，主要是降低化学反应所需要的活化能，加快反应速度，在炼油、制药、环保等化学工业过程中被广泛应用。

11.1.1.2　"催化"在现代化工中的核心地位

诺贝尔奖化学委员会在 2021 年诺贝尔奖新闻发布会上介绍获奖者成就时提到："据估计，催化过程影响了全球约 35% 的 GDP（It has been estimated that catalysis is responsible for about 35% of the world's GDP）。"

催化在化石能源利用、化工生产、环境保护中具有"基石"作用，约 85% 的工业生产都与催化相关，毫不夸张地说，催化是化学工业的发动机，化工生产技术的飞跃几乎都是得益于新型、高效催化材料的问世。20 世纪 50 年代以前以煤炭为主要化石能源，合成氨、化肥及有机化工过程的实现都与煤化工催化技术的重大突破密切相关；20 世纪 50~90 年代，石油化工催化技术的快速发展催生了以石油为主要原料的"四大油品"（汽油、柴油、煤油、燃料油）、"三烯三苯"（乙烯、丙烯、丁二烯和苯、甲苯、二甲苯）和"三大合成材料"（合成树脂、合成纤维、合成橡胶）。随着世界资源的日益匮乏，生态环境的逐渐恶化，亟须开发利用新能源，缓解能源危机，修复地球生态，这些离不开催化技术的进一步发展，也对催化技术的发展提出了更高的要求。近现代科技发展史表明：催化技术是衡量一个国家科技水平的重要标志之一。

11.1.2　"衣食住行医"相关的工业化重大成果

近两个世纪，催化科学与技术对人类社会发展起到了重要的推动作用，与工业生产和居民生活息息相关。例如，"食"之基础——合成氨催化工艺及化肥的生产技术极大促进了人类社会农业生产，缓解了人口增长、耕地减少与粮食需求之间的矛盾；煤制油催化技术的蓬勃发展在一定程度上满足了日益增长的油气需求，为人类日常出行提供了充足的能源；汽车尾气"三效催化剂"的应用缓解了经济快速发展下大气污染物造成的环境威胁；光（电）催化二氧化碳转换为高附加值化学品不仅可以将二氧化碳"变废为宝"，还为实现"碳减排"提供了坚实的基础，有利于减缓全球气候变暖的趋势；不对称催化有机合成技术推动了医药领域的快速发展，为人类健康保驾护航。

11.1.2.1　炼油工业

还记得"的确良"吗？——20 世纪七八十年代风靡全国的时髦衣料！"的确良"的主要成分是"聚对苯二甲酸乙二醇酯"，日常生活中又被人们简称为"涤纶""涤棉""达可纶"，是二战后在西方各国盛行的一种新型"化纤衣料"，其主要原料来自于石油炼制工业。

20 世纪初，我国的化学工业生产以煤炭为主要原料。然而随着来自美国、中东地区和欧洲地区原油供应的增长，石油炼制和石油化工技术得以迅速发展。

炼油工业中，从原油到石油的转化方法一般分为[3]：

① 物理转化：根据每种馏分的沸程和碳数分布，将原油分离成不同的直馏馏分油，然后按照产品的质量标准要求，去除馏分油中的非理想组分；

② 化学转化：将这些馏分进行化学加工，得到一系列合格的石油产品。

其中炼油工业常用的七大工艺流程为常减压蒸馏、催化裂化、延迟焦化、加氢裂化、溶剂脱沥青、加氢精制、催化重整。

热裂化和焦化过程都是热加工过程，该过程中未使用催化剂，导致产品的质量和选择性都比较差。随着催化技术的发展，催化裂化工艺在 1936 年实现工业化后迅速取代了传统热裂化工艺，是最早工业化的催化加工过程，其中分子筛催化剂的应用具有里程碑意义。我国炼油工业催化剂的研发始于 20 世纪 60 年代。1965 年，中国科学院院士陈俊武主持设计的 60万吨/年流化催化裂化装置的成功投产，推动了中国炼油工业的跨越式发展。20 世纪 80～90年代，我国炼油催化技术基本完成了从"引进仿制"到"自主创新"的转变，使炼油工业得到迅猛发展，相关产品不仅满足国内需求，而且成功打入国际市场。到 21 世纪，面对我国原油进口量急剧增加和原油品质越来越差，炼油工艺难度持续加大的现实情况，重油深加工催化技术的开发变得尤为重要，包括重油转化为轻质油品的高效化、生产工艺的清洁化、炼油与化工的一体化以及清洁燃料生产的工业化等方面。

11.1.2.2　合成氨工业

随着人口的不断增长，可用耕地面积的持续缩减，利用有限的土地养活更多的人口成为世界各国科学家们的挑战。众所周知,肥料是农业生产的物质基础,能够为植物提供必需的营养元素,同时改善土壤性质。早期,人们将人畜粪便和动植物腐烂物等作为肥料,但粮食增产水平有限,无法满足日益增长的粮食消耗需求。19 世纪初,欧洲通过将秘鲁的鸟粪石和智利的硝石转化为肥料来维持农业生产,但人们逐渐意识到,这些天然的矿石迟早会被消耗殆尽。托马斯·马尔萨斯(Thomas Malthus,英国政治经济学家)曾于 1798 年在《人口原理》一书中呼吁科学家们应该立即行动起来,研究并开发新型肥料的高效生产途径,特别是将空气中大量存在的氮气转换成含氮肥料,使人类免受饥荒之苦。

氮是构成生命及物质世界的重要基础元素,氮气是大气主要成分之一,占体积比 78.1%,是最丰富、廉价的氮源,可谓取之不尽,用之不竭!然而自然过程中氮气到含氮化合物的转化效率无法满足现代人类社会对含氮化合物的需求。因此,科学家们为解决该难题,利用催化技术进行人工固氮,人工合成含氮化合物用于氨、化肥、生物大分子、医药、农药等生产,并取得了一系列研究成果。

以合成氨为例,该反应方程式为:

$$N_2 + 3H_2 \xlongequal{\quad\quad} 2NH_3 \qquad \Delta G < 0 \qquad\qquad (11-2)$$

该反应热力学上属于自发进行的反应,但动力学上所需要克服的活化能高达约 335kJ/mol,只能在极其苛刻的反应条件下才能实现,难以工业化。1909 年,弗里茨·哈伯(Fritz Haber,德国化学家)在压力 17.5~20.0MPa 和温度 500~600℃条件下,利用锇催化剂实现了氮气与氢气合成氨气的反应过程,也因此获得了 1918 年诺贝尔化学奖。之后,德国 BASF 公司的卡尔·博施(Carl Bosch,德国工业化学家)在合成氨反应中探索了不同催化剂的效果,发现在廉价易得的铁催化剂中添加助剂(氧化铝和氧化钾)会获得更佳的反应活性,并因此获得了 1931 年诺贝尔化学奖。上述研究成果为合成氨的工业化奠定了基础,被后人称为 Haber-Bosch 法。1979 年,英国石油公司的斯蒂芬·罗伯特·坦尼森(Stephen Robert Tennison)发现,以活性炭为载体的钌基催化剂添加碱助剂后比传统铁基催化剂的活性高一个数量级,这使其成为第二代合成氨工业催化剂[4]。随后,格哈德·埃特尔(Gerhard Ertl,德国化学家)利用表面技术详细研究了合成氨的催化反应机理,发现氮气在催化剂金属活性组分表面解离为氮原子是该反应的速控步,为合成氨工业的发展提供了坚实的理论基础,因此获得了 2007 年诺贝尔化学奖。

工业合成氨技术(Haber-Bosch process)的发展,实现了"人工固氮",促进了粮食增产增收,奠定了现代农业的基础,极大地推动了现代文明的进步,更是解决了地球上一半人口的粮食问题,因而被称作是人类科技史上最伟大的发明之一。

11.1.2.3 煤化工

我国能源结构具有"富煤、贫油、少气"的特征,这决定了煤炭在保障我国能源安全中的主导地位,因此煤炭清洁高效利用是实现"双碳"战略目标的重要基石。2021 年底召开的中央经济工作会议明确提出"传统能源逐步退出要建立在新能源安全可靠的替代基础上。要立足以煤为主的基本国情,抓好煤炭清洁高效利用,增加新能源消纳能力,推动煤炭和新能源优化组合"。

据统计,我国煤炭消费总量已经连续多年稳居世界第一[5]。据国家统计局发布的《中华人民共和国 2021 年国民经济和社会发展统计公报》初步核算显示,我国全年原煤产量达 41.3 亿吨,同比增长 5.7%;全年能源消费总量 52.4 亿吨标准煤,同比增长 5.2%;煤炭消费量增长 4.6%，占能源消费总量的 56.0%，比上年下降 0.9 个百分点[6]。

煤化工是实现煤炭清洁利用的能源革命。煤化工是指：煤作为原料经化学加工转化为气体、液体、固体燃料以及化学品的过程，主要包括煤的气化、液化、干馏以及焦油加工和电石乙炔化工等[7]。

18 世纪后半叶是世界煤化工体系的萌芽时期，于 19 世纪形成了完整的工业体系。20 世纪以来，多数以天然物质为原料的有机化学品改为以煤为原料生产，煤化工成为化学工业的重要组成部分。第二次世界大战后，石油化工的迅速发展，促使许多化学品的生产又转移到以石油、天然气为原料，削弱了煤化工在化学工业中的地位。21 世纪以来，随着全球石油市场的动荡和石油价格的攀升，作为储量巨大并且可能替代石油的资源，煤炭重新受到越来越多的重视。应用于煤化工的煤炭主要用作焦化和气化，煤焦油加工获得的化工原料被广泛用于生产塑料、橡胶、合成纤维、染料、香料、农药、医药、防腐剂等产品。

基于我国国情，在"双碳"战略目标下，《现代煤化工"十四五"发展指南》给出了发展规划："今后 5 年现代煤化工产业应科学规划、优化布局，合理控制产业规模，积极开展产业升级示范，推动产业集约、清洁、低碳、高质量发展和可持续发展"。在"十三五"现代煤化工产业的规模基础上，"十四五"发展目标是形成 3000 万吨/年煤制油、150 亿立方米/年煤制气、1000 万吨/年煤制乙二醇、100 万吨/年煤制芳烃、2000 万吨/年煤（甲醇）制烯烃的产业规模。

与传统煤化工不同的是，现代煤化工聚焦于煤制油、煤制天然气、煤制乙二醇等领域（见图 11-3）。

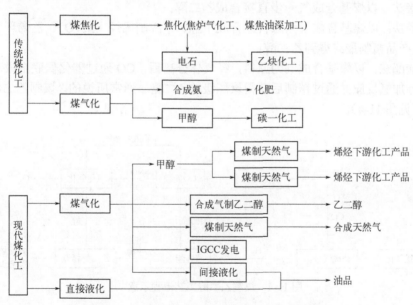

图 11-3　传统煤化工与现代煤化工产业流程图[8]
IGCC—整体煤气化联合循环

（1）煤制油技术　改革开放以来，中国经济迅速发展，人民生活水平显著提高。如今，我国汽车保有量已经位居世界第一，带来了日益增长的油气需求。然而，我国的石油严重依赖进口，连续多年对外依存度 70%以上，通过发展"煤制油"技术可以缓解石油供需矛盾，实现煤炭清洁高效利用，并在复杂多变的国际形势下充分保障我国的能源安全。

作为固体的煤，如何变为液态的燃料？1913 年，弗里德里希·柏吉斯（F. Bergius，德国化学家）首次利用铁基催化剂将煤炭直接液化。之后，彼尔（Matthias Pier，德国工业化学家）利用硫化钨和硫化钼作为催化剂，大大提高了煤液化过程的加氢速度，促进了煤直接液化的工业化。1925 年，在位于德国鲁尔河畔米尔海姆市的马克斯·普朗克研究所，第一任主任弗朗兹·费歇尔（Franz Fischer，德国化学家）和汉斯·托罗普施（Hans Tropsch，德国化学家）利用碱性铁屑作为催化剂，共同开发了费-托合成工艺（Fischer-Tropsch process），也称为 F-T 合成。

煤制油过程主要利用煤热解/液化技术，有直接液化和间接液化两种不同的路线：①直接液化；煤炭磨成煤粉与溶剂配成油煤浆，在高温高压下进行催化加氢液化，即煤加氢制油。②间接液化；煤炭与氧气和水蒸气在高温条件下发生反应，得到合成气（一氧化碳和氢气的混合气体），之后利用催化剂进行费-托合成反应，从而转化为具有高附加值的烃类合成油产品。

（2）煤制天然气技术　合成天然气是一种由煤炭产生的天然气，其中甲烷含量高于 95%，可用于家庭供暖、车辆燃料等。煤制合成天然气技术是利用褐煤等劣质煤炭，通过煤气化、水煤气变换、酸性气体脱除、高温甲烷化、干燥等工艺来生产代用天然气。目前工业应用的技术主要有鲁奇工艺、戴维工艺、托普索工艺等[9]。

（3）煤制乙二醇技术　乙二醇是重要的石油化工原料和战略物资，其重要性仅次于乙烯和丙烯，主要用于制造聚酯涤纶、聚酯树脂、炸药等，还可以用作防冻剂、溶剂等。煤制乙二醇即以煤代替石油乙烯生产乙二醇，符合我国资源总体国情，目前主要有三条工艺路线：

① 直接法：以煤基合成气一步直接合成乙二醇；

② 烯烃法：以煤基合成气为原料经合成甲醇、甲醇制烯烃（MTO）、乙烯环氧化、环氧乙烷水合及产品精制最终得到乙二醇；

③ 草酸酯法：以煤基合成气为原料，经气体分离后，CO 通过催化偶联合成草酸酯，再经与 H_2 进行加氢反应并通过精制后获得聚酯级的乙二醇。通常所说的"煤制乙二醇"就是特指该工艺（见图 11-4）。

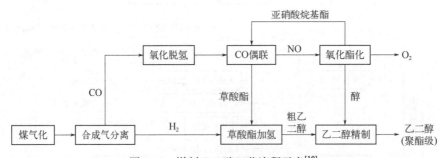

图 11-4　煤制乙二醇工艺流程示意[10]

11.1.2.4　新能源催化技术

20 世纪 70 年代，正值石油危机，人们迫切寻求可替代的新能源，以太阳光为能量来源的光催化技术就此应运而生。1967 年，还在读硕士的藤岛昭（Fujishima Akira，日本光化学家）在实验中发现，用紫外光照射放在水里的半导体二氧化钛电极时，会产生氢气和氧气。这一实验结果于 1972 年发表在了著名学术杂志《自然》（*Nature*）上，这是人类历史上首次将光能转化为化学能，迅速引起了人们的关注，后来被称为"本多-藤岛效应"（Honda-Fujishima Effect）[11]，该发现揭开了多相光催化发展的序幕，为人类开发利用太阳能提供了新的途径。

经过短短几十年的研究和发展，光催化技术在水分解制氢、污染物降解、空气净化、二氧化碳还原等领域蓬勃发展。其中，光催化水分解制氢和二氧化碳还原制甲醇是实现"双碳"目标的理想途径，被学术界和工业界高度关注。

例如，中国科学院大连化学物理研究所李灿院士团队提出利用"液态阳光甲醇"规模转化消纳可再生能源的新思路，利用太阳光能以二氧化碳和水为原料生产甲醇。该过程主要分为两步：首先利用太阳光所发的电能（绿电）将水电催化分解为氢气（绿氢），然后再由氢气和二氧化碳反应生成甲醇。甲醇作为绿氢的化学载体，具有运输安全、经济等特点，可通过催化重整反应将甲醇重新转化为氢气，提供给氢燃料电池使用。该过程将太阳光能以甲醇的形式储存起来，被命名为"液态阳光"。2020 年，全球首套千吨级液态阳光甲醇装置在兰州试运行成功，成为太阳能替代传统化石能源应用的成功典范。

11.1.2.5　不对称有机催化

20 世纪中叶，"反应停"造成的巨大悲剧，使人们意识到了"手性"在药物合成中的重要意义。20 世纪 90 年代以来，人类社会对手性化合物的需求量倍增，特别是医药、农药和精细化学品行业。据统计，2020 年世界销售额前 200 位的药物中，就有多达 140 多种是手性药物。此外，我国的手性市场占有率已经超过 40%。除了手性医药和农药以外，手性的香料和食品添加剂也是非常重要的。

11.2　催化科学前沿进展

11.2.1　费-托合成反应

费-托合成（Fischer-Tropsch synthesis）是利用煤基合成气制取碳氢清洁液体燃料的关键反应，是由弗朗兹·费歇尔（Franz Fischer，德国化学家）和汉斯·托罗普施（Hans Tropsch，德国化学家）首次报道，并以他们名字命名的反应过程，其化学方程式如式（11-3）表示：

$$(2n + 1)H_2 + nCO \longrightarrow C_nH_{2n+2} + nH_2O \qquad (11\text{-}3)$$

费-托合成生产的液态烃可以不含硫、氮，符合日益苛刻的环保要求。该反应是一个碳碳偶联过程，主要包括以下关键反应步骤（见图 11-5）：

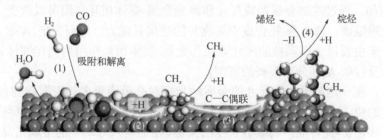

图 11-5　费-托合成反应机理图[12]

图 11-5 中：
（1）一氧化碳和氢气的吸附和解离；
（2）表面 CH_x 物种的形成；

（3）表面 CH_x 物种 C—C 偶联引发链增长生成表面 C_nH_m 中间体，或直接加氢生成 CH_4；

（4）C_nH_m 中间体经脱氢或加氢分别生成烯烃或烷烃产物。

金属 Fe、Co 和 Ru 具有适中的 CO 解离、加氢和链增长能力，是常用的费-托合成催化剂。由于 C—C 偶联的链增长过程在金属表面难以控制，导致费-托合成产物的统计分布与聚合反应类似，需要遵循 Anderson-Schulz-Flory （ASF）分布[13]，碳数为 n 的烃类产品的摩尔分数 M_n 取决于链增长概率（α），其关系如下所示：

$$M_n = (1-\alpha)\alpha^{n-1} \tag{11-4}$$

其中，α 由链增长或传播（r_p）和链终止 （r_t）的速率确定：

$$\alpha = r_p / (r_p + r_t) \tag{11-5}$$

α 值可以通过改变传统费-托合成催化剂组成、结构和反应条件来调变，进而影响产物分布（见图 11-6），但特定碳数的烷烃、烯烃（例如低级烯烃、汽油、航空煤油或柴油）的选择性仍受 ASF 分布限制。C_2~C_4（低级烯烃）、C_5~C_{11}（汽油）、C_8~C_{16}（航空煤油）和 C_{10}~C_{20}（柴油）的理论最大选择性分别为 58%、48%、41% 和 40%[14]。因此，如何提高特定馏分液体产物的选择性从而打破 ASF 分布限制是费-托合成研究领域亟待解决的一个重要难题[15]。

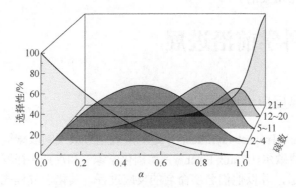

图 11-6　不同范围烃类产品选择性随链增长概率（α）的变化[12]

通过制备具有可控尺寸、晶相和特定晶面暴露的费-托合成催化剂，以及选取新型载体材料、适当的助剂、合适的反应器和反应条件，均可以提高费-托合成反应的 CO 转化率和 C_{5+} 选择性[16]。例如，通过控制金属颗粒尺寸和调变金属-载体相互作用可以改变"金属-表面碳物种"化学吸附键能，调控费-托合成中间物种的链增长能力，进而突破 ASF 定律的理论分布极限。接下来主要以金属颗粒的尺寸效应与金属-载体相互作用为例详细讨论调控费-托合成产物分布以及打破 ASF 分布限制的案例。

一般而言，在一定范围内大尺寸的金属纳米颗粒会吸附更多的表面碳物种（C*），有利于获得高碳数的费-托合成产物。然而天津大学李新刚教授团队却发现在限域环境中表面碳物种吸附键能是决定费-托合成产物碳链长度的关键。他们将尺寸均一的金属钴晶粒包埋于介孔二氧化硅载体中（类似将西瓜籽镶嵌于西瓜瓤的结构），构筑了具有限域结构的钴基催化剂，有效阻止了金属钴的烧结和团聚。研究结果显示：C*物种在小尺寸钴纳米颗粒上具有更强的吸附键能，有利于碳链增长；而空间限域效应则有利于产物的再吸附和二次生长，可进一步提高长链烃的选择性。当金属钴晶粒尺寸为 7.2nm 时，柴油馏分产品选择性高达 66.2%，金属颗粒尺寸增大到 11.4nm 时，汽油馏分产品选择性可达 62.4%。该研究通过精确控制金属颗粒尺寸，在空间限域环境中实现了产物分布从以柴油馏分为主到以汽油馏分为主的调控，并且打破了产物 ASF 分布限制，实现了汽/柴油馏分产物选择性分别达到理论最大值的 1.3 倍和 1.7 倍的优异性能[17]。

在调控金属-载体相互作用方面，可以通过在金属催化剂的碳基载体中掺杂氮原子，利用不同种类氮原子与金属之间作用力的差异调变金属-载体电荷转移程度，改变金属与 C*化学键能强度，进而控制产物的碳链长度[18]。此外，也可以通过调控强金属-载体相互作用，改变金属暴露位点与"金属-载体"界面位点的比例，从而影响反应物、中间物种以及产物在催化剂活性位点上的吸/脱附能力，控制 CO 活化、C-C 偶联和链终止过程，最终实现对费-托合成反应产物分布的调变[19]。

打破 ASF 分布限制并不是费-托合成研究的唯一目标。目前通过费-托合成方法得到的碳氢化合物主要为辛烷值很低的长直链烷烃，缺乏实际应用意义，因此提高费-托合成反应产物的辛烷值一直是人们关注的重点。考虑到分子筛的酸性中心对于长直链烷烃具有很好的加氢裂解和异构化活性，所以通过传统费-托合成催化剂与酸性分子筛的耦合构建多功能催化剂是调节异构烷烃产物选择性的有效策略。这种多功能催化剂，主要有负载型和核壳型两种结构。首先以负载型催化剂为例，研究者采用物理溅射法设计并构建了一种新型的"金属/分子筛"耦合催化剂，通过物理作用将金属粒子楔入酸性分子筛表面，解决了强酸性分子筛催化剂与费-托合成催化剂的功能化集成问题，提高了金属负载量，降低了氢气还原温度，突破了 ASF产物分布限制，并且极大地提高了汽油馏分中异构烷烃的占比，实现了从合成气一步高催化活性和选择性地制备汽油馏分[20]。关于核壳型多功能催化剂的研究，多数学者采用以传统费-托合成催化剂为核，在外面包覆一层分子筛膜提供酸性位点，其中外层分子筛膜较为常见的有 H-ZSM-5 和 H-β 等。这成功解决了酸性分子筛催化剂与费-托合成催化剂的功能化集成问题。合成气首先通过费-托合成在金属纳米颗粒上被活化并转化为烃类混合物，然后在分子筛的酸位点上进行重烃的加氢裂化和异构化。与物理混合相比，核壳结构双功能催化剂缩短了金属位点到酸性位点的距离，强化了反应传质，最终明显提高了汽油产物的选择性[21]。

最新的研究结果表明，通过控制分子筛的孔结构和酸性性质可以调控费-托合成液体燃料产物的选择性。通过在 Y 型分子筛上构建介孔结构能够抑制低碳烃生成并促进高碳烃扩散，而在 Y 型分子筛上通过改变离子交换种类能够改变 Brønsted 酸性质，进而调控烃类燃料产物分布。具体来说，将 Ce^{3+}、La^{3+}、Li^+、K^+ 交换到介孔 Y 型分子筛后，发现 Co/Y_{meso}-Ce 上汽油选择性高达 74%，Co/Y_{meso}-La 上航空煤油选择性高达 72%，Co/Y_{meso}-K 上柴油选择性高达 58%，且柴油产物中异构比只有 0.4，上述结果均打破了 ASF 定律的理论极限[13]。

11.2.2 二氧化碳催化转化

二氧化碳（CO_2）作为主要的温室气体之一，能够有效吸收地表、大气、云层发射的红外辐射，将热量捕获于地面、对流层系统内，但过量的温室气体会使地球表面热量过度积累，导致各种气候变化，加剧了人类生存环境的恶化。工业革命的不断深入极大提高了人类改造世界的能力，同时人类的生产和生活伴随着化石燃料的大量消耗，二氧化碳的排放量也随之与日俱增，致使大气层中二氧化碳含量逐年上升，温室效应问题愈加严重，引起全球气候变暖、冰川消退、海平面上升、气候带北移、极端气候增加等连锁反应。因此，控制二氧化碳排放总量，减缓大气中二氧化碳浓度的增速，构建碳循环平衡，实现"碳达峰"和"碳中和"目标，对于应对全球气候变化具有极其重要的意义。

"碳中和"是指调控二氧化碳排放总量，最终实现二氧化碳在人类社会与自然环境内的产销平衡。但是"碳中和"的实现并非一蹴而就，"碳达峰"即是实现"碳中和"的一个重要节点。"碳达峰"是指，通过绿色低碳等创新技术的广泛应用，降低能源消耗，实现二氧化碳减排和消耗，使碳排放总量尽快达到峰值，迎来下降拐点。2020 年 9 月 22 日，中国国家主席习近平在第七十五届联合国大会一般性辩论上发表重要讲话："中国将提高国家自主贡献力度，采取更加有力的政策和措施，二氧化碳排放力争于 2030 年前达到峰值，努力争取 2060 年前实现碳中和。"这是我国第一次在世界会议上明确提出对于二氧化碳减排的战略性目标，即"碳达峰"和"碳中和"（以下简称"双碳"目标）[22]。将二氧化碳通过热/光/电催化反应过程还原制取具有高附加值的化学品或液体燃料是实现碳减排的重要途径之一。例如，二氧化碳经加氢还原转化为甲醇，甲醇进一步可转化为二甲醚、乙烯、丙烯、汽油等产品。甲醇和它的衍生物燃烧所释放的二氧化碳将被回收利用，从整个生命周期实现零碳排放（见图 11-7）。

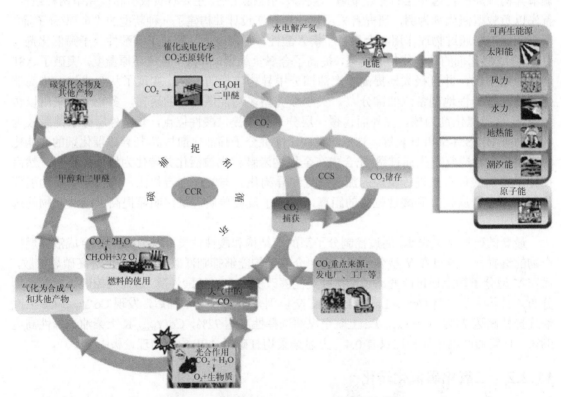

图 11-7 "甲醇经济"内的"人工碳循环"[23]

CCR—碳捕集与再利用；CCS—碳捕集与封存

目前，光催化和电催化虽然具有设备简单、能耗低等优点，但是效率太低，热催化过程更具有实现工业化的可行性。例如，利用风能、光能等可再生能源得到氢气，然后通过热催化加氢反应将二氧化碳转化为碳氢化合物。这个过程不仅能够解决氢气的储存运输等问题，还有效地利用了宝贵的碳质资源，实现了零碳排放的碳循环过程。

　　通过热催化加氢反应将二氧化碳转化为碳氢化合物也有较多的产物选择，而各催化剂反应体系对应得到的产物也不尽相同，如何得到更有经济价值的产物也是研究人员讨论的重点，如下简单介绍了相关反应的现状和问题：

　　逆水煤气变换反应（reverse water-gas shift reaction），即二氧化碳加氢制一氧化碳（$CO_2 + H_2 \longrightarrow CO + H_2O$），是一个非常重要的化学反应，在很多化学反应过程中均会出现。该反应常使用铜基催化剂，但其存在高温稳定性差的缺陷，铜活性组分易烧结团聚，导致催化活性下降。因此，如何提高铜基催化剂的热稳定性是该类型催化剂亟须解决的重要问题。此外，负载型贵金属铂、钌、铑等具有很高的活化解离氢气的能力，在该反应中有着较好的活性。而且，复合金属氧化物（如：In_2O_3-CeO_2、钙钛矿等）也是优异的催化剂，其表面上的氧空位可以活化二氧化碳。虽然逆水煤气变换反应具有工业应用的潜力，但目前也面临着二氧化碳高转化率与一氧化碳高选择性平衡的挑战。

　　二氧化碳加氢制甲烷是二氧化碳利用的另一个大方向。二氧化碳甲烷化反应又称为Sabatier 反应，常使用钌（Ru）、铑（Rh）、镍（Ni）、钴（Co）等金属催化剂。相较于其他二氧化碳加氢还原反应，该反应在热力学上更为有利，因而有学者认为该反应具有更高的应用潜力。在上述金属催化剂中，镍基催化剂的成本较低，制备方法相对简单，是目前二氧化碳甲烷化中最合适的催化剂，其未来的研究方向应主要聚焦于提高镍基催化剂的稳定性和低温反应活性。

　　与一氧化碳和甲烷相比，甲醇作为一种重要的基础工业化学品，具有更高的经济价值。目前二氧化碳加氢制甲醇的催化剂主要有铜基催化剂、金属氧化物固溶体催化剂、铟基氧化物催化剂等[24]。其中，铜基催化剂热稳定性和选择性的局限性依然是二氧化碳制甲醇工业化的巨大挑战。氧化锆基固溶体、氧化铟基催化剂具有较高的二氧化碳转化率和甲醇选择性，促使科研人员对其进行了深入研究。需要注意的是，这种与逆水煤气变换反应相近的催化剂体系，意味着一氧化碳成为该反应过程中的竞争产物。因此，设计高效、高选择性地转化二氧化碳生成甲醇的新型催化剂体系，是人们关注的主要问题。

　　此外，二氧化碳也可以转化为具有更高经济价值的高碳醇、芳烃等多碳有机物。C—C 偶联反应是多碳有机物合成路线的必要环节，目前实现该过程主要涉及两种反应路径：一是费-托合成路径：二氧化碳先通过逆水煤气变换反应转化为一氧化碳，再经过费-托合成反应得到多碳产物；二是甲醇路径：二氧化碳先进行催化加氢得到甲醇，然后将甲醇催化转化为多碳产物。为实现上述两种路径，需要设计和开发具有两种不同催化功能位点的高效双功能催化剂，较常见的体系是将二氧化碳加氢制甲醇或一氧化碳的相关催化剂与分子筛进行耦合，从而实现二氧化碳的深入利用。因此，研究者们聚焦于这类催化剂体系中不同功能位点的耦合匹配程度调控，以及目标产物选择性调控。

　　同时，无论何种催化剂体系，由于 CO_2 饱和的电子结构排布，较高的热力学稳定性，其催化转化过程普遍需要高温、高压等苛刻反应条件，能耗高，成本大，同时碳排放量也难以降低。因此，在温和的条件下实现二氧化碳的热催化加氢也是一个极具挑战的难题。

11.2.3　机动车尾气污染物催化净化

　　随着科技进步和人民生活水平提高，汽车逐渐成为人们的主要交通运输工具，成为了现代人的必需品并且数量也以较快的速度增长。据《2021 年中国移动源环境管理年报（摘录一）》报道[25]，2020 年，汽车保有量达 2.81 亿辆，同比增长 8.1%。在汽车产业高速发展的同时，我们不可忽视汽车尾气对环境和人体健康造成的恶劣影响。

2020 年，全国汽车排放的一氧化碳（CO）、氮氧化合物（NO_x）、碳氢化合物（HC）、颗粒物（PM）分别为 693.8 万吨、613.7 万吨、172.4 万吨和 6.4 万吨[25]。这些污染物不仅造成雾霾、酸雨等环境污染事件[26,27]，还会在空气中进一步反应，生成臭氧、光化学烟雾等二次污染物，引发更为严重的环境问题。因此，有效治理汽车尾气污染是"打赢蓝天保卫战"的关键环节，也是增强人民群众幸福感的必然要求。

有报道指出[25]，汽油车排放的 CO 占汽车排放总量的 80%以上，HC 占 70%以上；而柴油车排放的 NO_x 占汽车排放总量的 80%以上，PM 占 90%以上。可见，柴油车和汽油车排放的主要污染物不同，治理汽车尾气污染的前提是探究清楚汽车尾气主要污染物形成的原因。汽油车排放尾气中 CO 形成的主要原因为燃料气与空气混合不均匀，局部贫氧导致碳氢化合物无法完全氧化。燃烧过程中 CO_2 高温分解，以及 H_2O 分解产生的 H_2 对 CO_2 的还原也会产生少量 CO。尾气中 HC 形成主要与混合气浓度、汽车惯性滑行或用发动机制动时缺火和气门重叠漏气等因素有关。这些因素都可能使得汽油未燃烧或未完全燃烧。

汽油车尾气净化采用三效催化（TWC）技术，即通过负载型 Pt、Pd、Rh 贵金属催化剂在燃烧等当量点（空燃比 14.7）附近将 NO_x、HC、CO 三种主要污染物同时脱除。催化剂载体主要有颗粒状氧化小球和蜂窝整体式载体两种。蜂窝整体式载体由于压降小、传热传质快、载体规格形状多样、便于安装与设计等优点成为最主要的汽车尾气三效催化剂载体[28,29]。汽车三效催化剂中蜂窝堇青石陶瓷载体占 95%，其组成为 $2MgO \cdot 2Al_2O_3 \cdot 5SiO_2$，软化温度大于 1300℃。常用的蜂窝载体的比表面积小，如堇青石载体一般为 $2\sim4m^2/g$，不足以保证活性组分在载体上的充分分散，因此常需在载体通道表面涂覆一层高比表面积的活性涂层，使活性组分能充分分散以提高活性组分的利用率和三效催化剂的催化活性。活性氧化铝具有高比表面积、高多孔性和良好的黏结、吸附性等特点常被用作汽车排气三效催化剂的活性涂层材料。近年来，Fe-Cr-Al、Ni-Cr、Fe-Mo-W 等金属蜂窝载体逐渐普及，它们具有良好的机械强度，且具有比堇青石陶瓷载体更薄的壁厚和更大的有效流通面积，从而减小排气背压和功率损失，但金属载体与催化剂涂层的结合牢固度不佳，抗高温氧化能力差。

柴油车相较汽油车动力性能和燃油经济性更高，但近年来由于污染物排放量大的问题广受诟病。柴油车尾气中排放的 NO_x 主要为热力型 NO_x，是柴油燃烧过程中 N_2 和 O_2 在高温下反应的产物，PM 则是柴油不完全燃烧产生的碳烟颗粒（soot）集聚而成的。柴油排放的 PM 和 NO_x 及由二者产生的二次污染物被认为是造成主要城市雾霾天气的重要诱因，对居民身体健康造成严重危害。减少柴油车 PM 和 NO_x 排放是"十三五"和"十四五"期间移动源气态污染物治理的重点工作。

柴油车尾气处理技术主要分为机内净化和机外净化（尾气后处理）。机内净化是指通过发动机结构改造从源头降低燃烧过程中污染物的生成，可作为辅助减排手段，但无法从根本上实现污染物达标排放；而机外净化能最大程度净化污染物，使柴油车满足现行排放标准，是当前污染物减排的主要技术手段。其中，处理 NO_x 和 PM 主要采用选择性催化还原（selective catalytic reduction，SCR）技术、稀燃氮氧化物捕集（lean NO_x trap，LNT）技术和微粒捕集器（diesel particulate filter，DPF）技术。

SCR 技术是将尿素溶液或氨水等喷入柴油机排气管，作为还原剂将 NO_x 转化成氮气的后处理净化技术。SCR 技术采用喷射定时提前和增压中冷等手段减少燃烧过程中的 PM 生成量。在国内，尿素加注设施建设不完善是实行 SCR 技术的最大障碍。此外，SCR 的不足还包括：①控制系统和传感器的误差造成尿素滑失不易控制；②SCR 装置体积过大，所需的布置空间较大；③尿素溶液的凝固点（−11℃）较高，需要采用加热装置对尿素溶液解冻等。

1996 年，丰田公司首次提出 LNT 技术。LNT 和 SCR 技术一样，需要优化柴油机缸内燃烧来减少 PM 生成量。LNT 技术中使用碱土金属或碱金属作为吸附剂来提高储存 NO_x 的能力，但是碱性金属对 NO_x 吸附能力有限。NO_x 吸附脱附过程是周期性循环进行的。在稀燃阶段，NO_x 的存在形式为硝酸盐或亚硝酸盐；在富燃阶段，发动机每隔 50～60s 向尾气中加可作为还原剂的燃油，这些储藏的 NO_x 被还原成了 N_2。因此，LNT 技术耗油量大，增加成本。LNT 技术虽然以燃油或富燃气体作为还原剂，不需储氨和注氨，后处理系统比较简单，但对燃油含硫量十分敏感，需要除硫净化后才能保持净化效率，这又使得成本增加。LNT 技术目前难以应用在重型柴油车上，总体上市场占有率远低于 SCR。

DPF 对微粒的捕集高达 95%以上，是国际上公认的最有效的微粒后处理净化技术。DPF 的作用机理包括微粒拦截、惯性碰撞和扩散。在 DPF 技术中，通常会在 DPF 的上游位置安装一个柴油机氧化转化器（DOC），DOC 所起的作用是：①可以把尾气中的 NO 部分氧化为 NO_2，增大 soot 的低温转化效率；②生成的 NO_2 可以与沉积在 DPF 中的 soot 在较低温度下发生氧化反应，有助于 DPF 的被动再生；③DOC 氧化燃油喷射装置喷射到排气管中的燃油放出热能，使 DPF 入口之前的排温增大到 600℃附近，使 DPF 捕集的 soot 快速氧化，达到 DPF 的主动再生。

三效催化剂是催化转化器的核心。汽车排气三效催化剂通常是在一定空燃比（A/F）范围内工作，为了有效提高汽车排气三效催化剂的使用效率，通过添加助剂来有效地调节氧含量。由于助剂能在贫燃时储存氧，在富燃时释放氧，从而有效扩大了汽车排气三效催化剂的空燃比操作窗口，进而提高了汽车排气三效催化剂对 CO、HC、NO_x 的净化效率。常用的助剂为氧化铈或含铈的稀土复合氧化物，铈通过 Ce^{3+}/Ce^{4+} 之间的转化来实现氧的存储和释放，从而提高三效催化剂可适用的空燃比操作窗口。另外，汽车在运行过程中排气温度有时会超过 1000℃，高温易导致汽车排气三效催化剂活性氧化铝涂层材料发生相变，转变为低表面积的 $\alpha-Al_2O_3$，从而有效减少了活性组分的分散，导致汽车排气三效催化剂催化活性的迅速衰减。研究表明，稀土、过渡金属和碱土金属氧化物的添加能有效地提高活性氧化铝的热稳定性[30]。此外，稀土可促进贵金属分散，抑制其烧结，大幅降低贵金属用量，降低催化剂的制造成本[31]。即便如此，TWC 催化剂涂层中贵金属含量仍高达 1%～2%，占催化剂生产成本 80%以上。贵金属减量化一直是 TWC 催化剂的研发重点。一方面需优化制备方法，提高贵金属利用效率，另一方面需开发高活性非贵金属活性中心，部分替代贵金属。钙钛矿（ABO_3）具有良好的物化性质与催化性能，是研究最为广泛的非贵金属 TWC 活性材料。其组分灵活可调，能通过 A、B 为阳离子取代来控制金属离子价态，增强反应活性。整体而言，钙钛矿是良好的催化氧化材料，在 TWC 工况下对 CO 和 HC 转化效率很高，且高温下稳定，但与贵金属催化剂相比，对 NO_x 的还原性能明显不足，起燃温度也较高，其熔点及寿命还有待提高[32]。

三维有序大孔材料（3DOM）是指孔径尺寸单一（大于 50nm）且孔结构在三维空间有序排列的多孔材料。3DOM 在结构上具有孔径大、孔径分布窄、孔道排列整齐有序、孔壁为纳米级尺寸等特征。这不仅可以提高物质扩散系数，利于实现选择催化分离，而且可以通过对孔壁材料进行适当的修饰，以提高孔材料结构性能，制备出多种功能材料。这些特性为 3DOM 在催化剂、载体、分离材料、磁性材料及光子晶体等领域的应用提供有利条件。经过十余年研究，科研人员已掌握 3DOM 制备、结构控制及形貌表征等方面的关键技术。胶体晶体模板也成为制备 3DOM 最常用的方法，该法制备的金属、金属氧化物、聚合物、碳材料等各类三维有序大孔材料正逐步应用于吸附分离、过滤、催化等领域[33]。

除催化剂配方，涂覆工艺同样影响催化剂性能。由于 TWC 催化剂涂层较厚，因此必须通过添加黏结剂来增强与基底的黏附性。这就要求浆料的黏度需要精确控制，任何错误制备的浆料前驱体都将导致催化剂与基底的黏附性差，所以添加黏合剂也增加了材料加工的复杂性[34]。此外，不理想的涂覆工艺通常不能保证催化剂的均匀沉积和精确的微观结构控制，所以降低了催化剂的利用率。这使传统的整体式催化剂在工业应用方面面临着许多挑战。

为了应对传统涂层整体式催化剂的上述挑战，研究人员开发了纳米结构阵列整体式催化剂，例如 xCo/Fe-NF[35]、Co-NF[36] 和 HM-PSF[37] 等。原位溶液自组装和集成工艺以及在三维整体基底上有序的纳米阵列取代了涂覆的催化剂层，使得纳米阵列整体式催化剂具有可控的结构和化学特性以及对各种低温气相反应的可调催化功能[34]。除此之外，还可以利用模拟计算比较纳米结构阵列和传统涂层整体式催化剂的利用效率[38]。结果表明，在不影响催化剂性能的情况下，纳米结构阵列整体式催化剂可实现节省材料和提高接触面积的双重效果，研究者们提出了重力驱动的多重碰撞机制，从机理的角度揭示了纳米结构阵列整体式催化剂接触面积提高的原因[39]。

由于汽车尾气对环境的污染较大，目前在国内和国际上对汽车尾气净化催化剂的研究也十分火热，但都不够完善。今后的研究主要涉及以下几个方面：首先，开发新型高效催化剂，贵金属取代或掺杂的钙钛矿型复合氧化物催化剂是三效催化剂的发展方向；其次，要加强催化剂的抗中毒能力，提高催化剂储氧能力，延长其使用寿命等；再次，努力开发稳定催化剂的活性组分的物质；最后，研制性能优异的整体型载体（如纳米纤维载体等）。随着科技进步与研究水平提高，未来必将有越来越多性能更加优异的载体和高效新型催化剂出现，为环境和人类的健康做出贡献。

11.2.4　光催化

随着现代社会的快速发展，能源危机和环境污染问题日益严峻，自 1972 年藤岛昭（Fujishima Akira，日本光化学家）和本多健一（Honda Kenichi，日本电化学家）发现紫外光照射二氧化钛（TiO_2）可将水分解为氢气和氧气以来，半导体光催化技术由于其可持续且环保的能量来源（光能）引起了科学家们的广泛关注。半导体是主要的光催化剂，其能级具有不连续性，按能量由低到高排列依次为价带（valance band，VB）、禁带（forbidden band，FB）和导带（conduction band，CB）。一般来说，充满电子的最高能带称为价带，未充满电子的最低能带称为导带，禁带位于导带和价带中间，价带顶和导带底的能量差称为禁带宽度（energy band gap，E_g），又称带隙。普遍认为，半导体光催化过程分为三步：①半导体受具有大于或者等于其禁带宽度（E_g）能量的光激发，电子从价带跃迁到导带，在价带留下一个带正电的空穴；②电子和空穴均向半导体表面迁移，迁移过程中，会有一部分电子和空穴在内部复合；③电子和空穴分别与表面吸附物种发生氧化还原反应。

随着近 50 年的发展，光催化技术已经在各个领域取得了一系列突破性进展。例如，利用太阳能光催化技术将水以化学计量比 2∶1 分解为氢气和氧气，是实现可持续太阳能光催化产氢的潜在手段。日本东京大学 Kazunari Domen 课题组于 2020 年在《自然》（*Nature*）期刊发表的研究结果显示，利用 350～360nm 波长的光照射铝掺杂的钛酸锶光催化材料分解水的量子效率高达 96%[40]。2021 年，该课题组在《自然》（*Nature*）上再次报道了能够安全运行了几个月的 100 平方米板式反应器阵列，为未来光催化水分解规模化生产起到了示范作用[41]。迄今为止，热催化仍是实现化石能源转化为所需化学品的主要技术，该过程通常需要高温、高压、强酸、强碱等苛刻的反应条件，不仅能耗较高，环境污染等问题也很严重。光催化剂由于其独特的氧化还原特性，可以在温和的条件下实现选择性催化转化。例如，2020 年新加坡国立大学颜宁课题组以 CdS 纳米片为光催化剂，在氮气氛围中成功地将乳酸转化为丙氨酸，随后又利用该方法合成一系列高价值的氨基酸，证实了其将羟基酸转化为氨基酸的普适性[42]。乙二醇作为常用的化学品，在化工生产中被广泛应用。厦门大学王野教授利用光催化技术将甲醇选择性转化为乙二醇，开辟了一种非石油路线合成乙二醇的方法[43]。中国科学院大连化学物理研究所王峰团队以木质纤维素下游平台分子为原料，通过光催化生产柴油前驱体和氢[44]，为缓解我国所面临的减碳压力提供了一种潜在的解决方案。

此外，光催化技术还应用于污染物降解、空气净化、抗菌等领域。随着现代工业的发展，水中常含有亚甲基蓝、苯酚等有机污染物，利用光催化技术可将这些有机污染物降解为二氧化碳和水，解决环境污染问题。空气中的污染物主要包括氮氧化物（NO_2、NO 等）和硫氧化物（SO_2、SO_3 等），还有一些挥发性有机物，目前主要通过贵金属催化氧化或物理吸附等方法处理，光催化技术由于其独特的氧化还原能力在该领域显示出了广阔的应用前景。在抗菌方面，常见的无机抗菌材料会使细胞失活，并且释放出毒性，而光催化材料不仅可以杀死细菌，还能降解有毒成分。

虽然光催化技术有广阔的应用前景，但受制于太阳光吸收效率和光生电荷分离效率，绝大多数研究距离工业应用还有相当大的差距。为解决上述难题，应主要从以下三方面着手：

（1）调节能带结构　一般来说，带隙越窄，吸收波长范围越广，对太阳光利用率越高，因此，目前研究主要聚焦于可见光响应光催化剂的开发。此外，对一些带隙较宽的紫外光响应光催化剂（如 TiO_2，ZnO），也可以通过特定形貌构筑、非金属元素掺杂、表面敏化、缺陷工程等策略提高光利用效率。

（2）提高光生载流子分离和迁徙效率　光催化剂在受到一定波长光激发后，会产生电子-空穴，电子-空穴随后迁移到催化剂表面发生氧化还原反应。在这个过程中，电子-空穴的形成、复合都在飞秒级（10^{-15}s），而迁移却在皮秒级（10^{-12}s），这就意味着电子-空穴在迁移过程中极易发生复合。因此，提高电子-空穴的分离和迁移效率，有效阻止其复合成为近些年的研究热点。离子掺杂、贵金属沉积、异质结构筑等策略在促进光生载流子的分离和迁移方面被广泛应用。

（3）促进表面催化　催化过程多在催化剂表面发生，对于光催化反应，表面改性不仅能够促进载流子分离，还能实现底物的选择性转化。表面缺陷可以作为电子捕获陷阱，促进光生电荷分离，同时影响催化剂表面对底物的吸附，在提高其光催化活性的同时改变产物的选择性。另外，晶体光催化材料具有各向异性，晶面的不同会导致不同的几何形貌和电子构型，进而产生光催化活性的差异。控制催化剂的暴露晶面，提高具有高表面能的晶面比例，可以提高其光催化活性。近年来，通过晶面工程提高光催化活性的研究日益增多。例如，关于锐钛矿相 TiO_2 最优性能的活性面已有诸多报道。研究人员普遍认为具有高暴露的 {001} 晶面是有益于优化光催化活性的。还有研究者发现 Ag_3PO_4 的 {110} 晶面的光催化活性高于 {100} 晶面，他们认为催化剂不同晶面表面能的差异导致了光催化活性的差异。此外，添加表面活性剂、负载助催化剂等策略同样在光催化中具有重要作用，在促进光生载流子分离的同时，能够有效控制底物的选择性转化。

11.2.5　手性催化

（1）手性的世界　手性（chirality），是指物体与它的镜像无法完全重叠的现象。就像左手与右手（见图 11-8），看起来形状一致，二者互为镜像，但它们无法通过平移、旋转、反演等对称操作完全重合。如果一个分子，与其镜像结构不能完全重合时，那么它就是一个具有手性的分子，称之为手性分子，它与镜像之间互为对映关系，统称"对映异构体"。

在自然界中，手性是一个普遍的现象。大到宇宙星云、行星自转、大气气旋，小到有机分子、微粒运动、弱相互作用的宇称不守恒等，都有人类感官上定义的方向性和螺旋性，也就是手性现象。有机分子的手性现象通常是由不对称碳所引起，碳原子能够通过共价键与四个其他原子或基团相连，当相连的四个原子或基团互不相同时，其与镜像之间因无法完全重合而产生手性。由于他们在化学组成上完全一致，许多宏观的物理性质，如熔点、沸点、溶解度等完全一致，甚至某些化学性质、反应性能也完全相同。然而，这些对映异构体的左旋体和右旋体在某些生理生化功能上差别却极大。

（2）历史上手性药物的灾难　1957 年，联邦德国格兰泰药厂 Chemie Grünenthal 发现一种对孕妇妊娠反应有很好抑制作用的药物沙利度胺，俗称"反应停"，其投入市场后受到了广泛欢迎，据说仅联邦德国一个月消费量就高达一吨。然而市场繁荣的背后孕育了二十世纪的一场巨大悲剧，波及四十六个国家和一万二千余名新生婴儿。1960 年起，欧洲地区新生儿的畸形比率异常升高，这些畸形婴儿因四肢异常短小、形如海豹，被称作"海豹"畸形儿。

科学家们通过研究发现，沙利度胺具有两种互为镜像的左旋/右旋对映体构型（见图11-9），左旋沙利度胺具有强烈的致畸性，正是导致"海豹肢"症的罪魁祸首[45]，而右旋沙利度胺不具有致畸性，同时具有抑制妊娠反应的效果。因此在涉及手性中心的药物研发过程中，弄清楚每个异构体的生理生化活性是至关重要的。然而，在药物化学合成过程中往往得不到单一构型，而是得到一对对映体的等量混合物，即外消旋体。因此，亟需开发低成本、高效、高选择性的合成工艺，得到所需要的单一构型手性产物，而不对称催化成为解决上述难题的有效途径。

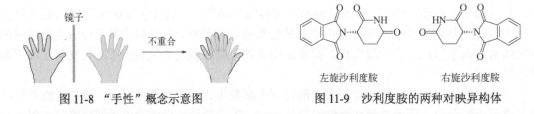

图 11-8　"手性"概念示意图　　　　　图 11-9　沙利度胺的两种对映异构体

（3）不对称催化和不对称有机催化的发展　不对称催化：在不对称催化剂的诱导下，高效率地获得手性分子的不对称合成反应。因此，手性催化剂的研究受到人们极大的青睐。

在制备手性化合物过程中，科学家们一直依赖于两大类催化剂：过渡金属复合物和生物酶。弗朗西斯·阿诺德（Frances Arnold，美国化学家），乔治·史密斯（George Smith，美国化学家），格雷戈里·温特尔（Gregory Winter，英国化学家）三人因在酶催化领域取得的开创性工作而共享了 2018 年诺贝尔化学奖。本杰明·利斯特（Benjamin List，德国化学家）在卡洛斯 F. 巴尔巴斯三世（Carlos F. Barbas Ⅲ，美国化学家）领导的酶催化团队进行博士后工作时，想到蛋白酶虽然由上百个氨基酸组成，但是真正能起到催化作用的，往往只是其中一个或数个氨基酸。因此，他思考这几个氨基酸是否只能在蛋白酶中发挥效用？其他具有类似结构的简单分子是否也具有与其相似的催化活性？他便试图使用有机小分子来模拟酶，实现了利用手性脯氨酸催化分子间不对称羟醛缩合反应（Aldol reaction），以最高 97%的产率得到 β-羟基不饱和酮，其产物对映过量值高达 96%。该项工作于 1999 年 12 月 7 日发表在期刊《美国化学会会志》（*Journal of the American Chemical Society*）[46]。脯氨酸是人或动物代谢过程中的一种基本氨基酸，成本比金属催化剂降低了 1~2 个数量级，并且具有操作简便，反应精准，环保友好的优势。在报道中利斯特提出的烯胺活化催化机理（见图 11-10）被学术界广泛认可。随后，该催化体系也成功应用于其他不对称反应，例如曼尼希（Mannich）反应和迈克尔（Michel）加成反应等。

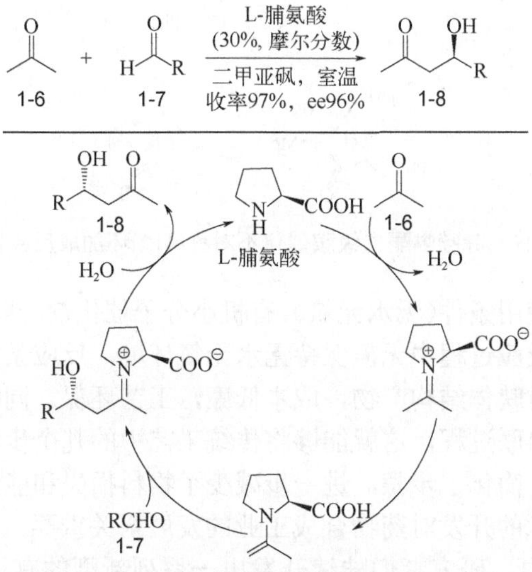

图 11-10 利斯特提出的烯胺活化机理[47]

ee—映体过剩率

  1998 年左右，戴维·麦克米伦（David MacMillan，美国化学家）认为，金属不对称催化在工业化应用中面临着很大的局限，例如反应条件复杂，部分金属（如钌、铑、钯、铱等）和配体过于昂贵等，决心寻找一种更简单，更廉价，更容易设计的催化剂。因此，他尝试了胺活化的方式，实现了手性咪唑啉酮衍生的二级胺催化不饱和醛与双稀分子间不对称狄尔斯-阿尔德（Diels-Alder）反应（图 11-11）[47]，并首次提出"organocatalysis"的概念，即"有机催化"，为后来的有机催化作为一个全新的研究领域奠定了基础[48]。 随后设计合成了多种有机胺分子活化不饱和醛、酮，通过形成亚胺正离子中间体，实现多种类型的不对称催化。

  麦克米伦与利斯特二人基于手性二级胺催化的研究，引起了化学工作者的广泛关注，开启了一个新生的催化领域：不对称有机催化，即以有机小分子为催化剂，从简单非手性的原料，通过合成反应得到手性化合物单一对映体的技术。"反应停"药物事件在带给我们人类历史巨大悲痛的同时，也促使着我们努力改进自身。目前常用临床药物 200 余种，有 140 多种都是手性药物，然而在药物研发和生产过程中，传统制备手性分子的方法是通过化学拆分，即首先制备一对对映体混合的外消旋体，然后利用各种方法将两个对映体进行分离提纯，得到目标产物。这势必会浪费掉一半的原料，也就是被分离出去的对映体，从而增加了成本，产生了相应的化学废料。在不对称有机催化反应中，有机小分子催化剂一般不需要使用昂贵的过渡金属和有机配体，可以有效避免手性药物合成中的重金属分离问题；同时，不同于金

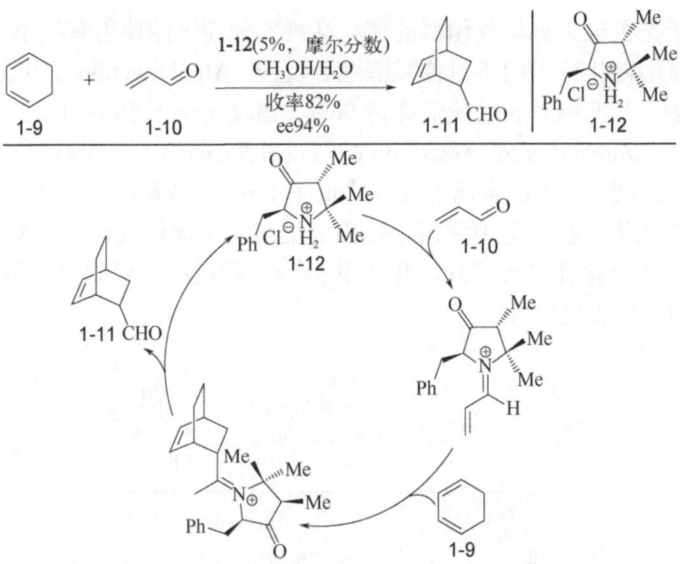

图 11-11　咪唑啉酮二级胺催化不对称[4+2]环加成反应机理[47]

属催化剂苛刻的保存和使用条件(无水无氧),有机小分子催化剂一般对空气和水都是稳定的,易于制备和储存,同时反应过程中无需保持无水无氧环境,反应条件相对温和,使用便捷,能够高选择地得到单一对映体结构产物,成本低廉,工艺环保。同时,从机理上看,有机催化剂通常可以导致一些串联过程,这就能够将传统工艺中的几个步骤连续执行,避免了每一步中间体的分离和提纯,简化了步骤,进一步减少了物料损失和能源消耗。正是由于这些优势,不对称有机催化技术的开发对药物合成工业的发展至关重要。

在随后的研究热潮中,研究者们陆续开发出一系列新型的有机催化剂,如具有手性的胺、氮杂环卡宾、磷酸、金鸡纳碱衍生物、相转移催化剂等,逐渐扩充发展为烯胺催化、亚胺催化、SOMO(单占分子轨道)催化、氢键催化(也称酸催化)、氮杂环卡宾催化、相转移催化等催化机理体系。有机催化也逐步发展成为继金属催化、酶催化之后的第三大催化体系。

11.3　小结

自贝采利乌斯首次明确提出"催化力"的概念以来,催化学科从无到有、从弱到强,一直在发展与创新,取得了令人瞩目的成就。应运而生的催化技术在各类化学品的生产过程中发挥着巨大的作用,其在化工领域核心地位日益凸显。本章主要介绍了催化学科的历史起源和发展,以及它在我们日常生活和工业生产中所起到的核心作用,并结合一些生产实际,分别从以下几个方面综述了催化技术的前沿进展:

① 费-托合成反应;
② 二氧化碳的转换和利用;
③ 汽车尾气处理;
④ 光催化技术的发展;
⑤ 有机不对称催化剂的发展。

思考题

① 列举身边有关催化的例子，并讲一讲催化起到了什么作用。
② 谈一谈催化学科可能的发展方向。
③ 光催化、电催化、热催化三种催化技术的异同是什么？
④ 为什么不对称催化能够实现有机物的定向转化？

参考文献

[1] Bond G C. Heterogeneous catalysis[M]. Oxford: Oxford University Press,1974.

[2] 傅献彩, 沈文霞, 姚天扬, 等. 物理化学(上册)[M]. 5 版. 北京：高等教育出版社, 2005.

[3] 沈本贤. 石油炼制工艺学[M]. 北京: 中国石化出版社, 2009.

[4] The British Petroleum Company Limited. Process for the production of ammonia: US, 4271136[P/OL]. 2018-12-21. https://patents.justia.com/patent/4271136.

[5] EA. Coal 2021 Analysis and forecast to 2024[R]. IEA, Paris, 2022.

[6] 国家统计局. 中华人民共和国 2021 年国民经济和社会发展统计公报[R]. 国家统计局, 2022.

[7] 崔克清. 安全工程大辞典[M]. 北京: 化学工业出版社, 1995: 253.

[8] 左跃, 林振华. 国内现代煤化工产业发展现状及展望[J]. 一重技术, 2021(06): 64-67.

[9] 吴建卿. 合成天然气甲烷化的三种主要技术[J]. 石油知识杂志社, 2015.

[10] 张丽君. 煤制乙二醇技术经济性分析研究[J]. 能源化工, 2016, 37(2): 1-6.

[11] Fujishima A, Honda K. Electrochemical photolysis of water at a semiconductor electrode[J]. Nature, 1972, 238: 37-38.

[12] Zhou W, Cheng K, Kang J, et al. New horizon in C_1 chemistry: breaking the selectivity limitation in transformation of syngas and hydrogenation of CO_2 into hydrocarbon chemicals and fuels[J]. Chemical Society Reviews, 2019, 48: 3193-3228.

[13] Henrici‐Olivé G, Olive S. The Fischer‐Tropsch synthesis: molecular weight distribution of primary products and reaction mechanism[J]. Angewandte Chemie International Edition, 1976, 15(3): 136-141.

[14] Li J, He Y, Tan L, et al. Integrated tuneable synthesis of liquid fuels via Fischer–Tropsch technology[J]. Nature Catalysis, 2018, 1: 787-793.

[15] Torres Galvis H M, de Jong K P. Catalysts for production of lower olefins from synthesis gas: a review[J]. ACS Catalysis, 2013, 3(9): 2130-2149.

[16] de Klerk A. Fischer–Tropsch fuels refinery design[J]. Energy & Environmental Science, 2011, 4: 1177-1205.

[17] Cheng Q, Tian Y, Li X, et al. Confined small-sized cobalt catalysts stimulate carbon-chain growth reversely by modifying ASF law of Fischer-Tropsch synthesis[J]. Nature Communications, 2018, 9, 3250.

[18] Cheng Q, Zhao N, Li X, et al. Tuning interaction between cobalt catalysts and nitrogen dopants in carbon nanospheres to promote Fischer-Tropsch synthesis[J]. Applied Catalysis B: Environmental, 2019, 248: 73-83.

[19] Lyu S, Cheng Q, Li X, et al. Dopamine sacrificial coating strategy driving formation of highly active surface-exposed Ru sites on Ru/TiO2 catalysts in Fischer–Tropsch synthesis[J]. Applied Catalysis B: Environmental, 2020, 278, 119261.

[20] Li X, Liu C, Sun J, et al. Tuning interactions between zeolite and supported metal by physical-sputtering to achieve higher catalytic performances[J]. Scientific Reports, 2013, 3, 2813.

[21] Li X, He J, Ming M, et al. One-step synthesis of H-β zeolite-enwrapped Co/Al2O3 Fischer–Tropsch catalyst with high spatial selectivity[J]. Journal of Catalysis, 2009, 265(1): 26-34.

[22] 刘中民. "碳达峰"与"碳中和"——绿色发展的必由之路[N]. 人民日报, 2021-08-13 (15).

[23] Goeppert A, Czaun M, Jones J P, et al. Recycling of carbon dioxide to methanol and derived products–closing the loop[J]. Chemical Society Reviews, 2014, 43: 7995-8048.

[24] Jiang X, Nie X, Guo X, et al. Recent Advances in Carbon Dioxide Hydrogenation to Methanol via Heterogeneous Catalysis[J].

Chemical Reviews, 2020, 120(15): 7984-8034.

[25] 生态环境部. 2021 年中国移动源环境管理年报(摘录一)[R]. 环境保护, 2021, 49: 82-88.

[26] Dickerson R R, Kondragunta S, Stenchikov G, et al. The impact of aerosols on solar ultraviolet radiation and photochemical smog[J]. Science, 1997, 278(5339): 827-830.

[27] Jacobson M Z. Strong radiative heating due to the mixing state of black carbon in atmospheric aerosols[J]. Nature, 2001, 409: 695-697.

[28] 李鑫, 毕洪运, 邵仕杰, 等. Cr17Mo 汽车尾气用铁素体不锈钢开发[C]. 2007 中国钢铁年会, 2007.

[29] Heck R M, Farrauto R J. Automobile exhaust catalysts[J]. Applied Catalysis A: General, 2001, 221(1-2): 443-457.

[30] Escobar J, De los Reyes J A, Viveros T. Influence of the synthesis additive on the textural and structural characteristics of sol-gel Al_2O_3-TiO_2[J]. Industrial & Engineering Chemistry Research, 2000, 39(3): 666-672.

[31] 韦丽珍, 孙东山, 李秋萍. 汽车尾气催化剂机理和技术状况[J]. 内蒙古石油化工, 2013(18): 93-96.

[32] 杨庆山, 兰石琨. 我国汽车尾气净化催化剂的研究现状[J]. 金属材料与冶金工程, 2013(1): 53-61.

[33] 周学礼, 祁洪飞, 李鑫, 等. 3DOM 材料在汽车尾气净化催化剂中的应用前景[J]. 贵金属, 2014(4): 75-79.

[34] Ren Z, Guo Y, Gao P. Nano-array based monolithic catalysts: Concept, rational materials design and tunable catalytic performance[J]. Catalysis Today, 2015, 258: 441-453.

[35] Cao C, Li X, Zha Y, et al. Crossed ferric oxide nanosheets supported cobalt oxide on 3-dimensional macroporous Ni foam substrate used for diesel soot elimination under self-capture contact mode[J]. Nanoscale, 2016, 8: 5857-5864.

[36] Cao C, Xing L, Yang Y, et al. The monolithic transition metal oxide crossed nanosheets used for diesel soot combustion under gravitational contact mode[J]. Applied Surface Science, 2017, 406: 245-253.

[37] Chen S, Song W, Lin H, et al. Manganese oxide nanoarray-based monolithic catalysts: tunable morphology and high efficiency for CO oxidation[J]. ACS Applied Materials & Interfaces, 2016, 8(12): 7834-7842.

[38] Yang Y, Zhao D, Gao Z, et al. Interface interaction induced oxygen activation of cactus-like Co_3O_4/OMS-2 nanorod catalysts in situ grown on monolithic cordierite for diesel soot combustion[J]. Applied Catalysis B: Environmental, 2021, 286, 119932.

[39] Cao C, Zhang Y, Liu D, et al. Gravity-driven multiple collision-enhanced catalytic soot combustion over a space-open array catalyst consisting of ultrathin ceria nanobelts[J]. Small, 2015, 11(30): 3659-3664.

[40] Takata T, Jiang J, Sakata Y, et al. Photocatalytic water splitting with a quantum efficiency of almost unity[J]. Nature, 2020, 581: 411-414.

[41] Nishiyama H, Yamada T, Nakabayashi M, et al. Photocatalytic solar hydrogen production from water on a 100-m^2 scale[J]. Nature, 2021, 598: 304-307.

[42] Song S, Qu J, Han P, et al. Visible-light-driven amino acids production from biomass-based feedstocks over ultrathin CdS nanosheets[J]. Nature Communications, 2020, 11, 4899.

[43] Xie S, Shen Z, Deng J, et al. Visible light-driven C—H activation and C—C coupling of methanol into ethylene glycol[J]. Nature Communications, 2018, 9, 1181.

[44] Luo N, Montini T, Zhang J, et al. Visible-light-driven coproduction of diesel precursors and hydrogen from lignocellulose-derived methylfurans[J]. Nature Energy, 2019, 4: 575-584.

[45] McBride W G. Thalidomide and congenital abnormalities[J]. Lancet, 1961, 2: 1358.

[46] List B, Lerner R A, Barbas C F. Proline-catalyzed direct asymmetric aldol reactions[J]. Journal of the American Chemical Society, 2000, 122(10): 2395-2396.

[47] 杨谢超. 不对称有机催化合成氧化吲哚螺吡咯烷和吡唑啉酮二螺化合物的反应研究[D]. 兰州: 兰州大学, 2020.

[48] Ahrendt K A, Borths C J, MacMillan D W. New strategies for organic catalysis: The first highly enantioselective organocatalytic Diels-Alder reaction[J]. Journal of the American Chemical Society, 2000, 122(17): 4243-4244.

第12章
食品工程

　　食品工程是涵盖食品科学实际应用的一门综合性学科，是将科学、工程和数学的原理应用于食品的加工、运输、储存和利用。食品工程与食品科学不同，食品科学主要涉及理论知识的获取，以阐明食品中自然发生的或经由加工处理引起的反应或变化的过程。

　　食品工程是近代才出现的研究领域，其概念经过相当长时间的演变。尽管食品工程有很多定义，但没有一个被普遍接受。早期的定义之一出现在 1952 年出版的由 Parker、Harvey 和 Stateler 合著的《食品工程的要素》一书的序言中。Parker 提出：食品工程涉及工业过程和工厂的设计、建设和运行，在这些过程中，对食品材料进行有意的、可控的改变，并适当考虑到所有经济方面[1]。1963 年，Charm 在《食品工程基础》中提出食品工程的目的是：阐明基本工程原理和食品加工基础之间的共同关系[2]。1966 年，Earle 在《食品加工单元操作》中将食品工程定义为：研究将原材料转化为成品的过程，或将食品保存以使其能够保存更长时间的过程[3]。这些早期的定义有明显的相似之处，都认为食品工程是工程学在食品制造和保藏方面的应用，区别是有的更强调基本原理，有的更强调工程实践。

　　食品工程是世界上最大、最古老的生产活动之一，它涉及农作物的种植和收获、运输和处理、保鲜、加工和贮藏、包装、分销和营销。随着食品工业的发展，典型的小型家庭式企业已逐渐转变为庞大的、日益复杂的、综合的食品供应系统。这种转变与城镇化进程密切相关，在城市地区，很大一部分人口依赖于大量的预处理的即食食品或加工食品。发展高效的大规模食品生产和供应体系势在必行，食品工业因此应运而生、不断发展，从而造就了由科学家、工程师、经济学家和营销专家组成的多元化、全方位团队人才力量的成长。

　　由于食品工程的复杂性，在食品工程领域只熟悉一个科学分支是不够的，而是需要具有与食品制造的各个方面相关的不同领域知识的科学家和工程师。来自不同学科的工程师相互协作才能充分兼顾遵循传统工程的原则与食品保藏和安全的原则，以获得食品加工问题的最合适的解决方案。如果只有土木、机械或化学工程师设计处理食品加工新工艺，从工程学的角度来看所设计的工艺通常是非常有效的，但从微生物学的角度来看则可能是不充分的。其他行业的工程师几乎完全可以以物理科学为导向。然而食品工业的工程师必须了解应用于食品工业的生物和化学科学，包括卫生、食品货架寿命延长、公共卫生、环境控制和生物过程工程等。食品工程师是科学上的通才，而不仅仅只擅长某一个科学分支。由于食物是由大量复杂的物理和化学物质组成，需要通过生物化学、微生物学、食品化学等学科在微观尺度上进行研究，或者在宏观尺度上，通过探索它们在热力学、流变学或传热中的应用。

　　食品工程的主要研究领域包括食品的工程特性、工程热动力学、加工工程和工程设计等。食品的工程特性也称作食品的物理特性，指对食品加工和工程很重要的物理特性。是食品加工操作以及过程设计、建模和优化的基本参数。这些工程特性包括热物理性质、电性能、流变学特性以及结构特性，对工程特性的透彻理解对食品加工至关重要。

食品工程热动力学是研究系统各组成部分之间或系统与其周围环境之间能量交换的科学，食品加工中系统之间经常发生一系列的能量交换，产生热效应。这些交换往往会改变所涉及的成分，导致这些成分的冷却或加热，或产生或停止任何反应。这些变化可以通过热力学的基本概念以宏观的形式加以解释。热力学的基本概念是关于系统各组成部分之间或系统与其周围环境之间能量交换的科学领域。工业革命导致了一系列设备和机器的发展，例如蒸汽机、内燃机和电机。但是，多年来，它们发挥作用所依据的原则没有得到承认。热力学在寻找热机设计中所出现问题的解决方案的过程中兴起。

食品加工工程一般是从原料到最终产品的整个过程，可以认为是在多个加工系统中发生的一系列操作，即生产线。沿着这条工艺路线，加工步骤会引起原材料的变化，这会产生最终产品，这些变化可以是一系列的物理、化学和/或生物变化。在食品加工工程中，过程工程的知识，即主要围绕物理和机械操作的知识，以及食品加工的知识，包括对以生物为主的原料和最终产品的特性及其变化（即物理、化学、生化、微生物的）。换句话说，食品加工工程旨在了解过程操作和过程参数和变量，预测和量化由过程在原料或起始材料中引起的变化，这取决于过程参数和变量，需要这些材料在每个阶段的成分和物理变化以及它们的行为。最后，将这一认识和知识应用于食品加工工程中，创造过程中所需的条件和环境（过程变量，如温度、剪切、压力、电场分布和强度、声强度等），基于过程本身、使用的设备和工艺参数，诱导所需的原材料的变化，以形成最终产品。这通常被称为工艺设计。综上所述，食品加工工程的首要目的或目标是设计出一种生产出具有特定特性和结构的安全、美味的食品的工艺。一旦一个过程被设计和建立，食品加工工程进一步获得对当前过程的深入理解，并调查进一步开发、操作和改进/优化的过程，以提供更好的性能、更好的质量，降低成本，减少环境污染，同时确保食品安全、稳定、质量不打折扣。

食品工程设计包括工艺设计和厂房设计。工艺设计是指食品工艺和制造方法的设计，包括工艺流程、加工和控制设备的设计、工艺的经济评价等。厂房设计是指整个处理厂的设计，包括处理/控制设备、公用设施、厂房建筑、废物处理装置等。这两个术语在技术文献中可以互换使用。工艺设计和工厂设计都是一个工业项目可行性和实施研究的基本部分。实现工业项目的必要阶段包括初步研究、可行性研究和项目实施。可行性研究包括过程和装置设计中获得的大部分技术经济信息。实施阶段包括详细的工程、建造、设备供应以及工厂安装和启动。食品工艺和工厂设计的发展基于食品科学与技术、化学工程的原理，以及食品工程师、化学工程师和食品工艺师的实践经验。在工厂设计中，还应考虑到材料科学、机械工程和管理等其他技术领域的经验和发展。实现食品工艺设计需要重点考虑的因素有单元操作、工艺流程表、物质和能量平衡、计算机辅助食品工艺设计等。食品工厂设计分为几个阶段，即初步设计、详细设计、建筑物和公用设施的建造、设备的安装和装置的启动。除了关注食品安全，还应考虑环境法规。在所有类型的食品工厂设计中，主要目标是在质量要求、高生产率和低成本方面取得可能的最佳结果。食品加工操作和设备的一些典型要求包括：生产速度、热的应用程序、标准化和卫生设施。

12.1　食品工程的历史沿革

食品加工不是现代的发明，据推测，更新世早期和中期古人类便已经能够进行简单的食品加工[4-6]。与之前的南方古猿相比，那时的能人和直立人已相继出现，其特征是脑容量和身体的尺寸增大。机体结构进化伴随着静息代谢能量需求的增加，需要增加膳食能量的输出[7]。据认为，除了肉类等动物性食品所占比例较高外，非热加工食品（如捣碎、切割、研磨或晒干）的应用也有助于提高古人类的饮食质量[1, 5]。不管菜单上有什么食物，可以肯定它们是最低限度加工的食物，而不是生的食物[6]。生食食物需要特定的解剖结构，但人类不具备这些结构，因而那时他们使用的应该是适当处理的食品。从历史的某一时刻起热加工成为人类获取能量的关键。随着火的使用，生肉和腐肉变成了可以食用、安全和更美味的食品。由于烹饪，谷物、块茎、豆类和其他植物食物的饮食质量得以提高，包括淀粉的糊化或抗营养成分的变性。尽管对非洲和东亚考古发掘的解释不是毫无争议的，但有迹象表明，人类对火的偶然使用可以追溯到 180 万年前。在北纬地区人类具备生火的能力和意愿，主动、经常使用火的时间大约在 40 万至 30 万年前。大约从那个时候开始，居住在欧洲西南部和中部的人们已具备了熟练使用火的能力。他们对各种谷物和豆类等植物性食物进行烹饪，补充动物性食品的不足[8]。

更复杂类型的加工食品出现在古代和中世纪时期。这些技术包括发酵、晒干、腌制蔬菜，腌制和熏制肉类，制作奶酪，烤面包，蒸蔬菜等。这些基本的食品加工方法涉及食物在自然状态下基本结构的各种化学和酶的变化。这有几个目的，但最重要的是防止微生物活动导致食物快速腐烂。当新鲜食品不能满足供应时，加工食品则成为人类饮食的重要组成部分。加工食品还有利于应对季节变化、作物歉收甚至战争之需。例如，在古代盐是一种特别常见的食物防腐剂，在罐头食品出现前盐腌类加工食品是水手和军人最为依赖的食品。考古学和书面历史证据都指出，这种保藏食品的方法在古代是相当行之有效的。这些保藏和加工食品的方法直到工业革命才发生变化。

食物的大规模生产和加工始于 18 世纪末和 19 世纪初，主要是为了满足军队的需要。1809年，尼古拉斯•阿培尔（Nicolas Appert）发明了密封装瓶技术，这项技术用来为法国军队保藏食物，并为后期罐头食品技术的发展奠定了基础。一年后彼特•杜兰德（Peter Durand）便发明了罐头食品加工技术。即使罐头食品的生产成本很高，而且由于使用铅而有些危险，但罐头食品很快就成为了世界范围内的主要食品之一。大约半个世纪后，1864 年，路易斯•巴斯德（Louis Pasteur）发现了巴氏杀菌法，这种技术极大地提高了加工食品的质量和安全性，成为啤酒、葡萄酒和牛奶等液体食品的常规杀菌和保藏方法。

20 世纪，第一次世界大战、第二次世界大战，随后的冷战、太空竞赛以及发达国家消费社会的崛起之后，食品加工技术取得了长足的发展，食品加工行业的新技术创新，如喷雾干燥，板式蒸发器，冷冻干燥，浓缩果汁、人工甜味剂、着色剂和苯甲酸钠等各种防腐剂生产，引领人们进入饮食革新的新时代。到了 20 世纪晚期，开发出了浓缩果汁、速食汤、冷冻食品和即食军用口粮。搅拌机、微波炉和机器人厨房设备等同时期的技术为今天的方便烹饪铺平了道路。

21 世纪，大规模食品加工和生产仍然发挥着重要作用。如果没有这些过程，世界各地的消费者将只能消费本地区生产的食品。对大多数人来说，特别是对那些生活在城市地区的人来说，这些都是高度限制因素。通过获得更多的食物，人们可以使饮食多样化，获得更健康和更全面的营养组合。

随着时间的推移，食品加工在不断地发生变化，从旧石器时代使用的石器工具、晒干和篝火烧烤，到农业文明时期陶器的使用和初级加工技术的发展，再到工业革命后各种工业化食品加工技术的发明和普及。食品加工逐渐从经验知识发展成为科学学科，并将继续为人类的生存发展做出巨大的贡献。

食品工程作为一门学科是在 20 世纪 50 年代兴起的。其起源和食品保藏之间有明确的关系。设计和预测保藏特性对食品的影响需要量化和建模。1957 年，由 Ball 和 Olson 合著《食品技术中的灭菌》一书是明显的例子[9]。这本书提供了许多将数学应用到容器中食品的热传导的例子和微生物受到破坏的动力学的描述。从历史上看，食品保存从一门艺术发展成了一门科学。早期的干燥、腌制、发酵和冷藏等保藏技术是建立在反复试验和纠错的基础上的。后来的罐装和冷冻等技术以观察为基础，为基于科学的工艺改进提供了基础。许多这样的早期科学发现发生在化学、生物和物理等基础科学领域。1860 年，路易斯·巴斯德在应对食品腐败挑战时的一个更重要的结果是为细菌学和微生物学提供了基础。

还有其他一些早期和重要的贡献已经成为食品工程的基础。19 世纪早期，尼古拉斯·阿佩尔对食品热加工过程作用的阐释是当前许多耐货架食品的基础。von Linde（1896）的机械制冷的发明和发展意义重大[10]，Birdseye（1930）奠定了现代冷冻食品工业的基础[11]。尽管脱水作为一种食物保藏技术已经被认识了几个世纪，但 von Loesecke（1943）的贡献以定量的方式推进了这一过程[12]。

一系列食品工程专著和教材的出版从另外一个角度极大地促进了食品工程的发展。影响力比较大的有：1952 年由 Parker、Harvey 和 Stateler 合著的《食品工程的要素》[1]、1963 年出版的由 Charm 教授主编的《食品工程基础》[2]、1966 年 Earle 的《食品加工单元作业》[3]、1975 年 Leniger 和 Beverloo 合著的《食品加工工程》[13]、1975 年 Heldman 的《食品加工工程》[14]、1976 年 Harper 的《食品工程的要素》[15]、1979 年 Loncin 和 Merson 主编的《食品工程：原理和精选应用》[16]、1980 年 Toledo 的《食品加工工程基础》[17]、1984 年 Singh 和 Heldman 的《食品工程导论》[18]。

尽管在这段时间内已经出版了其他的教材，但这 9 本教材为食品工程作为一个研究领域的演变奠定了基础。Parker 等人非常强调对制造操作的描述以及工程在制造设施各个方面的作用。Charm 引入了数学，强调过程设计和单元操作。Earle 的书是本科食品科学学位的学生理想的教科书，Harper 的书也有类似的目标。Leninger 和 Beverloo、Heldman 的书是为具有工程概念背景的学生设计的，并强调单元操作的高级分析。Loncin 和 Merson 所著的这本书更加强调了单位操作的数学分析，适合作为研究生的教材。Toledo、Singh 和 Heldman 的书都是为食品科学的本科生开发的教科书，特别关注美国食品技术专家协会（Institute of Food Technologists，IFT）推荐的食品科学课程指南中确定的主题。再往后出版的教科书大多数把重点放在新的信息和技术，以及用于进行分析的工具方面的进步。有一个持续的趋势是对过程进行更多的数学描述，并对食品行业内的操作进行计算机模拟。此外，还明显强调工序对包括营养素在内的产品质量属性的影响，以及改变工序设计以提高工序效率。

在过去 70 年间，经过学术界和产业界的不懈努力，食品工程学科的学术内涵越来越清晰，学术体系已日趋完善，已成为成熟的影响力巨大的学科之一。21 世纪的到来为食品工程学科提出了新的课题和挑战，面对世界人口增长和老龄化、大数据和信息学、营养和健康、粮食安全、环境污染和可持续发展等新形势，食品工程学科需要重新评估其愿景、战略和使命，努力地迎接挑战以谋求未来新的发展。

12.2　食品工程的前沿进展

食品工业占到很多国家制造业 GDP 的五分之一以上，对任何国家的健康和福祉都至关重要，对一个国家的经济健康也至关重要。食品工程是食品工业持续发展的重要保障，理应成为食品工业的核心学科。21 世纪以来，食品工程面临健康、环境和安全等一系列全球性问题，食品工程正在经历着重大的转变，使其能够迎接面临的关键挑战，建立适合时代的学科知识体系框架。

12.2.1　纳米科学与技术

纳米技术的出现带来了新的工业革命，发达国家和发展中国家都在投资这项技术以确保市场份额。美国通过其国家纳米技术倡议（national nanotechnology initiative, NNI），以 4 年 37 亿美元的投资促进这项技术的发展。日本和欧盟分别承诺提供为每年 7.5 亿美元和 12 亿美元进行资助。印度、韩国、伊朗和泰国等也在关注纳米技术在国家经济增长和需求的具体应用[19]。涉及纳米材料的食品加工方法包括保健品集成、纳米复合材料、纳米传感器、营分递送、矿物质和维生素强化以及香料的纳米封装[20]。因此，物理结构在纳米范围内的系统可以影响从食品安全到分子合成的特征。纳米技术也具有提高食品质量和安全的潜力。许多研究正在评估纳米传感器改善食品系统中病原体检测的能力。纳米食品是在纳米技术或纳米技术生产的材料的帮助下加工或包装的产品。

纳米技术在食品工业中已经变得越来越重要。由于纳米技术非凡的特性，它将渗透到食品生产的各个方面，如精密养殖技术、智能饲料、食品质地和质量的改善、生物可利用度、包装、标签等。纳米技术也将影响作物生产和农用化学品的使用，如纳米农药、纳米化肥以及纳米除草剂等[21]。纳米食品包装可以延长食品货架期，提升食品安全，让消费者了解食品被污染或破坏的情况，修复包装上的裂口，均匀释放添加的物质。为了保持在食品和食品加工行业的领先地位，未来必须引入纳米技术和纳米生物信息。

12.2.2　食品固体的弛豫、玻璃化转变和工程性质

食品固体的玻璃化转变和相应的玻璃化转变温度受到了相当多的关注，它们与食品固体在各种过程和食品储存中的行为之间的关系一直存在争议。然而，了解玻璃过渡相关弛豫及其与食品材料物理化学固有联系的耦合仍然是食品材料科学的一个挑战和发展领域。

食品成分的固态包括结晶态和非晶态。食品固体的无定形状态是亚稳态的，食品成分在各种加工和储存过程中都可能发生相变和状态转变。固体向类液态的可逆转变是在一定温度范围内发生的，而不是在恒定温度下发生，这被称为玻璃化转变。玻璃食品材料的许多特性在玻璃转变范围内发生变化，包括模量和黏度、体积和热膨胀、介质属性、凝固和黏性流动。值得注意的是，随着玻璃化转变的临近，出现了平动迁移，非晶态食物固体在玻璃化转变附近表现出频率依赖的结构弛豫、时间依赖的软化和固体流动特性。焙烤、气化干燥和冷冻干燥、挤压、剥落和封装等过程可能会通过玻璃化转变范围，因为食品成分可能会经历玻璃化转变。经研究已掌握了许多食品成分的玻璃化转变数据，如糖、多糖和蛋白质。量热玻璃化转变温度对材料特性的描述非常有用，因为它与各个食品系统在各种加工和储存条件下的结

构和热力学性质具有良好的相关性。

食品成分的玻璃状态可以显示出无限数量的分子组合和玻璃结构，其分子排列和顺序各不相同。因此，与非晶食品材料的玻璃化转变有关的各种时变现象和材料性质都是动力学弛豫过程，表现为几种结构弛豫[22]。因此，对非晶态食品材料的结构弛豫或与其相关的 τ 建模尤为重要，因为固体性质的微小流变可能会导致材料在加工、存储稳定性和感官特性方面的显著变化。由于与分子迁移率变化相关的弛豫时间可以从量热法、机械法和介电法弛豫中观察到，非晶态食品材料的玻璃化跃迁及其相关的弛豫通常使用量热法、机械法、介电法和光谱技术来测量[23-25]。

理解非晶食品固体的玻璃化转变及其相关的弛豫及其与固体性质的耦合对于复杂食品系统的设计至关重要。应该注意的是水的性质也很重要，因为它可以中断非晶态食物固体的玻璃化转变和结构弛豫。然而，食物系统的玻璃化转变行为在预测食物成分的特征及其存储稳定性时往往会产生误导，因为对碳水化合物和蛋白质混合物的测定结果不同，需要仔细解释。由于脆弱性概念局限性，它不能解释食品系统的玻璃形成特性，但强度概念提供了一种描述过程结构特性的简单方法，可以通过映射食品成分及其混合物的工程特性，推进食品配方的创新。

12.2.3　非热加工技术

传统食物保藏工艺暴露温度很高，这无疑降低了食品的污染或微生物负载，但也导致食品出现一些不良的变化，如热敏营养成分的损失、质地变化和感官特性的变化。在热加工过程中，食物长时间暴露在高温中使食物发生明显的变化，从而导致食品品质的下降。过热加工甚至导致食品中形成化学毒物或致癌物质。形成毒物的数量和类型也取决于烹饪食品所用的加热方法的类型。微波烹饪和深度油炸会导致具有致突变作用的杂环芳香族胺的形成。热处理还会导致食物水分流失、脂质氧化和脂肪酸组成的变化。消费者对食品安全意识的提高，要求食品不含微生物，营养质量高，口感好。非热加工是满足有前途的热加工的替代方法。

近几十年来，出现了各种非热食品加工方法，包括脉冲电场、冷等离子体、超声、微波、超临界技术等。这些非热处理在几秒钟内将食品暴露于处理条件下，从而减少了食品中的微生物负荷，延长了货架寿命，具有良好的感官和结构特征[26]。非热技术的保鲜效果比热技术的好，因为食品不暴露在更高的温度下，就不会在食品或食品表面形成任何不良产物/副产物。脉冲电场是一种广泛应用于食品加工领域的非热处理工艺。主要用于液体食品，包括果汁、酒精饮料、非酒精饮料等。它破坏微生物的细胞壁，导致微生物死亡，减少微生物负荷。脉冲强度和脉冲宽度对脉冲电场处理的食品中微生物的减少起着重要作用[27]。非热处理也能抑制导致水果和蔬菜的腐败的酶的活性。冷等离子体技术被广泛应用于改善食品中蛋白质和碳水化合物的生理特性，使其在食品加工中有广泛的应用。气态冷等离子体处理已被用于改善粮食的蒸煮和结构特性[28]，它还能灭活食品表面的微生物，冷等离子体处理时间对获得预期结果起着重要作用。超声波是一种高效节能的非热处理方法，通常用于强化食品及其相关产品的合成、提取和保藏等过程。超声占空比和暴露时间对食品有正向影响。占空比和超声暴露时间的完美组合可用于开发安全、营养的超声食品[29]。其他技术，如超压处理和辐照，也被用于食品加工部门，在实现食品安全的同时最大限度地保持食品营养、结构和感官特征[30]。这些非热处理通过改变细菌细胞的膜结构和微生物细胞遗传物质 DNA 的螺旋结构，导致微生物细胞在短时间内死亡，从而降低食品中微生物的负荷。除了减少微生物负荷，这些非热处理也用于从植物和动物来源提取生物活性物质，用于食品营养成分的强化，增强食品成分的物理和化学性质等[31]。

　　由于消费者对安全、营养、无微生物的食品的需求，非热处理是食品行业最受关注的研究领域之一。食品产品暴露在非热处理的时间很短，食品是在环境温度下处理。由于接触时间短，温度低，食物中的热敏性营养成分不会受损，食物的质地不会受损，食物也不会因受热而形成任何有毒化合物。因此，通过非热处理，消费者可以得到营养价值高、色泽好、风味好的新鲜加工食品。但是非热加工也存在明显的缺点，如果食物暴露的时间较长或处理的强度较高，这些非热技术可能导致一些不良的变化，如脂质氧化和失去颜色和味道。非热技术在食品工业中的应用还很少，多数仅停留在实验室研究的规模。在大规模应用到食品生产前仍然有许多重要的工作需要完成，开发实用的非热加工设备，阐明其作用机制，开发使用非热处理的加工标准，澄清消费者对这些技术的误解，将有助于非热技术在食品领域的推广和应用。

12.2.4　3D 打印食品

　　3D 打印技术是一种以计算机控制激光或者喷墨装置的移动来对三维对象进行数字化设计和制造的技术[32]。3D 打印技术在机械工程、航空、医疗、食品等领域中得到广泛应用。随着生活水平不断提高，健康饮食理念深入人心，越来越多的人追求个性化、美观化的营养饮食。传统食品加工技术很难完全满足这些需求，3D 食品打印技术不仅能自由搭配、均衡营养，以满足各类消费群体的个性化营养需求，还可以改善食品品质，根据人们情感需求改变食物形状，增加食品的趣味性[33]。

　　3D 打印技术是快速成型技术的一种，主要分为数字建模、路径规划、实际打印 3 个步骤。建立打印模型时，可以使用计算机辅助设计等三维绘图软件进行设计，也可以使用三维扫描仪，直接对相应物体进行轮廓和造型识别，将模型信息存入计算机中。获取了三维模型的信息后，计算机会将三维立体图像分解成一层层的二维平面图像，分割层数越多，打印的精度越高，但同时花费时间更长，成本更高。确定二维平面图像后，计算机规划好每层的打印路径。相关硬件根据存入的路径信息和设置的打印参数进行操作，打印出成品。

　　食品加工中的 3D 打印技术有：选择性激光/热风烧结技术，热熔挤出/室温挤出技术，黏结剂喷射技术，喷墨打印技术等。3D 打印技术在食品应用方面的难点之一是打印原料的选择和处理。3D 打印的食品原料需要满足 3 个特性，即可打印性、适用性和可后续加工性[34]。3D 打印技术已用到巧克力和糖果、烘焙食品、肉制品、水果、蔬菜和奶制品。

　　人们对个性化理念的追求促进了食品 3D 打印技术的快速发展。3D 打印技术在改善食品外观和口感、定制个人营养食谱、制作航天食品及发明新食品等方面有很大优势。但 3D 打印食品的发展也存在很多亟待解决的问题，这些问题主要有：第一，适合的打印原料有限，现有原料的方便性、打印精度和对模型图案的适应不足。很多食材在打印后还需要进一步熟化处理，在此过程中打印制品的外观形状、精细程度会发生变化。第二，能真正完全打印的食品较少，有的只是用它进行一些表面装饰。第三，技术的智能化程度不高，尚难实现食品形状设计、营养比例、烹饪方式、打印程序的高度智能化。第四，打印设备清洁问题有待解决，3D 打印结束后主要依靠刷子进行清洁，既不方便又很难清理干净，因此改进设备或设计优化的清洁方案很有必要。

　　食品 3D 打印技术还处于发展阶段，商业领域的尝试才起步不久。2016 年，世界上第一家 3D 美食店 Food ink 进行了为期 3 天的试营业，引起了极大关注。2019 年，研究人员已经研发出可以用于定制 3D 打印食品的 APP[35]。可以预见，3D 打印食品不仅会给家庭和个人带来全新的生活体验，而且 3D 打印食品技术的市场潜力和销售范围也会不断扩大。

12.2.5　人造肉

人造肉指人类通过技术手段仿造和生产的具有类似动物肌肉组织纤维结构、营养成分和感官性状的肉类替代品。

人造肉根据原料来源和制造工艺不同可以分为两类，一类是植物蛋白肉（plant-based meat）或素肉，一类是细胞培养肉（cultured meat）。植物蛋白肉是指多孔丝状结构的低水分拉丝蛋白经过复水、抽丝、斩拌、黏合等工艺制备而来的仿生肉制品。细胞培养肉是从动物肌肉组织分离提取干细胞后在培养基中培养、生长与分化形成的[36]。

也有学者将人造肉分为肉类替代品（meat substitutes）、细胞培养肉（cultured meat）和改良肉（modified meat）。肉类替代品指用植物蛋白和真菌蛋白为原料生产的肉类替代品，改良肉指源自转基因生物（genetically modified organisms）的肉品。

植物蛋白肉是以植物蛋白质为主要原料，添加脂肪、色素、风味剂、黏合剂以及其他食品功能添加物，最后通过特定的食品加工方法和步骤制成的具有传统肉类质构、风味和颜色的食品[37]。1922 年，美国的食品公司开发出了第一款大豆素肉产品。2019 年，人造植物牛肉肉排被评为未来全球十大突破性技术[38]。植物性肉类替代品并不是什么新鲜事，植根于中国烹饪的由豆腐片制成素食鸡和由小麦面筋制成的素食卤味是植物性肉类替代品的经典例子，长期以来一直是当地饮食的一部分。基本上，植物性肉类是由植物蛋白质制成的肉类类似物。它们是通过从大豆、小麦或豌豆等植物中提取的蛋白质来生产的。通过对蛋白质提取物进行加热、挤压和冷却，以制造类似肉类的质地，然后，添加其他成分和添加剂（如调味剂和着色剂），以模仿肉类的味道和外观。最近，以鸡块、汉堡肉饼和熟食片为形式的植物性肉类产品越来越多地出现在海外的餐馆和杂货店。今天市场上较新的植物性肉类替代品意味着味道和外观更像肉类。这可以通过添加甜菜汁来模拟血液或椰子油来模拟肉脂肪，并帮助它在烤架上发出嘶嘶声来实现。

细胞培养肉也称为实验室生长肉（lab-grown meat）或体外培养肉（in vitro meat），是指在特定的培养条件下，在培养基中利用动物肌肉细胞中的多能干细胞等培养出来的具有传统肉类结构、风味口感的产品[39]。细胞培养肉的发展历史可以追溯到 20 世纪 30 年代，有研究学者提出了细胞培养肉的概念，即不通过养殖动物的方式获得肉制品。2000 年，科学家利用金鱼细胞培养出人造鱼肉，探讨在长期太空飞行或空间站中培养动物肌肉的可能性[40]。2013 年，科学家们利用成肌细胞培养出第一块人造牛排[41]。2019 年，周光宏等[42]利用猪肌肉干细胞培养获得了中国第一块细胞培养肉。细胞培养肉的生产加工过程需要使用的材料主要有动物肌肉干细胞、细胞培养基、动物血清、分化诱导因子和抗生素等，使用的主要技术为无菌操作技术和细胞培养技术。细胞培养肉的生产过程如下：首先从动物肌肉中分离具有高度分化活性的肌肉干细胞、肌肉卫星细胞等，培养和诱导目标细胞进行增殖和分化，提供生长的骨架继续进行培养诱导形成多核肌管，进一步形成肌肉纤维。在细胞培养的过程中要保证整个细胞培养系统稳定、高效地运行以获得大量的肌肉组织，最后将获得的肌肉产品进行相应的加工包装后便可以上市销售。

人造肉技术已有了长足的发展，但技术的成熟度仍然不高，特别是细胞培养肉距真正实现商业化还有很长的路要走。主要原因是现行生产技术耗时长、生产效率低、生产成本高、价格昂贵，不具备大规模生产的经济上的可行性。另外，细胞培养肉制品只适用于制作碎肉制品，如汉堡肉饼、香肠等。细胞培养肉在味道、颜色、外观和质地上与传统肉有很大的差距。除了技术层面的原因外，人造肉要真正走向市场还需要克服许多其他的障碍，如新的肉制品立法的完善，市场欢迎度测试，消费者心理适应等。人造肉产品显示出了巨大的发展潜力，它的出现将改变消费者的食谱，有利于环境可持续性发展，改善动物的福利，促进人类的健康。

12.2.6 食品工业数字化转型

数字化转型是将数字技术和新的商业模式整合到所有领域，从而使行业的运作方式以及它们为客户提供价值方式的重大变化[43]。为了在数字时代产生新的价值创造路径的能力，需要有不同的文化、流程、结构和战略[44]。数字化转型给制造业带来的大部分好处可以归纳为以下五类[45]：①提高生产效率，使用增强实境（augmented reality，AR）技术和 3D 打印等工具，通过利用用户的实时交互数据，使开发和设计过程变得更快、更好。通过发送重要的维护数据，可以更好地连接机器，从而帮助防止机器故障和提高产量，从而在最短的停机时间内提高生产。②提高质量，高分辨率全过程测量生产参数和产品。用于产品质量评估的新机器学习工具（new machine learning tools）自动应用于生产数据，指出质量缺陷的根本原因，并提前预测相关的浪费问题。③降低成本，制造过程的所有阶段都进行数据采集和分析，包括机器、生产线、运输和物流的数据，这种分析有助于识别降低成本的机会和更好的库存管理，而机器提供了高水平的灵活性，允许产品之间的快速变化。④更多产品定制，这对客户来说是一个重要的选择因素。数字化的生产线可以为客户提供有吸引力的定制选择，同时仍能以具有竞争力的价格进行大规模高效生产。⑤提高生产安全性，在这些工作场所危险的任务可以由机器人执行，通过在工作场所安装传感器，可以提前通知工作人员潜在的和可能的危险。

德国制定的"高科技战略工业 4.0"、美国的"工业互联网战略"、我国的"中国制造 2025"，其核心特征是智能工厂、智能生产、智能物流、智能服务。2021 年 1 月，欧盟委员会发布《工业 5.0——迈向可持续，以人为本和弹性的欧洲产业》，工业 5.0 指人与机器人和智能机器协同工作，机器人通过利用物联网和大数据等先进技术来帮助人类更好、更快地完成工作[46]。其特征是各种传感器数据直接连通设计与生产，从而为用户实时提供个性化产品。要实现工业 4.0 和工业 5.0 的目标，必须首先实现企业的数字化转型。

食品行业是国民经济中最重要的领域之一。对食品行业来说，实现数字化转型是面临的特殊的挑战，为应对这些挑战，食品部门必须得到信息技术更多的支持。具体来说，食品行业最近已经逐渐从以供应为导向转变为以需求为导向的生产模式，这种逆转中生产厂商比过去更加关注消费者的需求。消费者的口味因人而异，饮食供应需要越来越个性化，这意味着生产者将根据客户的需求量身定制所喜欢的食品。为了实现这一愿景，机器、存储系统和公用事业等元素必须能够共享信息，而且相互间可以自主地发生作用和控制。其结果是一个所有过程都与设备和决策控制点整合成一个统一的系统。

我国食品企业的数字化进程仍然比较缓慢，但实现数字化转型是企业升级的必由之路。数字化为食品链上利益相关者提供了一个可以更好了解原料产地、食品生产、运输物流等环节的机会，以此解决或帮助预防出现食品安全问题，提供高质量、更可口、更安全的食品。

12.2.7　食品智能包装系统

包装可以将产品与外部环境隔离，一般有四种基本功能：保护、信息显示、方便和密封。可靠的包装有利于安全运输和分销，减缓产品质量的下降，包装外面的文字或图形为消费者提供产品的信息，不同形状和大小的包装为客户的需求带来方便。然而，完全消除包装食品的质量损失是不可能的，易腐烂食品由于其内在特性在加工后会发生变化，包装食品贮藏和运输期间仍然发生生物、化学或物理变化，甚至最终导致产品腐烂。在大多数情况下消费者很难评估这些变化，由于担心食品变质许多消费者扔掉了实际上仍然适合消费的产品。

为了减少由此引起的产品浪费，近些年食品智能包装概念和技术的出现受到了特别的关注。一般情况下，在生产期间和交货前定期会对产品进行微生物和化学检测。但在交货后到消费期间产品则不受监控，智能包装将缩小这一差距，因为它们能够监控和显示从制造到客户的全过程的产品的质量状态。这种永久监测不仅最大限度地减少不必要的食物浪费，也保护消费者免于潜在的食物中毒，最大限度地提高食品工业的效率，提高可追溯性。保护食品质量高度依赖于包装材料的应用，智能包装有潜力提高产品安全性，减少环境影响，增加包装产品和食品企业的吸引力。

12.2.7.1　智能包装的概念

欧洲食品安全管理局（European Food Safety Authority，EFSA）将智能包装材料定义为：监测包装食品或食品周围环境状况的材料和物品[47]。它们有能力传递包装产品的状况，但不与产品交互作用，其目的是监控产品，并将信息传递给消费者。智能包装可以包含关于包装及其内容的状况、制造时间或存储条件的信息。根据智能包装类型的不同，可以放置一级、二级或三级包装上[48]。

12.2.7.2　智能包装的分类

一般来说，智能包装系统主要采用三种技术：数据载体、指示器和传感器[49]。

（1）数据载体　数据载体有助于使供应链中的信息流更加高效。数据载体的功能不是监控产品的质量，而是保证可追溯性、自动化、防盗、防伪。为了确保这一点，数据载体存储和传输关于存储、流通和其他参数的信息。因此，它们经常被放在三级包装上。最常用的数据载体是条形码标签和射频识别（radio frequency identification，RFID）标签[50]。

条形码便宜、易于使用，广泛用于库存控制、存货记录和结账。一般来说，条形码可以分为一维条形码和二维条形码（简称二维码）（图12-1），根据类型它们具有不同的存储容量。一维条形码是一种平行实线和间隙交替排列的条形图，条形图和间隙的不同排列反映不同的数据编码。条形码扫描器和相关系统可以翻译编码信息。二维条形码提供了更大的存储容量，包装日期、批号、包装重量、营养信息或加工说明，因为它是点和空间以数组或矩阵的形式排列的组合，这为零售商和消费者提供了极大的便利。

图12-1　条形码和二维码

RFID 标签是一种先进的数据载体，具有高达 1MB 的数据存储，以及非接触和非视线收集实时数据的能力。它们收集、存储并将实时信息传输到用户的信息系统。与条形码相比，RFID 标签更昂贵，需要更强大的电子信息网络[51]。另一方面，可以将信息以电子方式加载到这些标记上，并且可以再次进行更改。此外，RFID 为整个食品供应链提供了进一步的优势，这些措施包括可追溯性、库存管理以及质量和安全的提升。

（2）指示器 指示剂可以反映一种物质存在或不存在，不同物质之间反应的程度或一种特定物质的浓度。这个信息可以通过直接的变化可视化，如不同的颜色强度[52]。根据指示器的不同可以将其放置于包装的内部或外部。

时间温度指示器（time temperature indicators，TTIs）。温度是决定食品货架寿命的一个重要因素，温度分布的偏差会导致微生物的生长或存活，最终导致产品的变质。此外，不正确的冷冻会使肉类或其他产品的蛋白质变性。在食品供应链中，无论冷链或所需温度是否得到适当的保持，都可以使用时间温度指示器。一般来说，时间温度指示器或集成器是简单的，廉价的小配件附加在包装上。有三种类型时间温度指示器：一是临界温度指示器，它显示产品是否高于或低于所允许的加热或冷却温度。二是部分历史指标，它表明产品是否受到温度的影响，导致产品质量的变化。三是完整的历史指标，它记录了沿食品供应链的完整温度分布。TTIs 的功能原理是基于对食品中依赖于时间和温度的机械、化学、电化学、酶或微生物变化的检测。例如，化学或物理反应是基于对时间和温度的酸碱反应或聚合。相反，生物反应是基于微生物、孢子或酶等与时间和温度有关的生物变化。测量值通常表示为可见响应，如颜色变化或机械变形。由于这个简单的功能，TTIs 被认为是用户友好且易于使用的设备。TTIs 指示器的一个例子是来自 Lifeline 的 Fresh-Check 技术。其功能是根据聚合反应产生的颜色变化指示范围。图的中心清晰表明产品新鲜，如果活动中心的颜色与外圈匹配产品应尽快消耗，中心颜色变暗表明产品不新鲜（图 12-2）[53]。

新鲜

仍新鲜，立即使用

新鲜度无保证

图 12-2 Lifeline's Fresh-Check Indicator 的 TTIs 的原理

新鲜度指示器。新鲜度指示器监督食品在储存和运输过程中的质量。失去新鲜度的原因可能是不利的贮藏条件或超过保质期。因此，他们提供关于微生物生长、微生物代谢物存在或产品化学变化的信息[54]。反映产品质量的指示代谢物有葡萄糖、有机酸、乙醇、挥发性氮化合物、生物胺、二氧化碳、ATP 降解产物和硫化物等[55]。为了能够与这些代谢物直接接触，新鲜度指示器必须放置在包装内。根据指示器的不同可以通过不同的方法检测相关的信息（表 12-1）[58]。

表 12-1 基于代谢物的指示器和传感器的原理

代谢物	食品产品	指示器	传感器
葡萄糖/乳酸	发酵食品、肉	pH 值色度计	氧化还原反应电化学传感器
CO_2	发酵食品、肉、海产品	pH 值色度计	硅基聚合物电化学传感器
O_2	肉、蔬菜、水果	荧光光学传感器、pH 值色度计	电化学传感器，激光
生物胺	鱼、肉	变色 pH 敏感染料	酶氧化还原反应电化学传感器

气体指示器。气体指示器根据包装内部气体变化指示食品的质量状况。传感器检测包装内空气的变化并作出反应，实际上的指示器显示食品的质量状态。气体的改变一方面是基于食品的活动，如酶或化学反应，另一方面是基于包装的性质和环境条件，如微生物新陈代谢产生的气体或气体通过包装的传输。大多数气体指示器监测目标是氧气和二氧化碳浓度，但

也有监测水蒸气、乙醇、硫化氢和其他气体的指示器[50]，这些气体的浓度往往与腐败的加剧密切相关。大多数器件的功能是基于氧化还原染料。为了能够监测气体，指示器必须放置在包装内，但许多这些指示器由于包装的水分存在会发生颜色的褪色。然而，一些公司已经在研究紫外线激活的比色指示剂，由于封装或涂层技术染料的浸出现象比较轻微。

（3）传感器 传感器是一种用于检测、定位或量化能量或物质的设备，它发出信号，用于检测或测量设备响应的物理或化学性质。大多数传感器由两个部分组成：受体，它可以检测某些化学或物理分析物的存在、活性、组成或浓度。物理或化学信息也被感受器转换成一种能量形式，这种能量形式可以被第二部分传感器测量[55]。转能器，用于将测量信号转换为有用的解析信号，可以是电学、化学、光学或热信号[56]。

传感器有很多类型。例如气体传感器，食品腐败过程产生某些特点的气体，如 CO_2 或 H_2S，气体传感器利用这些特性对其进行监测。CO_2 传感器大多为非色散红外（non-dispersive infrared，NDIR）传感器或化学传感器。NDIR 传感器是一种光谱传感器，通过吸收一定波长的气体来测量 CO_2 的含量[57]。化学 CO_2 传感器使用聚合物或固体电解质。采用红外传感器以及电化学、超声和激光技术对 O_2 进行检测[58]。

另一种类型的传感器是生物传感器。与化学传感器相比，它们有一个由酶、抗原、激素或核酸等生物材料构成的受体。根据测量参数的不同，传感器可以是电化学的、光学的、声学的等。例如，有一种生物传感器（toxin guard by toxin alert），其功能系统基于抗体，这些抗体集成在塑料包装中，从而使检测沙门氏菌、大肠杆菌、李斯特菌和弯曲杆菌等病原体成为可能，阳性结果由视觉信号表示[59]。

智能包装系统的应用还不是十分普遍，其原因主要是额外的费用、经销商的接受度等。但智能包装系统的优点是显而易见的，为了充分利用其优势，使其得到更广泛的应用，需要进行进一步的研究和改进措施。人们对提高食品质量和安全以及食品供应链管理的方法很感兴趣，对包装和食品信息的需求越来越大，然而对智能包装是否值得需要进行认真的评估。只有在这些技术的使用增加了销售或减少了浪费的情况下，它们才有真正的意义。可以预见的智能包装系统将率先在易腐产品领域得到发展。制造商也终将认识到，使用智能包装可以为他们提供真正的市场优势。

12.2.8 食品过程建模与虚拟化

模型是物理过程的数学模拟。一个精确的模型应该像物理原型一样工作，但它的引擎是数学的，而不是物理的。模型有两个主要用途：第一，通过观察其输入和输出参数之间的关系来更好地理解物理过程。例如，在对灭菌过程建模时，需要知道蒸汽温度(输入参数)对致死率或细菌死亡程度（输出参数）的影响。第二，随着计算技术和计算硬件和软件研究的进展可以用模型设计和检查假定的场景，以灭菌问题为例，现在可以很容易地检查过程温度以某种方式变化，灭菌过程质量是否有所提高。

用于食品工程的建模有 3 个类型，分别是分析模型、数值模型和观察模型。

分析模型通常指具有解析解或封闭解的模型，这些解通常可以在不借助计算机的情况下开发出来。解析解的全盛时期通常是在有大量的内存可用的高速计算机出现之前。分析模型仍然是非常重要的，因为它们在使用时能够提供对系统的全面了解。这种能力的代价在于其有限的适用性，因为许多食品加工太过复杂，无法用这种模型来描述。然而，在活跃的研究领域仍然使用需要计算机的近似分析模型。1923 年，Ball 提出了一种公式方法，一旦通过直接测量（热穿透测试）收集了时间和温度数据，该方法可以独立于所需的直接热电偶测量外推过程时间[60]。这个数学计算程序今天被称为鲍尔公式（Ball formula method），是罐装食品的工艺评价和工艺设计中最广泛使用的方法。在食品加工中另一个广泛使用的解析解是质量扩散方程的解，应用于干燥和类似过程中的水分传输。

数值模型或计算模型有其局限性，例如要求简单的几何形状、恒定的处理条件、恒定的特性等。数值的、基于计算机的解决方案是高度通用的，可以避免上述限制。一个数值模型通常涉及解决一组偏微分方程，这些方程比解析方程更精确地描述模型的物理性质。近年来，对具有大量内存的快速计算机的访问使得对这些类型的模型的依赖度大为增加。

观察模型也称为经验模型。这样的模型被用来描述和分类数据，从测量数据中进行归纳，以便对新的观察结果做出预测，或者了解被观察到的行为背后的一些规则。这些模型不试图解释在化学或物理水平上所表示的过程的工作，它们只是在已知数据的基础上进行预测，不需要确定关于底层流程的更多信息。因此，它们可以轻松地对复杂的流程建模，但也有某些固有的局限性。

除了上述 3 种类型的模型，还有许多其他的模型用于大型工业食品工艺的设计。如过程建模软件包，可以将食品过程的各种操作组合为模块，并帮助识别最佳的操作组合，以提高质量和降低整个过程的成本。在生产车间，建模用于库存控制、统计过程控制、机器视觉以及维护和调度的专家系统。

食品过程的数值和观测模型，已经取得了长足的进展，并已成为研究和设计的一个组成部分。虽然在计算机出现之前，分析模型是建模的主要模式，但基于计算机的数值和经验模型是当今发展中的主要模型类型。食品加工过程往往很复杂，由于加工过程中材料的自然生物变异性和转化，其性质也会发生变化。数值和经验模型具有高度的通用性，可以涵盖广泛的输入和输出参数和过程类型，从而为开发过程的更现实的描述提供了灵活性。

虚拟化是一种用于隐藏计算资源的物理特性，从其他系统、应用程序或最终用户与这些资源进行交互方式的技术。模型中计算、模拟、预测、优化和过程分析都是虚拟化的一部分，虚拟化广泛应用于设备、服务器、操作系统、应用程序以及网络中。许多制造行业已经受益于建模活动和流程虚拟化，明显缩短了设计和验证流程、时间，减少了试验错误。虚拟化的利用可以显著增强工业、学术界、政府和私人企业创新生态系统，有效地测试许多新的设计，减少进入市场的时间，确保从研究到生产、从发明到创新的顺利实现。目前，食品工业利用虚拟化作为工程设计工具还很落后，这个新兴领域的前景很广，物联网、云计算和大数据等科技将推动虚拟化发展，提供新兴和先进的战略工具，在食品行业的创新方面发挥重要作用。

12.2.9 超加工食品与健康

近年来，人们越来越关注深加工食品的消费与健康影响之间的关系。慢性疾病在现代社会的发病率不断上升成为当前的重要问题。因此，有必要考虑如何扭转即食和方便食品消费增加的趋势，回归到以最低限度加工食品为基础的传统饮食模式。

大量研究结果支持这一观点，即全球食品供应向超加工食品的方向发展，可能在一定程度上解释了慢性非传染性疾病发病率的增长趋势和整体较高的死亡风险[61]。因此，高度加工食品日益流行的观点主要涉及健康和技术方面。适当均衡的饮食是预防与文明有关的疾病，如心血管疾病、糖尿病和肥胖的一个重要因素。Small 和 Feliceantonio[62]发现，食品的制备和加工方法，除了有助于提高能量密度或适口性外，也可能影响生理，促进暴饮暴食，从而导致代谢紊乱。其他研究也表明，超加工食品由于其高能量值和食欲特性，可能导致暴饮暴食，促进肥胖或 2 型糖尿病的发展[63]。

值得注意的是，一个日益工业化的食品体系在大规模生产和低价格方面是非常有效的，它很难被取代，因为它提供了有吸引力的价格和方便，长货架期，微生物安全，因此有适当的营养价值。超加工食品的消费似乎是不可避免的，原因有很多，包括方便、低廉的价格和高效的营销，而且生物活性成分几乎可以无限富集。因此，它造成了一种错觉，认为节省的时间有助于消费者的福祉，然而，为方便付出的代价可能很高。超加工食品在食用前经过多项加工和修改，每个产品都含有大量添加的糖、盐、饱和脂肪和添加剂。目前，没有明确的分类体系或定义来描述处理水平和类别，反映真实的营养负荷，这可以提高公共卫生改善的适用性和效率。

根据 Monteiro 等人[64, 65]的定义，超加工食品指通过一系列加工操作，主要从廉价的能源、营养物质和选定的添加剂获得配方，从而含有最少的天然食品。NOVA 食品分类系统是科学研究中应用最广泛的食品分类系统之一，它将食品和饮料分为四类：未加工或最低限度加工的食品、加工过的烹饪原料、加工过的食品和超加工食品[66]。

Rauber 及其团队展示了特别有趣和独特的结果[67]。他们展示了食用超加工食品对饮食营养质量的影响，众所周知，超加工食品会影响慢性非传染性疾病的发病率。作者着重分析了2008~2014 年英国全国饮食和营养调查的横截面数据。经证实，频繁食用超加工食品会导致日常饮食中游离糖、碳水化合物、总脂肪和饱和脂肪以及钠的供应增加，从而增加罹患几种与饮食有关疾病的风险。此外，还应该强调的是，超加工食品的组成与饮食中的蛋白质、纤维和钾含量之间存在显著的线性反比关系。最近的许多研究已经证实，超加工食品的消费与影响消费者福利和健康的膳食营养状况之间存在着类似的密切联系。Rauber 的研究团队的一个重要发现是，针对饮食中膳食纤维、饱和脂肪、游离糖、钾和钠的含量，很大一部分英国人口没有达到世界卫生组织关于预防非传染性疾病的建议标准。

Hall 等人对食用超加工食品和未加工食品的成年人进行了为期 14 天的随机调查[68]。这些食物的营养价值（包括糖、脂肪、纤维、大量营养物质和卡路里含量）是匹配的。研究发现，过度加工的自由饮食导致能量摄入增加和体重增加。基于这些结果，建议限制超加工食品的消费，以减少肥胖的风险。

在一项大型观察性前瞻性研究中，超加工食品的高消费量与心血管疾病、冠状动脉性心脏病和脑血管疾病的高风险相关[69]。这些结果需要在其他人群和环境中得到证实，因果关系仍有待确定。加工过程中的各种因素，如最终产品的营养成分、添加剂、接触材料和新形成的污染物，可能在这些关联中发挥作用，需要进一步研究以更好地了解相关贡献。与此同时，一些国家的公共卫生当局最近开始推广未经加工或最低限度加工的食品，并建议限制超加工食品的消费。

综上所述，近年来，人们对饮食构成的有益营养价值和健康影响产生了相当大的兴趣。大量研究表明，增加新鲜准备的、未加工的或最低限度加工的食品的消费，同时减少高度加工食品在饮食中的比例，肯定会有有益的影响。已发表的研究深入分析了上述措施的潜在影响，特别是在改善饮食营养质量和有助于预防与饮食有关的慢性非传染性疾病方面。这种知识为其在世界其他地区的直接应用提供了很高的可能性。这些研究的最重要成就是制定了一项普遍准则，表明需要采取根本战略减少全体人口对超加工食品的消费，以预防与饮食有关的非传染性疾病。

12.2.10 大数据与食品个性化设计

大数据或称巨量资料，指的是所涉及的资料量规模巨大到无法通过主流软件工具，在合理时间内达到撷取、管理、处理、整理成为帮助企业经营决策更积极目的的资讯。

利用消费、健康和食物大数据，针对不同人群的身体特征和饮食习惯，可以精准制造具有不同功能属性的食品，精确管理日常膳食，提供给消费者定制的营养和美味[70, 71]。Freyne 等编辑了一种算法，针对 512 名使用者的身体状况，给出推荐食谱，从而改善使用者的肥胖状况[72]。Wolever 借助机器学习，结合血液参数、饮食习惯和肠道微生物群大数据制定的个性化饮食可以优化餐后血糖水平[73]。此外，利用感知科学、移动互联等技术，为消费者提供专属的感官体验[74]，也是未来食品个性化设计的发展方向。Li 等[75]利用表面触觉技术在手机等触屏表面实现力学反馈，让消费者线上消费时可以获得触摸真实食品的直观感受。大数据、感知交互等技术与食品科学的交叉融合将使全面满足消费者对食物的个性化需求成为可能，驱动食品的精准设计。

食品行业是全球最大行业之一，大数据在食品行业的应用正在迅速扩大，大数据技术的应用将彻底改变食品行业。有理由相信大数据将在帮助食品行业应对日益增长的世界人口、气候变化和城市化的挑战中发挥重要的作用。

12.3　小结

食品工程学科是一个不断发展的学科，现代科学技术的发展对食品工程学科的影响十分明显，新时代食品工程学科的研究内容也不断出现新的变化。本章的主要内容包括食品工程的历史沿革和食品工程的前沿进展两部分。在历史前沿部分，主要回顾了食品工程学科建立的重要事件，对学科发展做出突出贡献的专家和学者，使我们更加清楚地了解和认识食品工程学科发展的历史脉络。在食品工程的前沿部分，整理和论述了当前食品工程领域的最新进展和新兴趋势，强调了科学和技术发展在食品工程领域的具体体现。在新的历史时期，食品工程学科面临一系列新的挑战和问题，食品工业应该更好地为人类健康服务，需要为消费者提供更安全、更营养和高质量的食品产品，食品工程学科需要积极研究新的食品加工方法的基本原理，探索新的智能化食品加工技术，推动食品工程学科不断向前发展。

思考题

① 什么是食品工程？其研究领域包括哪些？
② 简述人类食品加工技术的发展历程。
③ 食品工程学科是如何建立和发展起来的？
④ 论述新兴食品技术对食品工业发展和人类健康的影响。

参考文献

[1] Parker M E, Harvey E H, Stateler E S. Elements of food engineering[M]. New York: Reinhold, 1952.

[2] Charm S E. The fundamentals of food engineering[M].Westport: The AVI Publishing Co, 1963.

[3] Earle R L. Unit operations in food processing[M]. London: Pergamon,1966.

[4] Carmody R N, Wrangham R W. The energetic significance of cooking[J]. Journal of Human Evolution, 2009, 57(4): 379-391.

[5] Carmody R N, Dannemann M, Briggs A W, et al. Genetic evidence of human adaptation to a cooked diet[J]. Genome Biology and Evolution, 2016, 8: 1091-1103.

[6] Wrangham R W, Jones J H, Laden G, et al. The raw and the stolen[J]. Current Anthropology, 1999, 40: 567-594.

[7] Aiello L C, Wheeler P. The expensive-tissue hypothesis: The brain and the digestive system in human and primate evolution[J]. Current Anthropology, 1995, 36: 199-221.

[8] Huebbe P, Rimbach G. Historical reflection of food processing and the role of legumes as part of a healthy balanced diet[J]. Foods, 2020, 9: 1056.

[9] Ball C O, Olson F C W. Sterilization in food technology[M]. New York: McGraw-Hill, 1957.

[10] Jackson T. Chilled: how refrigeration changed the world and might do so again[M]. London: Bloomsbury, 2015.

[11] Birdseye C. Production of quick-frozen fish: US 1773070 [P]. 1930.

[12] von Loesecke H W. Drying and dehydration of foods[M]. New York: Reinhold, 1943.

[13] Leninger H A, Beverloo W A. Food process engineering[M]. Dordrecht: Reidel, 1975.

[14] Heldman D R. Food process engineering[M]. Westport: The AVI Publishing Co., 1975.

[15] Harper J C. Elements of food engineering[M]. Westport: The AVI Publishing Co., 1976.

[16] Loncin M, Merson R L. Food engineering. Principles and selected application[M]. New York: Academic, 1979.

[17] Toledo R T. Fundamentals of food process engineering[M]. Westport: The AVI Publishing Co., 1980.

[18] Singh R P, Heldman D R. Introduction to food engineering[M]. Orlando: Academic, 1984.

[19] Kour H, Malik A A, Ahmad N et al. Nanotechnology-new lifeline for the food industry[J]. Critical Reviews in Food Science and Nutrition, 2015, 60: 20.

[20] Huang Q, Yu H, Ru Q. Bioavailability and delivery of nutraceuticals using nanotechnology[J]. Journal of Food Science, 2010, 75: R50-R56.

[21] Thiruvengadam M, Rajakumar G, Chuna I M. Nanotechnology: Current uses and future applications in the food industry[J]. Biotech, 2018, 8(1): 74.

[22] Donth E J. The glass transition: Relaxation dynamics in liquids and disordered materials[J]. Physics Today, 2002, 55(12): 60-61.

[23] Paudel A, Raijada D, Rantaene J. Raman spectroscopy in pharmaceutical product design[J]. Advanced Drug Delivery Reviews, 2015, 89: 3-20.

[24] Sasakik K, Matsui Y, Miyara M, et al. Glass transition and dynamics of the polymer and water in the poly (vinylpyrrolidone)-water mixtures studied by dielectric relaxation spectroscopy[J]. The Journal of Physical Chemistry B, 2016, 120(27): 6882-6889.

[25] Syamaladeve R M, Barbosa-Canovas G V, Schmidt S J, et al. Influence of molecular weight on enthalpy relaxation and fragility of amorphous carbohydrates[J]. Carbohydrate Polymers, 2012, 88(1): 223-231.

[26] Choudhary R,Bandla S. Ultraviolet pasteurization for food industry[J]. International Journal of Food Science and Nutrition Engineering, 2012, 2(1): 12-15.

[27] Niu D, Zeng X A, Ren E F, et al. Review of the application of pulsed electric fields (PEF) technology for food processing in China[J]. Food Research International, 2020, 137: 109715.

[28] Thirumdas R, Saragapani C, Ajinkya M T, et al. Influence of low pressure cold plasma on cooking and textural properties of brown rice[J]. Innovative Food Science and Emerging Technologies, 2016, 37: 53-60.

[29] Cui H, Yang X, Abdel-Samie M A, et al. Cold plasma treated phlorotannin/Momordica charantia polysaccharide nanofiber for active food packaging[J]. Carbohydrate Polymers, 2020, 239: 116214.

[30] Natarajan S, Ponnusamy V. A review on the applications of ultrasound in food processing[J]. Materials Today Proceedings, 2020, 10: 1-4.

[31] Jadhav H B, Annapure U S, Deshmukh R R. Non-thermal technologies for food processing[J]. Frontiers in nutrition, 2021, 8: 657090.

[32] 曹沐曦，詹倩怡，沈晓琦，等. 3D 打印技术在食品工业中的应用概述[J]. 农产品加工, 2021, 1: 78-82.

[33] Truby R L, Lewis J A. Printing soft matter in three dimensions[J]. Nature, 2016（7）: 371-378.

[34] 杜姗姗，周爱军，陈洪，等. 3D 打印技术在食品中的应用进展[J]. 中国农业科技导报, 2018, 20(3): 87-93.

[35] Muroi H, Hidema R, Gong J, et al. Development of optical 3D gel printer for fabricating free-form soft & wet industrial materials and

evaluation of printed double-network gels[J]. Journal of Solid Mechanics and Materials Engineering, 2013(2): 163-168.

[36] Tziva M, Negro S O, Kalfagianni A, et al. Understanding the protein transition: The rise of plant-based meat substitutes[J]. Environmental Innovation and Societal Transitions, 2020, 35: 217-231.

[37] 刘梦然, 毛衍伟, 罗欣, 等. 植物蛋白素肉原料与工艺的研究进展[J]. 食品与发酵工业, 2021, 47(4): 293-298.

[38] 江连洲, 张鑫, 窦薇, 等. 植物基肉制品研究进展与未来挑战[J]. 中国食品学报, 2020, 20(8): 1-10

[39] Post M J. Cultured meat from stem cells: Challenges and prospects[J]. Meat Science, 2012, 92(3): 297-301.

[40] Benjaminson M A, Gilchriest J A, Lorenz M. In vitro edible muscle protein production system (mpps): Stage 1, fish[J]. Acta Astronautica, 2002, 51(12): 879-889.

[41] Goodwin J N, Shoulders C W. The future of meat: A qualitative analysis of cultured meat media coverage[J]. Meat Science, 2013, 95(3): 445-450.

[42] 周光宏, 丁世杰, 徐幸莲. 培养肉的研究进展与挑战[J]. 中国食品学报, 2020, 20(5): 1-11.

[43] Matt C, Hess T, Benlian A. Digital transformation strategies[J]. Business and Information Systems Engineering volume, 2015, 57 (5): 339-343.

[44] Jang J M,Seo S J, Lee Y, et al. A study on improving the quality of clothing companies: focusing on kutesmart using quality 4.0 matrix[J]. Journal of the Korean Society for Quality Management, 2019, 47(1): 199-211.

[45] Demartini M, Pinna C, Tonelli F, et al. Food industry digitalization: from challenges and trends to opportunities and solutions[J]. IFAC-PapersOnLine, 2018, 51(11): 1371-1378.

[46] Nanavandi S. Industry 5.0-a human-centric solution[J]. Sustainability, 2019, 11: 4371.

[47] EFSA. Guidelines on submission of a dossier for safety evaluation by the EFSA of active or intelligent substances present in active and intelligent materials and articles intended to come into contact with food[J]. EFSA Journal, 2009, 7: 1208.

[48] Han J H, Ho C H L, Rodigues E T. Innovations in food packaging-PDF free download[M]. Winnipeg: Elsevier Science and Technology Books, 2005.

[49] Ghaani M, Cozzolino C A, Castelli G, et al. An overview of the intelligent packaging technologies in the food sector[J]. Trends in Food Science and Technology, 2016, 5: 1-11.

[50] Fang Z, Zhao Y, Warner R D, et al. Active and intelligent packaging in meat industry[J]. Trends in Food Science and Technology, 2017, 61: 60-71.

[51] Ahmid I, Lin H, Zou L, et al. An overview of smart packaging technologies for monitoring safety and quality of meat and meat products[J]. Packaging Technology and Science, 2018, 31(7): 449-471.

[52] Mohebi E,Marqez L. Intelligent packaging in meat industry: An overview of existing solutions[J]. Journal of Food Science and Technology, 2015, 52: 3947-3964.

[53] Endoza T F M, Welt B A, Otwell S, et al. Kinetic parameter estimation of time-temperature integrators intended for use with packaged fresh seafood[J]. Journal of Food Science, 2006, 69: FMS90-FMS96.

[54] Nopwinyuwong A, Trevanich S, Suppakul P. Development of a novel colorimetric indicator label for monitoring freshness of intermediate-moisture dessert spoilage[J]. Talanta, 2010, 81: 1126-1132.

[55] Mlalila N, Kadam D M, Swai H, et al. Transformation of food packaging from passive to innovative via nanotechnology: Concepts and critiques[J]. Journal of Food Science and Technology, 2016, 53: 3395-3407.

[56] Kerry J P, O'Grady M N, Hogan S A. Past, current and potential utilisation of active and intelligent packaging systems for meat and muscle-based products: A review[J]. Meat Science, 2006, 74: 113-130.

[57] Pandey S K, Kim K H. The relative performance of NDIR-based sensors in the near real-time analysis of CO_2 in air[J]. Sensors, 2007, 7: 1683-1696.

[58] Park Y W, Kim S M, Lee J Y, et al. Application of biosensors in smart packaging[J]. Molecular & Cellular Toxicology, 2015, 11: 277-285.

[59] Bodenhamer W T, Jackowski G, Davies E. Surface binding of an immunoglobulin to a flexible polymer using a water soluble varnish matrix. US 6,692,973[P]. 2004-02-17.

[60] Ball C O. Thermal process time for canned food. Bulletin of the National Research Council[M]. Washington, DC: National research council of the National academy of sciences, 1923.

[61] Fiolet T, Srour B, Sellem L, et al. Consumption of ultra-processed foods and cancer risk: Results from NutriNet-Sante prospective cohort[J]. British Medical Journal, 2018, 360: k322.

[62] Small D M, Defeliceantonio A G. Processed foods and food reward[J]. Science, 2019, 363: 346-347.

[63] Poti J M, Braga B, Qin B. Ultra-processed food intake and obesity: What really matters for health-processing or nutrient content? [J]. Current Obesity Reports, 2017, 6: 420-431.

[64] Monteiro C A, Cannon G, Lawrence M, et al. Ultra-processed foods, diet quality, and health using the NOVA classification system[M]. Rome: Food and Agriculture Organization of the United Nations (FAO), 2019.

[65] Monteiro C A, Moubarac J C, Levy R B, et al. Household availability of ultra-processed foods and obesity in nineteen European countries[J]. Public Health Nutrition, 2018, 21: 18-26.

[66] Gramza-Michalowska A. The effects of ultra-processed food consumption-is there any action needed? [J]. Nutrients, 2020, 12: 2556.

[67] Rauber F, da Costa Louzada M L, Steele E M, et al. Ultra-processed food consumption and chronic non-communicable diseases-related dietary nutrient profile in the UK (2008–2014) [J]. Nutrients, 2018, 10: 587.

[68] Hall K D, Ayuketah A, Brychta R, et al. Ultra-processed diets cause excess calorie intake and weight gain: An inpatient randomized controlled trial of ad libitum food intake[J]. Cell Metabolism, 2019, 30: 67-77.

[69] Srour B, Fezeu L K, Kesse-Guyot E, et al. Ultra-processed food intake and risk of cardiovascular disease: prospective cohort study (NutriNet-Santé) [J]. British Medical Journal, 2019, 365: l1451.

[70] Jin C, Bouzembrak Y, Zhou J, et al. Big data in food safety: A review[J]. Current Opinion in Food Science, 2020, 36: 24-32.

[71] Tao Q, Ding H, Wang H, et al. Application research: big data in food industry[J]. Foods, 2021, 10(9) : 2203.

[72] Freyne J, Berkovsky S. Recommending food: reasoning on recipes and ingredients. International Conference on User Modeling, Adaptation, and Personalization[C]. Heidelberg: Springer, 2010.

[73] Wolever T M S. Personalized nutrition by prediction of glycaemic responses: fact or fantasy? [J]. European Journal of Clinical Nutrition, 2016, 70(4) : 411-413.

[74] Okajima K, Ueda J, Spence C. Effects of visual texture on food perception[J]. Journal of Vision, 2013, 13(9) : 1078.

[75] Li X, Ma Y, Choi C, et al. Nanotexture shape and surface energy impact on electroadhesive human-machine interface performance[J]. Advanced Materials, 2021, 33(31) : 2008337.

第 13 章

制药工程

制药工程是人类健康的民生工程，是国民经济和社会发展的重要组成部分。药品提高了患者的生活质量，减轻了患者的疾病疼痛、焦虑等症状。药品不仅挽救患者生命，还延长人类寿命[1]，部分发达国家人均预期寿命超过 80 岁。中国人均预期寿命在 1950 年为 35 岁，到 2019 年为 78 岁，人民健康水平不断提高。生物医药被国家确定为新兴战略产业，中国是全球制药大国，抗生素、氨基酸、维生素、甾体激素、疫苗等产能大，药品供应链拓展到全球，在人类卫生健康领域中占有重要地位[2]。

13.1 概述

13.1.1 药品与制药链

13.1.1.1 药品

在中国，药品（medicine）和疫苗（vaccine）的研究、开发、生产、流通分别应按照《中华人民共和国药品管理法》《中华人民共和国疫苗管理法》进行。

药品是指用于预防、治疗、诊断人的疾病，有目的地调节人的生理机能并规定有适应证或者功能主治、用法和用量的物质，包括中药、化学药和生物制品。

疫苗是指为预防、控制疾病的发生、流行，用于人体免疫接种的预防性生物制品，包括免疫规划疫苗和非免疫规划疫苗。免疫规划疫苗是指居民应当按照政府的规定接种的疫苗，非免疫规划疫苗是指由居民自愿接种的其他疫苗。

根据我国上市药品注册管理办法，药品分为三类，中药（traditional Chinese medicines）、化学药（drugs）和生物制品（biologics）。中药包括中药材、中药饮片和中成药，其产品类型及质量标准纳入《中华人民共和国药典（一部）》。化学药包括化学原料药及其制剂，如氨基酸、抗生素、维生素、抗病毒、抗肿瘤等化学药物，其产品类型及质量标准纳入《中华人民共和国药典（二部）》。生物制品包括生化药品、放射性药品、重组蛋白质药物、疫苗、血液制品等，其产品类型及质量标准纳入《中华人民共和国药典（三部）》。2020 版《中华人民共和国药典》总共收录了 5911 种药品，其中一部收录中药 2711 种，二部收录化学药 2712 种，三部收录生物制品 153 种。

临床上，以药品的特定制剂形式使用。如片剂、胶囊等固体制剂通过胃肠道给药途径使用，而注射剂和输液等液体制剂通过动脉、静脉、肌肉和皮下等途径使用，贴剂、喷雾剂、膏剂等通过皮肤给药途径使用。

13.1.1.2　制药链

制药链是指把一个化合物转变为治疗或预防疾病药品的过程，包括新药发现与改良、新药研究与开发、新品制造、药品销售等环节。新药发现是获得具有药理活性的新结构分子，而药物改良可以降低毒副作用、提高成药性能。新药研究与开发是对新分子和改良分子进行药学测试和评价，包括临床前的动物试验和人体的 I 期、II 期、III 期、IV 期临床试验，进而转化为可批准上市应用的药物。遵循动物福利和生物伦理，临床前的安全性评价研究必须符合《药物非临床研究质量管理规范》，临床试验必须在符合《药物临床试验质量管理规范》的医院内进行。药物的制造是在规范化厂房和车间内进行规模化生产，过程可控、持续稳定地制造出安全有效、质量合格的药品。药品生产企业必须符合《药品生产质量管理规范》。销售是把药品推广到医院、药房，乃至患者，达到新药应用、保障人类健康的目的。药品销售和流通必须符合《药品经营管理质量规范》。

从制药行业看，药物制造包括原料药制造、药用辅料制造和制剂制造。原料药是制剂中具有药理活性和药效的成分，药用辅料是在制剂中起赋形剂和附加剂等作用。

从制造技术角度看，可分为化工制药、化学制药和生物制药。化工制药就是通过化工分离、混合、成型等单元操作技术，用于发现药物、制造原料药和制剂。而化学制药就是通过化学反应和工艺过程，合成制造原料药和药用辅料。生物制药就是通过生物技术制造原料药，进而与药用辅料组方、成型制剂。

13.1.1.3　药品生命周期

和所有的工程装置和产品一样，药品是制药工程技术化的产品，是有其生命周期的。药品的生命周期是从发现到制造、从上市应用到终止使用的一个周期。一旦不在临床上使用了，意味着药品生命周期的结束。有些药品由于不良反应和毒副作用强等因素，在临床使用中，被撤市而提前结束了生命周期。大多数的药品由于治疗效果不尽如人意，而被后代药品取代。药品的迭代发展，推动了医疗健康水平的提升。

13.1.2　制药工程

13.1.2.1　制药工程专业

20 世纪 90 年代后，全球制药工业面临三大困境：由于新疾病不断出现、主流疾病类型的变化，危害人类健康的因素也在变化，人类对新药的需求永远不会停止，疾病变化与药物需求之间的矛盾突出。患者总是需要价格低廉、疗效显著的新药，而新药研发具有低效性，往往需要 10 亿美元以上的高投入，筛选百万个化合物的高风险，10 年以上的研发周期[3]，形成了新药研发高投入与低产出的矛盾。对于制药企业，执行药品生产质量管理规范，严格控制药物工艺过程，就能确保药品质量，但同样增加企业的生产成本。因此生产制造效率与药品成本是永恒的矛盾。

为了解决制药业的困境，在科学技术层面上，制药业需要缩短研发到上市时间，这是与时间竞赛的过程。把药物研发和制造过程有机整合是提高效率、降低成本的重要途径，这是与投资竞争的过程。从教育层面看，需要培养将制药过程的效率和药品质量有机结合的新型制药工程技术人才，他们能建立药物研发和制造有效的、新线路图。

为适应新时期我国社会经济发展对新型专业人才的需要，以改变专业划分过细、专业范围过窄等状况，教育部于 1998 年颁布了《普通高等学校本科专业目录和专业介绍》，在工学门类中化工与制药类下新设制药工程专业，授予工学学士学位。1999 年天津大学等 34 所高校招生制药工程本科专业，经过 20 多年发展，截至 2021 年，全国有 290 余个制药工程本科专业办学点，招生数超过 2 万人，他们学习掌握自然科学、药学、化工、化学、生物技术的相关知识和技能，解决制药链中的效率和质量问题。

制药工程师是人类健康的工程师，制药业对他们的要求是应该具备创新性、国际化的能力，能从工程的可预见性视野去看整个制药过程，解决制药链中的困难及复杂问题；具有良好的工程伦理，能承担制药的社会责任。

13.1.2.2 制药工程学科

制药工程主要进行制药技术与工艺的研究与开发、制药过程设计和工程化，从工程、自然、社会的整体视角出发，严格、系统应用工程学原理和方法，集成相关知识和技术，把药品质量与制药过程效率统一起来，在保证药品质量的前提下，使制药过程最大利润化，从而可持续化和生态化发展。

制药业经历了"药品质量源于检验"、已经全面实现了"药品质量源于生产"，现在正在进入"药品质量源于设计"新阶段。通过过程工程的系统设计和工艺参数的科学实验研究，从源头确保药品的质量安全性。所以，制药工程已经是科学、技术、工程高度一体化的学科。

与土木工程、建筑工程、航天工程等相比，制药工程的规模不大，而且新药研发在制药链的前端，占据重要地位，因此制药工程以药物研发、稳定可控制造为主攻方向。

为了应对制药企业实施药品生产质量管理规范和厂房设施改造，为制药行业培养高层制药工程技术人才，1998 年教育部设置了制药工程领域在职工程硕士学位。天津大学联合原国家药监局培训中心于 1999 年首批招生 67 名，由此拉开了中国制药工程研究生教育。2004 年，教育部批准天津大学等高校培养制药工程学科工学硕士和博士研究生，形成了完整的我国制药工程人才培养体系。2009 年教育部决定，招收全日制专业学位研究生，将工程硕士的培养由在职扩展到在校，这是对工程教育的一次重大改革。天津大学从 2009 年开始招收全日制制药工程领域专业学位研究生。到目前，已经建立我国制药工程科学的专业型和学术型的硕士和博士培养制度，为行业输送高层次人才。

13.1.2.3 制药技术简史

在漫长疾病斗争史中，人类以动物组织器官、植物、矿物等为原料，采用煎煮、提取、蒸馏、干燥、磨粉等技术制备药物，应用于治疗疾病。随着化工学科的发展，化工制药成为首当其冲的第一个规模化、工业化应用的技术。即使今天，全世界制药行业都离不开化工技术。

进入 19 世纪中叶后，化学工业为制药业提供了原料，合成化学家用这些原料，合成了植物来源的药用活性成分，由此开启了化学制药，诞生了化学制药公司，进入化学制药工业时代。由各化学反应单元组成生产线，形成了现代化的化学制药车间。进入 20 世纪，化学合成非天然化合物，辅以虚拟设计、高通量和高内涵的筛选，加快了新药的发现和制造的步伐。目前，大约 30%的上市化学药物结构是人工创造和全化学合成工艺制造的。

生物制药始于用病原微生物制备疫苗。1796 年英国医生爱德华·詹纳（Edward Jenner）

将挤奶女工感染的牛痘脓疱液接种给健康男孩后，男孩后来没有感染过天花。由此开启了疫苗的应用。1800 年英国完全接受了种痘，其他国家也采纳。詹纳被后人誉为"免疫学之父"。法国微生物学家路易斯·巴斯德（Louis Pasteur）认为病原微生物在特殊培养条件下可以减轻其毒力和致病性，从而变成具有预防疾病功能的疫苗。巴斯德在动物上连续减活狂犬病毒，从而制备了减毒活疫苗。1885 年用疫苗接种被疯狗咬的儿童，使其获得成功救治。由此疫苗的研发和制造走向快速发展阶段。20 世纪 40 年代，青霉素的大规模生产，促进了抗生素药物的研发，使微生物发酵成为抗生素、氨基酸、维生素等药物的主流生物制造技术。进入 20 世纪 80 年代，基因工程技术成功应用，工程微生物、工程动物细胞、杂交瘤细胞成为生物制药系统，制造了重组人胰岛素、重组人生长素、抗体等药物。进入 21 世纪，转基因动物、转基因植物也被药监部门许可，用于重组蛋白和酶类药物生产。个性化的 CAR-T 细胞药物和mRNA 新冠疫苗的研发制造，将生物制药推向新高度。

经过长期发展，生物制药的范围已经从小分子化学药扩展到大分子蛋白质药物，乃至核酸药物和细胞药物。目前，合成生物学和基因编辑技术正在被迭代开发，引领生物制药的深刻变革发展。

13.2 化工制药

13.2.1 抗疟药物制造

13.2.1.1 疟疾的流行与危害

疟疾（malaria），俗称"打摆子"，是由感染疟原虫引起、雌性按蚊叮咬传播或血液传播的烈性寄生虫病，主要症状是发热高烧、大量出汗、畏寒颤抖，伴随头疼、乏力，是严重危害全球公共健康的疾病。据世界卫生组织统计，2019 年全球约 2.3 亿人感染疟疾，其中 40.9 万人死亡。全球 90%以上疟疾发生在非洲地区，其中尼日利亚、刚果民主共和国、坦桑尼亚、尼日尔、莫桑比克和布基纳法索这 6 国的病例总数占到全球的 50%，东南亚地区也有疟疾流行。

疟疾是一种很古老的疾病，文字记载的疟疾流行历史就长达 4000 多年，我国殷商时代就有记录。在历史上发生多起疟疾流行，夺取了数千万人的生命。甚至由于疟疾爆发，造成重大军事行动失败。从公元四世纪开始，疟疾成为古希腊的地方病，一直广泛流传到十六世纪。十九世纪的印度，疟疾为患。据统计，美国南北战争期间，南方地区因疟疾而死的战士比战亡的人还多。从 1919 年开始，云南繁华市镇思茅流行疟疾，使原来有 4.5 万人口的县城到新中国成立时仅为 944 人。

20 世纪 40 年代，疟疾导致 3000 万中国人发病、30 万人死亡。疟疾的防治形势是严峻的，没有有效的疟疾疫苗，所有人均有可能感染，而且可以重复感染疟疾。新中国成立后，在中国共产党领导下，加大抗疟疾药物研发和防治工作，《中华人民共和国传染病防治法》将疟疾分为乙类传染病，2008 年我国政府决定将每年 4 月 26 日定为全国疟疾日，2020 年我国实现消除疟疾目标，2021 年 6 月 30 日中国获得了世界卫生组织的无疟疾认证。至此，中国取得了具有里程碑意义的疾病防控成果，疟疾传染病成为历史。

13.2.1.2 奎宁及其衍生物

南美洲印第安人在与疾病斗争历史中，发现了植物金鸡纳具有抗疟疾的功效。疟疾曾在美洲大陆流行传播，但秘鲁的印第安人却发现，美洲豹、狮子在染上疟疾后，能够自愈。通过跟踪动物的行为才知道，美洲豹和狮子患病后，会啃嚼金鸡纳树皮。于是，印第安人开始用金鸡纳树皮泡水，渐渐地金鸡纳树皮成为治愈疟疾的民间偏方[4]。

从 15 世纪意大利航海家克里斯托弗·哥伦布发现美洲新大陆开始，欧洲迅速对美洲进行殖民。由于不适应当地气候条件，很多欧洲殖民者感染疟疾而死亡。1638 年，西班牙驻秘鲁总督的妻子安娜·辛可 （Ana Chinchon）也因感染而患上疟疾。善良的印第安姑娘送去了金鸡纳树皮制成的粉末，安娜服用后，得以痊愈。西班牙传教士将金鸡纳树皮带到了西班牙。在 1742 年，瑞典植物学家卡尔林奈（Carl Linnaeus）用辛可的姓将这种树命名为金鸡纳树（Cinchona calisaya）。从此，将金鸡纳树皮干燥、磨成细粉，制成金鸡纳霜，混合葡萄酒服用，成为治疗疟疾的家喻户晓的神药。

17 世纪末，金鸡纳霜由欧洲传入我国。清朝康熙三次亲征噶尔丹，其中一次中途患上了疟疾。服用了法国传教士洪若翰进献的金鸡纳霜，得以痊愈。金鸡纳霜在清朝的文献中记载为"金鸡挈"，是几乎专供皇室使用的宝药，当时在民间是非常罕见的药。

1817 年，法国药剂师约瑟夫·比奈姆·卡文图（Joseph Bienaime Caventou）和皮埃尔·约瑟夫·佩尔蒂埃（Pierre Joseph Pelletier）从金鸡纳树皮中提取分离得到了单体奎宁（quinine），证实了其是金鸡纳树皮中的抗疟疾有效成分。1852 年法国科学家路易斯·巴斯德（Louis Pasteur） 证明奎宁的立体结构为左旋体，1854 年法国化学家斯特雷克（Strecker） 确定了奎宁的分子式。1850 年后，用金鸡纳属和铜色树属植物为原料，进行乙醇萃取、大规模制备的硫酸奎宁，应用于疟疾治疗中。

1907 年，德国化学家保罗·拉贝（Paul Rabe）用化学降解法得到了奎宁的平面结构，1944 年，哈佛科学家罗伯特·伍德沃德（Robert Woodward）化学合成了奎宁，获得 1965 的诺贝尔化学奖。他们的研究，使金鸡纳的活性成分奎宁成为治疟疾的化学药。

19 世纪初，秘鲁及周边国家禁止金鸡纳种子和树苗的出口。随后欧洲的全球殖民地运动使金鸡纳最终走出了南美洲，在印度尼西亚、爪哇等地引进和种植。到了 20 世纪 30 年代，爪哇提供了世界 97%的奎宁。第二次世界大战期间，美国在哥斯达黎加种植金鸡纳树，提取奎宁。

金鸡纳树的树根、树枝、树干中含有丰富生物碱，奎宁含量最高，占生物碱的 70%。由于奎宁的结构复杂和化学合成工艺没有足够的经济性，仍然采用化工提取技术制备奎宁。1934 年德国化学家汉斯·安德柴克（Hans Andersag）化学合成氯喹（chloroquine），但安全性差。1944 年美国科学家合成了羟基氯喹（hydroxychloroquine），疗效好于奎宁，毒副作用大幅降低，成为抗疟一线药物。欧洲列强获得治疗疟疾药物后，进军非洲大陆，非洲成为殖民地。

13.2.1.3 青蒿素及其衍生物

第二次世界大战后，1955～1975 年东南亚爆发了美越战争，中国在 1965～1969 年参战。20 世纪 60 年代后，东南亚和非洲地区发现疟原虫具有抗性，奎宁及其衍生物不再有效，各国都在积极研发新的抗疟药物。越南当地恶性疟疾流行，使战场的军队出现严重减员。1967 年中国政府设立了一个代号为"523"抗击疟疾研究项目，在当时属于保密的重点军工项目。发挥制度优势，集成全国科研力量，旨在发现新的抗疟药物。

1969 年，屠呦呦是中医研究院（现中国中医科学院）中药研究所的研究实习员，接受了国家疟疾防治项目"523"办公室的任务，被任命为中药抗疟组组长，组建课题组，开始了征服疟疾的艰难历程。当时，国内其他科研人员已筛选出了 4 万多种抗疟疾的候选化合物和中草药，但都没有令人满意的结果。屠呦呦开始系统整理历代中医药典籍，并走访名老中医，收集用于防治疟疾的方剂和中药、民间药。汇集了包括植物、动物、矿物等 2000 多种内服和外用药，编写了以 640 种中药为主的《疟疾单验方集》。

1970 年，从药方中筛选整理出的药物有乌头、乌梅、鳖甲、青蒿等，将筛选出的药方用不同的有机溶剂提取后进行动物实验，检测对疟原虫的抑制率。历经 380 多次实验、190 多个样品、2000 多张卡片的反复筛选和很多次失败后，1971 年起工作重点集中于中药青蒿。屠呦呦发现，青蒿提取物对鼠疟原虫的抑制率很低，只有 12%～40%，分析可能原因是乙醇提取物中有效成分含量低。屠呦呦重新查阅古代文献，公元 340 年东晋葛洪著的《肘后备急方》记载制药方法是 "青蒿一握，以水二升渍，绞取汁，尽服之"。古人没有提取，而是使用青蒿鲜汁为药物。屠呦呦意识到可能原因是高温提取破坏了青蒿的有效成分。1971 年，她重新设计了提取方法，改用低温提取，用乙醚回流或冷浸，而后用碱溶液除掉酸性部位的方法制备药物。其中青蒿乙醚中性提取物，鼠疟疾、猴疟疾的抑制率都达到 100%。用沸点更低的乙醚代替乙醇为提取溶媒，青蒿乙醚中性提取物抗疟药效的突破，是发现青蒿素的关键。1972年开展青蒿乙醚中性提取物的临床研究，30 例恶性疟和间日疟病人全部显效。从该部位中成功分离得到抗疟疾有效单体化合物的结晶，后命名为青蒿素（Artemisinin）。

在获得单体后，开始研究青蒿素的化学结构。通过元素分析、光谱测定、质谱及旋光分析、X 光衍射等方法，确定了青蒿素的立体结构，是含有过氧基的新型倍半萜内酯，与奎宁等抗疟药结构完全不同。1977 年在中国的科学通报发表了青蒿素的立体结构。

1973 年起研究青蒿素衍生物。经硼氢化钠还原反应，发明了双氢青蒿素（dihydroartemisinin）。构效关系研究表明，青蒿素结构中的过氧基团是抗疟疾活性基团，获得了青蒿素及其衍生物青蒿甲醚（artemether）、青蒿琥酯（artesunate）、蒿乙醚（arteether）等。

1986 年青蒿素获得了卫生部颁发的新药证书，1992 年获得双氢青蒿素新药证书。该药临床药效高于青蒿素 10 倍，进一步体现了青蒿素类药物高效、速效、低毒的优点。

1981 年，世界卫生组织、世界银行、联合国计划开发署在北京联合召开疟疾化疗科学工作组第四次会议，青蒿素及其临床应用引发热烈反响。20 世纪 80 年代，数千例中国的疟疾患者得到青蒿素及其衍生物的有效治疗。

2000 年后，全球医疗机构开始认可将青蒿素衍生物用于治疗疟疾，它逐渐替代奎宁和其他药物，成为抗疟药物的首选。2002 年，蒿甲醚本芴醇复方（coartem）被世卫组织收录为基本药物，70% 的非洲疟疾患者应用青蒿素复方药物治疗。

目前青蒿类药物的制造是半合成工艺。从中国西南地区种植的青蒿植物中，化工提取前体青蒿素，再化学合成青蒿甲醚、青蒿琥酯等原料药，进一步制成单方或复方成品药，用于全球疟疾的防治。

由于屠呦呦发现治疗疟疾的药物青蒿素，挽救了全球特别是发展中国家的数百万人生命，对全世界人民做出了卓越贡献，获得 2015 年的诺贝尔生理学或医学奖，被授予 2016 年度中国国家最高科学技术奖。

屠呦呦是第一位获科学类诺贝尔奖的中国人，从在中国使用两千多年的中药青蒿中发现青蒿素的历程相当艰辛。她在诺贝尔颁奖会上，总结了取得成功的几条经验：目标明确、坚持信念是成功的前提，她 39 岁接受国家重任，不辱使命，努力拼搏；中西医的学科交叉为发现成功提供了准备；信息收集、准确解析中医药典籍是青蒿素发现成功的基础；重读关键文献，获得启示，持续改进研究方案；在困境面前坚持不懈，服用有效部位提取物，以身试药，以确保临床病人的安全；团队精神，无私合作加速科学发现转化成有效药物，全国超过 60 个研究所和 500 名研究人员参与了该项目。这种科学家精神和国家情怀是我们永远学习和传承的榜样。

13.2.2　中药制药治疗新型冠状病毒感染

13.2.2.1　新型冠状病毒感染及病原

新型冠状病毒感染的主要症状是发热、干咳、乏力，部分患者表现为鼻塞、流涕、咽痛、嗅觉及味觉减退或丧失、结膜炎、肌痛和腹泻等，潜伏期 1～14 天，多为 3～7 天。在潜伏期具有传染性，人群普遍易感，主要通过呼吸道飞沫、密切接触、气溶胶传播。感染后或接种新型冠状病毒疫苗后，诱发机体生产免疫反应和应答，可获得一定的免疫力。

新型冠状病毒呈圆形或椭圆形的颗粒，直径 60～140nm。新型冠状病毒的基因组是单股正链 RNA，长度约 30kb，10 个阅读开放框，编码结构蛋白和 RNA 聚合酶。核蛋白包裹 RNA 基因组构成核衣壳，外面围绕着包膜蛋白，基质蛋白和刺突蛋白镶嵌在包膜蛋白内。病毒表面的刺突蛋白识别并结合细胞表面的受体血管紧张素转化酶 2，使新型冠状病毒进入细胞。利用宿主细胞的物质，进行病毒基因的转录和翻译以及基因组的复制，最后包装成颗粒，从细胞中释放出来，完成感染循环。

新型冠状病毒发生了多次变异，分别为阿尔法（Alpha）、贝塔（Beta）、伽马（Gamma）、德尔塔（Delta）和奥密克戎（Omicron）株等。奥密克戎株传播力强于德尔塔株，但致病力有所减弱。新型冠状病毒对紫外线和热敏感，56℃下处理 30 分钟、75%乙醇、含氯消毒剂等可使病毒灭活。

13.2.2.2　中成药防治新型冠状病毒感染

新型冠状病毒感染是近百年来影响范围最广的全球性大流行疾病，对全人类生命安全和健康造成重大威胁。中药在我国防治新型冠状病毒感染疫情中起到了重要作用。充分发挥中医药特色优势，筛选出了多个具有确切疗效的中成药，提高了临床治愈率，加快了患者的康复，被纳入《新型冠状病毒肺炎诊疗方案（第九版）》（2022 年 3 月发布）中。如在医学观察期，推荐使用中成药金花清感颗粒、连花清瘟胶囊（颗粒）、疏风解毒胶囊（颗粒）。对于确诊病例的轻型、普通型、重型和危重型患者，都推荐了相应的中成药。血必净的组方是红花（君）、赤芍、川芎（臣）、丹参、当归（佐），经过中药材的炮制加工、提取分离、纯化精制等化工单元操作制得原料药；再以葡萄糖为辅料，在 GMP（生产质量管理规范）车间内，经混合、过滤、灌装、密封、灭菌等工序，制成注射液，用于治疗重型和危重型的新型冠状病毒感染患者。

13.2.2.3　方药防治新型冠状病毒感染

除了从已有的中成药中筛选外，还研制了清肺排毒汤、化湿败毒方、宣肺败毒方等，也被纳入《新型冠状病毒肺炎诊疗方案（第九版）》中。如宣肺败毒方适合于普通型湿热蕴肺证，基础方剂组成是麻黄 6g、炒苦杏仁 15g、生石膏 30g、薏苡仁 30g、麸炒苍术 10g、广藿香 15g、青蒿 12g、虎杖 20g、马鞭草 30g、芦根 30g、葶苈子 15g、化橘红 15g、甘草 10g。制药的方法是加水浸泡，使饮片吸足水分、软化，然后加热煎煮，将药物活性成分完全溶出到水中；趁热过滤，弃药渣，制成 400mL 汤剂，冷藏待用。用法是分 2 次口服，每次 200mL，早晚各 1 次。

13.3　化学制药

13.3.1　从煤焦油到阿司匹林

阿司匹林（Aspirin）是第一个非甾体抗炎化学合成药，抑制环氧合酶和前列腺素合成。在临床上，用于镇痛解热、抗炎和抗风湿、关节炎、心脏病和中风的治疗中。

古代欧洲人使用柳树皮提取物治疗疼痛和发热、关节炎，但不知道是什么成分起作用[4]。18 世纪的化学革命，促使人们寻找植物中的有用成分。19 世纪上半叶，随着天然产物化学家从植物中纯化药效成分，谜团逐渐解开。1828 年，法国药剂师亨利·勒鲁克斯（Henri Leroux）和意大利化学家约瑟夫·布希纳（Raffaele Piria）从柳树皮中提出水杨苷（Salicin）。而后，水杨苷被水解成水杨酸（salicylic acid）和葡萄糖，而水杨酸是柳树皮止痛药效的活性成分。

19 世纪煤焦油及其衍生品苯酚是消毒剂，在临床上用于外部消毒、止痛。但煤焦油和苯酚有腐蚀性，以至于不能对伤口进行涂敷。由于毒性太大，对内脏的腐蚀性太强，苯酚根本不能作为内服药品。而水杨酸比苯酚温和，还能起到消毒作用，成为一种受欢迎的临床替代药品。

从柳树皮中提取水杨酸，由于含量低、树木生长慢和种植等问题，难以满足临床需要。人们继续从植物中继续寻找水杨酸的来源，发现绣线菊中含有水杨酸。与此同时，合成化学家探索水杨酸的化学合成。

1853 年，德国化学家霍尔曼·科尔贝（Hermann Kolbe）以煤焦油来源的苯酚作原料，经成盐反应、羧基化反应、酸化反应等合成制备水杨酸，打通了从煤焦油到水杨酸的技术路线。但在临床使用水杨酸的过程中，出现了口腔灼痛、刺激胃痛等副作用，怀疑是酸性腐蚀引起的。1853 年法国化学家查尔斯·弗雷德里克·戈哈特（Charles Frederic Gerhardt）试图中和水杨酸，用水杨酸与醋酐反应，合成了乙酰水杨酸，但没有确认结构，没能引起人们的重视。1876 年的临床试验，发现水杨酸能减轻风湿病患者的发烧和关节炎症状。1897 年，德国拜尔公司化学家费利克斯·霍夫曼（Felix Hoffmann）在父亲和企业的要求下，查找以前文献，通过酯化反应把水杨酸变成乙酰水杨酸，并为他父亲治疗风湿关节炎，疗效极好。由此，建立了化学制药阿司匹林的工艺技术路线。

1897 年，由拜耳公司对乙酰水杨酸进行临床试验，获得成功。于 1899 年上市，取名为阿司匹林，一举成名。同时在多国注册了阿司匹林的发明专利权。德国化学合成生产阿司匹林，最初以 250g 的瓶装粉末销售，粉末每 1g 装入纸袋，分发给患者。1915 年才以 500mg 片剂销售，同时成为非处方药品。1918~1020 年爆发了世纪大流感，阿司匹林用于解热和镇痛，销量大涨。由于阿司匹林使用的原料苯酚也用于生产炸药原料（苦味酸，三硝基苯酚），因此在战争期间，开发了以甲苯为原料合成炸药三硝基甲苯的制造路线。德国第一次世界大战失败后，于 1919 强迫拜耳公司放弃了阿司匹林的专利权。

1971 年，英国医学家约翰·范恩（John Vane）发现了阿司匹林止痛作用的机理，它还能阻止血小板凝聚、预防血栓、有保护心血管的作用。1982 年，范恩因为对阿司匹林的研究获得诺贝尔生理学或医学奖。

13.3.2　从红色染料到抗菌的磺胺类药物

染料是精细化工产品，用于各种纤维的染色，同时也广泛应用于塑料、橡胶、油墨、皮革、造纸、食品等领域。1856 年，18 岁英国青年威廉·亨利·珀金（William Henry Perkin）在实验室里试图用煤焦油合成奎宁，但失败了。在一次实验中，他把重铬酸钾加到了苯胺的硫酸盐中，烧瓶里生成黑色黏稠物质。用酒精清洗残渣后，出现非常漂亮的紫色。这种物质就是苯胺紫。很容易染色，抗光照、不容易洗涤和褪色。他申请了专利，开办工厂，成功商业化，推向市场。珀金的偶然发现，引发了染料化学工业革命。越来越多的不同色彩的染料被合成出来，极大丰富了人类的颜色世界。

德国细菌学家罗伯特·科赫（Robert Koch）发明了苯胺类染色细菌的方法，也观察到某些合成染料对细菌具有抑制作用，自此开启了合成染料抗菌剂的研发。1932 年德国拜耳公司的化学家约瑟夫·克莱尔（Josef Klarer）和弗里茨·米奇（Fritz Mietzsch）在染料中间体磺胺（对氨基苯磺酰胺）的基础上，合成了红色偶氮染料百浪多息（prontosil），但在离体条件下是没有活性的。德国生物化学家格哈德·杜马克（Gerhard Domagk）对多种染料进行试验，发现百浪多息对感染溶血性链球菌的小鼠具有很好的疗效，但对人体感染是否有效没有把握。恰在此时，他女儿患有链球菌败血病，面临截肢的可能，他使用百浪多息后，治愈了链球菌的感染。1935 年杜马克发表了研究结果，轰动了医药界，引发了磺胺类药物的研制浪潮。化学合成和药理、药效研究发现，将百浪多息分子中的偶氮基换成氨基，合成的磺胺在体内和体外都显示活性，表明磺胺是抗菌药效团。到 1944 年合成了 3000 余种磺胺类化合物，临床应用的药物有磺胺吡啶、磺胺噻唑、磺胺嘧啶、磺胺异噁唑、磺胺二甲嘧啶、磺胺甲噁唑、柳氮磺吡啶、磺胺米隆、磺胺嘧啶银、磺胺醋酰、复方新诺明（甲氧苄啶+磺胺甲噁唑），用于治疗细菌性感染，特别是肺炎。杜马克开创了抗微生物感染的化学治疗新领域，获得 1939 年的诺贝尔生理学或医学奖，但遭到纳粹德国盖世太保的监禁，直到第二次世界大战结束后，于 1947 年正式接受诺贝尔奖委员会的颁奖。由于领奖时间超过了规定年限，杜马克没有获得本应属于他的诺贝尔奖奖金。

20 世纪五六十年代，新中国成立之初，面临缺医少药。东北制药总厂是中国制药的旗舰之一，开始采用糠氯酸为原料生产磺胺嘧啶，存在工艺路线长、原料消耗多、成本高、污染严重、安全隐患、难以扩产等问题，无法满足抗感染临床治疗需求。化学制药专家安静娴采用丙炔醇为原料，进行重大工艺路线改进。基本工艺路线是氧化丙炔醇生成二乙胺基丙烯醛，再与磺胺脒缩合而成磺胺嘧啶。使用二氧化锰氧化剂取代高锰酸钾，降低了副产物和原料成本，用空气代替氧气，采用塔式反应器不是罐式反应器，提高了工艺的安全性。历时 3 年，研发中发生多次爆炸，终于攻克了工艺、设备、质量等制药关键难题，于 1965 年正式投入生产，不足百人可年产 1200 吨磺胺嘧啶。

磺胺类药物是人类历史上首次使用的人工合成抗菌药，临床应用 80 余年，它具有抗菌谱较广、毒性小、口服易吸收、合成工艺简洁等优点，仍然是治疗金黄色葡萄球菌、溶血性链球菌、志贺菌属、大肠杆菌、伤寒杆菌以及变形杆菌等感染引起脑膜炎、肺结核等的良药。

13.3.3　全化学合成制造氯霉素

氯霉素（chloramphenicol）是一种酰胺醇类抗生素，通过抑制细菌蛋白质的合成而起抗菌作用。临床用于敏感菌引起的各种感染，主要用于伤寒、副伤寒和沙门菌属感染，包括眼睛、耳道、阴道等炎症。氯霉素已经列入世界卫生组织的基本药物清单之内，是脑膜炎的一线治疗药物。

在全球抗生素发现潮中，1947 年美国植物病理学家大卫·戈特利布（David Gottlieb）首次从委内瑞拉链霉菌中分离提取出氯霉素，治愈了 22 名斑疹伤寒患者。由于结构简单，1948 年化学合成了氯霉素，1949 年批准上市，是第一个用化学合成技术大规模生产制造的抗生素。

新中国成立之初，百废待兴，制药人才缺乏。有识之士，回归报效祖国。药物化学家沈家祥就是其中的一位。他于 1949 年获得了英国伦敦大学博士学位后，立即回国，研发氯霉素的化学合成工艺，拉开中国现代医药工业序幕。通过反复实验，用不到一年的时间完成了十余步反应，确立对硝基苯乙酮为出发原料，打通了氯霉素混旋体的合成路线。为了应对抗美援朝战场上可能发生反细菌战，他 1952 年调到东北制药总厂，研究以国产原料为基础的氯霉素生产新路线。他打破了西方国家对中国实行封锁和对甲苯原料的禁运，研发了以乙苯为原料，经硝化反应合成对硝基乙苯，再氧化直接合成关键中间体对硝基苯乙酮，在 1952 年底建立自主知识产权的氯霉素合成方法。随后，对氯霉素生产工艺进行重大革新，实现了简化流程、大幅度降低了成本，于 1957 年投产。该工艺被制药业界称为沈家祥路线，经受住了几十年的考验，仍然是世界上最具有竞争力的生产技术。

氯霉素合成工艺的研制成功和制造是新中国成立后投产的第一个合成原料药工业项目，标志着中国现代医药工业的发展进入了大规模、成批量生产制造的阶段。

13.3.4　替尼类抗肿瘤药物

19 世纪 60 年代美国病理学家彼得·诺威尔（Peter Nowell）发现慢性骨髓性白血病患者的第 22 号染色体明显短一些，被命名为费城染色体。随后发现费城染色体是 9 号染色体上的 Abl 基因与 22 号染色体上的 BCR 基因连在一起形成了 BCR-Abl 融合基因，编码酪氨酸激酶 BCR-Abl，不受机体自主控制，最终导致细胞恶性增生，形成了肿瘤。

20 世纪 80 年代，人们发现了 2-苯氨基嘧啶的衍生物可以抑制丝氨酸/苏氨酸激酶与酪氨酸激酶，具有成药潜力。经过对化学结构修饰，研发了一系列替尼类药物。甲磺酸伊马替尼（imatinib mesylate，商品名是格列卫）是第一个替尼类药物，2002 年在美国批准上市，由瑞士诺华公司生产，用于治疗慢粒白血病。甲磺酸伊马替尼在医学和商业上的巨大成功刺激了全球的制药企业，随后在很短的时间内，吉非替尼、甲磺酸奥希替尼、盐酸厄洛替尼、达沙替尼、埃罗替尼、苹果酸舒尼替尼、二甲苯磺酸拉帕替尼、磷酸芦可替尼等 30 余种酪氨酸激酶抑制剂小分子药物相继上市。

埃克替尼（Icotinib，凯美纳 CONMANATM）是中国的第一个替尼类药物，于 2011 年批准上市，由浙江贝达药业有限公司生产的片剂，治疗表皮生长因子受体酪氨酸激酶基因敏感突变的非小细胞肺癌。采用构效关系分析和计算机模拟设计，筛选出表皮生长因子受体激酶抑制剂，它阻断肿瘤细胞增殖、浸润和转移，促进细胞凋亡。2014 年恒瑞的阿帕替尼获批上市，用于治疗非小细胞肺癌。2018 年吡咯替尼、安罗替尼、呋喹替尼上市，分别用于治疗人表皮生长因子受体阳性的晚期乳腺癌、非小细胞肺癌、转移性结肠癌。2020 年恩沙替尼批准在中国上市，胶囊制剂，用于治疗间变性淋巴瘤激酶突变阳性非小细胞肺癌。

13.3.5　化学制药治疗新型冠状病毒感染

化学药品具有用量少、起效快、作用强、用药方便等优点，在肝炎、艾滋病、流感等病毒性疾病的治疗中具有重要地位。在突发的新型冠状病毒感染疫情中，采用老药新用和新药研发相结合策略，开发治疗新型冠状病毒感染的化学药品。经过两年多的实践检验和筛选，数个紧急授权使用的化学药品因对新型冠状病毒感染疗效不好而先后被抛弃。截至 2022 年 8 月，有 3 种化学药品具有较好临床救治效果，被批准使用。

莫努匹韦（Molnupiravir）胶囊是核苷类似物前药，在体内代谢为 N-羟基胞苷，被磷酸化形成具有药理活性的三磷酸核糖核苷，抑制新型冠状病毒 RNA 的复制，由默沙东（Merck Co.）与 Ridgeback Biotherapeutics 联合开发。于 2021 年 11 月被英国批准，是第一个用于治疗轻度至重度新型冠状病毒感染的口服化学药物，随后美国也紧急获得使用授权。每 12 小时口服 4 粒（200mg/粒），持续 5 天。

PF-07321332（nirmatrelvir，奈玛特韦）片/利托那韦（ritonavir）片（Paxlovid，帕克斯洛维德）是辉瑞（Pfizer）公司研发，是第二种用于治疗新型冠状病毒感染的口服药品。能够显著减少住院和病死，于 2021 年 12 月被美国药监部门紧急批准，用于临床治疗新型冠状病毒感染。PF-07321332 新型冠状病毒蛋白酶 3CL 抑制剂，能阻断病毒的复制。利托那韦是 HIV 抑制剂。二者联合使用，将降低 PF-07321332 的分解代谢，维持较高血药浓度和较长的药效时间，增强抗病毒活性。该药是组合包装药品，由奈玛特韦片（粉片，150 毫克/片）和利托那韦片（白片，100 毫克/片）构成。用法是每日 2 次，每次 3 片（2 粉片和 1 白片，必须一起口服），连服 5 天。该药于 2022 年被中国附条件批准进口，在中国使用。适用人群为发病 5 天以内的轻型和普通型且伴有进展为重型高风险因素的患者。

2022 年日内瓦药品专利池组织发布消息，许可仿制生产辉瑞奈玛特韦原料药或制剂。

阿兹夫定（Azvudine）片是全球首个逆转录酶和辅助蛋白 Vif 双靶点抑制剂的核苷类化学药物，2021 年被中国附条件批准，用于治疗艾滋病。2022 年 7 月中国附条件批准阿兹夫定片的新适应证，用于治疗普通型新型冠状病毒感染。这是中国首个具有完全自主知识产权的口服抗新冠化学药物。该药规格是每片 1mg。空腹整片吞服，每次 5 片，每日 1 次，疗程至多不超过 14 天。

13.4　生物制药

13.4.1　微生物制药

13.4.1.1　抗生素

人类研发抗感染药物的步伐没有停止，1929 年英国微生物学家亚历山大·弗莱明（Alexander Fleming）发现青霉菌产生的青霉素（Penicillin）拮抗了平板上葡萄球菌的生长，但未能提纯青霉素。直到进入第二次世界大战，有些受伤人员感染很严重，急需比磺胺类药物更安全和有效的药物用于救治伤员。1938年英国生物化学家恩斯特·鲍里斯·钱恩（Ernst Boris Chain）看到了弗莱明在1929年的研究报道，使用青霉菌的提取物进行了药效试验，给8只小鼠注射致死剂量的链球菌，只有用青霉素治疗的4只感染小鼠活下来了。临床试验进一步证实了青霉素对链球菌、白喉杆菌等多种细菌感染疗效。英国病理学家霍华德·沃尔特·弗洛里（Howard Walter Florey）和钱恩使用冷冻干燥技术，制备了青霉素晶体，确定了分子结构。弗洛里从甜瓜上分离到青霉菌，可大量制备青霉素。这些成果很快得到应用，借用柠檬酸的霉菌发酵技术，1942年开始美国制药企业对青霉素进行液体发酵生产。随着菌株改良和发酵技术的优化，1943年实现了大规模青霉素生产，完全满足反法西斯战争的需求。由于弗莱明发现青霉素、弗洛里和钱恩确定了疗效、并建立了制造技术，拯救了数以千万人的生命，他们获得了1945年的诺贝尔生理学或医学奖。

青霉素是20世纪最伟大的医药发现，其成功应用带动了抗生素的黄金时代。1943年美国土壤微生物学家赛尔曼·亚伯拉罕·瓦克斯曼（Selman Abraham Waksman）先后发现了放线菌素、链霉素、新霉素等多种抗菌物质，并把这类物质命名为抗生素（Antibiotics）。链霉素是第一个能有效对抗结核分枝杆菌的抗生素，其临床应用有效遏制了危害人类生命几千年的结核病，由此瓦克斯曼获得了1952年的诺贝尔生理学或医学奖。

20世纪70年代，日本微生物学家大村智从土壤微生物发酵液中筛选出具有驱虫活性的样品，寄美国默克公司抗寄生虫专家威廉·坎贝尔（William Campbell）进一步试验功能。他们合作分离纯化、研制阿维菌素。通过加氢还原反应，将阿维菌素-B1改造成伊维菌素，化学稳定，生物利用度高于阿维菌素。伊维菌素具有广谱抗寄生虫活性，口服效果显著，能有效地杀死各种线蠕虫、跳蚤、虱子等寄生虫。阿维菌素及其衍生物首先用于畜牧业，治疗动物寄生虫病。随后，美国默沙东公司在非洲试验，发现伊维菌素对于盘尾丝虫蚴的杀伤力很强，研发治疗盘尾丝虫感染引起的河盲症和血丝虫病药品。大村智和坎贝尔获得2015年的诺贝尔生理学或医学奖。

在艰苦卓绝的抗日战争时期，在汤飞凡、樊庆笙、朱既明等科学家共同努力下，1944年，中国首批青霉素在昆明问世。但受条件所限，未能大批量生产青霉素。新中国成立后，在上海设立青霉素实验所，童村等科学家在1951年成功试制了第一支国产青霉素针剂，奠定了我国抗生素产业的基础。1953年上海第三制药厂建成投产，应用棉籽饼粉代替玉米浆，开始批量生产青霉素。1958年产能82吨青霉素的华北制药药厂建成投产，自此我国抗生素生产走上了工业化的道路。目前我国生产的青霉素、头孢菌素、阿维菌素等抗生素供应全球。

截至目前，百余种天然抗生素和半合成抗生素，不仅用于人类的感染、肿瘤、器官移植等的治疗，也用于家畜疾病、促生长、农业病虫害的防治中。

13.4.1.2　维生素C

维生素C（vitamin C）是人体必需维生素，但人体不能合成，必须每天从饮食中摄取。缺乏维生素C会导致坏血病，因此维生素C又称为抗坏血酸（ascorbic acid）。16世纪开始，欧洲殖民者远洋航行，坏血病非常普遍。18和19世纪，人们对食品跟踪研究，发现柑橘、蔬菜等具有治愈坏血病的功能，但不知道是什么化合物。研发生产制造维生素C成为一个时代的需求。

1929年，匈牙利科学家圣·捷尔吉·阿尔伯特（Szent-Gyorgyi Albert）从牛副肾中首次分离出维生素C，但未能确定结构。他继续寻找维生素C的天然来源，发现辣椒中的维生素C含量特别高。1933年，英国化学家沃尔特·诺曼·霍沃思（Walter Norman Haworth）利用阿尔伯特分离的维生素 C 样品进行分析，确定了维生素 C 的结构，并成功地化学合成了维生素 C。阿尔伯特获得了 1937 年的诺贝尔生理学或医学奖，霍沃思获得 1937 年诺贝尔化学奖。维生素 C 的发现改变了人类的饮食方式，也改变了人们对于疾病的认识。

1933 年，瑞士化学家塔德乌斯·莱希斯坦（Tadeus Reichstein）发明了维生素 C 的化学工业合成方法，简称莱氏法。1934 年，瑞士的罗氏公司买下了莱氏法专利权，同年实现了维生素 C 的工业化生产。莱氏法有五步反应工序：葡萄糖加氢还原成为山梨醇，山梨醇经细菌发酵生成山梨糖，再丙酮化生成二丙酮山梨糖。二丙酮山梨糖被氧化生成 2-二酮基龙酸，经过酸或碱转化生成维生素 C，纯化精制后获得成品。莱氏法成为 50 余年来工业生产维生素 C 的主要方法，罗氏公司独占了维生素 C 的市场。

由于维生素 C 的巨大市场潜力，德国巴斯夫公司、日本武田公司纷纷加入生物素 C 生产行业，与罗氏组成了维生素 C 联盟，彻底垄断国际维生素 C 市场。

新中国成立后，东北制药总厂、北京制药厂等企业采用莱氏法生产维生素 C，但不能满足国家需求。针对莱氏法的技术缺点工序繁复、耗费大量易燃有毒化学物质，污染环境、对原材料要求高、实操难度大等，中国科学院微生物所科学家陆德如、徐浩提出生物氧化来代替莱氏法的化学氧化，以第一步发酵产物山梨糖为原料，通过微生物直接合成前体 2-酮基古龙酸。他们与北京制药厂合作，于 1969 年 2 月 6 日正式成立协作组，另辟蹊径，课题定名为"二步发酵"。中国科学院微生物所徐婉学、尹光琳、徐浩、陶增鑫、严自正先后进厂研发。从采集的 670 个土样中，分离得到 1615 株细菌，获得 1 株转化山梨糖的细菌。在大量的土壤样本中，筛选到氧化葡萄糖酸杆菌（俗称"小菌"）和假单胞杆菌（俗称"大菌"）两种菌组成的混合菌进行第二步发酵，将山梨糖转化为 2-酮基古龙酸。由此，开发了二步发酵生产维生素 C 的方法。1972 年在北京制药厂完成了小试和中试。1974~1978 年，尹光琳等在微生物所内继续二步发酵的研发，并协助上海第二制药厂解决生产性试验不稳定问题，随后推广到全国。

二步发酵生产维生素 C 工艺的优势是省掉了酮化反应，减少生产工序和生产设备，缩短了流程；节约了大量易燃、易爆、有毒的化工原料，大大减少了"三废"处理，改善了工人劳动条件，利于安全生产；降低了生产成本，取得了显著的社会经济效益和生态环保效益。

瑞士罗氏（Roche）公司得知维生素 C 生产二步发酵技术后，于 1986 年以 550 万美元获得授权转让国际使用，这是当时中国对外单技术出口的最大交易额纪录。但罗氏并不使用二步发酵技术，仍然使用莱氏法生产维生素 C，它购买专利的目的防止其他外国公司的国际竞争。

1992 年，我国有 26 家企业采用二步发酵技术生产维生素 C，年产量高达 2.6 万吨，其中接近 90% 都用于出口，约占全球 50% 的份额。1995 年，罗氏制药宣布维生素 C 降价 20%，并且每月降价 10%，拉开了价格战。在短短 3 年时间内，中国 26 家维生素 C 生产企业倒闭了 22 家，仅剩下东北制药、石药、华北制药和江山制药 4 家国企。

1999 年，美国司法部认定国际维生素 C 联盟在罗氏制药的带领下长期操纵维生素 C 的价格、垄断市场，并对相关企业处以了惩罚性赔偿。此案成为了美国历史上最为著名的反垄断调查案之一。此后，国际维生素 C 联盟败落，罗氏制药将维生素 C 业务卖给了荷兰帝斯曼，巴斯夫和武田相继停产，中国四大维生素 C 生产公司度过了困难期。

2001 年，国内维生素 C 企业形成联盟，国际价格稳定，中国维生素 C 占领了 90% 的国际市场。2005 年，美国一些企业以价格共谋、形成垄断为由，对我国维生素 C 生产企业提起了诉讼，并向美国法院起诉要求 15.7 亿元人民币的赔偿损失，这是美国首次对中国发起的反垄断诉讼案。

因为诸多原因，华北制药维尔康公司停产，进行反诉讼，其他企业先行同意和解。2013年维尔康一审败诉，被判赔约 1.53 亿美元。为维护企业合法权益，河北维尔康制药有限公司选择提出上诉，2016 年 9 月二审胜诉。美国的原告不服判决，向美国最高法院申请再审。2021年 8 月 10 日，美国联邦第二巡回上诉法院再次以违反国际礼让原则为由，撤销了纽约东区法院 2013 年做出的一审判决，退回案件并指令地区法院驳回原告起诉且不得再次起诉。这场持续近 17 年，历经一审、二审、再审和重审的维生素 C 反垄断案，华北制药集团取得最终胜诉！华北制药为企业挽回了巨大损失，也为中国企业应对国际诉讼提供了有益的经验，为国内企业走出去依法维权和开拓国际市场增强了信心。

现在中国是世界上最大的维生素 C 生产国，年产量 20 万吨以上，占据了国际市场 90%的份额。

13.4.2　基因工程制药

13.4.2.1　重组人胰岛素

糖尿病是由于胰岛素分泌不足而引起的血糖浓度过高的慢性代谢性疾病，临床表现为多饮、多食、多尿，但体重下降，常伴有软弱、乏力。从 20 世纪 20 年代开始，人们对胰岛素（Insulin）进行研发和制造。从 1930 到 1970 年主要采用化工技术，从猪和牛等动物胰脏中分离提取动物胰岛素。1972 年美国生物科学家保罗·伯格（Paul Berg）首次将猿猴病毒 40（Simian virus 40，SV40）和含有大肠杆菌乳糖操作子的 λ 噬菌体进行剪切和连接，获得了世界上出第一个重组 DNA 分子，建立了基因工程技术，成功实现了大肠杆菌中的复制。突破了遗传物质 DNA 的种间分子杂交，获得 1980 年诺贝尔化学奖。20 世纪 70 年代发明的基因工程，使得微生物发酵制造胰岛素成为化工制造动物胰岛素的替代技术。

1921 年加拿大外科医生弗雷德里克·格兰特·班廷（Frederick Grant Banting）与查尔斯·贝斯特（Charles Best）在多伦多大学生理学教授约翰·麦克劳德（John Macleod）的帮助下，从狗的胰脏中首次提取出胰岛素，并注射到实验性糖尿病狗的身体中，发现胰岛素降低血糖的功能。班廷、麦克劳德获得 1923 年的诺贝尔生理学或医学奖。随后，研发了胰岛素制造的化工技术，生产动物胰岛素药品，在欧美陆续批准上市，用于治疗糖尿病。但受到动物来源胰岛素数量和免疫原性的限制，但远不能满足医疗市场需要。英国生物化学家弗雷德里克·桑格（Frederick Sanger）花费 10 年时间，1953 年最终确定了牛胰岛素一级结构，荣获 1958 年的诺贝尔化学奖。1965 年我国科学家在世界上第一次人工化学合成了牛胰岛素，取得了科学突破。

1976 年美国赫伯特·伯耶（Herbert Boyer）和罗伯特·斯万森（Robert Swanson）创立基因泰克（Genentech）公司，开始了重组人胰岛素的研发。20 世纪 70 年代，进行人源基因的试验是受到严格限制的。阿瑟·里格斯（Arthur Riggs）、戴维·戈尔德（David Goeddel）等没有走克隆人胰岛素基因的技术路线，而是基于人胰岛素的氨基序列，设计并化学合成了胰岛素的 DNA 序列[5]。首先将人胰岛素 A 链和 B 链基因导入大肠杆菌中，发酵表达后，分离纯化出来，再将两条链组装形成完整的胰岛素分子。胰岛素试验成功后，礼来公司与基因泰克公司签署数百万美元的长期研发协议和核心技术的全球独家授权，用于大规模生产和销售重组人胰岛素。于 1982 年被美国食品与药品监督管理局正式批准上市。重组人胰岛素（humulin）是世界上第一个重组药物，从而开启了全球基因工程制药新时代。

1998 年，甘忠如和李一奎创办北京甘李生物技术有限公司（甘李药业前身），研制出中国第一支基因重组人胰岛素，成为全球第三大胰岛素制造企业。目前多家公司制造胰岛素药物，涵盖了速效、短效、中效、长效等不同类型（表 13-1），服务于糖尿病患者。

表 13-1　上市应用的胰岛素类药物

类型	举例	作用时间
速效胰岛素	门冬胰岛素（B28 位脯氨酸被天门冬氨酸代替，酵母）、赖脯胰岛素（人胰岛素 B28 位脯氨酸由带负电荷的赖氨酸取代）	注射后 5~10min 起效，1~2h 达峰，持续时间 3~5h
短效胰岛素	重组人胰岛素（大肠杆菌）	注射后 0.5~1h 起效，2~4h 达峰，持续时间 5~7h
中效胰岛素	精蛋白生物合成人胰岛素（酵母），精蛋白锌重组人胰岛素，低精蛋白重组人胰岛素	注射后 1~1.5h 起效，8~12h 达峰，持续24h
长效胰岛素	甘精胰岛素（B 链末端增加两个甘氨酸，A 链 21 位甘氨酸代替天门冬氨酸，等电点由 5.14 变为 6.17），地特胰岛素（B 链 29 位赖氨酸连接 14 碳脂肪酸，添加锌，删 B 链 30 位苏氨酸），德古胰岛素（去掉 B 链 30 位苏氨酸，B29 位赖氨酸连接 L-γ-谷氨酰 16 碳脂肪二酸）	无明显峰值，持续24~36h。24h 给药一次
预混胰岛素	30/70 混合重组人胰岛素（30%短效+70%中效）；门冬胰岛素 30（30%门冬胰岛素，70%精蛋白结合的门冬胰岛素）	注射后 0.5h 起效，2~12h 达峰，持续16~24h

13.4.2.2　重组人干扰素

干扰素（interferon）是人体免疫细胞产生的一类细胞因子，具有干扰病毒繁殖、抑制肿瘤细胞生长和免疫调节等生理功能。20 世纪 80 年代，发达国家采用基因工程技术，在工程大肠杆菌中表达制造了重组人干扰素 α2a 和重组人干扰素 α2b 等药物，取代了病毒诱导人白细胞生产的第一代人白干扰素，用于治疗乙肝、丙肝和毛细胞白血病等[6]。

20 世纪 80 年代初，国内没有基因克隆和基因工程研发的成功经验，重组药物的研发要从零开始。我国病毒学专家侯云德等攻坚克难，利用非洲鲫鱼的卵母细胞，获得人干扰素 mRNA，首次克隆出人干扰素 α1b 基因，成功研制出重组人干扰素 α1b 药物，于 1990 年被批准在国内上市。该研究实现了我国重组蛋白药物零的突破和跨越式的发展，开创了我国基因工程制药新纪元。随后，他相继研制出了重组人干扰素 α2a、α2b、γ 等系列产品，批准应用于乙肝、丙肝、慢性宫颈炎、疱疹性角膜炎等病毒性感染、毛细胞白血病等肿瘤及多发性硬化疾病的治疗中。由于在干扰素的研发和基因工程药物产业化应用方面做出了突出贡献，侯云德被誉为"中国干扰素之父"，被授予 2017 年度国家最高科学技术奖。

1992 年科学家侯云德与创业风险投资的职业经理程永庆共同创办了北京三元基因药业股份有限公司，是目前重组人干扰素 α1b 注射剂、滴眼剂、喷雾剂、雾化吸入剂、干粉吸入剂、微针贴剂及凝胶剂等系列产品（商标是运德素）的生产制造企业。科兴制药公司从 1996 年开始生产制造注射用人干扰素 α1b（赛若金）。目前我国能生产制造二代的重组人干扰素和三代的长效重组人干扰素，在乙肝等疾病预防中发挥重要作用。

13.4.3　抗体制药

抗体（antibody）是与抗原特异性结合、具有特定功能的免疫球蛋白。当人体受到病原微生物等异物攻击时，激发机体的免疫系统产生抗体。抗体药物通过体液和细胞等途径，消灭外来的抗原，起到治疗的作用。

1890 年，日本科学家北里柴三郎与德国科学家埃米尔·冯·贝林 （Emil Adolf von Behring）共同研发了破伤风和白喉的血清疗法，开创了抗体治疗，获得 1901 年首届诺贝尔生理学或医学奖。该方法是用病原微生物感染动物，制备多价抗血清，注射到患者体内，治疗相应的疾病。虽然有一定临床疗效，但多克隆抗体的组成复杂，识别多个抗原表位，抗体的均一性、特异性较差，不良反应多，没有得到广泛应用。

13.4.3.1 鼠源单抗

瑞士免疫学家尼尔斯·杰尼（Niels Jerne）在 20 世纪 50～70 年代提出了抗体形成的天然选择学说、抗体多样性发生学说和免疫系统的网络学说，建立了细胞免疫学理论，被称为"现代免疫学之父"。1955 年提出所有类型的抗体在胎儿期已经形成，免疫系统是通过选择而起作用的。1971 年提出淋巴细胞能识别自身和非自身物质。1974 年提出免疫系统网络理论，抗体不仅是攻击自身抗原，也被其他抗体所攻击；当抗原破坏了系统的平衡时，引起免疫反应。

1958 年日本学者冈田、1962 年侯云德先后发现仙台病毒诱导了动物细胞融合。基于异种细胞融合原理，1975 年英国免疫学家塞萨尔·米尔斯坦（César Milstein）和乔治斯 J. F.克勒（Georges J. F. Kohler）将能生产抗体但不能离体培养的 B 细胞与不能产生抗体但能培养的骨髓瘤细胞融合，获得了既能持续不断产生抗体又能离体连续培养的杂交瘤细胞，由此建立了单克隆抗体(简称单抗)制造原理和杂交瘤技术。他们对免疫系统形成和控制的理论及其抗体制造方法的贡献，尼尔斯·杰尼、塞萨尔·米尔斯坦、乔治斯·克勒获得 1984 年诺贝尔生理学或医学奖。

筛选抗原结合能力强的抗体，鼠体内或离体培养杂交瘤，进行单克隆抗体的制造。1986 年，美国批准的第一个鼠源单抗，是抗 CD3 单抗 OKT3（Muromonab-CD3, Orthoclone OKT3），用于肾脏移植的排斥反应。相比较多克隆抗体，鼠源单抗是单一成分，均一性和特异性有所提高，免疫反应有所减少，但 100%的小鼠蛋白仍然引发人抗鼠排斥反应，抗体药物被清除掉，在人体内半衰期为1～2d，大大降低了疗效，甚至引起严重的不良反应。生产成本太高，不适合大规模工业化生产。2000 年以后，很少研发鼠源单抗药物。

13.4.3.2 人源化单抗

为了解决异源免疫排斥反应，基因工程单抗一直在迭代更新，经历了人鼠嵌合单抗和人源化单抗、人单抗。进行抗体人源化的两个基本原则是保持或提高抗体的亲和力和特异性，同时要求大大降低或者基本消除抗体的免疫原性。

通过对抗体序列进行人工改造，将鼠源抗体的恒定区置换成人的恒定区，形成人鼠嵌合单抗（Chimeric mono-antibody，ximab）。人鼠嵌合单抗是由约 33%的小鼠氨基酸序列和 67%的人源氨基酸序列组成，降低了异源免疫反应，人半衰期为 4～15d。美国于 1994 年批准了第一个人鼠嵌合单抗阿昔单抗（Abciximab）上市，抑制血栓形成，主要用于预防冠状动脉形成术后的再狭窄。至今，利妥昔单抗（Rituximab）、巴利昔单抗（Basiliximab）、西妥昔单抗（Cetuximab）等，用于治疗肿瘤。

为了进一步降低排斥反应，需要不断增加鼠单抗中人源序列的比例。抗体中，仅有可变区中抗原表位部分（CDR 区域）是鼠源序列（占 5%～10%），而其余为人序列，就是人源化单抗（Humanized mono-antibody，zumab）。它基本克服了鼠源单抗的缺陷，具有较强的杀伤靶细胞作用、体内的半衰期长等优势，人源化单抗的半衰期为 3～24d，广泛地应用于临床治疗。近 20 年来单克隆抗体经历了快速的发展并且成为肿瘤治疗的主力军，如阿仑单抗（alemtuzumab）、阿特珠单抗（atezolizumab）、阿达木单抗（adalimumab）、阿特珠单抗（Atezolizumab）。

13.4.3.3　人单抗

人源化单抗存在少量鼠源序列，不能完全避免免疫排斥或超敏的风险。人单抗（human mono-antibody）是 100%按照人类基因编码而成，完全人源序列，免疫原性进一步降低，是最理想的治疗性抗体。目前主要通过噬菌体展示技术、人源化小鼠等技术研发人单抗药物。

1985 年美国生物化学家乔治·史密斯（George Smith）发明了噬菌体展示技术，本质上是利用噬菌体进化产生新蛋白。他将编码外源多肽或蛋白的基因与丝状噬菌体的外壳蛋白基因Ⅲ融合，转染大肠杆菌后，外源蛋白与外壳蛋白融合表达，随着噬菌体的重新组装而展示在噬菌体表面。随后采用噬菌体表面展示技术，英国生物化学家格雷戈里·温特（Gregory Winter），发明了人源化和全人化的噬菌体展示技术，以及用于治疗用途的抗体的相关技术。这些技术发明应用于抗体的研发中，乔治·史密斯和格雷戈里·温特尔获得 2018 年的诺贝尔化学奖。

在噬菌粒载体上表达人抗体轻链和重链基因，形成随机组合抗体文库，转染大肠杆菌后，噬菌体被复制并释放出来。每个噬菌体表面只展示一种抗体独特型，通过亲和层析，将结合能力强的序列筛选出来，形成全人抗体。全人源化抗体的半衰期为 24d 以上。阿达木单抗（adalimumab）是首个全人源抗肿瘤坏死因子-α 单克隆抗体，2002 年被美国批准上市，用于治疗类风湿关节炎和强直性脊柱炎等自身免疫疾病。采用噬菌体表面展示技术，1993 年开始，巴斯夫子公司和剑桥抗体技术公司（Cambridge Antibody Technology）研发，2002 年美国雅培制药（Abbott）以 69 亿美元收购 BASF Knoll，获得了全人抗体的开发生产和销售权。自上市以来，阿达木单抗已经累计创造了 1161 亿美元的销售收入，2017 年的美国市场增速为18.5%，全球市场增速为 14.6%。

1999 年，首个抗人 T 细胞 CD3 鼠单抗在我国上市，2005 年首个全人源抗体类药物肿瘤坏死因子抗体融合蛋白获批上市，用于治疗类风湿关节炎、强直性脊柱炎和银屑病。2008 年第一个人源化单克隆抗体药物尼妥珠单抗（Nimotuzumab）获批准上市，由百泰生物药业采用 CDR 移植技术进行开发，用于治疗鼻咽癌。2019 年中国第一个人源化抗 CD25 单克隆抗体（健尼哌）批准上市，由三生国健自主研发生产，用于预防肾移植引起的急性排斥反应。卡瑞利珠单抗（Camrelizumab）是人源化抗程序性死亡受体 1（PD-1）单克隆抗体，于 2019 年批准，治疗复发或难治性经典型霍奇金淋巴瘤、晚期肝细胞癌、非小细胞肺癌、食管鳞癌等。2022 年康方生物全球首款 PD-1/CTLA-4 双抗——卡度尼利单抗(AK104, cadonilimab)获得批准上市，用于治疗既往接受含铂化疗治疗失败的复发或转移性癌症。维迪西妥单抗（disatamab Vedotin）是一种抗体药物偶联剂，由荣昌生物制药（烟台）股份有限公司研发，药物结构包括三部分抗人表皮生长因子受体 2 胞外区（HER2 ECD）抗体、连接子（MC-Val-Cit- PAB）、细胞毒素单甲基澳瑞他汀 E（Monomethyl Auristatin E）。2021 年批准，用于治疗 HER2 过表达局部晚期或转移性胃癌（包括胃食管结合部腺癌）。截至 2022 年上半年，国家药监局已批准了国产 20 多个抗体药物。

采用转基因小鼠技术制备全人抗体首先是培育抗体人源化小鼠，然后由杂交瘤分泌出全人抗体。将小鼠胚胎干细胞中鼠抗体基因失活，引入人抗体基因整合到小鼠基因组上，将含有人抗体基因的胚胎干细胞移植到小鼠囊胚，发育出抗体人源化小鼠。

噬菌体展示和转基因小鼠技术研发全人抗体，各有优缺点。噬菌体表面展示抗体库技术的优点是将基因型和表型统一体化，能够在体外模拟体内的抗体生成过程，较短时间内筛选出单克隆抗体。缺点是抗体的亲和力往往不高，需要人工细调和优化，如更换个别氨基酸，费时费力。转基因小鼠制备抗体技术优点是抗体亲和力高出一个数量级，后期优化又快又好，缺点是培育转人抗体基因的小鼠时间长。

近年来的研究表明，人源化抗体在抗病毒感染方面有很好的应用前景。在新型冠状病毒感染流行期间，使用新型冠状病毒表面蛋白为钓饵，从康复者血样 B 细胞中分离高结合能力的单克隆中和抗体，成为一种有效的研发策略。如由清华大学、深圳市第三人民医院和腾盛华创医药技术（北京）合作研发的安巴韦单抗（BRII-196）及罗米司韦单抗（BRII-198），联合用于治疗轻型和普通型且伴有进展为重型的新型冠状病毒感染，于 2021 年 12 月国家药品监督管理局应急批准，2022 年 7 月正式上市销售，只用了 20 个月。安巴韦单抗和罗米司韦单抗都是与新型冠状病毒刺突蛋白结合，但表位不同，前者是抑制病毒与血管紧张素转化酶 2 识别，后者是阻断病毒与细胞膜融合，二者的竞争性基本为零，形成靶点互补。

类似地，罗氏和再生元联合开发的 Ronapreve，是由两种靶向新型冠状病毒刺突蛋白不同表位的中和抗体的组合疗法，用于治疗不需要补充氧气且疾病恶化风险增加的成人和青少年患者（12 岁以上），同时用于在青少年和成人中预防 COVID-19。阿斯利康的 AZD7442 是 Tixagevimab（AZD8895）和 Cilgavimab（AZD1061）的组合药物、礼来的 Etesevimab 和 Bamlanivimab 组合药物、韩国 Celltrion 公司开发的 Regkirona、葛兰素史克的 Sotrovimab、我国君实生物与中国科学院共同开发 Etesevimab 等。一旦筛选出中和抗体，测序获得序列，就可以构建工程动物细胞。通过细胞培养，大规模生产中和抗体，应用于临床新型冠状病毒感染的治疗中。

13.4.4 基因疗法药物

从医疗角度看，基因疗法是通过修饰或操纵基因的表达，或改变活细胞的生物学特性从而用于治疗疾病的技术。基因疗法的手段有两种，一种是基因药物，就是用健康的 DNA 或 RNA 分子取代致病基因或使不正常的致病基因失活。另一种是细胞药物，就是引入新基因或修饰基因，构建具有治疗作用的细胞，再输入人体。

13.4.4.1 基因药物

重组人 p53 腺病毒（Gendicine，今又生）是腺病毒（adenovirus）载体表达肿瘤抑制蛋白 p53 基因的药物，由中国深圳市赛百诺基因技术有限公司研发。在完成临床前和临床试验后，被国家药监局批准，于 2003 年获得新药证书，2004 年批准生产，正式上市。这是全球首个基因药物，用于治疗晚期鼻咽癌，在世界范围内引起轰动。

由上海三维生物技术有限公司研发的重组人 5 型腺病毒，2005 年在中国获批上市。对腺病毒进行删减改造制成的溶瘤病毒药物，联合化疗治疗鼻咽癌为主的头颈部肿瘤。

替帕阿立泊基（Alipogene tiparvovec）是腺病毒载体表达脂蛋白脂肪酶基因的药物，2012 年被欧洲药品管理局批准，用于治疗脂蛋白脂肪酶缺乏引起的罕见的常染色体隐性遗传严重肌肉疾病。

拉他莫基（talimogene laherparepvec）是减毒 1 型单纯疱疹病毒（Herpes simplex virus type 1，HSV1）载体表达粒细胞-巨噬细胞集落刺激因子（Granulocyte-macrophage colony-stimulating factor，GM-CSF）基因的药物，是 2015 年中美国批准的首个溶瘤病毒，瘤内注射，用于治疗皮肤和淋巴结黑色素瘤。通过病毒载体直接插入肿瘤的改良基因疗法，该基因在其中复制并产生刺激免疫反应杀死癌细胞的蛋白质。减毒 HSV1 在肿瘤细胞中复制，导致肿瘤细胞裂解，并释放肿瘤相关抗原，从而促进抗肿瘤免疫应答；另一方面，表达 GM-CSF 招募树突细胞和巨噬细胞来杀伤肿瘤细胞。T-VEC 最初由 BioVex 开发，2011 年，安进（Amgen）以 10 亿美元的价格收购了 BioVex。

Voretigene neparvovec-rzyl 于 2017 年获得美国批准，用于治疗双等位基因 RPE65 突变相关性视网膜营养不良，引起的遗传性失明。原理是腺相关病毒载体表达正常 RPE65 基因，通过视网膜下注射注入到患者的视网膜细胞附近，PRE65 蛋白质将光转换为电信号并恢复视力。

Onasemnogene abeparvovec-xioi 是 2019 年美国批准用于 2 岁以下患有脊髓性肌萎缩症。用腺相关病毒载体表达人类存活运动神经元 1 基因，给药到患者的运动神经元，从而纠正疾病。

13.4.4.2　基于细胞的基因药物

替沙仑赛（Tisagenlecleucel）是一种 CD19 嵌合抗原受体（chimeric antigen receptor，CAR）-T 细胞药物，于 2017 年获得美国批准，是全球第一个 CAR-T 免疫细胞药物，用于治疗 B 细胞淋巴母细胞白血病。随后批准的适应证包括 B 细胞急性淋巴细胞白血病、弥漫性大 B 细胞淋巴瘤、滤泡性淋巴瘤。治疗机制是将 CAR 基因引入患者自己的 T 细胞中，使用 4-1BB 共刺激结构域来增强细胞的扩增和持久性。输入体内后，这些细胞能够发现并杀死癌细胞。

阿基仑赛(axicabtagene ciloleucel)是一种靶向 CD9 的 CAR-T 细胞药物，2017 年获得 FDA 的批准，用于治疗大 B 细胞淋巴瘤。复星医药获授权技术转移、引进，2021 年在中国批准上市。

贝格基干赛（Betibeglogene autotemcel）是一种基于细胞的基因药物，2019 年欧盟批准，2022 年美国批准，用于治疗 β 地中海贫血病。在自身的造血干细胞中，由慢病毒载体表达 βA-T87Q 球蛋白基因，能够产生正常至接近正常水平的血红蛋白，免于繁重的常规红细胞输血和铁螯合治疗。

布瑞基奥仑赛（Brexucabtagene autoleucel）于 2020 年被美国批准，用于治疗复发难治性前体 B 细胞急性淋巴细胞白血病。利基迈仑赛（Lisocabtagene maraleucel）于 2021 年被美国批准，治疗复发/难治性大 B 细胞淋巴瘤。艾基维仑赛（Idecabtagene vicleucel）于 2021 年被美国批准，靶向 B 细胞成熟抗原的 CAR-T 细胞药物，用于治疗复发或难治性多发性骨髓瘤。

瑞基奥仑赛（Relma-cel）在 2021 年中国批准上市，首款国产 CAR-CD19-T 细胞药物，用于治疗大 B 细胞淋巴瘤。2022 年中国和美国批准西达基奥仑赛（Cilta-cel）上市，用于治疗复发或难治性多发性骨髓瘤。

目前国内有 20 多项靶向 CD19 的 CAR-T 药物在研发中，中国免疫细胞治疗领域实现了突破。

13.4.5　新型冠状病毒疫苗制造

13.4.5.1　灭活疫苗

灭活疫苗是通过物理或化学方法将病毒颗粒杀死，制成的具有预防功能的生物制品。中国在 2020 年批准了国药集团中国生物北京生物制品研究所有限责任公司的新型冠状病毒灭活疫苗（Vero 细胞），2021 年相继批准了科兴中维、国药中生武汉所的灭活疫苗，成功应用于我国新型冠状病毒感染的防控中。

活性疫苗的制造工艺过程是从患者体内分离、筛选适宜的病毒株，制备种子。接种动物 Vero 细胞，进行大规模培养，增殖病毒。然后分离纯化出病毒颗粒，用甲醛或 β-丙内酯等灭活病毒，使其失去致病性，但保留免疫原性。最后，加入佐剂和辅料等制成制剂，供临床使用。

13.4.5.2　mRNA 疫苗

在新型冠状病毒感染疫情大流行的背景下，美国 FDA 批准了两款新型冠状病毒 mRNA 疫苗，分别是德国 BioNTech 和辉瑞（Pfizer）研发的 BNT162b2、莫德纳（Moderna）公司研发的 mRNA-1273 上市，用于预防新型冠状病毒感染。国内多个 mRNA 疫苗正式进行临床试验，同时兴起了更多的预防和治疗 mRNA 药物正处于不同的研发阶段。

新型冠状病毒的 mRNA 疫苗属于核酸药物，作用机制是编码病毒抗原 S 蛋白的核酸递送到细胞内后，直接翻译出抗原 S 蛋白，诱发机体免疫应答，对抗病毒感染。编码抗原的 mRNA 是药物的活性，通常选择 S 蛋白和 RBD 的 mRNA 序列。由于新型冠状病毒变异常常发生在刺突蛋白，要审慎抉择不同型别病毒的突变刺突蛋白序列。mRNA 疫苗生产的基本过程是构建大肠杆菌的刺突蛋白基因表达载体，扩增、纯化刺突蛋白基因表达载体，体外转录合成 mRNA 原料。按照配方，制成脂质体制剂，应用于临床。

13.4.5.3　腺病毒载体疫苗

2021 年中国批准康希诺与军事科学院军联合研发的重组冠状病毒疫苗（5 型腺病毒载体，Ad5-nCoV）的临床应用。以复制缺陷型的 Ad5 腺病毒为载体，表达新冠病毒的 S 蛋白，组成腺病毒疫苗。2022 年批准该公司的腺病毒载体疫苗吸入剂型，直接进入呼吸道和肺部，引发体液免疫，细胞免疫和黏膜免疫的三重保护效果，可免去肌注的针刺疼痛，具有无痛、简单、可及性更高的优势。

13.4.5.4　重组亚单位疫苗

亚单位疫苗是用新型冠状病毒的刺突蛋白或刺突蛋白的受体结合域为抗原的制备的疫苗。采用基因工程技术，在动物细胞中表达刺突蛋白或刺突蛋白的结合域，分离纯化后，添加氢氧化铝佐剂和辅料，制成制剂，用于接种预防。

2022 年中国附条件批准安徽智飞龙科马生物制药有限公司的重组新型冠状病毒蛋白疫苗（CHO 细胞）上市，适用于预防新型冠状病毒感染，是国际上第一个新型冠状病毒重组亚单位蛋白疫苗。

13.4.5.5　预防性抗体

2021 年美国紧急使用授权阿斯利康公司研发的恩适得（Evusheld），是全球首个预防新型冠状病毒感染的中和抗体药物，适用于疫苗效果不佳、不适宜接种疫苗的人群。由两种靶向新型冠状病毒刺突蛋白的人源单抗 tixagevimab 和 cilgavimab 组成，通过与新型冠状病毒刺突蛋白的不同位点结合，降低病毒进入和感染健康细胞的能力，并清除已被感染的细胞。

13.5 小结

本章以药品产出为导向，以治疗典型疾病的药物为案例，结合诺贝尔奖的贡献事例和体现中国制药的特色，介绍了制药工程技术的发展历史和前沿故事。讲述了药品及其种类的法规概念、制药链、药品生命周期等基本术语，概述了我国制药工程专业和制药工程学科的诞生及教育现状，简要分析了百余年来的世界制药技术的发展特征和历程。以抗疟药物奎宁和青蒿素及其衍生物为例，按照历史时间节点，重点介绍了化工制药的历史故事。以阿司匹林、磺胺类药物、氯霉素为例，重点介绍了化学制药的历史故事；以替尼类药物为例，重点介绍了抗肿瘤化学制药的前沿发展。以青霉素和阿维菌素、维生素 C 为例，重点介绍了微生物制药的历史故事和我国在国际上的优势地位。以重组人胰岛素、重组人干扰素、抗体药物、基因药物等为例，介绍了基因工程、抗体工程、细胞制药等现代生物制药技术的前沿故事。针对当前全球流行的新型冠状病毒感染疫情，介绍了治疗新型冠状病毒感染的中药和化学药品以及预防新型冠状病毒感染的灭活疫苗、mRNA 疫苗、载体疫苗和亚单位疫苗，中国已经全面建立起了预防和治疗新型冠状病毒感染的医疗体系。

思考题

① 药品生命周期和制药链的关系是什么？
② 中国在世界制药中突出的贡献是什么？
③ 世界制药前沿领域是什么？
④ 最具革命性的化学制药技术、生物制药技术是什么？

参考文献

[1] 中国药学会. 中国药学会百年史[M]. 北京: 中国人口出版社, 2008.
[2] 元英进. 制药工艺学[M]. 2 版. 北京: 化学工业出版社, 2017.
[3] 刘敬桢, 温再兴. 制药工业蓝皮书: 中国制药工业发展报告[M]. 北京: 社会学科文献出版社, 2021.
[4] 德劳因·伯奇. 药物简史[M]. 梁余音, 译. 北京: 中信出版社, 2019.
[5] 萨利·史密斯·休斯. 基因泰克: 生物技术王国的匠心传奇[M]. 孙焕君, 译. 北京: 中国人民大学出版社, 2017.
[6] 巴里·沃斯. 十亿美元分子: 寻求完美药物[M]. 钱鹏展, 译. 上海: 上海科技教育出版社, 2018.

第 14 章
生物工程

14.1　生物工程历史沿革

在 20 世纪 70 年代，随着分子生物学、细胞生物学的发展，生物工程（bioengineering）作为一门新兴综合性应用学科应运而生，其以生物学理论和生物技术为基础，结合化学及工程学的基本原理和技术方法，进行生物产品和过程研发与工程设计，研究涵盖了基因工程、酶工程、细胞工程、蛋白质工程以及发酵工程等领域。与之相关的为生命科学与生物技术两个概念，生命科学是研究生命活动本质规律的基础学科，生物技术主要解决实际应用问题，生命科学与生物技术是典型的科学与技术之间的关系。生物工程主要承载了生物技术产品到工业化应用的问题。以酿酒酵母发酵生产酒精为例，生命科学关注酿酒酵母为何能够产生酒精，生物技术侧重于如何控制酵母生产酒精，对于生物工程而言，更侧重于将酿酒酵母用于工业化生产并获得酒精产品。实际上，生物技术与生物工程密不可分，很多时候认为二者同义，因"biotechnology"一词最早被翻译为生物工程，现在普遍翻译为生物技术，例如在《农业大辞典》（1998 版）中定义生物技术为：又称为生物工程，是以生命科学为基础，利用生物体系和工程原理生产生物制品和创造新物种的综合性科学技术[1]。在学科归属中，生物技术属于理科范畴，生物工程属于工科范畴。赵冬旭等从概念、学科、专业建设、工程学或产品生产等角度对生物技术与生物工程进行了系统剖析，认为生物技术代表基于生命科学的基本原理建立的可用于生产、研发或研究的一系列技术，一般局限在实验室层面，生物工程是包含多种生物技术在内的具体实施过程；生物技术是生物工程进行过程的核心技术或支撑技术之一，生物工程只有接触具体的生产过程才能真正地体现"工程"的概念，简言之，生物技术的"物化"或具体化过程即为生物工程[2]。

结合以上描述以及生物工程的历史沿革，可将生物工程的发展过程划分为三个时期：传统生物工程时期、近代生物工程时期以及现代生物工程时期。

14.1.1　传统生物工程时期

传统生物工程时期可以追溯到农业文明时期的动物驯化及作物栽培，农业文明是人类文明的基础和源泉，种植业与畜牧业属于广义上的生物工程范畴。公元前 12000 年，地中海东岸的黎凡特人开始种植小麦，公元前 11000 年，亚洲人开始养羊。随后，包括传统的酒、醋、奶制品等酿造技术为代表的生物技术开始发展。公元前 6000 年，苏美尔人和巴比伦人可以发酵啤酒，公元前 4000 年，古埃及人已经会制作面包，公元前 3000 年以前，古代游牧民族已经食用酸奶。公元 1676 年，荷兰人列文虎克利用自制的简易显微镜，描绘出了球菌、杆菌以及螺旋菌等微生物的形态，此后，显微镜成为微生物领域研究者的利器，大量的研究迅速充实和扩大了人类对微生物的认知，为人类揭开了一个崭新的"微世界"。1866 年，微生物学之父的路易斯·巴斯德以著名的鹅颈瓶试验终结了微生物的"自行发生论"，首次证实了发酵依赖于微生物作用，著名的巴氏灭菌法，即将不耐高温的液体，如牛奶加热至 62～65℃，并维持 30min，此法可有效（灭菌效率可达 97.3%～99.9%）杀死牛奶中各种生长型致病菌，而不影响牛奶的风味，被沿用至今。在微生物液体培养时期，科学家们很难获得单一的纯菌，当时的纯培养技术，主要靠液体极限稀释法，巴斯德和李斯特等人利用该技术成功获得了炭疽杆菌和乳酸菌，然而这种技术重复性差、易染菌，获得目标菌株概率低，应用受限。1881 年，科赫与其助手将琼脂加入到液体培养基中形成了固体培养基，通过将菌"接种"到固体培养基上，从而发明了固体划线纯培养技术，该技术使科赫发现了一大批病原菌，因此科赫被称为细菌学奠基人。纯培养技术的建立，使得人类对微生物世界的探索由描述形态逐渐深入到研究其生理活动和作用规律，为现代发酵技术的出现以及发展奠定了基础。

1857 年，巴斯德在观察酒精发酵过程中，发现酒精产量与酵母细胞繁殖量密切相关，因而提出酿酒发酵是由酵母活细胞参与形成，并于 1860 年提出"活力论"，认为酵母发酵必须在活的状态下完成，这种活性物质在当时被称为"酵素"，也就是我们现在所熟知的酶，巴斯德认为"酵素"会随着细胞的死亡而丧失活性。然而，同时期的德国科学家李比希认为引起发酵的并不是酵母细胞本身，而是酵母细胞中的某些物质，这种物质即是巴斯德提出的活性物质。关于发酵本质的争论延续到 1897 年，也就是巴斯德去世后的两年，德国化学家毕希纳发现破碎后的酵母细胞仍可进行酒精发酵，并认为这是酶的作用，正是由于该发现，他于 1907 年获得诺贝尔化学奖[3]。后来，据巴斯德助手埃米尔·鲁回忆，1878 年，巴斯德曾尝试通过破碎酵母分离出"酵素"，但是，试验都以失败告终。巴斯德的失败被后人归因于其不幸，因其选择的酵母为巴黎酵母，这株酵母为蔗糖酶缺陷型，因而不能分解蔗糖产生葡萄糖与果糖，而这一步是蔗糖发酵产酒精的起始步骤。与之相比，毕希纳是幸运的，他选用的是慕尼黑酵母，这株酵母具有蔗糖酶活性[4-5]。无细胞发酵产酒精的发现意义重大，为现代生物化学的发展奠定了基础。

在传统生物工程时期，生物工程主要应用于传统的酒、醋、奶制品等酿造技术。然而在该阶段，各学科的基础已然形成，例如：1838 年德国植物学家施莱登和动物学家施旺提出细胞是植物的基本单位，因而成为细胞学的奠基人；1833 年 Payen 和 Persoz 从麦芽提取物中分离出酶复合物，将糊化淀粉转化为糖；1874 年，丹麦人汉森在牛胃中提取了凝乳酶，并创办了第一家标准化酶制剂销售公司，用于奶酪制作，这是最早的酶工程；现在我们所熟知的酶（Enzyme）的定义由威廉·库恩于 1876 年提出，这个词来源于希腊语，本意是指"在酵母中"，当时用来指代以前被称为"无组织发酵"的现象，即从形成它们的活生物体中分离出来的发酵物质[6]。

14.1.2 近代生物工程时期

第一次世界大战期间，魏茨曼利用细菌丙酮丁醇梭杆菌发酵生产丙酮，成功打破了无烟火药批量生产的瓶颈，由此开始了大规模微生物纯培养在工业化发酵生产化工原料中的应用。值得一提的是，匈牙利农业与经济学家艾里基于 1917 年最早提出生物技术的概念，即在用甜菜进行大规模养猪时，猪能将甜菜转变为产品，他提出"凡是以生物机体为原料，无论采用何种生物方法进行产品生产的技术"都属于生物技术[3,6]。当时，这一概念因过于宽泛而未得到人们的重视。1928 年，英国微生物学家弗莱明在清理金黄色葡萄球菌培养物时，发现有一个平板被一种霉菌（后来被鉴定为青霉）污染，同时还发现该霉菌周围的葡萄球菌菌落已被破坏（后来称为抑菌圈），当时称这种物质为"霉菌汁"，也就是现在我们所熟知的青霉素。青霉素的发现到工业化生产，经历了 15 年的时间，一方面是由于发现初期，其医用价值难以体现，如动物口服实验表现出极高的致死率，另一方面，青霉素作为一种次级代谢产物，其产量极低且水溶液稳定性差，极易分解失效，这给青霉素的分离纯化带来了巨大困难。随后，在英国病理学家弗洛里和德国生物化学家钱恩的持续研究改进下，青霉素才顺利进入医药行业，并被用于治疗人类疾病。第二次世界大战期间，青霉素在英国的研究趋于停滞，随后在美国继续进行技术攻关，通过新菌种筛选，结合发酵培养基优化以及发酵工艺控制，使青霉素生产具备了工业化条件。1942 年，辉瑞公司利用"液体深层发酵法"成功批量生产青霉素，成为历史上第一个生产青霉素的公司。1945 年，弗莱明、弗洛里、钱恩三人因在青霉素开发与利用方面的贡献共获诺贝尔生理学或医学奖。青霉素的产业化是近代生物工程的里程碑事件，其后，包含各种抗生素、氨基酸、维生素、有机酸等产品相继被开发及利用[7-8]。

在该阶段，除了微生物发酵技术，生物转化技术作为一种新的产品生产过程被广泛应用，包括酶转化及微生物细胞转化。1926 年，美国化学家 Summer 从刀豆中提取脲酶并获得结晶，证明了脲酶具有蛋白质性质，极大推动了酶学发展。在此之前，酶制剂一直作为一种混合物使用，如日本科学家利用米曲霉提取淀粉酶治疗消化不良，德国科学家利用动物胰脏提取胰酶鞣制皮革，美国科学家利用木瓜蛋白酶去除啤酒中的蛋白质混合物等。随后 Summer 等又分别获得了胃蛋白酶、过氧化氢酶等晶体并证明了酶是一类蛋白质，从而获得 1946 年诺贝尔化学奖[9]。通常人们认为微生物转化的研究始于 1864 年，即巴斯德利用乙酸杆菌转化乙醇为乙酸。氢化可的松，又称皮质醇，是糖皮质激素的一种，是治疗肾上腺功能不全所引起的疾病的甾体药物，最初人们只能通过肾上腺皮质组织提取获得少量的氢化可的松。在阐明了氢化可的松的化学结构后，Wendler 于 1951 年开发了氢化可的松的化学合成法，但其需要 31步反应，工业化生产困难。直至 1952 年，美国普强药厂生物化学家 Murry 与 Peterson 开发了黑根霉转化孕酮生成 11-羟基孕酮方法，使该步得率达到 95%，大大降低了氢化可的松生产成本，成为微生物转化工业化生产的里程碑事件。1958 年，我国著名化学家黄鸣龙利用黑根霉微生物转化法在 $16\alpha,17\alpha$-环氧孕甾-4-烯-3,20-二酮 C_{11} 位引入羟基，开创了以薯蓣皂素合成可的松的 7 步新路线，开拓了我国利用微生物转化生产甾体药物的道路[10-11]。

这个时期生物工程的发展逐渐进入实验生物工程时期，开始有目的地应用生物技术服务于工业化生产过程。

14.1.3 现代生物工程时期

从经典遗传学创始人孟德尔发现孟德尔定律开始，到 1944 年确定 DNA 是遗传信息的承载者，现代生物工程开始萌芽。随后在 1953 年沃森和克里克破解了 DNA 双螺旋结构之谜，并证明了其半保留复制特性，打开了分子生物学的新纪元。20 世纪 50 至 60 年代，现代遗传学与分子生物学基础理论研究取得突破性进展，从而在 70 年代催生了现代生物工程技术。1954 年俄国科学家伽莫夫提出组成蛋白质的氨基酸只有 20 种，且 DNA 中 3 个核苷酸编码一个氨基酸，若一个核苷酸编码一种氨基酸，则只有 4 种氨基酸，同样，2 个进行编码则有 16种，如果是 4 种，则有 256 种氨基酸，这远远超过当时发现氨基酸的种类。由于当时 mRNA

未被发现，伽莫夫进一步认为每 4 个核苷酸形成一个"空穴"，在"空穴"中合成多肽。20世纪 60 年代，随着 mRNA、RNA 聚合酶、tRNA、核糖体等相关物质被鉴定，克里克总结了当时这一领域的进展，提出遗传密码由三联体碱基组成，每个三联体依次排列，不重叠，且遗传密码从固定的起始位置开始读取。1961 年，美国生物化学家尼伦伯格破译了遗传密码，揭示了 DNA 如何将遗传信息传递给蛋白质。目前，我们所熟知的 64 个密码子中，有 50 余种是由尼伦伯格团队破译，至 1966 年，经过多位科学家的努力，最终所有密码子被破译完成[12]。1968 年，诺贝尔生理学与医学奖被授予尼伦伯格以表彰其在解析遗传密码及其揭示蛋白质合成机制的贡献。1972 年，美国斯坦福大学保罗·伯格在体外将分别切割后的猴病毒 SV40 的 DNA 与 λ 噬菌体 DNA 连接到一起，从而构建了首个体外重组 DNA 分子。1973 年，斯坦福大学的科恩发现可以将质粒转入大肠杆菌，加州大学的博耶发现内切酶 EcoRI 可以切割 DNA，于是二人合作将两种不同抗性的 DNA 用 EcoRI 酶切后连接起来形成一个新的重组质粒，将这个重组质粒转入细菌后，该细菌同时具有了两种抗性，同时如果将来自青蛙的 DNA 也插入质粒，其也可以在细菌中复制。该 DNA 重组技术的出现，推动了生物技术的核心—基因工程的诞生以及发展，现代生物工程由此开端。现代生物工程在农业、工业以及医药等领域的利用，产生了工业生物工程、农业生物工程、环境生物工程、医药生物工程等一系列分支。按照操作对象和操作技术不同，生物工程又分为基因工程、酶工程、蛋白质工程、代谢工程、细胞工程、发酵工程、生物反应工程以及合成生物学等[13-15]。

14.1.3.1　基因工程（genetic engineering）

基因工程兴起于 20 世纪 70 年，即按照人们的设计，对生物遗传物质提取后在体外进行人工切割、连接和重组，并导入原先不含有重组体的宿主细胞，使后者获得新的遗传性状，新的遗传信息能在宿主内持续稳定地扩增、表达，以获得基因产物或者特定产品的工程。基因工程的核心是 DNA 重组技术[16]，随着 DNA 重组技术的发展及应用，其潜在的技术风险也随之而来，因此 1974 年美国国家科学院提议暂停所有基因工程实验。然而，重组 DNA 先驱保罗·伯格认为该领域的研究至关重要，于 1975 年组织了 Asilomar 会议，就基因实验所存在的潜在伦理问题进行了解答和规范，至今仍被现代基因工程研究人员所坚持。随后相关技术在农业、医药以及人类健康等领域取得了巨大成就。

早在 1922 年，胰岛素就被用于临床治疗糖尿病，当时其主要提取自猪胰脏，猪胰岛素与人胰岛素的氨基酸序列尽管差异不大（存在 1～4 个氨基酸不同），但是依然会引起机体产生免疫反应。1965 年，我国科学家首次人工合成了结晶牛胰岛素，且具有生物活性，在当时轰动了整个科学界。1978 年，泰克公司将人胰岛素基因导入大肠杆菌，利用大肠杆菌合成了人工胰岛素，从而得到了氨基酸序列和生物功能与人胰岛素别无二致的人工胰岛素，由此，世界上第一个基因工程药物诞生[17-18]。1988 年，通过转基因技术将苏云金芽孢杆菌（Bt）基因转入玉米，从而在美国田间实际出现转基因农作物。Bt 基因可以编码一种对鳞翅目害虫具有特异毒性的毒蛋白，获得这种编码基因的玉米被称为"Bt 玉米"。1995 美国批准了转基因玉米的商业化应用，随后其推广应用十分迅速，截至 2021 年美国累计种植转基因作物 7500万公顷以上，转基因玉米更是达到 93%。

1985 年人类基因组计划（human genome project，HGP）由美国科学家率先提出，并于 1990 年正式启动，原计划在 15 年内完成。随后在英国、法国、德国、日本和我国科学家的共同参与下，最终于 2003 年基本完成了人类基因组的破译及解读。人类基因组计划与曼哈顿原子弹计划、阿波罗计划并称为 20 世纪三大科学工程。HGP 是一项规模宏大，跨国跨学科的科学探索工程，是人类为了探索自身的奥秘所迈出的重要一步，被誉为生命科学的"登月计划"。其中，2001 年人类基因组工作草图发表，被认为是人类基因组计划成功的里程碑事件[19-20]。

14.1.3.2　酶工程（enzyme engineering）

酶工程是酶学、微生物学和化学工程相互交叉、发展而形成的一门应用性科学技术。酶工程主要研究内容包括酶的生产、纯化、酶分子结构修饰改造、固定化、酶反应器设计放大、酶反应条件控制和优化技术以及在工农业、医药、环境、能源开发等领域的运用。如前文所述，19 世纪中叶人们已经认识到酶的存在，20 世纪初随着酶学的研究发展，在酶的化学本质以及催化机理方面的研究日益增多，20 世纪 20 年代自然酶制剂得以在工业上应用，二战期间酶工程已形成较大的生产规模，20 世纪 60 年代固定化酶以及固定化细胞技术出现，加速了酶工程研发进程。DNA 重组技术的出现，赋予了酶工程新的内涵，使转基因技术与酶工程深度融合。第一届国际酶工程会议于 1971 年召开，该会议进一步完善了酶工程的学科及技术体系。

14.1.3.3　蛋白质工程（protein engineering）

蛋白质工程即以蛋白质为研究对象的生物工程，基于蛋白质结构与生物功能的关系，通过改造与蛋白质对应的基因碱基序列或设计合成新基因，对现有蛋白质进行修饰改造，提升现有天然蛋白的性能或者创造出全新蛋白质。

肌红蛋白是一种小分子色素蛋白，其肽链部分仅有 153 个氨基酸残基，1958 年，英国科学家 John Kendrew 和 Max Perutz 利用 X 射线晶体学分析获得了高分辨率肌红蛋白三维结构，此后解析出比肌红蛋白结构更复杂的血红蛋白，两位科学家于 1962 年同获得诺贝尔化学奖。1983 年，经电子显微镜解析出烟草花叶病毒结构。1988 年，德国科学家约翰•戴森霍费尔与罗伯特•胡贝尔、哈特姆特•米歇尔三人成功解析了细菌光合作用反应中心的立体结构以及光合作用机制，三人共获诺贝尔化学奖。2001 年，科恩伯格和其同事解析了第一个高精度的RNA 聚合酶三维结构，因此获得 2006 年诺贝尔化学奖。截至 2020 年，与蛋白质相关的诺贝尔化学奖、生理学或医学奖 40 余项，可见其重要性。

14.1.3.4　代谢工程（metabolic engineering）

代谢工程，最早也称途径工程，其为利用重组 DNA 技术对特定的生化反应进行修饰，或引入新的反应以定向改进产物生成或细胞性质的学科。30 多年来，代谢工程技术已成功应用于氨基酸、有机酸、化工醇、抗生素、维生素、化学原料药以及其他生物技术产品的生物合成与制造。

1988 年，MacQuitty 提出途径工程（pathway engineering）的概念，即利用 DNA 重组技术修饰各种代谢途径，以提高目标代谢产物的产量。美国学者 James Bailey 于 1991 年提出代谢工程的概念，即利用 DNA 重组技术对细胞的酶反应、物质运输以及调控功能进行遗传操作，进而改良细胞的生物活性，由此代谢工程作为一个新兴学科领域出现。与此同时，代谢工程领域另一重要先驱、MIT（麻省理工学院）的 Gregory Stephanopoulos 教授认为，代谢工程是一种提高菌体生物量或代谢物产量的理性化方法。我国是较早开展代谢工程领域研究的国家，天津大学赵学明教授是最早将代谢工程学科引入中国的学者之一，代谢工程作为独立学科获得了资助，并开设了相关课程，鉴于赵学明教授在推动代谢工程学科在中国发展的贡献，2019 年国际代谢工程学会决定以他的名义设立讲座奖，并于代谢工程峰会期间颁发[21]。

14.1.3.5　细胞工程（cell engineering）

细胞工程是指以细胞为基本单位，基于细胞生物学和分子生物学的方法，按照人们的意愿，改变细胞的生物学特性，从而获得特定细胞、细胞产物或者新生物体的一门综合性学科。细胞工程的核心技术是细胞培养与繁殖，根据操作的对象可将其分为植物细胞工程、动物细胞工程、微生物细胞工程。

1665 年，物理学家胡克自制显微镜用来观察栎树软木塞切片，并将观察到的蜂窝状小室定义为 "cella"，这是人类首次观察到细胞，后来 "cell" 一词被用来描述生物体的基本结构。自此至 19 世纪中叶，细胞学得以创立，细胞作为生物体生命活动的基本单位的概念被人们广泛接受，生物学研究从此进入细胞水平。1902 年，德国植物学家 Haberlandt 提出植物体单个细胞内存在其生命体的全部能力，即细胞全能性。1939 年，法国科学家 Nobecourt 发现离体培养的胡萝卜组织可在人工培养基上增殖，被称为植物组织培养奠基人。20 世纪 70 年代，美国科学家 Carlson 利用原生质体融合技术获得了第一个烟草体细胞杂种植株。1907 年，美国生物学家 Harrison 发现离体的蝌蚪神经组织可以在体外存活并能长出神经纤维，由此开创动物组织培养先河。1964 年 Lifflefield 建立了动物细胞融合以及杂种细胞筛选技术。1965 年，Harris 与 Watkins 利用灭活的仙台病毒成功融合了小鼠与人的体细胞。1975 年，杂交瘤细胞技术的诞生促进了抗体工程研究的飞跃[22]。

14.1.3.6　发酵工程（fermentation engineering）

发酵工程也称微生物工程，指采用现代工程技术手段，利用微生物的生长和代谢活动，为人类生产有用的产品，或直接把微生物应用于工业生产过程的工程技术。

发酵工程历史伴随着整个生物工程史，19 世纪 50 年代之后，随着人们对微生物发酵的认识，开始有目的地利用微生物进行大规模生物制造。在微生物纯培养技术发现之前，发酵是一个多菌种混合生长的代谢过程，难以精准控制。19 世纪末，纯培养技术的建立，使人类能筛选纯种微生物并通过条件控制提高其发酵效率及质量。20 世纪 40 年代，抗生素的工业化生产极大促进了发酵工程的高速发展。现代发酵工程以基因工程的诞生为标志，人们开始有目的、有计划地设计工业菌株，从而使抗生素、氨基酸、有机酸等生物制造产业迅速崛起[23]。

14.1.3.7　生物反应工程（bioreaction engineering）

生物反应工程是生物化学反应工程的简称，专门研究将生物或生物的一部分（如酶、细胞或组织）作为催化剂参与反应过程的工程科学，其以生化反应动力学为基础，通过运用化学工程学方法，进行生化反应过程的工程分析与开发以及生化反应器的设计、放大、操作和控制，从而实现目标产物的商品化生产。生物反应工程是工业生物技术的核心。很多传统发酵以及现代生物工程产品的合成都涉及生物反应工程。二战期间，青霉素的工业化生产，催生了生物化学工程学科的诞生[24-25]。

14.1.3.8　合成生物学（synthetic biology）

合成生物学是一门新兴学科，它在系统生物学基础上，融汇工程科学原理，采用自下而上的策略，重编天然的或设计合成新的生物体系，以揭示生命规律和构筑新一代生物工程体系，被喻为认识生命的钥匙、改变未来的颠覆性技术。

合成生物学是 21 世纪初的新兴学科，其出现即具有颠覆性。合成生物学技术使生物产品的开发从"实验化"转变为"工程化"，极大加速了人类认识生命、改造生命的进程。合成生物学一词最早出现于 1911 年，由法国物理化学家 Stephaneleda 首次提出，他认为"合成生物学"可以归纳为形状和结构的合成。2000 年，第一个人工合成基因线路—生物开关发表于《自然》杂志，标志着合成生物学的正式出现，随后合成生物学一词开始大量被使用。2004年，美国 MIT 出版的 *Technology Review* 评价合成生物学技术是改变世界的 10 大新兴技术之一。2009 年中国科学院发布的《创新 2050：科技革命与中国的未来》战略报告指出："合成生物学"是可能出现革命性突破的 4 个基本科学问题之一。天津大学在我国率先开展合成生物学研究，是我国合成生物学研究领域的重要创新力量，元英进院士领导的团队建立了酵母基因组混菌标签缺陷定位及双标靶向精准修复方法，成功化学合成出五号和十号两条酵母长染色体，开发出基因组重排控制方法，创制高产酵母菌株，实现工业规模应用，打通了基因组合成从基础研究到应用的链条[26-27]。

生物工程各学科形成过程如图 14-1 所示。

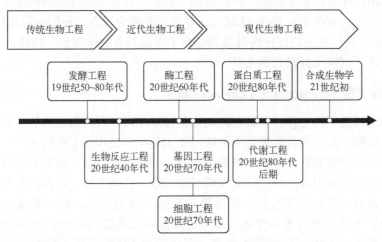

图 14-1　生物工程各学科形成简图

14.2　生物工程的前沿进展

国际社会普遍认为，生物技术（生物工程）竞争已成为各国科技竞争的新焦点，生物技术是未来提升国家核心竞争力最重要的新兴技术之一，《中华人民共和国国民经济和社会发展第十四个五年规划和 2035 年远景目标纲要》明确提出"基因与生物技术"是七大科技前沿领域攻关领域之一，"生物技术"作为九大战略性新兴产业之一，这些都充分说明生物技术涉及国家重大战略需求和国家安全等重要科技领域。科学技术前沿理论性重大突破，使生物技术引发新的医学、工业、农业、环境、能源等领域科技革命，进而有可能从根本上解决世界人口、粮食、能源、环境等众多重大问题，推动人类社会的可持续发展。图 14-2 为生物工程变革性技术应用前沿。

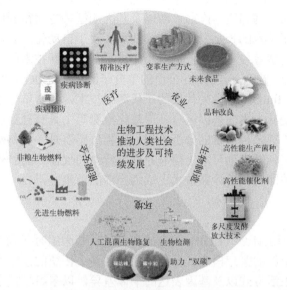

图 14-2　生物工程变革性技术应用前沿

14.2.1　生物工程推动医学革命

时至今日，人类虽然克服了一部分疾病的困扰，但是如癌症以及心脑血管疾病等重大疾病，不但严重威胁人类的健康和生存，而且严重阻碍经济社会的发展。对重大疾病的预防、诊断以及治疗对人类健康尤为重要，是"健康中国"战略实现的必然途径。现阶段重大疾病的诊治仍然以手术、化疗和放疗手段为主，但其存活率低，现代生物工程技术的发展，正在推动重大疾病诊疗模式的变革，为人类的生命健康事业保驾护航[28]。

14.2.1.1　疾病预防

2019 年一场突如其来的新冠疫情席卷全球，给人类的健康、生产、生活带来了严重影响。通过疫苗接种诱导机体产生保护性免疫应答进行预防和控制病毒传播，并达到有效群体免疫被认为是当下最经济、最有效的措施。在全球科学界共同努力下，仅短短数月，新冠疫苗就研制完成并上市，打破了既往疫苗研发和上市的历史纪录，2020 年，"以创纪录的速度开发和测试急需的新型冠状病毒疫苗"被 Science 杂志评选为当年的十大科学突破之首。疫苗研发已经历了从基于巴斯德原则的病原体"分离、灭活和注射"而研制的灭活疫苗、减毒活疫苗等传统疫苗到基于现代基因工程、免疫学、结构生物学、反向疫苗学和系统生物学融合的现代疫苗制造过程。根据世界卫生组织统计，全球新冠病毒疫苗研发基本涵盖了目前疫苗研究的所有方式，其主要包括灭活疫苗、减毒活疫苗、腺病毒载体疫苗、类病毒颗粒疫苗、重组蛋白疫苗、核酸疫苗等。如辉瑞公司 BNT162b 和 Moderna 公司 mRNA-1273 mRNA疫苗，首个已获 WHO 紧急使用认证的中国灭活疫苗（国药集团 BBIBP-CorV），康希诺生物Ad5-nCoV 腺病毒载体疫苗等。除此之外，疫苗的研发领域正向癌症、自身免疫疾病和其他慢性疾病等领域拓展[29]。

14.2.1.2　疾病诊断

20 世纪 70 年代，随着分子生物学和分子遗传学发展，基于分子杂交和 PCR 技术的基因诊断技术迅速兴起，在疾病筛查、产前诊断以及基因配型等方面得到广泛应用。随着基因芯片技术以及 DNA 测序技术的长足发展，检测技术实现了自动化、高通量。近年来，随着第三代测序技术、生物传感等技术进步，进一步促进了基因诊断技术的革命性、创造性发展。例如，在疾病检测方面，出现了 PacBio 公司的单分子测序（SMRT）平台，牛津纳米孔 ONT 公司纳米孔测序技术 MinION 平台为代表的三代测序技术，具有单分子检测与长读长测序的特点，在基因组结构变异、真假基因区分、甲基化检测等中具有独到的优势，已被用于流感病毒、HBV 以及 HIV 等多种病毒的分析检测。生物传感器是一类特殊的传感器，其利用生物机理，将识别到的靶标转换为可输出信号并进行检测的仪器。随着生物工程技术的发展，开发基于生物传感器的即时检验诊断技术已成为当前的前沿热点。

14.2.1.3　精准医疗

2003 年，人类基因组计划（HGP）的完成宣告了后基因组时代到来，即深度解读基因序列功能，由此催生了全新的医疗概念—精准医疗。区别于传统的诊疗方式，精准医疗充分考虑患者的生活环境、生活方式以及基因表达的个体差异，以多组学技术对同一种疾病在不同个体层面进行精准分类，进而有针对性地定制医疗方案。精准医疗主要包括基因治疗、细胞免疫治疗、小分子抗肿瘤靶向药物和单克隆抗体药物治疗等。基因治疗即利用正常基因替换或者修复致病基因的疗法。人体内 β 球蛋白基因缺陷会造成 β 珠蛋白链合成减少，进而引起 β 地中海贫血，该疾病主要通过输血排铁以及骨髓移植治疗。通过向造血干细胞中导入可表达正常血红蛋白 β 链基因可有效治疗 β 地中海贫血。2021 年，蓝鸟生物公司宣布，美国食品和药物管理局已受理其公司开发一次性基因疗法生物制品 Zynteglo，用于治疗需要定期输注红细胞的全部基因型 β-地中海贫血成人、青少年、儿童患者。细胞免疫治疗作为一种新兴的肿瘤治疗方式，其通过调控患者自身的免疫能力（通过采集人体内免疫细胞，在体外扩增和培养，再重新输回病人体内），达到治疗肿瘤的目的，例如目前上市的纳武单抗、派姆单抗等。小分子抗肿瘤靶向药物主要由化学方法制备，如治疗非小细胞癌的阿法替尼、吉非替尼，用于治疗直肠癌的瑞格非尼等。单克隆抗体即单克隆 B 细胞合成的针对一种抗原决定簇的抗体，由于单克隆 B 淋巴细胞不能在体外生长，科学家将可以体外增殖的骨髓瘤细胞与免疫的淋巴细胞与其融合，获得杂种的骨髓瘤细胞。杂交瘤技术使单克隆抗体技术得以大规模应用。但由于免疫细胞来自老鼠，因而免疫源性非常强，限制了其在临床医学上的应用。随着基因工程技术以及抗体分子遗传学发展，科学家通过基因工程技术对单抗进行改造，可以最大化去除其鼠源成分，保留其抗体特异性，从而创造出基因工程抗体。目前，基因工程抗体已在抗病毒感染、抗器官移植排斥以及肿瘤性疾病治疗等相关医疗领域得到应用。

14.2.2　生物工程变革农业生产

生物工程技术在农业领域应用广泛，随着生物工程技术的发展，新一轮科技革命和产业变革给农业生产带来了前所未有的机遇与挑战。生物技术正在推动现代农业的绿色可持续发展，通过转基因技术培育出抗逆、高品质农作物，如抗虫棉、抗除草剂大豆、抗旱型转基因小麦、抗虫玉米、含高饱和脂肪酸向日葵等。通过转基因技术也可定向培育观赏性花卉，如转基因玫瑰"蓝色妖姬"、转基因非洲菊等。在畜牧业方面，科学家将来自大洋鳕鱼和帝王鲑的基因转入鲑鱼（三文鱼）中，使其在 18 个月即可进入市场，而野生或养殖一般需要三年。基因编辑技术以及组学技术的发展，使动植物育种更加精准与高效。近年来，多种动植物基因组测序与重测序取得重要进展，光合作用效率、固氮机制等新机理不断取得突破，为动植物精准育种提供了宝贵资源。2022 年 3 月，FDA 批准两头经过 CRISPR 编辑的肉牛产品，其成为 FDA 批准的转基因鲑鱼和转基因猪之后的第三个转基因动物，上述转基因牛含有催乳素受体（PRLR）基因突变，使其能够更好地抵御热带高温。合成生物学技术的加入，为未来农业发展提供了无限可能。研究人员采用植物蛋白改性或细胞培养方法生产出质地接近动物肌肉的人造肉，相比传统畜牧业生产的肉类，其生产可减少 80% 的温室气体排放，99% 的土地以及 96% 淡水的使用。德国马普学会地球微生物学研究所和法国波尔多大学的研究人员利用菠菜的类囊体薄膜实现光反应，构建的人工"叶绿体"实现了 CO_2 固定和光合成反应[30]。如何将新技术应用于农业生产新领域，从而推进农业可持续发展，保障粮食安全与食品营养需要深入研究，与之配套的政策、法规也需要完善。

14.2.3 生物工程促进生物制造产业升级

长期以来，微生物初级及次级代谢产物的生产在现代工业制造领域占有重要地位，包括生物高分子材料、生物基材料，化工醇、酸、染料以及表面活性剂等大宗化学品，甾体激素、手性醇、手性胺、植物醇等精细化学品，抗生素、维生素、氨基酸等大宗发酵产品，新功能食品、添加剂、功能菌剂等食品及配料，以及生物冶金、生物造纸、造革等为代表的生物工业制剂。生物制造技术按照其底物来源分为三个阶段，即：以糖类生物质底物为原料的第一代生物制造技术、以木质纤维素等为原料的第二代生物制造技术和以 C_1 化合物为原料的第三代生物制造技术。第三代生物制造技术的开发利用，对于我国以及全世界范围内实现"双碳"目标具有重要意义。据美国《生物质技术路线图》规划，2030 年将有 25% 的有机化学品与 20% 的石油燃料被生物基化学品所替代。据欧盟《工业生物技术远景规划》规划，2030 年生物基原料将替代 30%～60% 的精细化学品。我国未来现代生物制造产业产值将超 1 万亿元，生物基产品占全部化学品的比重将达到 25%[31]。生物制造的核心主要包括两部分：以工业微生物菌种构建为核心的工业发酵技术、以酶为核心的生物转化及催化技术。近年来，随着合成生物学的快速发展，极大地推动了工业菌种以及酶的高效设计。

14.2.3.1 工业菌种构建、优化及发酵

我国是生物产业大国，发酵规模居世界第一，随着我国经济发展方式转变加快，生物发酵产业明显促进了生物经济产业升级，2020 年生物发酵主要产品产量达到 3141 万吨，较 2016 年提高了 19.6%，企业研发销售比逐渐提高（平均达到 3.9%～9%）。工业菌种是生物产业的芯片，缩短菌种研发周期和菌种迭代升级是提升生物制造产业核心竞争力的有效手段。以高产量、高底物转化率和高生产强度为目标的发酵过程强化技术，是工业生物技术的关键。

20 世纪 70 年代以来，大部分工业菌株基本来源于经典的诱变—筛选技术，如紫外诱变、化学试剂诱变等，经典诱变技术效率较低，制约了高效能工业菌株的构建。随着生物工程技术的不断发展，工业菌株的构建、筛选策略不断推陈出新，极大促进了生物工程产品的开发与应用，见图 14-3。目前工业菌株开发策略主要包括：①新型诱变技术开发，如常压室温等离子体（ARTP）以及复合诱变等，相关技术已用于抗生素、氨基酸等菌种选育。②高通量筛选技术，根据生产菌株的特性或者产物的理化性质，将菌株生产性能与颜色或荧光表达强度相耦联实现高通量筛选，此类筛选方法主要包括基于颜色或荧光的激活细胞分选（FACS）、以液滴流体为平台的液滴微流控分选（DMFS）以及基于生物传感器的筛选等。随着自动化

技术以及人工智能技术发展，对于不具备上述耦联性质的产品或菌株，可采用全自动微型化筛选平台技术，即利用机器人的全自动化操作代替人工完成菌株挑选、发酵、检测等重复性筛选工作。③基因编辑技术育种，CRISPR/Cas 技术是继 ZFN 技术（人工核酸酶介导的锌指核酸酶）与 TALEN（转录激活因子样效应物核酸酶）技术之后，可用于工业菌株基因编辑最强有力的工具。CRISPR 系统属于细菌及古细菌中的一种免疫防御系统，可识别外源入侵 DNA 并将其切断，从而失活或沉默外源基因表达，正因如此，CRISPR/Cas 系统被开发为基因编辑工具。目前，因 CRISPR/Cas9 在设计和操作上简单、高效以及低成本等特性，被广泛应用于微生物菌株构建，如大肠杆菌、链霉菌、枯草芽孢杆菌、酿酒酵母、毕赤酵母等。④合成生物学技术用于新工业菌株的构建，合成生物学可以采用"自下而上"的策略重构微生物细胞工厂，从而使菌株的设计更加标准化、模块化以及系统化。青蒿素是一种倍半萜类抗疟疾药物，屠呦呦研究团队在中国传统中草药青蒿中发现了该物质，因此发现她获得了 2015 年诺贝尔生理学或医学奖。当时，青蒿素主要来源于黄花蒿植提法生产，加州大学伯克利分校 Keasling 教授，通过合成生物学技术构建了酿酒酵母细胞工厂可以发酵生产青蒿酸，并进一步开发了将青蒿酸转化为青蒿素的化学合成工艺。经计算，100 立方米发酵罐合成的青蒿素产量，与 5 万亩农业种植的产量相当。该工作被认为是合成生物学研究过程中的里程碑工作之一。基于此，科学家创建了多种天然产物人工细胞工厂以合成萜类、黄酮、生物碱、糖苷类、苯丙素类、抗生素类等天然产物[32]。

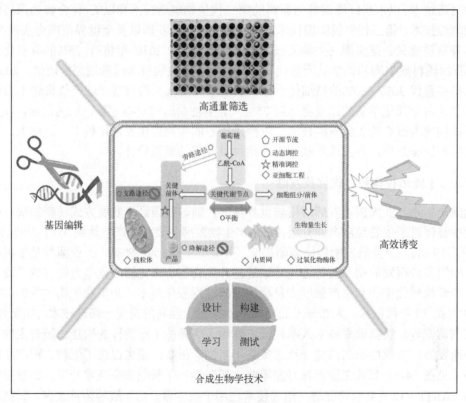

图 14-3 工业菌株高效构建策略

此外，为提高目标产物合成能力，开发了多种优化工程菌株策略：①"开源节流"的代谢工程策略：通过优化前体代谢路径，增加目标产物的前体供给，同时，敲除或者弱化前体竞争或者目标产物分解途径，增加菌株生产效能。②代谢途径精准调控：通过表征或构建人工基因表达元件，精确控制代谢途径中关键基因的表达水平，减少中间代谢物积累，降低细胞代谢负荷，提高工程菌生产性能。③动态调控：代谢产物生物合成是一个动态变化过程，随着培养基营养物质浓度的改变以及有毒、有害副产物积累，胞内代谢物积累水平处于动态平衡，通过对途径中各代谢物进行实时定量监测，动态调整合成策略是细胞工厂优化的重要手段。如通过调控目标代谢物转录调控元件、构建群体感应系统生物传感器以及调控基因线路，实现目标产物的高效合成。④亚细胞工程：针对真核工业菌株代谢流分区现象，以细胞器为单位开展代谢途径优化及菌种性能提升，工程改造的细胞器如线粒体、过氧化物酶体、高尔基体、内质网、脂质体等。

　　以获得高产量、高底物转化率和高生产强度相对统一为目标的发酵过程多尺度优化技术，是促进重要生物产品从实验室走向工业化规模生产的重要环节，是工业生物技术的应用的关键，见图 14-4。通过"分子尺度—细胞尺度—反应器尺度"等多尺度优化，强化多细胞体系与环境协同，促进产物合成是当前的主要策略以及前沿热点。

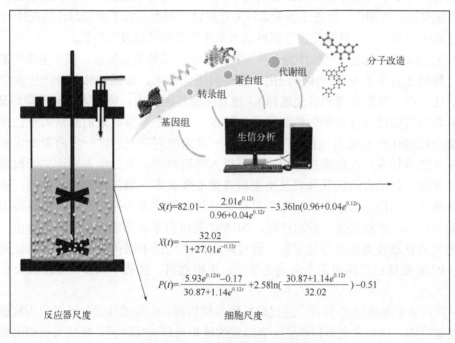

$$S(t)=82.01-\frac{2.01e^{0.12t}}{0.96+0.04e^{0.12t}}-3.36\ln(0.96+0.04e^{0.12t})$$

$$X(t)=\frac{32.02}{1+27.01e^{-0.12t}}$$

$$P(t)=\frac{5.93e^{0.124t}-0.17}{30.87+1.14e^{0.12t}}+2.58\ln(\frac{30.87+1.14e^{0.12t}}{32.02})-0.51$$

图 14-4　工业菌株多尺度发酵策略
S(t)—底物消耗动力学模型；*X(t)*—细胞生长动力学模型；*P(t)*—产物生成动力学模型

　　概括而言，多尺度优化包括：①分子尺度优化：基于基因组、转录组、蛋白质组以及代谢物组等多组学技术，系统分析发酵过程条件对胞内分子水平的扰动信息，指导菌种的分子改造、代谢调控，提高其在发酵过程中的鲁棒性。②细胞尺度优化：发酵过程是多细胞群体的生产过程，通过将发酵过程中底物消耗、产物生产与细胞生长等关键参数进行抽提并建立数学模型，进而指导发酵过程工艺优化与发酵放大。③反应器尺度优化：针对不同菌种及不同产品的发酵放大特性，对现有生物反应器进行优化或者从头设计新型反应器，以满足细胞代谢与产物合成过程，可显著提升发酵过程的效率。此外，将人工智能技术应用于发酵过程的检测以及动态控制也是当前的研究热点。

14.2.3.2　以酶改造技术为核心的生物催化及生物转化

生物催化（biocatalysis）或生物转化（biotransformation）是指利用酶或者生物有机体作为催化剂进行底物转化的过程，这里的有机体主要包括全细胞、细胞器、组织等。生物催化是工业生物技术的一个重要领域，世界经合组织（OECD）提出"生物（酶）催化技术是工业可持续发展最有希望的技术"。发酵过程本质上是以廉价的碳源、氮源和无机盐为底物的多酶催化反应，通常认为发酵过程是从头合成的生物过程。生物催化或生物转化起始反应物一般是目标产物的前体物质。生物催化剂，通常为酶，其性能决定了生物催化或生物转化的效率。相较于化学催化剂，生物催化剂具有反应条件温和、环境友好、催化专一性好等优点。近年来，随着生物信息学以及人工智能技术的发展，以酶改造技术为核心的生物催化及生物转化技术在现代工业生物技术中发挥了重要的作用。

目前的前沿研究热点包括：

（1）新酶挖掘　随着第三代测序技术的到来，生物学数据中基因序列信息呈爆发式增长，甚至可以获得许多不可培养微生物的基因组序列，为新酶的挖掘提供了宝贵的资源。传统的序列比对法筛选，范围广，筛选工作量大，为克服这一问题，基于虚拟筛选的理性/半理性智能筛选技术应运而生，其在酶挖掘方面展现出卓越的高效性以及准确性。

（2）工业酶的定向进化　酶作为一种生物大分子，构效关系复杂，很多重要的酶结构解析困难，限制了其在工业生产中的应用。酶定向进化技术，即通过体外分子生物学方法模拟自然进化过程（随机突变和自然选择），建立突变基因文库，借助人工和智能筛选手段，定向选择具有特定优良催化特性酶突变体的技术，目前是非常有效的酶活力及选择性改造方法。酶定向进化技术通常包括如下四步：第一步为序列突变：这一步通常在体外进行，通过分子生物学技术，在酶蛋白基因序列上引入随机突变。第二步为表达文库构建：将获得的突变序列，借助合适的载体以及宿主构建突变酶文库。第三步为定向筛选：借助酶催化过程特性或产物性质筛选符合预期的目标突变体。第四步为循环迭代：以获得的最优突变体序列为模板，重复突变—筛选过程。2018年美国科学家弗朗西斯·阿诺德由于在酶定向进化研究的贡献获得诺贝尔化学奖。通过酶定向进化技术获得的工程化酶，如转氨酶、脱氢酶、P450酶等已广泛应用于大宗化学品、生物燃料、医药中间体、食品以及化妆品等领域。

（3）蛋白质半理性/理性设计　通过解析酶催化机理，实现理性设计或者从头构建具有特定催化功能的酶，当然这也是科学家一直追求的理想目标。现阶段，研究人员借助蛋白结构解析、计算机建模以及分子动力学模拟等手段阐明酶催化机理。准确的酶晶体结构是系统研究酶的构效关系的最有效保障，然而PDB数据库（储存酶结晶结构的数据库）中具有酶结构的蛋白相较于已知序列的酶蛋白仅为冰山一角，所以通过同源建模结合分子对接的方式成为获得酶改造信息的重要手段。深度学习技术的快速发展，为酶的理性设计提供了更多可能。2020年，谷歌DeepMind团队开发出的AlphaFold2蛋白预测算法，其预测准确性达到了可以与实验解析误差接近的水平，2022年，中国科学家团队开发的"SCUBA模型+ABACUS模型"，用于从头创建具有全新结构和序列的人工蛋白，为人们认识蛋白催化规律以及从头设计、改造蛋白开辟了一条更加简洁、高效的新途径[33]。

（4）多酶级联催化　酶催化技术的工业合成应用以多酶体系为主，多酶级联催化因其"一锅法"的合成特性，具有经济性高、绿色高效等优点，近年来已成为酶工程领域的研究热点，见图 14-5。随着合成生物学技术的发展，多酶耦联催化技术的应用已从简单的手性胺、手性醇等大宗化学品合成拓展到复杂天然产物以及人工药物的开发利用，例如美国默克公司利用一锅 9 酶 3 步法合成新型抗艾滋病药物 Islatravir。

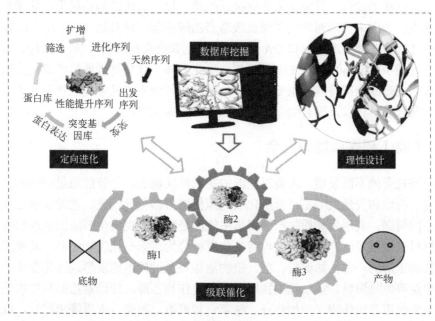

图 14-5　以酶改造技术为核心的生物催化及生物转化

14.2.4　生物工程改善生态环境

随着生物技术的不断发展，环境生物治理技术已经逐渐从利用自然系统的生物群落对环境进行治理发展到人工培养、驯化生物用于环境治理。如今，利用微生物法修复或治理废水、废气、废渣已成为环保领域不可缺少的环节。现代环境生物技术的研究主要集中在以下方面。①生物传感器为基础的生物监测：如 BOD（生化需氧量）生物传感器、重金属离子生物传感器、酚微生物传感器等。20 世纪 90 年代，生物传感器技术就已经被用于定量检测水中微量有毒污染物。随着生物技术的发展，生物传感器可监测的范围越来越广，性能也逐步向着便携、快速、高灵敏度的方向发展。②以合成生物菌群为基础的生物修复技术：自然菌群在环境修复领域中存在修复效率低、周期长以及菌群结构不稳定等问题，通过合成生物学技术构建降解效率高、协同性强以及鲁棒性好的人工菌群是解决当前问题的有效途径，然而，人工合成菌群从实验室到环境修复的实际应用既需要技术上的攻关也存在法律法规的相关限制，随着相关研究的逐步完善，相信在不久的将来可以实现其大规模应用。③微生物技术助力"双碳"目标实现：温室气体排放是全球气候变暖的主要原因之一，在温室气体中，二氧化碳排放量占增量的 83.5%，2021 年大气中平均二氧化碳浓度更是达到 414.2×10^{-6}，这与早期人类出现的 300 万年前大体相同。碳排放是一个全球性问题，联合国政府间气候变化专门委员会发布的《关于全球升温高于工业化前 1.5℃ 的影响报告》指出，要实现全球升温比工业化前不高于 1.5℃，到 2030 年全球二氧化碳净排放量在 2010 年的基础上减少 45%，到 2050 年实现碳中和。我国在此背景下提出 2030 年前二氧化碳的排放量不再增长即"碳达峰"，至 2060

年实现二氧化碳"零排放"即"碳中和"。微生物固碳主要有三种方式：自养固碳、异养固碳与兼养固碳。自养固碳是指微生物利用光能或无机物氧化产生的化学能固定二氧化碳；异养微生物在代谢过程中固定少量二氧化碳为异养固碳；兼养固碳是指微生物借助有机碳源利用光能吸收二氧化碳的过程。开发微生物固碳新线路，以二氧化碳为原料生产化学品成为该领域的前沿热点，如近来美国西北大学通过改造产乙醇梭菌，使其以 CO、H_2、CO_2 等气体作为碳源，通过气体发酵制造丙酮和 IPA（一种消毒剂和防腐剂原料），研究发现，与传统工艺相比该工艺可减少 160%的温室气体排放[34]。除此之外，以生物质原料代替化工原料的绿色生物制造技术也是减少碳排放的重要手段，如以木质纤维素以及非粮生物资源为原料制备可降解塑料、聚合物单体以及聚合物、生物基橡胶等大宗化学品。

14.2.5　生物工程保障能源安全

随着经济社会的不断发展，人类对能源的需求持续增加，尽管能源供应结构有一定的变化，但煤炭、石油和天然气等不可再生化石能源仍然占据主导地位，能源安全已成为全世界所共同关注的问题。利用生物质生产的可再生能源是降低人类对化石能源依赖的有效途径。按照生物燃料来源以及生产技术不同可将生物燃料分为：第一代生物燃料，其来源为粮食作物或者经其加工后的产物，如淀粉、糖、植物油脂等通过简单地发酵或转化变成的乙醇、生物柴油、甲烷等生物燃料。第二代生物燃料以非粮作物乙醇、纤维素乙醇和生物柴油等为代表，原料主要使用非粮作物，例如秸秆、枯草、甘蔗渣、稻壳、木屑等废弃物，以及主要用来生产生物柴油的动物脂肪、藻类等。第三代生物燃料又称为先进生物燃料，其以藻类等生物为底盘直接以太阳能固定二氧化碳生产乙醇、柴油、丁醇、氢气、航天燃料等。微藻相较于传统高等植物的单位面积产率高（大豆年产油约 300 公斤/亩，而海藻能达到 2~3 吨/亩）、油脂积累量大（可达 70%），同时藻类可以固定二氧化碳（藻类占全球光合作用的 50%），因此其引起较高的关注[35-36]。尽管藻类可以利用 CO_2 维持细胞生长，但其工业化应用仍然存在很多瓶颈，如需要较高的光密度以及底物浓度等，未来仍然需要进行持续的关键技术攻关，如近期法国能源巨头道达尔宣布将与 Veolia 公司合作，开发利用微藻捕捉空气或工业废气中的二氧化碳用于生产生物燃料。除了直接利用藻类，通过合成生物学技术改造梭状芽孢杆菌、厌氧梭菌以及大肠杆菌和酿酒酵母等微生物，实现现代生物燃料的高效绿色生物制造也已成为该领域的未来发展方向。

14.3　小结

生物工程是一门新兴综合性应用学科，其以生物学理论和生物技术为基础，结合化学及工程学的基本原理和技术方法，进行生物产品和过程研发与工程设计，其具有显著的工程学属性。随着生物发酵技术工业化应用以及分子生物学的发展，可将生物工程的发展过程划分为三个时期：传统生物工程时期、近代生物工程时期以及现代生物工程时期。DNA 重组技术的发明，使现代生物工程技术的研究领域更加细化与深入，包括基因工程、酶工程、蛋白质工程、代谢工程、细胞工程、发酵工程、生物反应工程以及合成生物学等。

生物技术（生物工程）竞争已成为各国科技竞争的新焦点，生物技术是未来提升国家核心竞争力最重要的新兴技术之一。在医学方面，现代生物技术在疾病预防、疾病诊断以及精准医疗等方面发挥了重要作用，极大地推动了重大疾病诊疗模式的变革，为人类的生命健康事业保驾护航；在农业生产新领域，高效生物育种技术，对保障粮食安全，推进农业可持续发展具有重要意义；以酶与菌种设计为核心的工业生物技术，是加快实现工业产品绿色生物制造的关键；以生物传感器为基础的生物监测技术以及以合成生物菌群为基础的生物修复技术对改善生态环境，助力我国实现"双碳"目标具有重要作用；利用生物质生产的可再生能源是降低人类对化石能源依赖的有效途径，以藻类等生物为底盘直接以太阳能固定二氧化碳生产乙醇、柴油、丁醇、氢气、航天燃料等第三代生物燃料的研究，对保障人类能源安全具有重要意义。

思考题

① 微生物纯培养技术建立的意义？

② 如何看待毕希纳与巴斯德在无细胞发酵研究中的"幸运"及"不幸"？

③ 青霉素从发现到生产利用过程中涉及的主要生物工程技术有哪些？

④ 现代生物技术的核心是什么，如何体现？

⑤ 如何评价"合成生物学"的颠覆性？

⑥ 如何看待现代生物技术在农业、环境、医疗等领域的应用风险？

参考文献

[1] 农业大词典编辑委员会. 农业大词典[M]. 北京: 中国农业出版社, 1998.

[2] 赵东旭, 谢海燕, 李勤. 生物技术与生物工程辨析——兼论生物工程与生物医学工程的区别[J].生物学杂志, 2017, 34(1): 113-118.

[3] 俞俊棠. 新编生物工艺学(上册)[M]. 北京: 化学工业出版社, 2003.

[4] 郭晓强, 冯志霞. 无细胞酵解的发现及意义[J]. 医学与哲学(人文社会医学版), 2008(3): 69-70.

[5] Kornberg A. 把生命理解成化学[J]. 生命的化学, 1983, 3(5): 32.

[6] 陶兴无. 生物工程概论[M]. 2 版.北京: 化学工业出版社, 2015.

[7] 苏怀德. 青霉素发现及开发简史[J]. 中国药学杂志, 1988(08):494-497.

[8] 张岩, 陶柏秋, 白雪梅. 青霉素的现状及发展[J]. 内蒙古教育(职教版), 2012(05): 78-79.

[9] 鑫征宇, 江波, 杨瑞金.食品科学: 学科基础与进展[M]. 北京: 科学出版社, 2010.

[10] 周维善, 庄治平. 甾体化学进展[M]. 北京:科学出版社, 2002.

[11] 杨顺楷, 易奎星, 杨亚力, 等. 甾体微生物转化 $C_{11}\beta$-羟基化的研究进展[J]. 生物加工过程, 2006, 4(02): 7-14.

[12] Gamow G. Possible relation between deoxyribonucleic acid and protein structures[J]. Nature, 1954: 173-318.

[13] 张晶. 生物工程导论[M]. 北京: 中国石化出版社, 2018.

[14] 焦炳华. 现代生物工程 [M]. 2 版.北京: 科学出版社, 2014.

[15] 李全林. 现代生物工程[M]. 南京: 东南大学出版社, 2008.

[16] 刘志国. 基因工程原理与技术 [M]. 3 版. 北京: 化学工业出版社, 2015.

[17] 刘师伟. 漫话糖尿病[M]. 北京: 科学出版社, 2017.

[18] 李晏锋, 甄橙, 纪立农. 重组人胰岛素的奠基人:赫伯特·伯耶[J]. 中国糖尿病杂志, 2019, 27(05): 321-325.

[19] 闫云君. 生命科学导论(医学版) [M]. 3 版.武汉: 华中科技大学出版社, 2020.

[20] 钟国清, 蔡自由. 大学基础化学[M]. 北京: 科学出版社, 2015.

[21] 赵学明，陈涛，王智文，等. 代谢工程[M]. 北京: 高等教育出版社, 2015.

[22] 潘大仁. 细胞生物学[M]. 北京: 科学出版社, 2007.

[23] 魏银萍，吴旭乾，刘颖. 发酵工程技术[M]. 武汉: 华中师范大学出版社, 2011.

[24] 岑沛霖，关怡新，林建平. 生物反应工程[M]. 北京: 化学工业出版社, 2005.

[25] 贾士儒. 生物反应工程原理 [M]. 4 版. 北京: 科学出版社, 2015.

[26] 李春. 合成生物学[M]. 北京: 化学工业出版社, 2019.

[27] 宋凯. 合成生物学导论[M]. 北京: 科学出版社, 2010.

[28] 叶海峰. 2019 生物工程与大健康专刊序言[J]. 生物工程学报, 2019, 35(12):2211-2214.

[29] 黄挺，褚以文，黄金竹. 新冠疫苗研发进展及在疫苗学教学改革的探索[J].国外医药(抗生素分册), 2020, 41(04):259-263.

[30] Miller T E, Beneyto T, Schwander T, et al. Light-powered CO_2 fixation in a chloroplast mimic with natural and synthetic parts[J]. Science, 2020, 368: 649-654.

[31] 中国工程科技发展战略研究院. 2018 中国战略性新兴产业发展报告[M]. 北京：科学出版社, 2018.

[32] 戴住波，王勇，周志华，等.植物天然产物合成生物学研究[J].中国科学院院刊, 2018, 33(11):1228-1238.

[33] Huang B, Xu Y, Hu X, et al. A backbone-centred energy function of neural networks for protein design[J]. Nature, 2022, 602, 523-528.

[34] Liew F E, Nogle R, Abdalla T, et al. Carbon-negative production of acetone and isopropanol by gas fermentation at industrial pilot scale[J]. Nature Biotechnology, 2022, 40: 335-344.

[35] 刘华擎，李灏.生物质能源发酵中染菌及防控的研究进展[J]. 生物工程杂志, 2013, 33(12): 114-120.

[36] 王凯，刘子鹤，陈必强，等. 微生物利用二氧化碳合成燃料及化学品——第三代生物炼制[J]. 合成生物学, 2020, 1(01):60-70.

第 15 章
油田化学品

15.1 原油的发展史

15.1.1 最早发现

　　中国是世界上最早发现和应用石油的国家，宋代著名学者沈括（图 15-1），对中国古代地质学和古生物学知识方面提出了极其卓越的见解。他的见解比西欧学者最早认识到化石是生物遗迹要早。沈括（中国古代地质学家和古生物学家）有一次奉命察访河北西路时，发现太行山山崖间有很多螺蚌壳及如鸟卵之石，从而推断这里原来是太古时代的海滨，是由于海滨的介壳和淤泥堆积而形成的，并根据古生物的遗迹推断出海陆的变迁。

图 15-1　沈括

　　沈括出知延州（今延安）。在任上他发现和考察了鄜延境内石油矿藏与用途。他说："鄜延境内有石油。旧说高奴县出脂水，即此也。生于水际，沙石与泉水相杂，恫恫而出。土人以雉尾囊之，乃采入罐中。颇似淳漆，燃之如麻，但烟甚浓，所沾幄幕皆黑。予疑其烟可用，试扫其煤以为墨，黑光如漆，松墨不及也，道大为之，其识文为'延州石液'者是也。此物后必大行于世，自予始为之。盖石油至多，生于地中无穷，不若松木有时而竭。"从此记载来看，沈括不仅发现了石油并且也知道了它的用途。虽然他当时所谓用途着重于烟墨制造，但他却预料到"此物后必大行于世"，这一远见为今天所验证。而今天我们所说"石油"二字也是他创始使用的，并写了我国最早的一首"石油诗"——《延州诗》：二郎山下雪纷纷，旋卓穹庐学塞人。化尽素衣冬不老，石油多似洛阳尘。

人类正式进入石油时代是在 1867 年。这一年石油在一次能源消费结构中的比例达到40.4%，而煤炭所占比例下降到38.8%，石油是工业的血液，新中国成立以来，中国社会由农业经济向工业经济迅速迈进，对能源的需求节节攀升。

15.1.2　大规模使用

我们都知道，许多国家的发展得益于石油[1]。中东的几个国家是发展最快的。这一切都始于 1847 年的阿塞拜疆，那里的第一口油井是美国钻探的（图 15-2）。阿塞拜疆拥有如此丰富的石油和天然气储备，其国内生产总值的95%来自石油。1848 年俄国工程师 F.N.Semyenov在巴库东北方的 Aspheron（阿斯菲隆）半岛开采了第一口现代油井。20 世纪 50 年代中期，煤仍旧是世界上首要的燃料，但油很快就取而代之。石油在发现长达几个世纪以来主要的作用是点灯燃料，其价格大概为 0.3 美元/升。人类正式进入石油时代是在 1867 年，随着第一口油井钻探成功、汽车发明以及内燃机普及，使得石油在工业生产中得以大规模使用。这一年，石油在一次能源消费结构中的比例达到 40.4%，而煤炭所占比例下降到 38.8%，石油消费首次超过了煤炭。

图 15-2　阿塞拜疆石油开采图

15.1.3　战争期间的石油工业

以美国为主导的历史：

20 世纪之前，世界经济是由英国主导，但第一次世界大战重创了英国，标志着大英帝国的衰落，继而为美国所替代[2]。

第二次世界大战以前，美国政府还是很少卷入国际石油权力的争夺中，而主要关注如何控制国内的生产。从图 15-3 可以看出，当时全球的石油产量70%是在美国。1930～1934 年，美国对石油公司实行生产配额，造成了世界的油价暴跌与经济危机。（油价由 5 美元/桶下跌至 1.1 美元/桶，按照 2001 年物价来统计，油价由 28 美元/桶下跌至 8 美元/桶。）

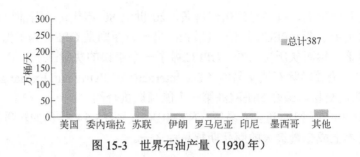

图 15-3　世界石油产量（1930 年）

二战期间，盟军的胜利被认为在很大程度上得益于美国石油的充分供应，而美国也从中获益不少，一举崛起成为超级大国，同时我们熟悉的一些石油公司，如洛克菲勒、皇家荷兰、壳牌、BP 也是在这个时期诞生的。

15.1.4　石油工业的成长与 OPEC 的崛起

欧佩克（OPEC）主导的历史：

20 世纪 50 年代中期到 70 年代中期是世界石油工业急速成长的"黄金时期"。一方面美国的剩余石油产能迅速下降，动摇了其在世界石油体系中的主导地位，另一方面中东陆续发现一批特大型油田，此消彼长，中东成为世界石油工业的中心和世界最主要的石油供应地[3]。

1960 年 9 月，石油输出国组织（OPEC）成立了，五个创始国：沙特、委内瑞拉、伊拉克、伊朗、科威特。OPEC 成立后的几十年，与跨国石油公司展开了长期的斗争，逐步取得了对世界石油市场和本国石油资源的控制权（图 15-4）。

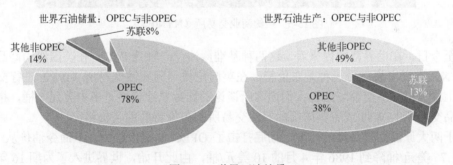

图 15-4　世界石油储量

1973 年 10 月，第四次中东战争爆发，OPEC 限制石油产量，宣布收回原油标价权，将原油基准价格从每桶 3.011 美元提高到 10.651 美元，引发了第二次世界大战之后最严重的全球经济危机。就在第一次石油危机尚未完全平息之际，1978～1980 年间又发生了两次石油危机，油价从每桶 13 美元猛涨至 34 美元，使世界经济雪上加霜。虽然 OPEC 成为世界石油市场的主导力量，但其所主张的高油价政策严重损害了世界经济的发展，与此同时，一种新兴的市场机制正酝酿发生。

15.1.5　低油价时期的世界石油工业

原油期货的资金角力：

经历了三次石油危机，世界经济出现萧条，20 世纪 80 年代初，石油出现了供大于求的局面，这一方面是由于非 OPEC 国家产量增长；另一方面则是 OPEC 为了保护自身的利益，实行限产保价政策，然而从历史来看，OPEC 做了一个错误的决策[4]。

1981 年 4 月，伦敦国际石油交易所（The International Petroleum Exchange；IPE）推出重柴油（gasoil）期货交易，该合约是欧洲第一个能源期货合约。

1983 年 3 月 30 日，纽约商业交易所（NYMEX）（图 15-5）推出的轻质低硫原油期货合约，也是目前世界上成交量最大的商品期货品种之一。

图 15-5　纽约商业交易所（NYMEX）

时至今日，在世界范围内来看，这两种基准原油，一种是 WTI，在美国纽约商品交易所（NYMEX）进行交易；另一种是布伦特，在英国伦敦国际石油交易所（IPE）进行交易依旧是世界上最大的原油交易场所。人们通常所谈论的国际原油价格是多少美元一桶，指的就是纽约商品交易所的 WTI 或者英国国际石油交易所的布伦特的期货价格。

由于两大原油期货品种的出现，彻底打击了 OPEC 的定价权力，从而令油价从 1985 年 11 月 31.75 美元/桶降到 1986 年 4 月的 10 美元/桶，由此开始，世界进入了为期 16 年的低油价时代。

15.2　新时代的世界原油局势

2000 年至今，尽管国际石油市场也经常出现波动，而美国始终是国际石油体系中最重要的力量。

15.2.1　美国控制原油的左右手

美国作为主导国，主要通过国际能源机构（IEA）（图 15-6）影响石油消费国，通过控制沙特阿拉伯等主要产油国（图 15-7），保持国际石油体系的基本稳定，并通过强大的军事力量对产生威胁或破坏规则的国家进行威慑或打击。与此同时，美国及其盟国一直在强化海上控制权，对全世界最重要的海上通道进行有效控制，确保战时能够封锁他国的海上运输船舶并展开军事行动，确保美军全球战略的实施，这是美国看得见的强硬右手。

图 15-6　国际能源机构（IEA）

图 15-7　石油国家（美国与沙特）

美元作为二战后最主要的遗产之一，取得了等同于黄金的国际计价和储备货币地位。布雷顿森林体系崩溃后，美元国际货币的地位被保留下来。以石油为基础、以美元金融垄断地位为支持的"石油-美元体制"是战后美国实现全球霸权目标最为重要的经济手段之一，它为美国获得在中东乃至全球的战略利益提供了极为有效的金融支持，这也是美国控制世界的无形左手。

15.2.2　原油需求量的增长得益于新兴经济体

从总量上看，全球石油需求仍将保持上升趋势。虽然以美国、欧洲国家和日本为代表的国家需求比重不断下降，但它们仍然是世界主要的石油消费和进口地区。

以中国、印度为代表的新兴经济体随着经济的快速发展，原油消费量和进口量都将大幅增长[5]；一些产油国石油消费量近年来也呈不断增长趋势。尤其是全球金融危机发生后，一些大型的发展中国家推出了庞大的能源密集型的经济刺激方案，更加剧了这种趋势。

15.2.3　新兴能源对原油的冲击

随着美国国内页岩油气的革命，美国对于进口石油的依赖很可能发生根本性的改变，这种改变，也许将扭转世界格局和地缘政治[6]。悄然降临的"页岩气革命"开始对全球天然气供需关系变化和价格走势产生重大影响，并引起天然气生产和消费大国关注。

15.3　新中国石油工业发展简史

石油、天然气的开发利用，是一项新兴而古老的事业。它成为中国现代能源生产的一个重要工业部门，是新中国成立以后的事情，而中国发现和利用石油和天然气技术的历史却可追溯到两千年以前，并且在技术上曾经创造过辉煌的成就。中国近代石油工业萌芽于十九世纪中叶，经过了多年的艰苦奋斗，直到新中国成立前夕，它的基础仍然极其薄弱[7]。回顾这一历史过程，将有利于认识当代中国石油工业的崛起。下面我们分三个部分介绍中国石油工业发展概况。

15.3.1 恢复与发展

玉门油矿解放后（图 15-8），军代表康世恩动员广大职工，积极恢复和发展生产。刚刚获得解放的石油工人以主人翁的姿态，迅速投入战斗。在生产建设中，被称为"冬青树"的钻井队长郭孟和，屡建功勋，是老一辈石油工人的优秀代表[8]。为创建新中国的石油工业，1952 年 8 月，中共中央命令将中国人民解放军第 19 军第 57 师转业为石油工程第一师。以师长张复振，政委张文彬为首的全体指战员从此成为石油产业的一支生力军，为建设一支具有严格组织纪律，高度献身精神的石油产业大军，打下了良好的基础。东北地区的几个人造油厂在设备、材料、技术人员严重缺乏的情况下，依靠技术人员和老工人，仅用两年半的时间，就恢复了抚顺、桦甸、锦州等几个主要人造油厂的生产。

图 15-8　中国石油工业的摇篮——玉门油田

经过三年恢复，到 1952 年底，全国原油产量达到 43.5 万吨，为 1949 年的 3.6 倍，为旧中国最高年产量的 1.3 倍。其中天然油 19.54 万吨，占原油总产量的 45%，人造油 24 万吨，占 55%。生产汽、煤、柴、润四大类油品 25.9 万吨，比 1949 年提高 6 倍多。玉门油矿是第一个五年计划期间石油工业建设的重点。为了加强勘探，广泛采用"五一"型地震仪和"重钻压，大排量"钻井等新技术，先后发现了石油沟、白杨河、鸭儿峡等油田。老君庙油田也开始扩大了含油面积，并开始按科学程序进行全面开发，采取注水和一系列井下作业等措施。到 1959 年玉门油矿已建成一个包括地质，钻井、开发、炼油、机械、科研、教育等在内的初具规模的天然气石油工业基地。当年生产原油 140.5 万吨，占全国原油产量的 50.9%。玉门油田在开发建设中取得的丰富经验，为全国石油工业的发展，提供了重要借鉴。

按照第一个五年计划的部署，石油勘探首先在我国西北地区展开[9]。1955 年 10 月，克拉玛依第一口井——克 1 井喷油（图 15-9）。当时一些苏联地质专家对能否找到有开采价值的油田，曾有不同的看法。石油工业部在总结这一地区前段勘探经验教训的基础上；从 1956 年开始，调整勘探部署，集中力量在大盆地和地台上进行区域勘探，在康世恩同志主持下，把重点从准噶尔盆地南缘的山前坳陷转向西北缘，很快就探明了克拉玛依油田，实现了新中国成立后石油勘探上的第一个突破。

图 15-9　克拉玛依油田开采图

克拉玛依油田的开发建设，有力地支援了建国初期的经济建设。1958 年，青海石油勘探局在地质部发现冷湖构造带的基础上，在冷湖 5 号构造上打出了日产 800 吨的高产油井，并相继探明了冷湖 3 号、4 号、5 号油田。在四川，发现了东起重庆，西至自贡，南达叙水的天然气区。1958 年石油部组织川中会战，发现南充，桂花等 7 个油田，结束了西南地区不产石油的历史。

到 20 世纪 50 年代末，全国已初步形成玉门、新疆、青海、四川 4 个石油天然气基地。1959 年，全国原油产量达到 373.3 万吨。其中 4 个基地共生产原油 276.3 万吨，占全国原油总产量的 73.9%，四川天然气产量从 1957 年的 6000 多万立方米提高到 2.5 亿立方米。

在人造油方面，经过扩建和改造，东北各人造油厂的产量有了大幅度的增长。同时，还在广东茂名兴建了一座大型页岩油厂。1959 年人造油产量达到 97 万吨，当时在世界上处于领先地位。

15.3.2　历史性转变

从 1955 年起，地质部和石油部分工配合，先后在华北平原与松辽盆地展开了全面综合地质调查。

根据中央批示，1960 年 3 月，一场关系石油工业命运的大规模的石油会战，在大庆揭开了序幕。国务院有关部、委和省、市给予大力支持。中央军委抽调 3 万多名复转官兵参加会战。全国有 5000 多家工厂企业为大庆生产机电产品和设备，200 个科研设计单位在技术上支援会战，石油系统 37 个厂矿院校的精兵强将和大批物资陆续集中大庆（图 15-10），石油部部长余秋里，副部长李人俊、周文龙、孙敬文、康世恩也亲临现场指挥会战。

大庆石油会战[10]是在困难的时候，困难的地区，困难的条件下展开的。特别是开发建设这样的大油田，我们没有经验，国外的经验又不能照搬。面对这种情况，会战党组织的第一个决定，就是号召从领导干部到全体职工，认真学习《实践论》和《矛盾论》。以"两论"为指针，开发建设好大油田。职工们运用《矛盾论》关于抓主要矛盾的论述，一致认识到，这困难，那困难，都是暂时的、局部的困难，而国家缺油才是最大的困难。上有困难，退下来国家和人民的困难就更大。石油职工一定要为国争光，为民争气，为了国家和人民的根本利益，只能迎着困难上。"宁肯少活二十年，拼命也要拿下大油田"，成为当时会战职工的豪迈誓言。

图 15-10 大庆油田开采图

1205 钻井队队长王进喜，就是当时这种精神和品格的代表人物[11]。

会战领导总结了过去的经验教训，指出石油工作者的岗位在地下，对象是油层。必须以"两论"为指针，在各项工作中，坚持高度的革命精神同严格的科学态度相结合，把人们的革命干劲引导到掌握油田第一性资料，探索油田地下客观规律上去，反对浮夸、脱离实际、瞎指挥[12]。为此，一是要求在勘探，开发的整个过程中，必须取全取准 20 项资料，72 项数据；二是狠抓科学实验，开辟开发实验区，进行 10 种开发方法的试验；三是抓综合研究和技术攻关，解决了一系列重大技术课题。从而编制了科学的油田开发方案，独创了符合大庆特点的原油集输工艺流程。

1963 年，全国原油产量达到 648 万吨，同年 12 月，敬爱的周恩来总理在第二次全国人民代表大会第四次会议上庄严宣布（图 15-11），中国需要的石油，现在已经可以基本自给，中国人民使用"洋油"的时代，即将一去不复返了。大庆油田的开发，原油产量的急剧增长，需要炼油工业同步发展。在此期间，扩建了上海炼油厂、石油七厂等，将生产人造油改为主要加工天然原油，并大力开发新工艺、新技术、新产品。1963 年至 1965 年，先后攻下了被喻为"五朵金化"的硫化催化、铂重整、延迟焦化、尿素脱蜡以及配套所需的催化剂、添加剂 5 个攻关项目。此外，还研究、设计、建设了加氢裂化等装置。到 1965 年止，共新建以上

图 15-11 周恩来总理讲话现场图（1963 年）

装置 13 套，全部实现了工程质量、试车、投产、出合格产品四个一次成功，大大缩小了同当时国外炼油技术水平的差距。1965 年生产汽、煤、柴、润四大类油品 617 万吨，石油产品品种达 494 种，自给率达 97.6%，提前实现了我国油品自给。

说到大庆油田，就不得不提到油田英雄——"铁人"王进喜（图 15-12）。

王进喜，甘肃玉门人，中国石油工人的代表，中国工人阶级的先锋战士，中国共产党党员的优秀楷模，中华民族的英雄。他为祖国石油工业的发展和社会主义建设立下了功勋，在创造了巨大物质财富的同时，还给我们留下了精神财富——铁人精神[13]。

1960 年春，我国石油战线传来喜讯——发现大庆油田，一场规模空前的石油大会战随即在大庆展开。王进喜从西北的玉门油田率领 1205 钻井队赶来，加入了这场石油大会战。在困难面前，王进喜带领全队靠人拉肩扛，把钻井设备运到工地，苦干 5 天 5 夜，打出了大庆第一口喷油井。在随后的 10 个月里，王进喜率领 1205 钻井队和 1202 钻井队，在极端困苦的情况下，克服重重困难，双双达到了年进尺 10 万米的奇迹。在那些日子里，王进喜身患重病也顾不得到医院去看；钻井砸伤了脚，他拄着双拐指挥；油井发生井喷，他奋不顾身跳进泥浆池，用身体搅拌重晶石粉，被人们誉为"铁人"。王进喜身上体现出来的"铁人精神"，激励了一代代的石油工人[14]。

1960 年 3 月，他率队从玉门到大庆参加石油大会战，发扬"为国分忧，为民族争气"的爱国主义精神，为结束"洋油"时代而顽强拼搏。他组织全队职工把钻机化整为零，用"人拉肩扛"的方法搬运和安装钻机，奋战三天三夜把井架耸立在荒原上。打第一口井时，为解决供水不足，王进喜带领工人破冰取水，"盆端桶提"运水保开钻。打第二口井时突然发生井喷，当时没有压井用的重晶石粉，王进喜决定用水泥代替；没有搅拌机，他不顾腿伤，带头跳进泥浆池里用身体搅拌（图 15-13），队友戴祝文、丁国堂、许万明、杨天元、张志训也纷纷跳入井中，搅拌泥浆。经过三个多小时的苦战，最终制服井喷，保住了油井和钻机[15]。

图 15-12　王进喜肖像图　　　　　图 15-13　"铁人"王进喜用身体制服井喷

15.3.3　新的崛起

在大庆石油会战取得决定性胜利以后，为继续加强我国东部地区的勘探，石油勘探队伍开始进入渤海湾地区[16]。1964 年，经中央批准在天津以南，山东东营以北的沿海地带，开展了华北石油会战[17]。到 1965 年，在山东探明了胜利油田，拿下了 83.8 万吨的原油年产量。在天津拿下了大港油田。随后，人们顶着各种干扰，战胜动乱带来的重重困难，不断探索，开发建设了这两个新的石油基地。到 1978 年，大港油田原油年产量达到 315 万吨。昔日芦苇丛生，人烟稀少的盐碱海滩，已变成绵延百里的油区。胜利油田到 70 年代达到原油产量增长最快的高峰期，年产量从 1966 年的 130 多万吨，提高到 1978 年的近 2000 万吨，成为我国仅次于大庆的第二大油田（图 15-14）。在渤海湾北缘的盘锦沼泽地区，石油队伍三上辽河油田。20 世纪 70 年代以来，在复杂的地质条件下，勘探开发了兴隆台油田、曙光油田、欢喜岭油田，探索出一套勘探开发复杂油气藏的工艺技术和方法，1978 年原油产量达到 355 万吨。1970 年 4 月，大庆开始了油田开发调整工作。到 1973 年，全油田原油产量比 1970 年增长了 50% 以上。1976 年，大庆油田年产量突破 5000 万吨，为全国原油年产上 1 亿吨打下了基础。石油三厂，六厂经过扩建，改造成为加工天然原油的炼油厂。

图 15-14　石油开采现场图

为发挥中央和两个积极性，以石油部为主，陆续兴建了茂名、大庆、南京、胜利、东方红、荆门、长岭 7 个大型炼油厂。以地方为主先后建设了天津、武汉、安庆、浙江、广州、九江、乌鲁木齐、吉林、鞍山、石家庄、洛阳 11 个大中型炼油厂。到 1978 年，全国原油年加工能力已达 9291 万吨，基本上与我国原油生产规模相适应，当年实际加工原油 7069 万吨，生产四大类油品 3352 万吨，品种达 656 种。从 1966 年到 1978 年的 13 年中，原油产量以每年递增 18.6% 的速度增长，年产量突破了 1 亿吨，原油加工能力增长 5 倍多，保证了国家的需要，缓和了能源供应的紧张局面。从 1973 年起，我国还开始对日本等国出口原油，为国家换取了大量外汇。

15.3.4　石油工业进入新的发展时期

1978 年 12 月，中国共产党第十一届三中全会作出了从 1979 年起，把全党工作重点转移到社会主义现代化建设上来的战略决策，条条战线都出现了前所未有的大好形势。石油战线的广大职工经过艰苦努力，战胜了十年动乱带来的严重困难，石油工业从此进入了一个新的发展时期[18]。

自 20 世纪 70 年代以来，我国石油工业生产发展迅速，到 1978 年突破了 1 亿吨。此后，原油产量一度下滑。针对这种情况，为了解决石油勘探，开发资金不足的困难，中央决定首先在石油全行业实行 1 亿吨原油产量包干的重大决策，以及开放搞活的措施[19]。这一决策迅速收到效果，全国原油产量从 1982 年起，逐年增长，到 1985 年达到 1.25 亿吨，为世界第六位。

为了多元发展我国的石油工业，我国于 1982 年成立了中国海洋石油总公司，1983 年 7 月，中国石油化工总公司成立（图 15-15）。中国第三家国有石油公司——中国新星石油有限责任公司也于 1997 年 1 月成立。至此，我国石油石化工业形成了四家公司团结协作，共同发展的新格局。

图 15-15　中国石油化工总公司成立大会

"八五"期间，为了适应国民经济快速发展对能源的新的更高的要求，国家决定，石油工业实施"稳定东部，发展西部"的发展战略[20]。西部油气田的探明与开发，必将对我国石油工业发展产生深远的影响。

15.3.5　中国石油工业现状

1998 年 7 月 1 日，中国石油天然气总公司与中国石油化工总公司重组，成立中国石油天然气集团公司与中国石油化工集团公司。

15.4　油田化学品发展历史

油田化学品亦称油田化学剂（oilfied chemicals），是指解决油田钻井、完井、采油、注水、提高采收率及集输等过程中所使用的药剂。油田化学品种类繁多，分类方法也较多，根据我国石油天然气行业使用的油田化学剂类型代号标准，可将油田化学品分为通用化学品、钻井用化学品、油气开采用化学品、提高采收率用化学品、油气集输用化学品和水处理用化学品六类。国产油田化学品已达 300 余种，年消耗量超过 50000t。

油田化学品指在石油、天然气的钻探、采输、水质处理及提高采收率过程中所用的一类助剂，它的品种繁多，大部分属于水溶性聚合物（如植物胶、聚丙烯酰胺、纤维素及生物聚合物）和表面活性剂（石油磺酸盐、醇基或烷基酚基乙氧基醚）。油田化学研究的内容主要是这些化学品的制备、性能的评定（包括基础理论）、筛选配方、施工设计和现场试验。由于油藏条件不同，原油、水质、岩石的性能各异，所用化学品（配方）的针对性很强。为了研制和合理地使用油田化学品，需要各种学科知识（如有机化学、无机化学、物理化学、化学工程、分析化学、流体力学、油藏工程及计算数学等）。油田化学已逐渐形成为一门新兴的边缘科学，愈来愈受到重视。

近十多年以来，我国油田化学技术发展迅速，形成了较广阔的油田化学品市场。据不完全统计，1995年国内油田化学品用量为102.9万吨，而到2009年，全行业使用量已达到147万吨。15年间，油田化学品的使用量增加了42%以上，市场规模增长超过180%。其中，钻井用化学品用量最大，占油田化学品总用量的45%～50%；采油用化学品技术含量高，占总用量的30%以上。中国新发现油田储量有限，老油田挖潜任务艰巨，特别是针对我国油田特点，加强油田勘探开发，提高油田采收率，加强环境保护，需要更多的新型、高效、降低污染的油田化学品。

中石化、中石油和中海油三大公司控制着我国绝大多数的石油和天然气油井，而其油井开采过程中的钻井液的配制及技术服务也一般都由其专门部门负责。我国钻井液技术服务行业集中度较高，前十位钻井液技术服务企业市场集中度约为55%。全国范围内从事钻井液技术服务的重点企业包括长城钻探工程有限公司钻井液公司、中海油田服务股份有限公司、胜利油田钻井工程技术公司、中石油川庆钻探工程有限公司、四川仁智油田技术服务股份有限公司等。仁智油田服务是国内民营最大的钻井液技术服务企业。

15.4.1　钻井泥浆处理剂

为了保持泥浆各项性能的优良稳定，以适应钻井工艺的需要，须向各类泥浆（水基、油基、气体）中加入处理剂（添加剂），尤其是在复杂地层（如坍塌层、盐膏层）进行深钻或水平钻时，需要各种各样的处理剂。市场上泥浆处理剂的牌号多达2520种，实际上其中所含化学剂大约为100～200种。按产品用途分为16大类，如增黏剂、降失水剂、腐蚀抑制剂、稀释分散剂、堵漏剂、乳化剂、页岩控制剂等。在20世纪60年代后期，有机絮凝剂（聚丙烯酰胺）和选择性絮凝剂（醋酸乙烯酯与马来酸酐共聚物）的应用，开发了不分散泥浆体系，取得了优良的效果。例如：在加拿大西部地区，应用这种絮凝剂使当时的钻头进尺提高56%，钻头工作时间延长45%，机械进尺增加12%；中国从1974年开始推广不分散泥浆体系，使钻速平均提高20%。为了钻进7km（井底温度在200℃以上）的深井和地热井（250℃），可在水基泥浆中添加树脂与褐煤的复配物、苯乙烯马来酸酐共聚物、专门合成的耐高温耐盐的聚合物。

针对钻井泥浆处理剂的使用，积累了很多经验，对于低渗透油井可用溴化钙、溴化锌、氯化锌等无机盐配成相对密度高（可达2.0以上）、无固相的完井液，能使产油量成倍地增加；用发泡剂配成特轻泥浆，能解放低压油气层，解除井漏；用咪唑啉缓蚀剂、聚甲醛杀菌剂，可降低腐蚀耗损，延长钻具寿命；用石墨、油、硬沥青等润滑剂能减少泥包卡钻事故；用乳化泥浆能克服复杂地层中的钻井难题；用抗污染聚合物能使钻具钻进大段盐层；用增稠剂（聚丙烯酰胺、羟乙基纤维素、生物聚合物）及稀释分散剂（褐煤、木质素磺酸盐、磷酸盐）可调整流型。减少滤失、稳定页岩和防止对地层的损害都需要用相应的处理剂。硫化氢是有毒气体，向泥浆中添加海绵铁，不仅可以作为硫化氢的指示剂，而且可以定量地除去硫化氢，防止它引起的腐蚀和对人身的毒害。

15.4.2　采油用化学剂

将石油从井底提取到地面（包括增产措施）所用的化学剂。主要有清蜡剂、压裂液、酸化液和堵水剂等。

（1）清蜡剂　将某些原油破乳剂加在井底，能防止石蜡在油管壁和井底附近沉积，从而减少清蜡次数和锅炉台数，使油井顺利生产。过去曾用含氯、硫的有机溶剂作为清蜡剂，这类溶剂不仅对人身有毒，而且能使炼油催化剂中毒，已不再采用。

（2）压裂液（图 15-16）　当油井生产层渗透率低或受到泥浆严重污染时，要进行压裂、酸化等增产作业，提高油、气井生产能力和注水井吸水能力。为了压开地层、延伸裂缝、携带支撑剂，根据油藏条件选择使用水基、油基、酸基压裂液。压裂液最早用河水，后改用稠化水，并已发展到用冻胶。冻胶压裂液是用增稠剂配成稠化水，再加交联剂进一步增稠而成，它可改善携砂能力。压裂液中含有酶和（或）过硫酸铵等破胶剂，利于将支撑剂携带到目的地后，迅速减黏，并返排到地面。美国多用瓜胶（瓜耳树胶）作为增稠剂，化学改性的瓜胶中水不溶性残渣很少，溶解速度快。中国的田菁胶与瓜胶有相似的化学成分（半乳甘露聚糖），也作为增稠剂用。用聚丙烯酰胺可配成高黏度低残渣压裂液。

（3）酸化液　主要为盐酸和土酸（一般用 8%～12%盐酸加 2%～4%氢氟酸的混合酸）。为了深穿透，用泡沫酸、乳化酸，最新的延缓措施是用高强度的冻胶酸。为了增加洗油能力和悬浮淤泥的能力，用胶束酸。为抑制酸的腐蚀，用丙炔醇、咪唑啉、季铵盐为缓蚀剂。苯甲酸的溶解速度因温度而异，可封堵高渗透层，能够升华，可用作油、气井酸化转向剂，使酸液进入目的层位。

（4）堵水剂　油井严重出水时，会造成水淹，需要堵水。水玻璃、氯化钙、聚丙烯酰胺冻胶可以封堵出水层位。同层水需要的选择性堵水剂尚在研究当中。

15.4.3　集输用化学剂

主要包括原油破乳剂、防蜡降凝剂、减阻剂和降黏剂。原油含水，影响贮运，常采用破乳剂和（或）高压电脱水（图 15-17）。最早用的破乳剂是土耳其红油。现代有效的破乳剂是烷基酚（或胺）的乙氧基醚类，其作用原理有絮凝—聚结、击破界面膜、液珠褶皱变形。油溶性高分子如聚 α-烯烃、聚酯，能使湍流原油降低流动阻力，增加输量，称为原油减阻剂。含蜡原油的凝固点高，不易流动，加入乙烯—醋酸乙烯酯共聚物能改善原油流动性。含沥青多的稠油，黏度很高，采出和输送都有困难，用乳化剂配成水包油型乳化液，黏度显著降低。

图 15-16　压裂液

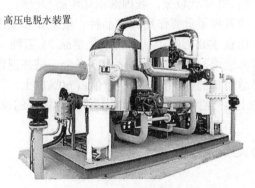

高压电脱水装置

图 15-17　高压脱水装置

15.4.4 水质处理用化学剂

采油废水若矿化度比较高并含硫化氢、二氧化碳，会腐蚀处理系统的管道和机泵，结垢和使细菌结膜。常需用脂肪胺、咪唑啉等缓蚀剂进行处理。用膦酸盐、聚丙烯酸盐防垢。防垢的主要机理是增溶、静电斥力、晶体畸形及分散作用。缓蚀剂主要是通过吸附膜起作用。常用的杀菌剂是丙烯醛或季铵。注水系统用水要绝氧，一般用机械抽空后再加除氧剂（图 15-18）。

15.4.5 提高采收率用化学剂

主要指化学驱油所用的化学剂（图 15-19）。化学驱油主要分为：①聚合物水驱。把少量增稠剂（如部分水解聚丙烯酰胺或生物聚合物）溶于水中，增大水的黏度，改善水在注入时的指进，提高原油采收率。②表面活性剂段塞驱。表面活性剂段塞是由石油磺酸盐或合成磺酸盐与助活剂醇配成的微乳液，它具有超低界面张力（$<10^{-8}$N/cm），能够将毛细管中的原油驱替出来，提高原油采收率。最大的困难是要克服表面活性剂在油藏中流动时的损失（吸附、捕集、沉淀）。③碱水驱。将烧碱水注入油藏，与原油中的活性组分反应，形成乳化液，以提高原油采收率。

图 15-18　水质处理

图 15-19　主要采油方法

随着石油工业的发展，油田化学品耗量愈来愈大，其用量在十年间增长了 52%，价值增长了 96.1%。油田化学品现已有 70 多类 3000 多个品种。北美是世界消费油田化学品最多的地区，约占总量的一半，其中美国又是该地区消费量最大的国家。世界采油用化学品每年消耗量为 450 万吨，价值 37 亿美元，占油田化学品总量用量的 1/3。据世界 120 个公司统计，仅用于采油的化学品就有 988 种。

自 70 年代以来，我国油田化学品和研制、开发和应用都取得了很大成绩，在石油勘探和开发中发挥了重要作用，在品种、数量和质量上均已达到相当的水平。据统计，全国油化产品年用量 120 万吨，其中精细化学品 35 万吨，预计我国油田化学品的消耗量将以年均 10% 的速率递增，品种数现已达 300 多个。钻井泥浆材料是用量最大的油田化学品，约占油田化学品总用量的 45%～50%，价值占 60% 以上，而采油用化学品技术含量高，其用量占总消耗量的 1/3，这两类在油田化学品中占有重要的位置。

15.5　小结

随着石油工业的发展，我国油田化学技术发展迅速，形成了较广阔的油田化学品市场。

近 10 年，油田化学品的使用量增长了 42%以上，市场规模增长超过 180%。其中，钻井用化学品用量最大，占油田化学品总用量的 45%～50%；采油用化学品技术含量高，占总用量的 30%以上。我国新发现油田储量有限，老油田挖潜任务艰巨，特别是针对我国油田特点，加强油田勘探开发，提高油田采收率，加强环境保护，需要更多的新型、高效、降低污染的油田化学品。

思考题

① 什么是油田化学品？什么是石油助剂？
② 钻井液有何作用？目前使用的钻井液可分为几大类？

参考文献

[1] 吴磊, 杨泽榆. 国际能源转型与中东石油[J]. 西亚非洲, 2018(05): 142-160.

[2] 卫慎三. 英美争夺中东石油的历史发展[J]. 世界知识, 1957(09): 5-7.

[3] 娜娜. 哈萨克斯坦石油产业的历史、现状及发展前景[J]. 产业创新研究, 2020(05): 19-21.

[4] 李署英. 石油金融与共享经济[J]. 纳税, 2019, 13(01): 187-188.

[5] 陆晓如. 改革中的石油力量[J]. 中国石油石化, 2022(21): 33.

[6] 冯保国. 国际能源治理的历史经验与启示[J]. 中国石油企业, 2021(12): 10-13, 111.

[7] 王嬿, 何芳芳, 康一麟. 石油企业传承红色基因的历史实践[J]. 企业文明, 2022(01): 76-77.

[8] 中国石油企业协会, 等. 石油精神——文献石油 70 年[M]. 北京: 石油工业出版社, 2020.

[9] 李军. 陕西: 传承红色基因再创历史伟业[J]. 中国石油和化工, 2021(06): 16-18.

[10] 何明霞, 陈立勇. 口述历史研究的多元实践——大庆精神、铁人精神的创新研究[J]. 黑龙江教育(高教研究与评估), 2022(09): 20-22.

[11] 李子楠, 郝亦凡. 探索以口述历史为载体传承石油精神[J]. 北京石油管理干部学院学报, 2020, 27(05): 77-79.

[12] 任国友. 石油工人工匠精神的历史形成与传承[J]. 天津市工会管理干部学院学报, 2020, 37(01): 33-38.

[13] 马英林, 张文斌. 大庆石油会战对党的群众路线创新发展的历史贡献[J]. 大庆社会科学, 2017(03): 9-13.

[14] 赵金子, 郝潇. 大庆精神融入石油高校思政课教学路径探析[J]. 高校马克思主义理论研究, 2019, 5(04): 156-163.

[15] 魏强, 田洪霞, 李贻仓. 石油钻井发展的历史回顾及现状分析与建议[J]. 中国石油和化工标准与质量, 2012, 33(12): 227.

[16] 郑向阳. 20 世纪 50 年代石油地质档案留下的企业记忆[J]. 化工管理, 2018(16): 26-27.

[17] 李德生, 龚剑明. 延长油矿勘探历史及对当代石油工业的启示[J]. 中国石油勘探, 2018, 23(03): 1-10.

[18] 任爱军. 用"石油精神"构筑石油青年价值观体系[J]. 石油政工研究, 2016(05): 61-62.

[19] 李玉琪, 张旋. 原油包干政策的历史回顾与深入思考[J]. 西安石油大学学报(社会科学版), 2019, 28(05): 62-67.

[20] 罗良才. 关于挖掘石油精神时代内涵的思考[J]. 北京石油管理干部学院学报, 2018, 25(02): 56-60.